"博学而笃志，切问而近思。"

《论语》

博晓古今，可立一家之说；
学贯中西，或成经国之才。

U0258126

复旦博学·复旦博学·复旦博学·复旦博学·复旦博学·复旦博学

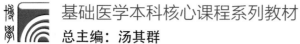

基础医学本科核心课程系列教材

总主编：汤其群

医学免疫学

Medical Immunology

主　编　储以微

编　者（按姓氏笔画排序）
王　宾　王继扬　吕鸣芳　刘光伟
杨　慧　何　睿　张伟娟　陆　青
洪晓武　高　波　储以微

复旦大学出版社

基础医学本科核心课程系列教材
编写委员会名单

总主编　汤其群

顾　问　郭慕依　查锡良　鲁映青　左　伋　钱睿哲

编　委（按姓氏笔画排序）

王　锦　左　伋　孙凤艳　朱虹光　汤其群　张红旗

张志刚　李文生　沈忆文　陆利民　陈　红　陈思锋

周国民　袁正宏　钱睿哲　黄志力　储以微　程训佳

秘　书　曾文姣

序　言

　　医学是人类繁衍与社会发展的曙光，在社会发展的各个阶段具有重要的意义，尤其是在科学鼎新、重视公民生活质量和生存价值的今天，更能体现她的尊严与崇高。

　　医学的世界博大而精深，学科广泛，学理严谨；技术精致，关系密切。大凡医学院校必有基础医学的传承而显现特色。复旦大学基础医学院的前身分别为上海第一医学院基础医学部和上海医科大学基础医学院，诞生至今已整60年。沐浴历史沧桑，无论校名更迭，复旦大学基础医学素以"师资雄厚，基础扎实"的风范在国内外医学界树有声望，尤其是基础医学各二级学科自编重视基础理论和实验操作、密切联系临床医学的本科生教材，一直是基础医学院的特色传统。每当校友返校或相聚之时，回忆起在基础医学院所使用的教材及教师严谨、认真授课的情景，都印象深刻。这一传统为培养一批又一批视野开阔、基础理论扎实和实验技能过硬的医学本科生起到关键作用。

　　21世纪是一个知识爆炸、高度信息化的时代，互联网技术日益丰富，如何改革和精简课程，以适应新时代知识传授的特点和当代大学生学习模式的转变，日益成为当代医学教育关注的核心问题之一。复旦大学基础医学院自2014年起在全院范围内，通过聘请具有丰富教学经验和教材编写经验的全国知名教授为顾问、以各学科带头人和骨干教师为主编和编写人员，在全面审视和分析当代医学本科学生基础阶段必备的知识点、知识面的基础上，实施基础医学"主干课程建设"项目，其目的是传承和发扬基础医学院的特色传统，进一步提高基础医学教学的质量。

　　在保持传统特色、协调好基础医学各二级学科和部分临床学科的基础上，在全院范围内组织编写涵盖临床医学、基础医学、公共卫生、药学、护理学等专业学习的医学基础知识的教材，这在基础医学院历史上还是首次。我们对教材编写提出统一要求，即做到内容新颖、语言简练、结合临床；编写格式规范化，图表力求创新；去除陈旧的知识和概念，凡涉及临床学科的教材，如《系统解剖学》《病理学》《生理学》《病理生理学》《药理学》《法医学》等，须聘请相关临床专家进行审阅等。

由于编写时间匆促，这套系列教材一定会存在一些不足和遗憾，希望同道们不吝指教和批评，在使用过程中多提宝贵意见，以便再版时完善提高。

2015 年 8 月

前　言

作为基础医学本科核心课程系列教材之一,《医学免疫学》是一门独立授课的课程。主要阅读对象是基础医学、临床医学、公共卫生学、药学以及护理学的本科生。课时安排以 2 学分、36～42 学时为基准,讲授内容涵盖基础免疫理论、疾病的免疫学机制以及防治措施等,全面综合,简明易懂。它是自 1996 年由上海医科大学基础医学院免疫学教研室何球藻、吴厚生教授主编的《医学免疫学》本科生教材后,时隔 20 年,再次由复旦大学基础医学院免疫学系全体教师负责完成的教材。

医学免疫学是一门独立的学科,在医学基础和临床应用中起到关键的作用。它是人类在与疾病的斗争过程中,逐步认识到机体对病原微生物的感染具有抵抗能力,认识到自然界中的生物在个体生存和种系繁殖延续过程中,自主调节形成了抵御病原微生物侵害的免疫系统,发挥了免疫功能,并运用人工的方法预防传染病。尤其是牛痘疫苗的全世界范围接种,消灭了给人类带来极大灾难的天花病,无疑是人类战胜传染病的辉煌胜利。这种“免”除“疫”患的方法孕育了免疫学,开创了免疫学的研究,扩大了免疫学的研究范畴,并推动了免疫学由经验时期过渡到经典时期,及至现代免疫学的研究仍然方兴未艾,成为医学领域最重要的学科之一。因此,学习免疫学理论,掌握免疫学基本技术,是每一位医学生必备的、重要的一环。

依据系列教材的统一部署,本教材以简明扼要、内容新颖为宗旨,以固有免疫系统、适应性免疫系统等为主线,阐明抗原、抗体、细胞因子、固有免疫和适应性免疫细胞等的特征和功能,代替了以往授课章节先从分子等基本概念介入,再进行系统综合的方式,避免了学生在学习过程中,对内容的分段、分散学习,不利于及时理解和消化。全书 40 余万字,分为免疫学概论、免疫学理论、免疫相关疾病以及免疫防治等篇章。注重与临床住院医师资格考试大纲的衔接,做到以疾病为导向,以免疫学知识为基础,以实验课程为工具,互动式教学,开放式讨论,前沿进展介绍相结合的整合式的免疫学知识传授体系,使学生拥有扎实稳固的免疫学基础理论知识和科研技能与素养,达到通用型医学人才的培养目标。

　　《医学免疫学》教材的出版,是顾问、责编及全体编委共同努力、通力合作的结果,在此一并表示衷心的感谢。同时,钟一维老师、杨乔乔老师和王志明博士生在图片的绘制、文字稿的整理和统筹方面作出了重要的贡献,在此表示诚挚的谢意。由于免疫学发展日新月异,新的理论颠覆旧的概念时有发生,编写内容难免存在疏漏之处,恳请读者批评指正,以利于我们今后不断完善与提高。

储以微

2015 年 8 月

目　录

第一章　免疫学概论

第一节　免疫学基本概念和免疫系统

一、免疫学基本概念

人类对机体能够抵御自然界各种病原菌的入侵，从而免除疾病的认识是逐渐深入，并渐成体系的。譬如，尽管我们持续不断地暴露在致病的微生物环境中，却很少得病；又如，一旦我们从某一传染病中侥幸生存，以后再患此类疾病的可能性甚小。那样就引出了一些思考：①我们的机体是如何抵抗疾病的？②当感染发生时，机体又是如何消灭入侵者并治愈自己的？③为何当我们第一次接触到病原体就会消灭它并产生长时间的抵抗效应？对这些问题的思考以及借助于机体抵抗感染性疾病的开创性研究，催生了免疫这个词，也将免疫学从最初的微生物学中剥离，成为一个独立学科，称为"免疫学"（Immunology）。

免疫学是研究免疫系统结构和功能的科学，它主要描述机体是如何依赖免疫系统识别"自己"和"非己"，如何在识别后对有害物质进行加工和呈递，如何通过免疫细胞或因子对损害机体的有害物质产生抵抗效应。若将免疫学的研究应用于对人体生理或病理的现象解释和机制探索，则称为"医学免疫学"（Medical Immunology）。

二、医学免疫学的组成和功能

（一）免疫系统的组成

医学免疫学主要研究机体的免疫系统和由免疫系统执行的免疫功能。机体的免疫系统包括免疫器官、免疫细胞和免疫分子（表1-1）。根据功能不同，免疫器官分为中枢免疫器官（central immune organ）和外周免疫器官（primary immune organ）（图1-1），中枢免疫器官含胸腺（thymus）、骨髓（bone marrow）或禽类的法氏囊（bursa of Fabricius），主要功能是为淋巴细胞分化发育成熟提供场所。外周免疫器官含脾脏、淋巴结、黏膜和皮肤相关淋巴组织，其分布广泛，主要功能是为免疫细胞定居和发挥免疫应答提供场所。免疫细胞分为固有免疫细胞和适应性免疫细胞。固有免疫细胞主要包括：中性粒细胞、单核-巨噬细胞、树突细胞、自然杀伤（nature killer，NK）细胞、NKT细胞、γδT细胞、B1细胞、肥大细胞、嗜碱性粒细胞和嗜酸性粒细胞等。适应性免疫细胞主要包括T细胞和B细胞。免疫分子包括：抗体、补体、主要组织相容性复合体（MHC）、细胞因子及其受体、白细胞分化抗原和黏附分子等。本章将着重介绍免疫器官,免疫细胞和免疫分子将在其他章节作重点介绍。

表 1-1　免疫系统的组成

| 免疫器官 | | 免疫细胞 | 免疫分子 | |
中枢	外周		膜型分子	分泌型分子
胸腺	淋巴结	固有免疫细胞	TCR	免疫球蛋白
骨髓	脾脏	吞噬细胞	BCR	补体
法氏囊(禽类)	皮肤相关淋巴组织	树突细胞	MHC 分子	细胞因子
	黏膜相关淋巴组织	NKT 细胞	CD 分子	
		NK 细胞	黏附分子	
		其他(中性粒细胞、嗜酸性粒细胞和嗜碱性粒细胞等)	细胞因子受体	
		适应性免疫应答细胞		
		T 细胞		
		B 细胞		

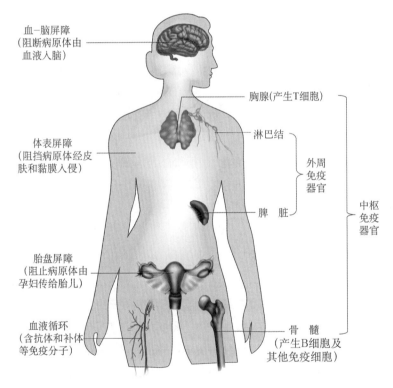

图 1-1　人体的免疫器官和组织

　　1. 中枢免疫器官　骨髓位于骨髓腔中,约占成人总体重的 5%,其中含有一定比例的造血干细胞(hematopoietic stem cell, HSC),它是具有高度自我更新和多能分化潜能的造血前体细胞,在骨髓造血微环境诱导下,定向分化为髓样干细胞(myeloid stem cell)和淋巴样干细胞(lymphoid stem cell)。再经过生长、分裂及分化后,髓样干细胞分化为粒细胞、单核细胞、红细胞和血小板等;淋巴样干细胞分化为祖 B 细胞(pro‐B)和祖 T 细胞(pro‐T),前 B 细胞在骨髓中继续分化为成熟的 B 细胞,前 T 细胞则离开骨髓迁移至胸腺,在胸腺微环境下进一步分化为成熟的 T 细胞。因此,B 细胞取名于骨髓或法氏囊的英文首字母"B",而 T 细胞则取名于胸腺的英文首字母"T"。无论骨髓还是胸腺,都含有基质细胞以及巨噬细胞或树突细胞,不仅提供支架作用,还可分泌细胞分化所需的一些因子,为细胞之间的相互作用以及细胞发育成熟提供必不可少的微环境。图 1‐2 示胸腺的结构和胸腺细胞。

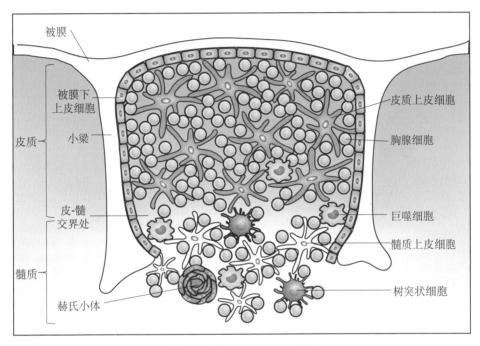

图 1‐2　胸腺的结构和胸腺细胞

2. 外周免疫器官　在骨髓和胸腺中成熟的各类细胞,会离开中枢免疫器官,经血液循环迁移至外周免疫器官定居,开始行使免疫功能。脾脏是最大的外周免疫器官,外包被膜,实质分为白髓和红髓,白髓内沿中央动脉周围分布的淋巴鞘,主要是 T 细胞定居的场所,亦称为胸腺依赖区。白髓内还有淋巴小结和生发中心,它们是 B 细胞定居的场所,亦称非胸腺依赖区,在非胸腺依赖区周围分布的白髓仍然以 T 细胞定居为主,因此白髓中主要是 T 细胞。红髓包括脾索和脾窦,脾索中含大量 B 细胞、浆细胞、巨噬细胞和树突细胞等,脾窦中则充满了血液。在白髓和红髓的交界处则以 B 细胞居住为主。因此,脾脏中 B 细胞的比例和数量占优势。脾脏是全身血液的过滤器,负责清除入侵血液中的病原体以及自身衰老退变的细胞;脾脏又是免疫细胞定居,发挥免疫应答的场所。脾脏还能产生一种由苏氨酸、赖氨酸、脯氨酸和精氨酸合成的四肽激素,因其由美国 Tufts 大学研究者发现,所以命名为特夫素(tuftsin),它能够增强巨噬细胞和中性粒细胞的吞噬功能。脾脏切除后容易感染和发生败血症,可能是由于缺乏特夫素所致。图 1‐4 示脾脏的结构。

淋巴结分布于淋巴循环的各个部分,常见于皮下以及肠系膜等处。淋巴结外包被膜,实

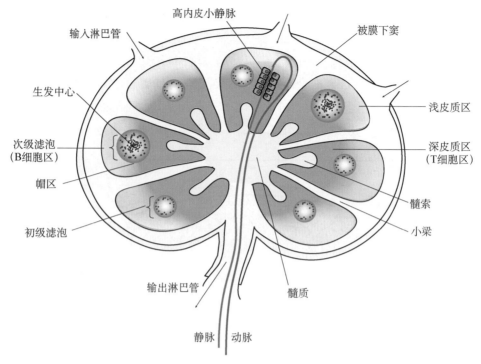

图 1 - 3　淋巴结的结构

质分为皮质和髓质。皮质又分为接近被膜的浅皮质区和接近髓质的深皮质区（又称副皮质区）。浅皮质区含有淋巴小结，主要是 B 细胞定居的场所，也称初级淋巴滤泡或胸腺非依赖区。深皮质区为弥散淋巴结，主要由 T 细胞组成，还有少量树突细胞和巨噬细胞，称胸腺依赖区。深皮质区内的毛细血管后小静脉主要由高立方内皮细胞（high endothelial venule，HEV）组成，是血液中淋巴细胞进入淋巴结的重要通道。类似脾脏的红髓，淋巴结的髓质由髓索和髓窦组成，髓索中含有 B 细胞、浆细胞和巨噬细胞等。髓窦是淋巴细胞通道，与输出淋巴管相通。髓窦内还有许多巨噬细胞，负责吞噬和清除病原体等异物。从比例和数量统计，T 细胞在淋巴结中占优势。图 1 - 3 示淋巴结的结构。

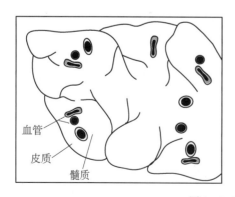
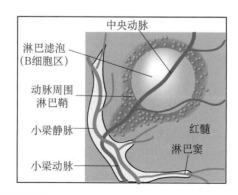

图 1 - 4　脾脏的结构

黏膜相关淋巴组织（mucosa-associated lymphoid tissue，MALT）又称黏膜免疫系统（mucosal immune system，MIS），是广泛分布于黏膜固有层和上皮细胞下散在的淋巴组织，常见于肠道黏膜、呼吸道黏膜、生殖道黏膜、扁桃腺和阑尾等部位。MALT 是全身免疫系统的重要组成部分，因为机体淋巴组织的 50％存在于黏膜系统，它是防御病原体从黏膜入侵机体的重要屏障，也是黏膜免疫应答的场所。譬如，小肠黏膜层绒毛细胞之下散在分布着一些团状细胞，即肠道集合淋巴结，又称派氏小结（Peyer patch），它通过 HEV 从血液循环中收集 T 和 B 细胞，并提供 T 和 B 细胞活化的场所，启动肠道黏膜免疫应答，最终通过输出淋巴管传递信息和物质，或进入血液循环。黏膜淋巴组织除了执行黏膜局部免疫应答，其中的 B 细胞还负责产生分泌型 IgA（SIgA）。图 1－5 示黏膜免疫相关的淋巴组织和细胞。

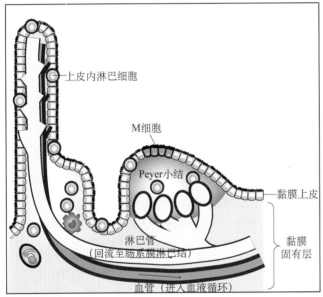
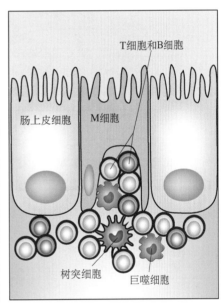

图 1－5　黏膜免疫相关淋巴组织

在外周免疫器官定居和发挥免疫应答的淋巴细胞并不永久固定在某一淋巴结或脾脏中，它们通过与淋巴管相连，到达全身各个组织，形成淋巴管网络。淋巴细胞随着淋巴样物质通过引流淋巴管进入主淋巴管，经胸导管进入颈大静脉，最终进入血液循环。同样，血液中的淋巴细胞通过外周免疫器官中的 HEV 可以进入脾脏或淋巴结，如果是初始的淋巴细胞在淋巴结中没有被活化，它们将随着淋巴导管进入下一个淋巴结，或被刺激活化，或再通过淋巴管网络至胸导管进入血液循环。所有的免疫细胞都必须经过血液和淋巴管两套循环系统才能在体内发挥免疫监视作用。图 1－6 示淋巴细胞再循环网络示意图。

（二）免疫系统的功能

根据免疫学的概念及免疫系统的组成特点，机体的免疫系统主要有三大功能。①免疫防御（immune defense），主要防止外界病原体（含细菌、病毒、真菌、支原体、衣原体、寄生虫等）及其他有害物质的入侵和（或）消灭已入侵的病原体及有害物质。②免疫监视（immune

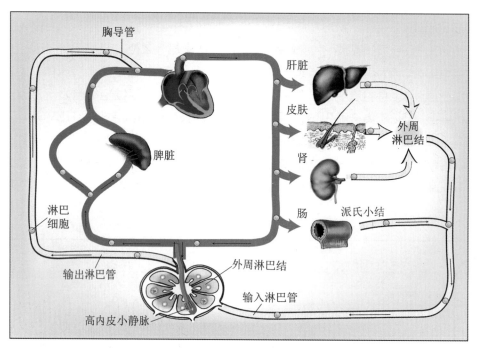

图1-6 淋巴细胞循环网络示意图

surveillance)，主要识别体内不断发生突变或畸变的恶性细胞，如基因突变诱导的肿瘤细胞，并通过免疫应答对其清除。③免疫自稳(immune homeostasis)，主要通过不断清除体内衰老病变的细胞或抗原-抗体复合物，通过免疫网络调节免疫应答的平衡，维持免疫功能在生理状态下的相对稳定，这是免疫系统内部自控调节的机制。免疫功能通过其所发挥的各种生物学效应，在生理条件下维持机体内环境的相对稳定性，起到保护性的作用。但是，当免疫功能异常时，免疫系统也会诱导机体发生不同的病理变化而致病。譬如，当免疫防御过强时，就会引起过敏性疾病等超敏反应；免疫防御过弱时，会引起免疫缺陷病。同理，当免疫监视被削弱，肿瘤会发生，或感染性疾病得不到控制，演变成持久的慢性感染。相反，当免疫自稳过强时，就会发生对机体正常组织细胞的攻击，导致组织损伤，造成自身免疫性疾病。因此，适度的免疫应答是免疫功能正常发挥的前提。表1-2概括了免疫系统三大功能的生理和病理表现。

表1-2 免疫功能的生理和病理表现

功能	生理性(有利)	病理性(有害)
免疫防御	防御病原微生物侵害	超敏反应/免疫缺陷病
免疫自稳	清除损伤或衰老细胞	自身免疫性疾病
免疫监视	清除复制错误/突变细胞	细胞癌变、持续感染

第二节 免疫学基本特性

一、固有免疫和适应性免疫

免疫系统行使三大免疫功能,是通过免疫应答(immune response)完成的。免疫应答需要一定的时间,在完成过程的不同阶段又需要不同的细胞和分子参与其中。基于此,人为地将免疫应答分为固有免疫(innate immunity)和适应性免疫(adaptive immunity)两大类。固有免疫一般发生在免疫应答起始后的 12 小时内,它是机体抵抗病原体入侵的第一道防线,是健康机体天然存在的,无需诱导产生。固有免疫应答参与的细胞主要以固有免疫细胞与相关分子为主,如 NK 细胞、吞噬细胞、补体分子等,它们可以快速、直接地消灭病原体。与之相对应,适应性免疫发生于固有免疫应答后,一般需要 4～5 天。适应性免疫应答参与的细胞主要是 T 和 B 细胞,它们需要病原体及其相关物质(称为抗原)的诱导和激发,产生的免疫应答是特异性地针对入侵病原体或物质。适应性免疫应答具有特异性、记忆性等特点,是体内发挥三大免疫功能的重要保障。

如上所述,固有免疫和适应性免疫是人为划分的,事实上它们是一个整体,固有免疫是启动适应性免疫的先决条件,适应性免疫反哺固有免疫,形成正反馈,最终完成免疫应答。图 1-7 列举了固有免疫和适应性免疫的时相。表 1-3 比较了固有免疫与适应性免疫的特征。有关固有免疫系统及其应答将在第二、三章作详细介绍,而适应性免疫应答将以 T 和 B 细胞及其应答方式在第七、八章作详细介绍。

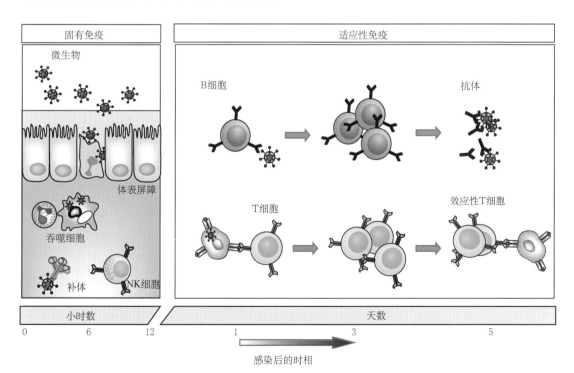

图 1-7 固有免疫和适应性免疫的时相

表1-3　固有性免疫应答与适应性免疫应答的比较

固有免疫应答	适应性免疫应答
固有性,先天性,无需抗原激发	获得性免疫,需接触抗原
早期,快速(数分钟至4天)	4～5天后发挥效应
模式识别受体	特异性抗原识别受体
	由于细胞发育中基因重排产生多样性
无免疫记忆	有免疫记忆,产生记忆细胞
抑菌/杀菌物质,补体,炎症因子	T细胞(细胞免疫 效应T细胞等)
吞噬细胞,NK细胞,NKT细胞	B细胞(体液免疫 抗体)

二、 适应性免疫应答

适应性免疫应答的基本过程遵从3个阶段:识别阶段、活化阶段和效应阶段(图1-8)。在识别阶段,主要是对胸腺依赖性抗原的识别,这种识别对于T细胞而言不是直接完成的,需要抗原呈递细胞(antigen presenting cell,APC)的辅助。完成了抗原识别后,就启动了适应性免疫细胞的活化,在这一阶段,需要具备双识别和双信号两个基本特征。双识别是对抗原和对MHC限制性的双识别;双信号:TCR-CD3复合体或BCR-CD79a/79b复合体是第一信号,协同刺激分子是第二信号。只有同时具备双识别和双信号的特征,才能激发淋巴细胞活化、增殖,进入第三阶段。在效应阶段,可以分为两个类型,以T细胞为主的细胞免疫和以B细胞为主的体液免疫。T细胞可以通过分泌细胞因子或直接接触靶细胞发挥生理或病理效应。B细胞则通过分泌抗体,中和病原体或调理作用或抗体依赖的细胞介导的细胞毒作用(antibody-dependent cell-midiated cytotoxicity,ADCC)发挥效应。当3个阶段完成后,病原体或其他物质被消灭,适应性免疫应答的程度降低或去除,以保持体内免疫自稳。

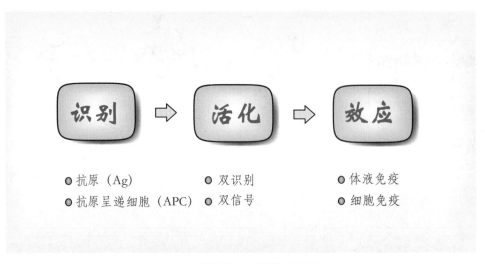

图1-8　适应性免疫应答的基本过程

在适应性免疫应答的3个阶段中,产生了适应性免疫应答特有的6个特性,即:特异性、多样性、记忆性、专一性、自限性和耐受性。这是适应性免疫应答区别于固有免疫应答的重要体现。

第三节　免疫学发展历史

人体抵御传染性疾病,具有免除疫患的现象在数千年前就被发现。公元前432年,一场灾难性的瘟疫吞噬了雅典近1/3的人口,也使这个文明古国的社会结构、文明程度遭受到了毁灭性的破坏。但同时,史书记载也发现了这么一个现象:在瘟疫流行中,有那么一群人被传染上疾病后幸免于难,当这种传染病再次流行时,这群人将不会被感染,即他们对这种传染性疾病的再次攻击具有抵抗力,因此人们就以古罗马时代描述免除个人劳役或免除对国家义务的一个拉丁文词"immunitas"描述该现象,意即"免除疫患,免除瘟疫"。虽然对该现象一直没有合理的解释,但人们却充分利用了它。譬如,在我国明朝隆庆年间(1567～1572),就有正式记载人痘接种预防天花的方法,主要以天花感染致死者皮肤上的天花痂磨制成粉,放入特制的管道中,对准正常人的鼻腔,通过口吹使天花痂粉进入体内。被吹正常人若幸免于难,就产生了抵抗力,暴露在大规模的感染中也不会被传染。这种以人为制造感染但不致死的方式避免患病,就是现代疫苗接种的雏形,体现了人类发现并利用生命规律,预防和战胜疾病的智慧。

从现象发现到利用,从免疫这个词汇的提出到系统研究,免疫学的发展由浅入深,由经验到科学经历了200多年的历史,取得了很多突破性的成就,摘得了首届诺贝尔生理或医学奖,至今已有28位科学家因免疫学及相关方面的研究获得了诺贝尔奖。以下对免疫学发展的各个时期作介绍。

一、经验免疫学时期（16～18世纪后叶）

如上所述,16世纪中国已经有记载预防天花的方法,这实际上是免疫学的开端。这种方法称为种痘术,并且出现了专门的种痘师。为防止因不易掌控吹送天花痂粉的剂量,或个体敏感的差异出现的意外致死,先人又探索出将天花痂煮熟,再磨制成粉,如此,该天花痂粉的毒力丧失,但其抵抗疾病的效果保存。有了创新性的开端,选择天花痂和接种方法等也在不断推陈出新。1741年,张琰在《种痘心法》中写到:"下苗时选入钵,用杵研细。加水再研,入和苗丹少许,以微有红色为度,不可太多。再研极和。干湿所得,大约苗新宜润,苗久宜干;天寒用温水,天热用凉水。随取木棉絮一丸如豆大,泡透仍挹干,先展钵底苗浆,再收杵上苗浆……然后令孩子向明,左手拈起苗丸,塞入鼻孔,男左女右……"为了使民众接受该预防方法,清朝的康熙皇帝在1689年的《庭训格言》中写到:"国初,人多畏种痘。至朕得种痘方,诸子女皆以种痘得无恙。今四十九旗……俱命种痘,凡所种者皆得善愈。尝记,初种痘时,年老人尚以为怪。朕坚意为之,遂全此千万人之生者,岂偶然耶?"至此,种痘术在国内得到了广泛的应用,还通过丝绸之路等传到俄国、英国、土耳其、朝鲜和日本等国家。康熙二十七年

(1688 年)俄国派人来华学种痘;1718 年,英驻土耳其公使夫人 Montagu 将人痘接种方法带往英国;1722 年,波士顿医师马瑟在北美推广种痘;1752 年《医宗金鉴》传入日本,带去种痘法;1777 年华盛顿命令美国全军将士种痘。据记载,接种痘苗的人群被感染后的死亡率仅为未接种人群的 1/5～1/10,充分体现了其预防效果。然而,因使用的是天花感染患者的痘苗,俗称"人痘苗",虽然有煮熟灭活毒性等手段,但仍有一定的危险性。

英国乡村医师 Edward Jenner(爱德华·吉纳)在 18 世纪后期发现牛痘病毒可以有效预防人型天花。这主要是基于他观察到挤牛奶的女工在接触了患有牛型天花的病牛后,虽然皮肤上长出了牛痘,但是再也不会因人类天花病毒感染而患病,从而意识到接种牛痘可以预防人类天花疾病。他在人类身上进行了尝试并获得了成功。1796 年,他以论文发表形式宣称注射牛痘病毒可以预防人类天花——一种烈性传染病。相比于中国的种痘术,他避免了人痘接种带来的潜在致病危险。吉纳的研究取得了胜利,他的牛痘病毒接种技术在全球成功推广。1979 年世界卫生组织宣布,天花疾病已经被彻底消灭。毫无疑问,这是现代医学的伟大胜利。

二、 科学免疫学时期（19～20 世纪中叶）

中国种痘术和英国牛痘术开创了人工主动免疫的先河;但是,由于传染病的病原体一直没有被发现,免疫学的发展停滞了将近 1 个世纪。直到 1870 年在显微镜的帮助下,许多病原体相继被发现,被成功分离。德国细菌学家 Robert Koch(罗伯特·郭霍)提出了传染病是由病原体导致的理论,才使得免疫学的发展向前推动了一大步。这段时期,是免疫学发展的鼎盛时期,各种新理论和方法不断涌现,免疫学多名先锋科学家获得诺贝尔奖(表 1 - 4),开启了免疫学的新篇章。

表 1 - 4 对免疫学研究作出贡献的诺贝尔生理或医学奖获得者

获奖时间(年)	获奖人物	研究成果
1901	Emil von Behring(1854～1917)	血清疗法及其在白喉病中的应用
1905	Robert Koch(1843～1910)	对结核病及结核分枝杆菌的研究
1908	Paul Ehrlich(1854～1915)	抗体形成侧链学说
	Elie Metchnikoff(1845～1916)	免疫细胞学说——吞噬细胞的作用
1913	Charles Richet(1850～1935)	过敏反应的研究
1919	Jules Bordet(1870～1961)	补体及补体结合反应
1930	Karl Landsteiner(1868～1943)	人血型抗原
1951	Max Theiler(1899～1972)	发明抗黄热病疫苗
1957	Daniel Bordet(1907～1992)	用组胺药物治疗变态反应
1960	F. M. Burnet(1899～1985)	克隆选择学说与获得性免疫耐受
	Peter B. Medawar(1915～1987)	获得性免疫耐受
1972	Rodney R. Porter(1917～1985)	抗体结构的研究
	Gerald M. Edelman(1929～)	抗体结构的研究
1977	Rosalyn Yallow(1921～)	建立放射免疫分析技术
1980	Baruj Benacerraf(1920～)	免疫应答基因
	Jean Dausset(1916～2006)	人类白细胞抗原(HLA)结构
	George Snell(1903～1996)	小鼠主要组织相容性复合体Ⅱ类(H - 2)结构

获奖时间(年)	获奖人物	研究成果
1984	Cesar Milstein(1927～2002)	单克隆抗体技术及免疫球蛋白遗传学研究
	Georges F. Kohler(1946～1995)	单克隆抗体技术
	Niels K. Jerne(1912～1994)	天然选择学说,免疫网络学说
1987	Susumn Tonegawa(1939～)	抗体基因及抗体多样性遗传基础
1990	Joseph E. Murray(1921～)	抗移植免疫排斥开展肾移植
	E. Donnall Thomas(1920～)	抗移植免疫排斥开展骨髓移植
1996	Peter C. Doherty(1941～)	MHC 生物学功能
	Rolf M. Zinkernagel(1944～)	MHC 生物学功能
2011	Bruce A. Beutler(1957～)	Toll 样受体在固有免疫中作用的研究
	Jules A. Hoffmann(1941～)	Toll 样受体在固有免疫中作用的研究
	Ralph M. Steinman(1943～2011)	树突细胞功能的研究

  法国微生物学家和化学家 Louice Pasteur(路易斯·巴斯德)受到人痘苗和牛痘苗的启发,利用物理化学和生物学方法,通过系统的动物模型研究,获得了细菌的减毒株,于 1880 年获得了世界上第二个疫苗——鸡霍乱弧菌疫苗,用于抵抗鸡瘟。他先后创造了炭疽杆菌和狂犬病毒减毒疫苗,用于预防接种,这就是人工主动免疫疗法(active immunization)的开端。虽然吉纳发明了牛痘苗,但是他对导致疾病的感染因素还是未知的,也不知道为什么种牛痘能预防天花,是巴斯德的微生物学理论提供了支持,即接种某一病原体,就能够对该病原体诱导的疾病产生抵抗。这些试验性的胜利引领了疫苗对机体保护性的机制研究,发展了免疫学这门科学。为尊重先辈的开创性工作,巴斯德将这类预防接种命名为 vaccination,疫苗命名为 vaccine(vac 是"牛"的词根)。

  德国学者 von Behring(冯·贝林)和日本学者 Kitasato(北里)于 1890 年发现了动物免疫的血清有白喉病毒或破伤风病毒特异性的抗毒素活性,可以在人体内产生短期的保护作用。这种活性归功于一种蛋白,现在称为抗体,它可以特异性地结合毒素并中和其活性,治疗白喉获得成功,开创了人工被动免疫(passive immunization)疗法。随后,从免疫动物或传染患者的血清中发现有多种能与微生物起结合反应的物质(抗体、补体),相继建立了一些血清学检测方法,如凝集反应、沉淀反应、补体结合反应等用于诊断传染病。1897 年,德国学者 Paul Ehrlich(保尔·埃里西)提出了抗体形成的侧链学说,提出抗体分子存在于细胞表面,可与进入机体的病原体等特异性结合,并刺激该细胞产生更多的抗体分子,从细胞表面脱落进入血液循环,与病原体发生凝集或中和反应,最终消灭病原体。该学说被后人命名为体液免疫学说。同一时期,俄国学者 Elie Ilya Metchnikoff(埃·梅尼契科夫)通过向海星注射染料被吞噬的现象,发现了吞噬细胞。他指出:不需要抗体,吞噬细胞即可通过吞噬微生物的方法消灭病原体,随即于 1883 年提出了吞噬细胞理论或细胞免疫学说,他的发现开创了固有免疫,也为适应性免疫的研究奠定了基础。细胞免疫学说和体液免疫学说在同一时期被提出,针对哪个学说是正确的曾发生过激烈争论。实践证明,这两个学说都是正确的。因此,两位科学家于 1908 年共同获得了诺贝尔生理或医学奖,体液免疫和细胞免疫学说也由此诞生。

  法国学者 Charles R. Richet(查尔斯·理查德)和 Paul J. Portier(保尔·波特)于 1902

年在研究海葵的毒性作用时,意外发现曾接受海葵提取液幸免于难的犬,数周后再接受极小剂量的相同提取液可迅速死亡,他们称此现象为过敏反应(anaphylaxi,意即无保护作用)。现在该现象被证明,接触抗原后机体发生超强的免疫反应称为超敏反应。这是免疫学研究中第一次发现免疫反应对机体不利的现象,从而提出了免疫病理的概念。

20世纪中叶,免疫学研究进展已经超越了抗感染范畴,系列免疫学理论,尤其是对现象的机制解释逐渐呈现。1945年美国科学家Ray David Owen(雷·欧文)在《科学》杂志上发表了他的工作,他发现异卵双生的两只小牛体内各自存在两种红细胞血型的嵌合体,成长后可接受相互皮肤的移植,提出了免疫识别和自身耐受的现象。1953年英国免疫学家Peter Medewar(彼得·梅达瓦)应用小鼠皮片移植模型,验证了免疫耐受现象。他提出:动物胚胎期或新生期接触抗原,可使其对该抗原发生免疫耐受,且是特异性的不应答。针对上述现象,1957年澳大利亚免疫学家MacFarlane Burnet(麦克·博纳特)提出了克隆选择学说。其核心内容是:生物体在长期的进化中,预先形成了识别自然界所有"非己"物质的免疫细胞克隆,同一种克隆细胞表达一种特异性受体,当与之相适应的"非己"物质侵入机体,该克隆免疫细胞被选择出来,进行活化、增殖,扩增出大量特异性的子代细胞,对该"非己"物质进行清除。但是对于自己的组织成分,或者在胚胎时期就接触过的"非己"物质(如异卵双生的牛红细胞),因为免疫系统尚未发育成熟,即使与之相结合的特异性免疫细胞克隆被选择出来,免疫细胞也不能发生活化、增殖;相反,这种免疫细胞克隆会被清除或处于抑制状态成为禁闭克隆(forbidden clone),以防止正常组织被损伤。因此,该学说被称为克隆选择学说(clonal selection theory)。该学说很好地诠释了机体为何对外界物质发生免疫应答,而对自身组织或胚胎期接触的物质产生特异性免疫耐受,是免疫学上最为重要的理论。1975年Georges Kohler(乔治·郭霍)和Cesar Milstein(西·米尔斯坦)所创立的B细胞杂交瘤技术从实验和技术层面验证了博纳特的克隆选择学说。

1974年,英国科学家Niels Jerne(尼尔斯·吉纳)针对抗体分子的独特型(idotype),在Burnet"克隆选择学说"的基础上提出了免疫网络学说(immune network theory)。该学说的中心思想是:任何抗体分子或淋巴细胞的抗原受体上都存在着独特型,它们可被机体内其他淋巴细胞识别而刺激诱发产生抗独特型(anti-idiotype)。以独特型-抗独特型的相互识别为基础,免疫系统内部构成"网络"联系,相互制约,对立统一,在免疫调节中起重要作用。

三、 现代免疫学时期（20～21世纪）

如果说科学免疫学时期创立了一个个免疫学理论,建立了一系列免疫学技术,那么随着科学技术的进步,学科交叉的相互渗透,极大地丰富了免疫学的研究内涵,拓展了免疫学的研究范畴,推动免疫学迈向更高的台阶。现代免疫学时期的创新性工作将体现在本教材中的每一个章节。以下仅就部分内容作简要介绍。

1. 固有免疫识别及应答方面的研究取得了突破性的进展 1989年美国免疫学家Charles Janeway(查尔斯·杰纳维)提出了固有免疫模式识别学说。其中心是固有免疫细胞(巨噬细胞或树突细胞等)可以通过其表面的模式识别受体(pattern-recognition receptor,

PRR)选择性地识别病原体及其产物所共有的高度保守的分子结构,称为病原体相关分子模式(pathogen-associated molecular pattern,PAMP),完成识别后激发固有免疫细胞的活化信号通路,使固有免疫细胞活化,并将此过程向适应性免疫细胞传递,最终启动适应性免疫应答。该学说的创新在于打破了传统理论中固有免疫细胞是不需要识别病原体就可以活化的说法,提出了病原体"类"识别的概念。该理论被法国免疫学家 Jules A. Hoffmann(雀尔斯·霍夫曼)和美国科学家 Bruce A. Beutler(布鲁斯·贝尔特)分别在果蝇和人体内发现 Toll 样受体 4(Toll-like receptor 4,TLR4)而验证。两位科学家也因此获得了诺贝尔奖。

2. 适应性免疫细胞分群及其生物学特征研究方兴未艾 随着生物仪器和技术的飞速发展,如流式细胞检测或分选仪的使用,免疫细胞表面越来越多的分子被发现,这些分子的相应功能也被研究。通过对细胞表面新型分子及其功能的研究,越来越多的新型免疫细胞亚群被发现,其与疾病的关系也逐渐明朗。$CD4^+$ T 辅助细胞($CD4^+$ Th)是一个大家族,除了已经发现的 Th1、Th2 亚群,最近又发现了 Th17、Tfh、Th9、Th22 等亚群,而且 Tfh 被认为是辅助 B 细胞产生抗体的关键细胞,而不是原来认为的 Th2 细胞。在实验性变态反应性脑脊髓炎的致病机制研究中,Th17 取代 Th1 发挥了关键作用。传统认为 B 细胞通过分泌抗体、分泌细胞因子、抗原呈递等发挥正向作用。近期研究发现,B 细胞可分泌 IL-10 等发挥免疫调节作用。

3. 免疫遗传学和主要组织相容性复合体限制性的发现开拓了其应用 主要组织相容性复合体(major histocompatibility complex,MHC)是人体内最具多样性、数量最多、结构最复杂的基因群。它是维持种族代系相传的遗传学分子,保证了个体之间的差异;它同时也是参与免疫应答的免疫分子,决定了个体或群体对外界物质产生免疫反应的强弱。1999 年,*Nature* 杂志报道了人 MHC 基因的 DNA 全序列和基因图谱,揭示人 MHC 基因位于 6 号染色体上,编码区分为Ⅰ区、Ⅱ区、Ⅲ区及Ⅰ、Ⅱ延伸区。在Ⅱ区中,几乎所有的基因都参与人体免疫反应,并与许多疾病相关,尤其是人体自身免疫性疾病,如类风湿关节炎和 1 型糖尿病等。MHC 基因的应用广泛,除了遗传学上的亲子鉴定,最关键的还是参与免疫应答,在限制性免疫识别(MHC 限制性)和移植免疫排斥等方面发挥重要作用。多名科学家因发现小鼠和人的 MHC 基因以及参与免疫应答、MHC 限制等生物学功能的研究而获得诺贝尔奖。

4. 分子免疫学研究应运而生 20 世纪 80 年代后,大量具有重要功能的细胞因子被发现、被定义和分类,仅白细胞介素(interleukin,IL)类细胞因子就有 37 个(IL-1~IL-37),这些分子的受体及相应的信号传递通路也被研究,并根据生物学功能归类。免疫细胞膜表面分子(cluster of differentiation,CD)目前已经发现 363 个(CD1~CD363),其生物学功能的挖掘亦将极大拓展免疫学的研究,丰富免疫学的理论。有关细胞因子及其受体、黏附分子和 CD 分子的介绍详见附表Ⅰ~Ⅲ。

5. 免疫组和免疫组学的研究 这个概念最早于 1999 年在奥斯陆举行的自身免疫国际会议上提出,但当时只局限于研究抗体和 TCR Ⅴ区分子结构与功能。现在的定义已超出该范畴,是研究免疫相关的全套分子库及其作用靶分子和功能。免疫组学包括免疫基因组学、免疫蛋白质组学和免疫信息学三方面的研究,在大数据时代将潜力无限。

第四节　医学免疫学研究和应用展望

与其他学科如人体解剖和组织胚胎学相比,免疫学是一门较新的科学,但贡献巨大。运用其原理和技术,不仅 1979 年在全世界消灭了天花,而且免疫系统是人体健康不可或缺的部分。

一、免疫学基础研究

这是免疫学研究的主干,还有许多问题亟待解决,很多现象等待阐明。包括免疫系统的形成机制;抗原的结构特性与免疫识别、免疫应答的相关性与机制研究;免疫细胞的迁移过程与定居机制;新型免疫细胞和亚群的形成过程及相互之间的调控机制;免疫耐受及免疫负向调控的方式与机制等。针对这些问题的研究,将使基础免疫学的研究更广泛和深入,也是对传统免疫学理论的拓展,对新理论或学说的创新。

二、免疫学应用基础研究

这是免疫学理论和技术的实际应用,主要研究内容是免疫性疾病的发生发展机制、疾病的诊断和防治等。目前认为所有疾病的发生发展均与免疫系统及其功能相关,因此免疫学的应用基础研究已经成为生命科学和医学研究的重要学科,在生命现象和生命过程中具有重要意义。由于研究对象和内容的不同,免疫学与生命科学或临床等各学科相互交叉,并衍生出了许多分支,如免疫化学、免疫遗传学、免疫病理学、免疫药理学、感染免疫学、肿瘤免疫学、移植免疫学、神经-内分泌免疫学、生殖免疫学等。随着新兴学科的不断产生,大数据时代的到来,免疫学与其他学科之间的相互交叉和协作将更为频繁和广泛。

三、免疫学的临床应用

20 世纪 70 年代末杂交瘤技术的建立和细胞因子的发现,80 年代初基因工程技术的发展,21 世纪初 PD-1、CTLA4 等免疫调节分子显著的抗肿瘤效应以及细胞转染工程技术 CAR-T 对血癌的治愈,加速了免疫学的研究成果直接从实验室转化成高技术产品的开发,在疾病的诊断、预防和治疗方面均创造出了显著的社会和经济效益,造福了人类。

免疫学迎来了它最好的时代,正沿着基础研究→应用研究→转化应用等主线开展,它们相互促进、相互渗透,推动着医学免疫学自身的发展,也带动了现代医学的进步。

（储以微）

第二章 固有免疫系统

固有免疫(innate immunity)是种系进化过程中形成的一系列防御机制,生来即有,可对侵入的病原体迅速产生应答,因其对病原体无严格的选择性,故又称为非特异性免疫应答(non-specific immunity)。固有免疫系统在机体免疫防御中具有重要作用,是机体抵御病原微生物感染的第一道防线。同时,固有免疫相关的效应细胞和效应分子亦广泛参与适应性免疫应答的启动、效应和调节。

第一节 屏 障 结 构

一、 皮肤黏膜及其附属成分的屏障作用

覆盖于体表的皮肤及与外界相通的腔道(如胃肠道、呼吸道和泌尿生殖道)内衬着的黏膜所组成的物理、化学和微生物屏障是机体抵御病原微生物侵袭的第一道防线。

1. **物理屏障** 皮肤表面覆盖多层鳞状上皮细胞,上皮细胞通过紧密连接的方式结合在一起,能有效地形成一个封闭空间,从而构成阻挡微生物入侵的有效屏障。黏膜上皮细胞的屏障作用较弱,但黏膜上皮细胞可分泌富含黏蛋白的黏液,被黏液包裹的微生物将难以黏附在表皮细胞上;另外,肠蠕动、呼吸道上皮纤毛的定向摆动以及尿液的冲洗作用等均有助于排除入侵黏膜表面的病原体。当物理屏障作用被破坏时(如创伤、烧伤以及机体内部上皮细胞完整性缺失),感染是导致患者死亡的重要原因。

2. **化学屏障** 皮肤和黏膜不仅是抵御感染的物理屏障,还可分泌多种抑菌或杀菌物质。如汗腺分泌的乳酸和皮脂腺分泌的不饱和脂肪酸等均具有一定抑菌作用;胃酸可杀死大多数细菌;唾液、泪液、呼吸道和泌尿生殖道黏液中的消化酶、胆盐及脂肪酸也能抑制细菌生长。这些物质共同构成了抵御病原体感染的坚实化学屏障。

3. **微生物屏障** 寄居于皮肤和黏膜的正常菌群(共生菌)也发挥重要的屏障作用。它们与致病微生物竞争营养物质以及上皮细胞上的黏附位点。这些微生物群还可通过刺激上皮细胞产生抗菌肽来增强上皮细胞的屏障功能。若不适当地大量或长期应用广谱抗生素,有可能抑制或杀死大部分正常菌群,破坏后者对致病菌的制约和干扰作用,从而引发耐药性葡萄球菌性肠炎、口腔或肺部念珠菌感染等,此即菌群失调症。

二、 体内屏障

1. **血-脑屏障** 血-脑屏障由软脑膜、脉络丛的脑毛细血管壁和包在壁外的星形胶质细

胞形成的胶质膜所组成,其结构致密,能阻挡血液中病原体及其他大分子物质进入脑组织及脑室,从而保护中枢神经系统。婴幼儿由于其血-脑屏障尚未发育完善,因而易发生中枢神经系统感染。

2. 血-胎屏障 血-胎屏障由母体子宫内膜的基蜕膜和胎儿的绒毛膜滋养层细胞共同构成,可防止母体内病原体侵入胎儿体内,从而保护胎儿免遭感染。妊娠早期(前 3 个月内)此屏障尚未发育完善,此时孕妇若感染某些病毒(如风疹病毒、巨细胞病毒等)可导致胎儿畸形、流产或死胎等。

3. 血-胸腺屏障 血-胸腺屏障位于胸腺皮质,由连续的毛细血管内皮、内皮周围连续的基膜、血管周隙(内含巨噬细胞)、上皮基膜和一层连续的胸腺上皮细胞所组成。其主要功能是限制大分子抗原物质进入胸腺,维持胸腺内环境的稳定,保证胸腺细胞的正常发育。

第二节　固有免疫细胞

固有免疫细胞主要包括吞噬细胞(单核/巨噬细胞、粒细胞和树突细胞)、NK 细胞、固有样淋巴细胞(rδT 细胞、NKT 细胞和 B1 细胞)以及肥大细胞和上皮细胞等。

一、吞噬细胞

如果病原微生物跨过上皮屏障并开始在宿主组织中复制,在大多数情况下,它们将很快被上皮细胞下的吞噬细胞所识别并清除。在固有免疫系统中,有 3 种主要的吞噬细胞:巨噬细胞、粒细胞和树突细胞。

1. 巨噬细胞(macrophage) 巨噬细胞持续不断地由离开血液循环、进入全身各组织的单核细胞分化而来,它们是驻扎在正常组织中的主要吞噬细胞。根据其所处部位及形态学特征,巨噬细胞称呼各异,如在神经组织中称为小胶质细胞、在肝脏中称为枯否细胞、在骨组织中称为破骨细胞等,这些细胞通常可称为单核-吞噬细胞。巨噬细胞在结缔组织中的数量尤其多,如胃肠道和细支气管的黏膜下层、肺间质、肺泡组织、沿肝脏血管区域以及脾脏(巨噬细胞在脾脏清除衰老血细胞)。巨噬细胞表面表达多种模式识别受体、调理性受体和细胞因子受体等。模式识别受体包括甘露糖受体、清道夫受体、Toll 样受体等,其与相应配体结合后可介导巨噬细胞对病原体或衰老细胞的清除(详见第三章)。调理性受体包括 IgG Fc 受体、补体受体[complement receptor(CR)3、CR4、CR1]等,其与相应配体结合后可增强巨噬细胞的吞噬功能。细胞因子受体包括干扰素受体(interferon receptor, IFNR)、肿瘤坏死因子受体(tumor necrosis factor receptor, TNFR)、白细胞介素受体(interleukin receptor, ILR)、趋化因子受体(chemokine receptor)以及集落刺激因子受体(colony stimulating factor receptor, CSFR)等,其与相应配体结合后可促进巨噬细胞的定向移行与活化。巨噬细胞的主要生物学功能如下。

(1)清除、杀伤病原体:巨噬细胞借助其表面模式识别受体和调理性受体摄取病原体等抗原性异物,通过氧依赖与非依赖的方式杀伤病原体。氧依赖性杀菌系统包括反应性氧中间物（reactive oxygen intermediate，ROI）和反应性氮中间物（reactive nitrogen intermediate，RNI)的杀伤作用。ROI 的杀伤作用指的是在吞噬作用激发下,巨噬细胞膜上的还原型辅酶 I / II 及分子氧被活化,生成超氧阴离子、游离羟基、过氧化氢和单态氧等杀菌物质。RNI 的杀伤作用是指巨噬细胞活化后,产生一氧化氮合酶,在还原型辅酶 II 或四氢生物蝶呤存在条件下,催化 L -精氨酸与氧分子反应,生成一氧化氮而发挥杀菌和细胞毒作用。氧非依赖杀菌作用包括:胞内乳酸累积而形成的对病原体具有抑杀作用的酸性环境、溶酶体内溶酶菌破坏细菌胞壁肽聚糖产生的杀菌作用,以及抗菌肽等阳离子蛋白对病原体的裂解破坏作用等。病原体在吞噬溶酶体内被降解后,其产物大部分被排出体外,其中有些被加工处理为具有免疫原性的小分子肽段,此种小分子肽段与主要组织相容性复合体（major histocompatibility complex，MHC)分子结合形成抗原肽-MHC 分子复合物,表达于巨噬细胞表面供 T 细胞识别,启动特异性免疫应答。

（2）参与和促进炎症反应:在趋化因子、病原体组分等作用下,巨噬细胞可被招募到炎症部位;同时,巨噬细胞也是浸润炎症灶局部的重要炎症细胞。巨噬细胞通过下列途径参与和促进炎症反应:①分泌单核细胞趋化因子-1(monocyte chemotactic protein-1，MCP-1)、白细胞介素 18(IL-18)等趋化性细胞因子,募集、活化更多的巨噬细胞、中性粒细胞和淋巴细胞,发挥抗感染免疫作用;②分泌多种炎症细胞因子(如 IL-1β、IL-6、TNF-α 等),参与和促进炎症反应;③分泌 IFN-α/β 和一系列胞外酶,增强机体抗感染免疫或导致机体组织细胞损伤。

（3）杀伤靶细胞(肿瘤细胞和病毒感染细胞等):充分活化的巨噬细胞能杀伤肿瘤细胞或病毒感染的靶细胞,其机制包括:①巨噬细胞分泌 IFN-γ、一氧化氮(NO)、ROI 及蛋白水解酶等,产生抗肿瘤、抗病毒作用;②在抗肿瘤抗体和病毒特异性抗体参与下,与巨噬细胞表面 FcR 结合,介导抗体依赖的细胞介导的细胞毒作用（antibody-dependent cell-mediated cytotoxicity，ADCC);③活化巨噬细胞分泌 TNF-α,诱导肿瘤或病毒感染的靶细胞发生凋亡。

（4）加工呈递抗原、启动适应性免疫应答:巨噬细胞是一类重要的专职抗原呈递细胞,可有效摄取、加工处理抗原,供 $CD4^+$/$CD8^+$ T 细胞识别以启动适应性免疫应答(详见第五章)。

（5）免疫调节:活化巨噬细胞可通过分泌多种细胞因子,参与免疫调节,对免疫应答具有双向调节作用。例如:IFN-α/β 和 IFN-γ 均可上调抗原呈递细胞的 MHC 分子表达,增强抗原呈递能力;IL-12、IL-18 可促进 T 细胞增殖分化、增强 NK 细胞杀伤活性以及促进 Th1 细胞的分化;IL-10 可抑制巨噬细胞和 NK 细胞活化,下调抗原呈递细胞表面 MHC-II 类分子和共刺激分子的表达(详见第五和第七章)。

2. 粒细胞 粒细胞包括中性粒细胞、嗜酸性粒细胞、嗜碱性粒细胞 3 种。其中,中性粒细胞的数量最多(占外周血白细胞总数的 60%～70%)、吞噬活性最强,是固有免疫应答中最早对病原体发生效应的细胞。中性粒细胞不是组织固有细胞,它们需要从血液募集到感染部位。在急性感染期时,在血液中大量富集,成为短暂存活的细胞,其存活期仅 2～3 天。中性粒细胞的胞质颗粒中含有髓过氧化物酶(myeloperoxidase，MPO)、酸性磷酸酶、碱性磷酸酶、溶菌酶和防御素等杀菌物质。中性粒细胞主要通过氧依赖和氧非依赖系统杀伤病原体。此外，还有巨噬细胞所不具备的由 MPO 与过氧化氢和氯化物组成的 MPO 杀菌系统。中性粒细胞表达多种趋化因子受体(IL-8R、C5aR)、模式识别受体和调理性受体，具有很强的趋化和吞噬能力，可迅速穿过血管内皮细胞进入感染部位。中性粒细胞在完成一轮吞噬作用后就会死亡，并且消耗殆尽它们的一级颗粒和二级颗粒。死亡和垂死的中性粒细胞是构成脓汁的主要成分。与之相反，巨噬细胞是长寿命型细胞，可不断产生新生的溶酶体。

3. 树突细胞(dendritic cell, DC) 免疫系统中吞噬细胞家族的第三个成员是存在于组织中的未成熟 DC。DC 是由 2011 年诺贝尔奖获得者 Ralph Steinman 于 1973 年发现，因其成熟时伸出许多树突样或伪足样突起而得名。DC 由骨髓中的髓样干细胞和淋巴样干细胞分化而来，它们通过血液迁移到组织，再到外周淋巴器官。DC 亦可吞噬、消化降解入侵微生物，但并不像巨噬细胞和粒细胞那样主要作为宿主的第一道防线直接杀伤病原体，其最大特点是能够显著刺激初始 T 细胞(naive T cell)的增殖，而巨噬细胞和 B 细胞仅能刺激已活化的或记忆性 T 细胞，因此 DC 是适应性 T 细胞免疫应答的始动者(详见第五章)。DC 分为两个主要类型：经典 DC(conventional DC，cDC)和产生 I 型干扰素的浆细胞样 DC(plasmacytoid DC，pDC)。cDC 的主要作用是加工处理抗原，称为抗原肽，将抗原信息呈递给 T 细胞，启动抗原特异性 T 细胞应答。因此，cDC 被认为是连接固有免疫和适应性免疫应答的桥梁。而 pDC 则作为固有免疫应答的重要组成部分，主要作用是产生抗病毒的干扰素。

大部分微生物主要通过肠道和呼吸道黏膜系统入侵机体，因此驻守在黏膜下组织中的巨噬细胞是首先接触病原体的细胞，但很快大量的中性粒细胞被募集到达感染部位而增强机体抵御病原体的能力。所有吞噬细胞均通过类似的吞噬机制内化抗原，即吞噬细胞通过表面的模式识别受体识别病原体表面组分并与之结合，然后吞噬细胞质膜将病原体包裹，内化为一个大的膜泡即内体。内体酸化后，能清除大部分病原体。内体再与溶酶体融合形成吞噬溶酶体，溶酶体中溶菌酶和蛋白水解酶等可进一步水解、消化病原体等异物。另外，吞噬细胞亦可通过称为巨胞饮的非特异性作用将大量的细胞外液体及其内容物消化。

二、 自然杀伤细胞

NK 细胞与 T 细胞和 B 细胞一样来源于骨髓淋巴样干细胞，其分化与发育依赖于骨髓微环境，主要分布于外周血、骨髓、脾脏、肝脏、肺脏和淋巴结。目前将具有 TCR⁻、mIg⁻、CD56⁺、CD16⁺淋巴样细胞鉴定为人 NK 细胞；NK1.1 和 Ly49 是小鼠 NK 细胞表面特征性标志。NK 细胞比 T 细胞和 B 细胞大，并含有具细胞毒作用的胞质颗粒。与细胞毒性 T 细胞(cytotoxic T lymphocyte, CTL)相似，NK 细胞识别某些肿瘤或病原体感染的靶细胞后，释放含颗粒酶和穿孔素的细胞毒性颗粒，诱导靶细胞凋亡。然而，不同于 T 细胞的是，NK 细胞不表达抗原特异性的识别受体，其杀伤作用是通过生殖细胞编码的有限受体来识别病原体感染细胞或癌变细胞的表面分子来发挥的。正是由于其识别受体不具有多样性，NK 细胞被归为固有免疫的一部分。

　　NK 细胞要保护机体免受病毒及其他病原微生物的感染,就必须有区分感染细胞与未感染健康细胞的机制。尽管其确切机制仍未阐明,但越来越多的证据表明,NK 细胞的激活是通过直接识别细胞表面某些糖蛋白成分及自身 MHC-Ⅰ分子的表达变化来实现。而细胞表面糖蛋白成分的变化主要是由于代谢压力(如病原体感染或细胞的恶变)所导致。MHC 分子是一系列几乎在机体所有细胞上均有表达的糖蛋白,它们是个体特异性的标志。MHC 分子及其在 T 细胞识别抗原中所发挥的作用详见第五章。简言之,MHC 分子主要有两种类型:Ⅰ类 MHC 分子表达在机体大多数细胞表面(除了红细胞),而Ⅱ类 MHC 分子的表达要局限得多(主要在抗原呈递细胞)。MHC-Ⅰ分子表达的改变可能是细胞感染病原体后的一个常见特性。许多病原体通过干扰 MHC-Ⅰ分子对抗原肽的呈递来逃避 T 细胞的杀伤作用。NK 细胞通过两种类型的表面受体(激活性受体和抑制性受体)来感知 MHC-Ⅰ分子的表达变化而区分感染与未感染的细胞,控制 NK 细胞的细胞毒作用及细胞因子分泌(图 2-1)。

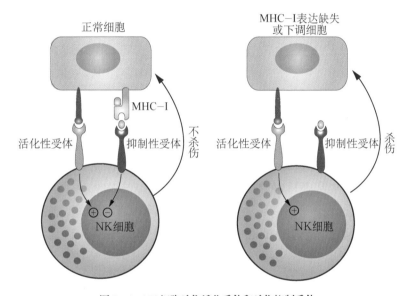

图 2-1　NK 细胞杀伤活化受体和杀伤抑制受体

　　激活性受体的活化可促使 NK 细胞释放细胞因子(如 IFN-γ)或通过细胞毒性颗粒直接杀伤靶细胞。NK 细胞亦表达 IgG FcR,故可通过 ADCC 作用杀伤靶细胞。而抑制性受体则可通过与 MHC-Ⅰ类分子结合来防止 NK 细胞杀伤正常宿主细胞。这有助于解释为什么 NK 细胞选择性杀伤 MHC-Ⅰ表达水平低的细胞,而非正常宿主细胞。细胞表面 MHC-Ⅰ类分子水平表达越高,越能保护自身免受 NK 细胞的攻击。这亦是为什么干扰素通过诱导 MHC-Ⅰ类分子的表达来保护未受感染的宿主细胞免受 NK 细胞攻击的重要原因之一。调节 NK 细胞活化的受体分为两大家族:杀伤细胞免疫球蛋白样受体(killer immunoglobulin-like receptor,KIR)和杀伤细胞凝集素样受体(killer lectin-like receptor,KLR)。

　　(1) KIR:KIR 是免疫球蛋白超家族成员。不同 KIR 基因编码不同数量免疫球蛋白样结构域,编码两个免疫球蛋白样结构域的称为 KIR2D,编码 3 个的则称为 KIR3D。NK 细胞活化的复杂性在于激活和抑制受体可属同一蛋白家族,例如 KIR 是激活还是抑制取决于其胞质区特定信号基序的存在与否。抑制性的 KIR(如 KIR－2DL 和 KIR－3DL)胞质区较长,含有一个免疫受体酪氨酸抑制基序(immunoreceptor tyrosine-based inhibitory motif,ITIM),共识序列为 V/I/LxYxxL/V。当配体结合抑制性 KIR 后,ITIM 的酪氨酸磷酸化,继而与定位在细胞膜附近的蛋白酪氨酸磷酸酶(protein tyrosine phosphatase,PTP)上的 SH2 结构域结合,从而招募 PTP 并使之活化,起到抑制蛋白酪氨酸激酶(protein tyrosine kinase,PTK)参与的信号转导通路活化过程的作用。激活性的 KIR(KIR－2DS 和 KIR－3DS)胞质区则较短,不含 ITIM 基序,它们本身不具信号转导功能,但其跨膜区氨基酸带正电荷,可与跨膜区带负电荷氨基酸、胞质区含免疫受体酪氨酸活化基序(immunoreceptor tyrosine-based active motif,ITAM)的信号蛋白 DAP12 发生非共价结合,从而获得转导活化信号的功能。

(2) KLR:KLR 家族蛋白同样既包括起激活作用的成员和起抑制作用的成员。KLR 是由两个不同 C 型凝集素分子(CD94 与 NKG2)构成的异源二聚体。CD94/NKG2 异二聚体可与各种类型 MHC－Ⅰ类分子相互作用。人类有 5 个 NKG2 家族成员:NKG2A、NKG2C、NKG2D、NKG2E 和 NKG2F。NKG2A 因胞质区较长、含 ITIM,故 CD94/NKG2A 异二聚体是 NK 细胞表面的抑制性受体。NKG2C 胞质区氨基酸序列较短,CD94/NKG2C 异二聚体本身不具有信号转导功能,但 CD94/NKG2C 能与胞质区含 ITAM 的 DAP12 发生非共价结合,从而获得转导活化信号的功能,因此 CD94/NKG2C 是 NK 细胞表面的活化性受体。

(3) 天然细胞毒性受体(natural cytotoxicity receptor,NCR):除了表达能感知 MHC－Ⅰ类分子的 KIR 和 KLR 外,NK 细胞也表达直接识别感染或其他致病因子的受体,如 NCR。NCR 包括免疫球蛋白样受体 NKp30、NKp44、NKp46 和 C 型凝集素样家族受体 NKG2D。NKG2D 受体在活化 NK 细胞的过程中似乎发挥特殊的作用。其他 NKG2 家庭成员(NKG2A、NKG2C 和 NKG2E)与 CD94 形成异质二聚体并结合 MHC－Ⅰ类分子 HLA－E,而 NKG2D 的配体与 MHC－Ⅰ类分子相关性较小并有完全不同的功能。NKG2D 配体的表达主要受细胞应激或代谢应激反应的调控,它们在一些胞内菌或病毒感染的细胞及癌变细胞中表达上调。因此,NKG2D 的识别常作为免疫系统的"危险"信号。NKG2D 主要表达在 NK 细胞、γδT 细胞及活化的 $CD8^+$ 细胞上,对其配体的识别可为这些免疫细胞提供共刺激信号以增强效应功能。除了所识别的配体外,NKG2D 激活的信号通路亦不同于其他受体。其他受体的激活涉及细胞内的信号蛋白如 CD3ζ 链、Fc 受体 γ 链和 DAP12,这些信号蛋白都含有 ITAM 基序;而 NKG2D 连接的接头蛋白是不包含 ITAM 序列的 DAP10。NKG2D 通过激活细胞内 PI3K 信号通路来启动一系列的 NK 细胞内信号通路。小鼠 NKG2D 的作用机制更加复杂,因为小鼠 NKG2D 有两种不同的剪切体,一种结合 DAP12 和 DAP10,而另一种结合 DAP10。因此小鼠 NKG2D 可以激活两种信号通路,而人 NKG2D 似乎只能通过 DAP10 来激活 PI3K 信号通路。

NK 细胞群体的一个重要特征是任何 NK 细胞只表达一部分的受体,所以并不是所有

NK 细胞个体都是相同的。NK 细胞的活化十分复杂,其被靶细胞激活还是抑制取决于对激活性和抑制性受体的综合调控。抑制性受体信号对 NK 细胞活化的有效抑制意味着 NK 细胞不会杀死表达 MHC - I 分子的正常细胞。然而,当细胞感染病毒后将会受到 NK 细胞的杀伤:首先,一些病毒抑制宿主细胞所有的蛋白质合成,因此感染细胞中 MHC - I 类分子合成受阻;其次,一些病毒可以选择性地阻止 MHC - I 类分子运输到细胞表面,使病毒感染细胞通过 MHC - I 特异受体抑制 NK 细胞的能力减弱,因而易受 NK 细胞的攻击。这就解释了病毒通过下调 MHC - I 的表达可逃避 CTL 的识别,却不能避免被 NK 细胞杀伤的原因。

三、固有样淋巴细胞

淋巴细胞受体的基因重排是适应性免疫系统的一个典型特征,通过基因重排,T 或 B 细胞表面可表达无限多样性的抗原受体(详见第六章)。然而,有几类数量较少的淋巴细胞亚群仅通过为数不多的基因重排,产生多样性非常有限的抗原受体,且通常只出现在人体特定的位置;在直接识别某些特定的表位分子后,这些淋巴细胞在未经克隆扩增条件下,通过趋化募集,迅速活化,产生免疫应答,因此被称为固有样淋巴细胞(innate-like lymphocyte,ILL)。固有样淋巴细胞主要包括自然杀伤性 T 细胞(NKT 细胞)、γδT 细胞和 B1 细胞。

1. NKT 细胞　NKT 细胞指能同时组成性表达 CD56(小鼠为 NK1.1)和 TCR - CD3 复合受体的 T 细胞。由胸腺或胚肝中发育而来,主要分布于胸腺和外周淋巴器官(包括黏膜免疫系统)。绝大多数为 $CD4^- CD8^-$ 双阴性,少为 $CD4^+$ 单阳性。TCR 表达密度低,其中多数为 TCRαβ 型。NKT 细胞识别的抗原谱较窄,主要识别 CD1 分子呈递的糖脂和磷脂成分,不受 MHC 限制。NKT 细胞主要通过穿孔素/颗粒酶途径来杀伤病原体感染的靶细胞或肿瘤细胞,也可通过分泌的细胞因子如 IL - 4、IL - 10 和 IFN - γ 等来发挥免疫调节功能。

2. γδT 细胞　γδT 细胞是皮肤黏膜局部参与早期抗感染免疫的主要效应细胞,组成性表达 TCRγδ - CD3 复合体,多为 $CD4^- CD8^-$ 双阴性,主要分布于肠道、呼吸道和泌尿生殖道。与 αβT 细胞不同的是,γδT 细胞通常不会识别 MHC 分子呈递的抗原多肽;相反,它们似乎可直接识别多种不同类型细胞表达的靶抗原,并迅速作出反应。由于其有限的多样性及缺乏再循环,上皮内的 γδT 细胞主要识别其所在上皮组织的配体,这些配体只有在细胞发生感染时才表达(包括热休克蛋白、MHC - I b 分子以及不正常的核苷酸和磷脂等)。活化后的 γδT 细胞可通过释放穿孔素、颗粒酶和表达 FasL 等方式杀伤被病原体感染的细胞,另外还可分泌 IL - 17、IFN - γ 和 TNF - α 等细胞因子介导炎症反应或参与免疫调节。

3. B - 1 细胞　B - 1 细胞在个体发育中出现较早,可在胎肝和骨髓中产生,在中枢淋巴器官外的组织中完成自我更新。B - 1 细胞主要分布于胸腔、腹腔中,表型主要为 $CD5^+$ 和 $mIgM^+$。B - 1 细胞的 BCR 缺乏多样性,明显不同于介导适应性体液免疫反应的 B 细胞。在某些特性上,B - 1 细胞更类似上皮内的 γδT 细胞,B - 1 细胞主要识别病原体多糖抗原(如脂多糖、荚膜多糖)或某些变性的自身抗原(如变性 Ig 和变性的 DNA),并在没有 T 细胞的辅助下产生低亲和力的 IgM 型抗体。虽然 T 细胞可以增强 B-1 细胞产生抗体的反应,但 B-1 细胞在机体接触抗原后的 48 小时内即可活化,而这时 T 细胞并没有参与其中,因此 B-1 细胞并不是适应性免疫应答的一部分。B-1 细胞并不与辅助 T 细胞发生抗原特异性相互作用,这也解释了为什么 B-1 细胞反应并不产生免疫记忆的原因:反复接触相同的抗原只能引起程度相类似或更弱的反应。B-1 细胞在机体早期抗感染免疫和维持免疫自稳中具有重要作用。从进化的角度来看,γδT 细胞主要保护上皮表面,而 B-1 细胞则主要保护体腔。两种类型的细胞都在相对有限的范围内发挥有限的效应。这两种类型的细胞可能代表适应性免疫反应的一个过渡进化阶段,保护着原始生物的两个主要部分——上皮表面和体腔。目前,尚不明确它们是起关键防御作用的细胞,还是只代表进化的残存物。然而,这些类型的固有免疫细胞主要存在于机体的特定位置并对特定的抗原发生应答,因此它们在机体防御中所发挥的作用是值得关注的。

第三节 固有免疫分子

一、补体

补体是存在于人和脊椎动物血清、组织液和细胞膜表面的一组与免疫有关,经活化后具有酶活性的蛋白质。当病原体突破宿主免疫屏障时,其后遇到的固有免疫的一个重要组分就是补体。19 世纪末,在发现体液免疫后不久,Bordet 即证明,新鲜血清中存在一种不耐热的成分,可辅助特异性抗体介导的溶菌作用。由于这种成分是抗体发挥溶细胞作用的必要补充条件,故被称为补体(complement)。虽然补体首先作为抗体反应的效应分子被发现,但是现在知道补体首先是作为固有免疫应答的一部分进化而来。在感染早期抗体缺乏时,补体仍可通过更古老的途径被激活,为机体提供保护作用。

1. 补体系统的组成 补体系统包括 30 余种可溶性蛋白和膜结合蛋白,主要由肝脏产生。在未发生感染时,这些蛋白以无活性形式循环。只有在病原体出现或抗体与病原体发生结合时,补体系统才被激活。按其生物学活性,补体系统主要可分为补体固有成分、补体调节蛋白和补体受体 3 部分。

(1) 补体固有成分指存在于血清及其他体液中参与补体活化级联反应的各种补体成分。包括:①经典激活途径的 C1q、C1r、C1s、C4、C2;②旁路激活途径的 B 因子、D 因子和备解素(properdin, P 因子);③甘露聚糖结合凝集素(mannan-binding lectin, MBL)激活途径的 MBL、MBL 相关丝氨酸蛋白酶(MBL-associated serine protease, MASP);④上述 3 条途径共同末端通路的 C3、C5、C6、C7、C8 和 C9。

(2) 补体调节蛋白指以可溶性形式或膜结合形式存在的、通过调节补体激活途径中关键酶而控制补体活化强度和范围的蛋白分子,包括血浆中的 C1 抑制物(C1 inhibitor, C1INH)、I 因子、H 因子、C4 结合蛋白(C4 binding protein, C4bp)、S 蛋白、Sp40/40,以及细胞膜表面的衰变加速因子(decay-accelerating factor, DAF)/CD55、膜辅助蛋白(membrane

cofactor protein，MCP)/ CD46、CD59 和同源抑制因子(homologous restriction factor，HRF)/C8bp 等。

(3) 补体受体(complement receptor，CR)指存在于不同细胞膜表面、能与补体活化过程中形成的活性片段相结合,介导多种生物学效应的受体分子。包括 CR1~CR5、C3aR、C4aR、C5aR、C1qR 等。

2. 补体的活化与效应 补体系统主要通过 3 种途径被激活:首先被发现的是抗体介导的补体激活途径,亦称为抗体激活的经典途径;随后被发现的是旁路途径,该途径可在病原体单独存在时激活补体级联反应;最近发现的是凝集素途径,该途径可通过识别凝集素蛋白并结合病原体表面的糖类而被激活。已知蛋白水解在抗菌蛋白的活化中起到重要作用,补体系统的活化则在更大程度上依赖于蛋白的水解作用。因为补体系统的蛋白酶是没有活性的前酶(酶原),通常需要被另一个补体蛋白水解切割后才被激活。而只有检测到病原体后才可激活初始的酶原,触发一系列的蛋白水解反应,导致补体酶原被依次激活。由于在蛋白的级联水解反应中每一步反应都将得到放大,故小量的病原体就可导致补体活化。

(1) 经典途径(classical pathway):是最早发现的补体激活途径,也是进化中出现最晚的补体激活途径,是由抗原-抗体复合物结合 C1q 依次激活 C1、C4、C2、C3、C5,最终形成膜攻击复合物的途径。经典激活途径的激活物质主要是 IgG(IgG1、IgG2、IgG3)和 IgM 类抗体与相应的抗原结合形成的免疫复合物(immune complex，IC)。参加经典激活途径的补体固有成分包括 C1~C9。抗原主要指各种病原体,它们为活化的补体成分提供结合的表面,有利于补体成分的依次激活。补体经典激活途径分为 3 个阶段:识别阶段、活化阶段和膜攻击阶段(效应阶段)。其中膜攻击阶段是 3 种补体激活途径所共有,又称为共同末端通路。

1) 识别阶段:指 C1 识别免疫复合物而活化形成酯酶的过程。C1 是补体经典激活途径的起始成分,是补体系统中分子量最大的分子。C1 复合体由一个大亚基(C1q)和 2 个丝氨酸蛋白酶(C1r 和 C1s)组成。C1q 是一个六聚体,每一个亚单位的球形头部都能与 Ig 的 Fc 段的补体结合位点结合。一个 C1q 分子必须同时有 2 个以上球形头部与 Ig 分子上的补体结合位点结合后,才能被激活。IgG 是单体结构,因而需要 2 个以上 IgG 分子与相应抗原结合后才能激活 1 个 C1q;而 IgM 是五聚体,含有 5 个补体结合位点,1 个 IgM 分子与相应抗原结合后即能激活 C1q,因此 IgM 活化补体的作用要大于 IgG。人 IgG 亚类活化 C1q 的能力由高到低依次为 IgG3>IgG1>IgG2,IgG4 无激活经典途径的能力。C1r 和 C1s 均属单链蛋白质,属丝氨酸蛋白酶类,C1r 起连接 C1q 和 C1s 的作用,抗原与 IgG 或 IgM 结合后,导致 IgG 或 IgM 分子构型改变,使 Fc 段上的补体结合位点(IgG 的 C_H2 区或 IgM 的 C_H3 区)暴露出来,C1q 分子识别并与之结合,引起 C1q 6 个亚单位构象发生改变,使 C1r 活化成为有活性的 C1r,从而激活 C1s,进而形成具有丝氨酸蛋白酶活性的 C1 酯酶,即有活性的 C1s,其作用底物依次为 C4 和 C2。C1 酯酶一旦形成,即完成识别阶段,进入活化阶段。

2) 活化阶段:指形成 C3 转化酶(C4b2a)和 C5 转化酶(C4b2a3b)的过程。有活性的 C1 酯酶(C1s)首先裂解液相中的 C4,产生 2 个片段,小分子片段 C4a 游离于液相,具有过敏毒素活性,大分子片段 C4b 局限于病原体表面。在 Mg^{2+} 存在下,C2 与结合在细胞膜上的 C4b 结合,继而被 C1s 裂解,产生 C2a 和 C2b,C2a 与 C4b 结合形成 C3 转化酶(C4b2a),其作用底物为 C3。C3 是体液中含量最高的补体成分,裂解 C3 是补体激活的关键步骤,会直接或间接导致补体系统所有效应分子的活化。C3 转化酶裂解 C3,产生的小分子片段 C3a 进入液相,参与炎症应答,裂解产生的大分子片段 C3b 极不稳定,易被降解,只有约 10% 的 C3b 与 C4b2a 结合形成 C5 转化酶(C4b2a3b)。至此活化阶段完成。

3) 膜攻击阶段(效应阶段):补体激活的重要作用之一是补体的终末成分的组装,形成攻膜复合体(membrane attack complex,MAC),最终导致脂质双层膜上形成"渗漏斑",破坏膜的完整性,破坏病原体细胞膜上的质子梯度从而杀伤病原体。C5 转化酶将 C5 裂解为 C5a 和 C5b,小片段 C5a 游离于液相,大片段 C5b 首先与 C6 结合成 C5b6 复合物,继而与 C7 结合形成 C5b67 复合物,该反应致使分子构象发生变化,在 C7 分子上暴露出一个能够插入靶细胞脂质双层的疏水位点。当与 C5b67 复合体结合时,C8 也暴露出相似的疏水位点并与 C5b67 复合物发生高亲和力结合,形成 C5b678 复合物并牢固黏附于靶细胞膜表面。此时细胞膜出现损伤,但还不能溶解细胞。最终效应需要 C9 参与,10～16 个 C9 与 C5b678 聚合形成 C5b6789n 复合物,即 MAC。插入细胞膜的 MAC 中的 C9 聚合形成内径约为 10 nm(100 Å)、穿透细胞膜磷脂双层的孔道,从而破坏细胞稳态,导致水和无机盐自由进出,最终导致细胞溶解。此外,还可使大量 K^+ 外溢,致死量 Ca^{2+} 被动向胞内弥散,并最终导致细胞死亡。

(2) 补体活化的甘露聚糖结合凝集素(mannan-binding lectin pathway,MBL)途径:MBL 途径,亦称凝集素途径,与经典途径的过程基本类似,其激活起始于病原微生物感染早期机体产生的急性期蛋白,如 MBL 和 C-反应蛋白等,而非依赖于抗原-抗体复合物的形成。因此,该激活途径对于抵抗早期感染具有重要作用。MBL 是一种具有凝集素作用的钙依赖性糖结合蛋白,由肝细胞产生。在正常情况下,血清中 MBL 含量极低,但急性期反应时水平明显增高。MBL 可以识别病原微生物表面的 N-氨基半乳糖或甘露糖残基并与之发生高亲和力结合,但并不结合脊椎动物多糖末端的唾液酸残基。MBL 的分子结构与 C1q 相似,在 Ca^{2+} 存在的条件下,MBL 与病原微生物结合后,构象发生改变,激活与之相连的 MBL 相关丝氨酸蛋白酶(MASP)。MASP 有两种,即 MASP1 和 MASP2,MASP1 和 MASP2 相当于 C1r 和 C1s,其中 MASP2 能以类似于 C1s 的方式裂解 C4 和 C2 分子,生成类似经典途径的 C3 转化酶(C4b2a),其后的反应过程与经典途径相同。MBL 和 MASP-2 缺乏的婴幼儿常发生胞外菌引起的呼吸道感染,这表明该通路在固有免疫中的重要性,尤其在适应性免疫应答尚未充分发育的婴幼儿阶段。

(3) 旁路途径(alternative pathway):旁路途径可能是最古老的补体激活途径,但因为是第 2 个被发现的补体途径,因此被命名为旁路途径,亦称为替代途径。它的主要特点是自发激活能力及独特的 C3 转化酶,旁路途径的 C3 转化酶,并不是凝集素途径或经典途径中的 C4b2a 转化酶,而是由 C3b 自身结合 Bb 形成的 C3bBb。C3bBb 可通过催化产生 C3b,以产生更多的自我。这就意味着:通过任何途径,一旦形成 C3b,旁路途径可以作为一个放大回路迅速增加 C3b 的产生。旁路途径的激活物质主要是细菌细胞壁成分(脂多糖、肽聚糖、磷壁酸)、酵母多糖,以及聚合的 IgA 和 IgG4 等。激活物的作用主要是为补体活化提供固相接触界面。

1) C3b 和 C3 转化酶的形成:正常生理条件下,血清中的 C3 受蛋白酶的作用,可缓慢、持续地水解产生少量 C3b,液相中的 C3b 迅速被 I 因子灭活。若有细菌等物质与 C3b 结合,提供与之结合的固相界面,就可延长 C3b 的半衰期,有利于 C3b 与液相中的 B 因子结合。在 Mg^{2+} 存在下,C3b 可与 B 因子结合形成 C3bB 复合物。血清中有活性的 D 因子作用于 C3bB,把 C3bB 中的 B 因子裂解成 Ba 和 Bb,Ba 游离于液相中,Bb 仍与 C3b 结合形成 C3bBb,即 C3 转化酶。C3bBb 能裂解 C3,但效率不高且不稳定,容易被 I 因子和 H 因子灭活。故无激活物存在时,不能激活后续补体成分,但为补体活化打下了基础。

2) C5 转化酶的形成:当有激活物质(脂多糖、酵母多糖等)存在时,生理条件下产生的 C3b 和 C3bBb 可与激活物结合并受到保护,不易被 I 因子和 H 因子灭活。C3bBb 还可与备解素(properdin,P 因子)结合形成 C3bBbP(稳定状态转化酶),使其活性更加稳定。备解素由中性粒细胞产生,高度聚集在次级颗粒中,当中性粒细胞被激活时才被释放。备解素也许有些模式识别受体的特性,能够促进病原体被吞噬细胞吞噬。C3bBbP 可裂解大量 C3,产生大量 C3b,C3b 又与 B 因子结合,在 D 因子的作用下形成更多的 C3bBb,继而进一步裂解 C3 产生 C3b。由于 C3b 的增多,C3b 和沉积于细胞表面的 C3bBb 结合形成新的复合物 C3bBb3b,即旁路途径的 C5 转化酶。进一步裂解 C5 产生 C5b,进入与经典途径、MBL 途径相同的膜攻击阶段(图 2 - 2)。

(4) 3 条补体激活途径的特点及比较:补体作为相对独立的固有免疫防御机制,早在无脊椎动物体内即存在,从海胆已克隆出 C3 和 B 因子样基因,从尾索动物已分离出 MBL 和 MASP。进化过程中最早出现的是旁路途径,至尾索动物才有凝集素途径,软骨鱼产生 C4 和抗体,故补体激活的经典途径最早出现于软骨鱼。进化过程中,3 条激活途径出现的先后顺序是旁路途径、MBL 途径和经典途径。3 条途径起点各异,但存在相互交叉,并具有共同的终末反应过程(表 2 - 1)。

表 2 - 1　3 条补体激活途径的比较

	经典途径	MBL 途径	旁路途径
激活物质	抗原-抗体复合物	含有 N-氨基半乳糖或甘露糖残基的病原微生物	细菌细胞壁成分(脂多糖、肽聚糖、磷壁酸),以及聚合的 IgA 和 IgG4 等
识别分子	C1q	MBL	无
参与补体成分	C1~C9	C2~C9	C3、C5~C9、B 因子、D 因子、P 因子
所需离子	Ca^{2+}、Mg^{2+}	Ca^{2+}、Mg^{2+}	Mg^{2+}
C3 转化酶	C4b2a	C4b2a	C3bBb
C5 转化酶	C4b2a3b	C4b2a3b	C3bBb3b
作用	参与适应性免疫效应阶段	参与固有免疫	参与固有免疫
意义	在抗感染的中晚期发挥作用,或参与抵御相同病原体的二次感染	在感染早期或初次感染发挥作用	在感染早期或初次感染发挥作用

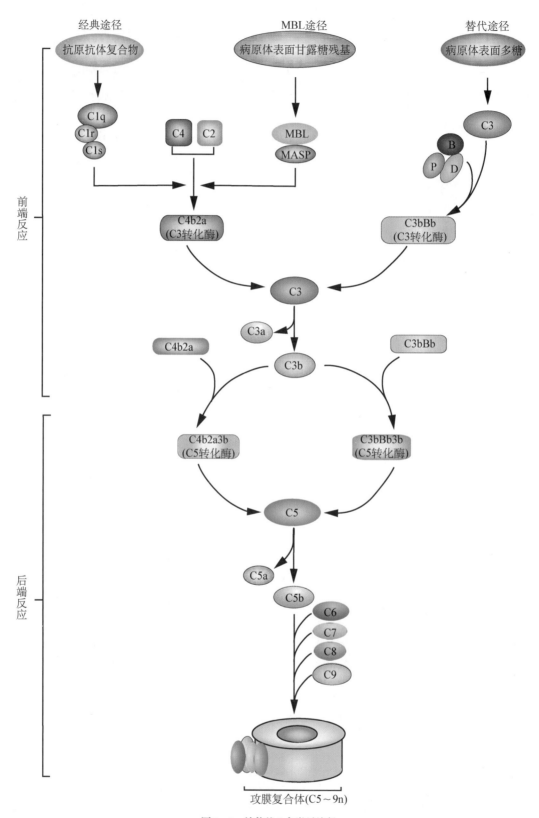

图 2 - 2 补体的 3 条激活途径

1）经典途径的特点：①抗体介导的补体激活途径首先被发现，该途径的激活物主要是IgG(IgG1、IgG2、IgG3)和IgM类抗体与相应的抗原结合形成的免疫复合物，C1q是识别免疫复合物是经典途径的起始步骤；②C3转化酶和C5转化酶分别是C4b2a和C4b2a3b，C3转化酶的产生需要Mg^{2+}的存在；③需要抗体的产生，因而在抗感染的中晚期与抵御病原体的再次感染中发挥作用。

2）MBL途径的特点：①MBL途径是最近发现的补体激活途径，激活物质非常广泛，主要为病原体表面的糖类；②除了识别过程，其后的反应过程与经典途径相同；③除C1外，所有补体固有成分全部参与。④对经典途径和旁路途径具有交叉促进作用。⑤无需抗体参与即可激活补体，在感染早期或对未免疫个体发挥抗感染作用。

3）旁路途径的特点：①病原体单独存在时被激活；②无需激活C1、C4和C2，直接激活C3；③C3转化酶和C5转化酶分别是C3bBb和C3bBb3b；④存在正反馈放大机制；⑤激活补体不依赖特异性抗体的存在，在感染早期或初次感染就可发挥作用。

3. 补体活化的调控 补体的活化是一种高度有序的级联反应，可产生多种生物学效应，对机体既有保护作用，又可能产生损伤作用。正常情况下，补体系统的活化是在一系列精细的调控机制下进行的，使之既能有效杀伤病原体，又能防止因补体过度激活而造成的补体消耗和组织损伤。这些调控机制包括补体自身衰变的控制、补体级联酶促反应的控制和MAC组装的控制。另外，一些补体调节蛋白具有区分自我和非我的功能，能保护正常的宿主细胞，只在病原体表面激活补体。

（1）补体自身衰变的调控：补体活化片段C3b、C4b、C5b极不稳定，半衰期很短，一旦形成就要立即结合到细胞膜上，才能活化后续补体成分；若不与细胞结合，很快将会被水解而失去活性，此即自身衰变。3条途径形成的C3转化酶（C4b2a、C3bBb）和C5转化酶（C4b2a3b、C3bBb3b）均容易衰变失活，可限制或中断对C3、C5的激活，从而限制后续补体成分的级联酶促反应。此外，只有结合于固相的C3b、C4b才能延续经典途径的活化；旁路途径中的C3b也只有结合在病原体等固相表面时才不会被灭活，从而能形成C3转化酶C3bBb，而旁路途径的活化程度严格依赖于C3转化酶的稳定性。因此，人体血液中一般不会发生过强的自发性补体激活反应。

（2）补体调节蛋白的调控：体液和细胞膜表面存在多种补体调节蛋白，通过控制级联酶促反应过程中关键酶的活性和MAC的组装等重要步骤来发挥调节作用。存在于体液中的补体调节蛋白包括：C1抑制物（C1 inhibitor，C1INH）、C4结合蛋白（C4 binding protein，C4bp）、I因子、H因子、S蛋白（S protein，SP）和群集素等。存在于细胞膜表面的补体调节蛋白包括：补体受体1（complement receptor 1，CR1）/CD35、衰变加速因子（DAF）/CD55、膜辅助蛋白（MCP）/CD46、CD59和同源限制因子（HRF）等。主要的补体调节蛋白及其功能总结见表2-2。总之，补体活化的放大回路只在病原体表面或受损的宿主细胞上发生，而不能在表达以上负性调节蛋白的健康宿主细胞或组织上发生。

4. 补体活化的生物学意义 补体系统在机体的固有免疫应答中发挥重要作用：3条补体活化通路的共同末端效应均是在细胞表面形成MAC，介导细胞溶解效应；补体激活过程

表 2-2 补体调节蛋白及其功能

补体调节蛋白	作用靶点	功　能
液相调节蛋白		
C1 抑制物	C1s、MASP	灭活 C1s 和 MASP，阻断 4b2a 形成
C4 结合蛋白	C4b	加速 4b2a 的衰变、辅助 I 因子介导的 C4b 降解
I 因子	C3b、C4b	灭活 C3b、C4b
H 因子	C3b	加速 C3bBb 的衰变、辅助 I 因子介导的 C3b 降解
S 蛋白	C5b7	与 C5b67 结合，使之失去膜结合的功能
跨膜调节蛋白		
补体受体 1	C3b、C4b、IC3b	促进 C3 转化酶的解离，辅助 I 因子介导的 C3b 和 C4b 的降解
衰变加速因子	4b2a、C3bBb	促进 C3 转化酶的降解
膜辅助蛋白	C3b、C4b	辅助 I 因子介导的 C3b 和 C4b 的降解
CD59	C7、C8	阻止 C7、C8 与 C5b、C6 的结合，抑制 MAC 形成
同源限制因子	C8、C9	阻止 C8 与 C9 形成、抑制 MAC 形成

中产生的多种活性片段介导多种生物学效应。

（1）溶菌、中和病毒及细胞毒作用：补体系统活化后，在细胞表面形成 MAC。MAC 形成的穿膜亲水性孔道使细胞内外渗透压失衡，从而导致靶细胞溶解。MAC 还可以与细胞膜的磷脂结合引起脂质双层膜的全面崩解，这也是裂解有包膜病毒的重要机制。补体能溶解红细胞、白细胞、血小板等，也能溶解细菌（霍乱弧菌、沙门菌等革兰阴性细菌）和病毒。补体介导的溶解细胞作用是机体抵抗微生物感染的重要防御功能之一。在感染早期、无特异性抗体存在的情况下，细菌成分（脂多糖等）及急性炎症蛋白（MBL）可激活旁路途径及 MBL 途径，对早期抗感染具有重要意义。在某些病理情况下，补体系统可引起宿主细胞溶解，从而导致组织损伤与疾病。

（2）调理作用：补体激活过程中产生的 C3b、C4b 和 iC3b 与病原体结合后，可与吞噬细胞表面相应补体受体 CR1（C3b/C4bR）或 CR3（iC3bR）结合，从而促进吞噬细胞对病原体的摄取和降解，此即补体介导的调理作用。这种依赖 C3b、C4b 和 iC3b 的吞噬作用，在机体抵御全身性细菌或真菌感染中起到重要作用。

（3）清除免疫复合物：补体有助于清除抗原和抗体结合形成的可溶性免疫复合物（immune complex，IC）。其可能的机制如下。①免疫黏附（immune adhesion）：可溶性免疫复合物激活补体后，产生的 C3b 与免疫复合物结合，再通过 C3b 与表达 CR1 的红细胞、血小板黏附，最终通过血流被运送至肝、脾，被肝、脾内的巨噬细胞清除。补体的这一作用称为免疫黏附，是机体清除循环免疫复合物的重要机制。②解离已形成的免疫复合物或抑制免疫复合物形成：C3b 和 C4b 与免疫复合物有很强的亲和力，C3b 或 C4b 与抗体共价结合后，可在空间上干扰抗体的 Fab 段与抗原结合，或干扰抗体 Fc 段间的相互作用，从而抑制新的免疫复合物形成，或使已形成的免疫复合物解离。

（4）炎症介质作用：补体活化过程中可产生多种具有炎症介质作用的活性片段（C3a、C4a、C5a 等），表现为过敏毒素作用、趋化作用和激肽样作用等，从而介导炎症反应。

1）过敏毒素作用：小补体片段 C3a、C4a、C5a 可与表达相应受体的肥大细胞、嗜碱性粒细胞结合,使它们脱颗粒释放组胺等生物活性介质,导致血管扩张、毛细血管通透性增加、平滑肌收缩。全身大量注射时会引起全身循环衰竭,产生休克样综合征,这与 IgE 抗体介导的全身过敏性反应(过敏性休克)相类似(详见第十一章)。因此,这些小的补体片段常被称为过敏毒素。在这 3 种过敏毒素中,以 C5a 作用最强。

2) 趋化作用:C3a、C5a 有趋化作用,能够增强中性粒细胞和单核-巨噬细胞对血管壁的黏附、向炎症部位的迁移及促进这些吞噬细胞发挥吞噬作用,还可诱导中性粒细胞表达黏附分子刺激中性粒细胞产生氧自由基、前列腺素和花生四烯酸,引起血管扩张、毛细血管通透性增加、平滑肌收缩,增强炎症反应。

3) 激肽样作用:C2a、C4a 等有激肽样作用,能增加血管通透性,引起局部炎性充血。

(5) 影响适应性免疫应答:通过补体介导的调理作用有助于病原体被表达补体受体的抗原呈递细胞摄取,增强了病原体抗原呈递给 T 细胞的能力(详见第七章);B 细胞表达的补体蛋白能够增强对有包被补体抗原的免疫应答(详见第八章);一些补体片段通过抗原呈递细胞影响细胞因子的产生,从而影响适应性免疫应答的方向和程度。

二、 细胞因子

微生物感染机体后,可刺激机体免疫细胞和非免疫细胞(如感染的组织细胞)产生多种细胞因子(详见附录Ⅱ和附录Ⅲ)。细胞因子与其特异性受体结合后可诱导强大的非特异性效应,包括致炎、致热、引发急性时相反应、激活免疫细胞、趋化炎症细胞、抑制病毒复制和细胞毒作用等。

1. 主要特点 ①多为小分子量蛋白(8 000～30 000)。②具有高效性:细胞因子与其受体亲和力结合可高效发挥其生物学作用(如 1 pg 的干扰素能保护 100 万个细胞抵御 1 000 万病毒颗粒的感染)。③通过旁分泌、自分泌或内分泌方式发挥作用:自分泌的细胞因子可作用于自身,旁分泌的细胞因子主要作用于邻近细胞,内分泌的细胞因子影响远处的靶细胞(但其影响的力度依赖于它们进入血液循环的能力及在血液中的半衰期)。④具有多效性、重叠性、拮抗性或协同性:多效性是指一种细胞因子可作用于多种靶细胞,产生多种生物学效应;重叠性是指多种细胞因子作用于同一种靶细胞,产生相同或相似的生物学效应;拮抗性是指一种细胞因子可抑制其他细胞因子的功能;而协同性是指一种细胞因子可强化另一种细胞因子的功能。⑤迅速性:细胞因子的合成和分泌过程是一种自我调控的过程。正常条件下,细胞因子极少储存,适当刺激后迅速合成、迅速释放、迅速发挥作用、迅速降解。⑥非特异性:细胞因子以非特异性方式发挥作用,且不受 MHC 限制。

2. 分类 细胞因子可以根据结构与功能不同进行分组。主要可分为白细胞介素、干扰素家族、肿瘤坏死因子超家族、集落刺激因子、趋化因子家族和生长因子家族。①白细胞介素(IL),是指介导白细胞间相互作用的细胞因子。与固有免疫相关的主要有主要是 IL - 1β、IL - 6 和 IL - 18 等。②干扰素(IFN),因具有干扰病毒复制的作用而得名。根据 IFN 的来源、生物学性质及活性,可将其分为Ⅰ型 IFN(IFN - α、IFN - β、IFN - ε、IFN - ω 和 IFN - κ)和Ⅱ型 IFN(IFN - γ)。③肿瘤坏死因子(TNF),因其在体内外均可直接杀伤肿瘤细胞而得名。TNF 家族大部分细胞因子是跨膜蛋白,作用范围有限,但在某些条件下,它们也能从膜上释放出来。TNF－α 最初以三聚体形式表达在膜上,但也能够从膜上释放出来;TNF－α 的功能能够被两个受体介导,TNF 受体Ⅰ表达在大部分细胞上,包括内皮细胞和巨噬细胞,然而 TNF 受体Ⅱ大部分表达在淋巴细胞上。④集落刺激因子(CSF),是一组在体内外均可选择性刺激造血祖细胞增殖、分化并形成某一谱系细胞集落的细胞因子,包括巨噬细胞 CSF(macrophage-CSF,M－CSF)、粒细胞 CSF(granulocyte-CSF,G－CSF)和巨噬细胞/粒细胞 CSF(GM－CSF)、干细胞因子(stem cell factor,SCF)以及红细胞生成素(erythropoietin,EPO)等。⑤趋化因子(chemokine),是一类对不同靶细胞具有趋化效应的细胞因子家族。多种类型的细胞能产生趋化因子,并不局限于免疫细胞。⑥生长因子(growth factor)家族,是一类可介导不同类型细胞生长和分化的细胞因子。

3. 主要生物学功能 细胞因子在调控固有与适应性免疫应答、刺激造血及促进组织修复等方面均发挥重要作用。

(1) 调控固有免疫应答:细胞因子在募集固有免疫细胞(如单核-巨噬细胞、中性粒细胞和 DC)到感染部位、固有免疫细胞的活化及其生物学效应的发挥中均起到重要作用。

1) 募集效应细胞到感染部位:在感染早期,组织释放的细胞因子主要是趋化因子。趋化因子与其受体结合后,可激活相关信号通路,引起细胞黏附能力和细胞骨架的改变,导致细胞的定向迁移。在固有免疫应答中,趋化因子的主要功能是诱导附近的固有免疫效应细胞通过血流进入感染部位:如 CCL2 主要趋化单核细胞,使它们顺着血流迁移到目的地并分化成巨噬细胞,而 CXCL8 则在趋化中性粒细胞到感染部位的过程中发挥重要作用,且两者具有相辅相成的功能。中性粒细胞是最早大量出现在感染部位的免疫细胞,随后是单核细胞和未成熟的 DC。值得关注的是,除了将中性粒细胞和巨噬细胞趋化到感染部位,趋化因子亦在这些吞噬细胞的活化过程中起到重要作用。另外,趋化因子亦在淋巴细胞发育迁移以及血管生成中发挥作用(详见第六章)。已知超过 50 个趋化因子,它们在将细胞输送到目标位置的过程中发挥重要作用。

2) 激活急性时相应答:巨噬细胞所产生的细胞因子(TNF－α、IL－1β 和 IL－6)的最重要效应之一是启动急性时相反应。这些炎症细胞因子作用于肝细胞,改变肝细胞合成并分泌入血的蛋白质谱。在急性反应阶段,一些蛋白血浓度下降,而另外一些蛋白的浓度则显著增加。由 TNF－α、IL－1β 和 IL－6 诱导产生的蛋白,称为急性时相蛋白。急性时相蛋白具有类似抗体作用,但与抗体不同的是,它们对病原体相关分子模式有广谱特异性,其作用仅依赖诱导其产生的细胞因子存在,因此能迅速、广谱地结合病原体。其中主要的急性时相蛋白包括 C-反应蛋白(CRP)和 MBL。除了局部效应,巨噬细胞产生的细胞因子还有助于全身免疫防御作用,如主要由 TNF－α、IL－1β 和 IL－6 所介导的发热,这些炎症细胞因子称为内源性致热原。细菌胞壁成分(如 LPS)亦能引起发热,称为外源性致热原。内源性致热原可通过血-脑屏障直接作用于体温调节中枢,使体温调定点上升,导致产热增加,散热减少,体温上升。发热对宿主防御通常是有益的,大多数病原体在较低的温度生长更好,而适应性免疫应答在温度升高的情况下更强。另外,温度升高,宿主细胞能防止 TNF－α 的有害效应。

3) TNF-α是遏制局部感染的重要细胞因子,但TNF-α的全身释放将引起休克:TNF-α可刺激内皮细胞黏附分子表达,并帮助单核细胞和中性粒细胞溢出血管。TNF-α的另一个重要作用是刺激内皮细胞表达凝血因子,引发局部小血管凝血,阻断小血管的血流。这在防止病原体进入血并通过血流播散到全身各个器官的过程中起到重要作用。如用细菌局部感染家兔,在正常情况下感染将被遏制在接种局部;如果给家兔注射抗TNF-α抗体,感染将经血液播散到别的器官,这表明TNF-α在遏制局部感染中的重要性。一旦感染扩散到血流中,TNF-α赖以有效控制局部感染的同样机制就可能导致灾难性后果:伴随着TNF-α大量从肝、脾等器官释放入血流,血管将扩张,从而导致血压下降和血管通透性增加,引起血容量损失,最终导致休克(即感染性休克)。TNF-α还可触发弥散性血管内凝血,导致凝血因子大量消耗,重要器官(如心、肺、肝、肾)也将很快受到血液灌注不足的影响,所以感染性休克有非常高的死亡率。

4) Ⅰ型IFN在控制病毒感染中发挥重要作用:大多数细胞受到病毒感染后能同时产生Ⅰ型IFN(IFN-α和IFN-β)。其中,尤以IFN-β在抵御病毒感染中发挥重要作用,因为IFN-β可诱导细胞产生IFN-α,扩大干扰素的抗病毒效应。IFN-α和IFN-β均可与细胞(包括病毒感染细胞与未感染细胞)表面的干扰素受体结合,活化JAK-STATs等信号通路。磷酸化的STATs进入核内,活化一系列抗病毒蛋白(如$2',5'$-OAS、PKR和MxA等)的转录,使细胞处于一种"抗病毒状态"。Ⅰ型IFN亦可在抗病毒适应性免疫应答的调控中起到重要作用:①刺激趋化因子CXCL9、CXCL10和CXCL11的产生,募集淋巴细胞到感染部位,并促进病毒感染细胞表面MHC-Ⅰ-肽复合物的表达;②促进血液中单核细胞向经典DC(cDC)的分化和成熟;③上调巨噬细胞和cDC共刺激因子的表达,从而促进它们向病毒抗原特异性T细胞呈递抗原的效率(详见第十章)。

(2) 调节适应性免疫应答:细胞因子可调控B细胞和αβT细胞的发育、分化和效应功能的发挥(详见第七和第八章)。

(3) 刺激造血:在机体的免疫应答过程中,白细胞、红细胞和血小板不断被消耗,因此机体需不断从骨髓造血干细胞中补充这些细胞。骨髓和胸腺微环境产生的细胞因子,尤其是CSF,在调控血细胞的生成和补充过程中发挥重要作用。GM-CSF作用于髓样细胞前体及各类髓样细胞,亦是DC的分化分子;M-CSF刺激单核-巨噬细胞的分化与活化;G-CSF则主要刺激中性粒细胞的生成与活化。IL-17刺激未成熟T细胞和B细胞的生长和分化。红细胞生成素(EPO)主要由肾脏产生,其在刺激红细胞的生成过程中发挥重要作用,IL-11和血小板生成素(TPO)均可促进骨髓巨核细胞的分化、成熟以及血小板的产生。

(4) 促进组织的修复:多种细胞因子在组织损伤的修复中发挥重要作用。如转化生长因子β(TGF-β)可通过刺激成纤维细胞和成骨细胞的增殖与分化,从而促进损伤组织的修复。血管内皮生长因子(VEGF)可促进血管和淋巴管的生成。表皮生长因子(EGF)刺激上皮细胞、成纤维细胞和内皮细胞的增殖,促进皮肤溃疡和伤口的愈合。

三、 防御素和其他酶类物质

1. **防御素（defensin）** 防御素由某些真核生物（如哺乳动物、昆虫和植物）产生，是一种古老的、在生物进化上保守的一类抗菌肽。防御素是一些由 30～40 个氨基酸组成的阳离子短肽。防御素可在数分钟内发挥作用，破坏细菌、真菌的细胞膜和某些病毒的包膜。防御素杀伤机制主要是：防御素将其疏水区插入靶细胞膜的脂质双层中，在靶细胞膜上形成孔道，从而导致细胞漏溢。多细胞生物能够产生许多不同的防御素，如植物中的拟南芥能够产生 13 种，黑腹果蝇产生至少 15 种，人类帕内特细胞（Paneth cell）则能够产生多达 21 种不同的防御素。帕内特细胞（或称潘氏细胞）位于小肠腺底部，是小肠腺的特征性上皮细胞，能够分泌抗菌蛋白进入肠道。

2. **溶菌酶（lysozyme）和磷脂酶 A2（phospholipase A2）** 溶菌酶是一种糖苷酶，能够破坏细菌细胞壁成分肽聚糖上的特异性化学键，肽聚糖是一种由 N-乙酰葡糖胺和 N-乙酰胞壁酸形成的交替化合物，通过肽桥增强交替作用。与革兰阴性菌相比，溶菌酶能更有效地清除革兰阳性菌，其细胞壁成分肽聚糖是暴露的，而革兰阴性菌肽聚糖外层覆盖着脂多糖。溶菌酶可以由帕内特细胞产生，帕内特细胞亦能够分泌磷脂酶 A2。磷脂酶 A2 是一种最基础的酶类，可以进入细胞并水解细胞膜的磷脂成分，从而杀死细菌。

（高 波）

第三章　固有免疫应答

固有免疫应答(innate immune response)是指机体固有免疫细胞和固有免疫分子识别并结合病原体及其产物或体内衰老、畸变细胞等抗原性异物后,被迅速激活,并产生相应的生物学效应,最终将病原体、畸变细胞等抗原性异物杀伤或清除的过程。

第一节　固有免疫应答的作用时相

一、瞬时固有免疫应答阶段

瞬时固有免疫应答(immediate innate immune response)阶段发生于病原体感染后的0～4小时之内,主要包括以下几个方面的作用。①由皮肤、黏膜及其分泌液中的抗菌物质和正常菌群所构成物理、化学和微生物屏障,可抵御外界病原体对机体的入侵,具有即刻免疫防卫的功能。②少量病原体突破机体屏障结构进入皮肤或黏膜下组织,亦可被局部存在的巨噬细胞及时吞噬清除。③某些病原体可通过直接激活补体MBL或旁路途径而被裂解杀伤;补体活化产物(如C3b/C4b)可介导调理作用,增强吞噬细胞的摄取与杀菌功能;C5a/C3a可直接作用于肥大细胞,使之脱颗粒释放组胺、白三烯和前列腺素D2等炎性介质及促炎细胞因子,导致局部血管扩张、通透性增强,促使中性粒细胞穿过血管内皮细胞进入感染部位。④中性粒细胞是机体抗细菌和抗真菌感染的主要效应细胞。在感染部位组织细胞所产生的促炎细胞因子($IL-1\beta$、$IL-8$和$TNF-\alpha$等)和其他炎性介质作用下,局部血管中的中性粒细胞被活化,并迅速穿过血管内皮细胞进入感染部位,发挥强大的吞噬杀菌效应,通常绝大多数病原体感染终止于此时相。

二、早期固有免疫应答阶段

早期固有免疫应答(early-induced innate immune response)阶段发生于感染后4～96小时,包括以下几方面的作用。①在脂多糖(LPS)等细菌组分以及感染部位组织细胞所产生的$IFN-\gamma$、巨噬细胞炎症蛋白1α($MIP-1\alpha$)和$GM-CSF$等细胞因子作用下,感染灶周围组织中的巨噬细胞被募集至炎症反应部位并被活化,以增强局部抗感染应答。②活化的巨噬细胞可产生大量促炎细胞因子和其他炎性介质,进一步增强、扩大机体固有免疫应答和炎症反应。③B-1细胞受到某些细菌多糖抗原(如脂多糖、荚膜多糖等)或某些变性的自身抗原(如变性的免疫球蛋白和变性DNA)刺激后,在48小时内产生IgM型抗体。此类抗体在补体协同作用下,可对少数进入血流的病原体产生杀伤作用。④活化的NK细胞、$\gamma\delta$T细胞和NKT

细胞可对某些病毒和胞内寄生菌感染的细胞产生杀伤作用,在早期抗感染免疫中发挥效应。

三、适应性免疫应答诱导阶段

适应性免疫应答(adaptive immune response)诱导阶段发生于感染 96 小时后。活化的巨噬细胞和 DC 将病原体处理、加工为多肽,并以 MHC-抗原肽复合物的形式呈递到细胞表面,同时这些抗原呈递细胞表面的共刺激分子〔如 CD80/86 和细胞间黏附分子(ICAM)等〕表达上调,从而为激活 T 细胞、启动适应性免疫应答创造条件。

第二节 固有免疫识别及其效应机制

固有免疫细胞不表达特异性抗原受体,但可通过模式识别受体或有限多样性抗原识别受体对病原体或靶细胞表面的某些特定表位分子进行识别,产生非特异性免疫反应,同时参与适应性免疫应答的启动和效应过程。

一、模式识别受体的基本特征

虽然固有免疫系统缺乏适应性免疫应答那样的特异性识别受体,亦不具有免疫记忆效应,但固有免疫系统可通过模式识别受体(pattern recognition receptor,PRR)有效地识别"自我"和"非我"。PRR 识别一群特定病原微生物及其产物共有的某些非特异性的、高度保守的、为微生物的生存和致病性所必需的分子结构,即病原相关分子模式(pathogen associated molecular pattern,PAMP),包括脂多糖(lipopolysaccharide,LPS)、磷壁酸(lipoteichois acid,LTA)、肽聚糖(peptidoglycan,PGN)、非甲基化的胞苷酸鸟苷基基序(cytidine phosphate guanosine,CpG)和双链 RNA 等。PRR 亦识别损伤相关分子模式(damage associated molecular pattern,DAMP)。DAMP 是组织或细胞受到损伤、缺氧、应激等因素刺激后释放到细胞间隙或血液循环中的一类物质,包括高迁移率族蛋白 B1(high mobility group protein,HMGB1)、热休克蛋白(heat shock protein,HSP)、非蛋白嘌呤类分子及其降解产物、细胞外基质降解产物、DNA、ATP 等。PRR 的主要特点有:①均由胚系基因编码;②普遍性地组成性表达于固有免疫细胞;③引起快而强的反应;④可识别各类 PAMP 或 DAMP,具有泛特异性。PRR 在进化上十分保守,这表明这类受体对于生物体的生存非常重要。固有免疫中的 PRR 与适应性免疫中抗原特异性受体主要特征的不同之处见表 3-1。

表 3-1 固有免疫与适应性免疫识别受体的比较

受体特征	固有免疫	适应性免疫
特异性经遗传获得到	是	否
表达在一特定类型的所有细胞上(如巨噬细胞)	是	否

续　表

受体特征	固有免疫	适应性免疫
激发即刻应答	是	否
识别的多种类型的病原体	是	否
由多基因片段编码	否	是
需要基因重排	否	是
克隆分布	否	是
能区分同种之间甚至同一微生物的不同抗原组分	否	是

二、模式识别受体的类别

根据细胞定位和相关功能，PRR 主要可分为 4 个种类：位于血清中的分泌型 PRR、膜结合的内吞型 PRR、膜结合的信号转导型 PRR 和胞质的信号转导型 PRR。

1. **分泌型 PRR**　主要包括：①甘露聚糖结合凝集素（MBL），其在肝脏中合成，作为急性相应答反应成分释放入血清，可识别并结合致病性细菌、某些病毒、酵母及寄生虫表面的甘露糖组分，激活补体或发挥调理作用；②C－反应蛋白（C-reactive protein，CRP），亦是急性时相蛋白，可通过结合细菌细胞壁磷脂酰胆碱来发挥效应。

2. **内吞型 PRR**　巨噬细胞表面表达多种跨膜受体，可识别并结合相应 PAMP，介导吞噬细胞对病原体的摄取和运输，参与病原体的降解及病原体蛋白加工和处理。这些受体又称为内吞型 PRR。

（1）清道夫受体（scavenger receptor，SR）清道夫受体可识别多种阴离子聚合物及乙酰化的低密度脂蛋白。清道夫受体成员结构各异，包含至少 6 种不同的分子家族。A 型清道夫受体可结合多种细菌胞壁组分，帮助巨噬细胞内化细菌。B 型清道夫受体则结合高密度脂蛋白，并内化脂质。

（2）甘露糖受体（mannose receptor，MR）甘露糖受体可识别并结合多种病原微生物（包括真菌、细菌和病毒）的甘露糖残基。人们起初认为甘露糖受体在抵御微生物时具有重要作用，然而甘露糖受体缺失的小鼠动物实验并不支持该观点。甘露糖受体可能主要作为宿主糖蛋白（如 β－葡萄糖醛酸酶和溶酶体水解酶）的清除受体发挥作用。β－葡萄糖醛酸酶和溶酶体水解酶具有甘露糖残基侧链并在炎症应答中升高。

3. **膜结合的信号转导型 PRR**　膜结合的信号转导型 PRR 主要有 Toll 样受体（Toll-like receptor，TLR）。TLR 识别 PMAP 后，可传递固有免疫细胞活化或功能相关的信号，从而促进固有免疫细胞发挥功能。TLR 在脊椎动物和非脊椎动物抵御感染的过程中均起到重要作用。

4. **胞质的信号转导型 PRR**　胞质的信号转导型 PRR 是新近发现的在固有免疫应答中起重要作用的 PRR，有些功能类似于 TLR，有些则主要在抗病毒感染中发挥作用。主要包括 RIG 样受体和 NOD 样受体等。

三、 重要的模式识别受体及其介导的生物学效应

1. Toll 样受体（TLR） 多种病原体组分可刺激固有免疫细胞的信号转导受体，促进其分泌多种细胞因子。在这些受体中，TLR 代表了一个进化上古老的宿主防御体系。研究人员最初在研究果蝇胚胎发育的过程中发现一个决定着果蝇背腹侧分化的基因，将其命名为 Toll 基因。但在 1996 年，研究人员在成年昆虫体内发现，Toll 信号的活化启动了宿主的防御机制（包括产生抗菌肽），在抵御革兰阳性细菌和真菌感染过程中发挥重要作用。由于抗菌肽是机体在进化上抵御病原微生物感染最早期的方式之一，因此能识别病原体并转导信号的 Toll 受体可能是多细胞生物用来抵御感染的最早期受体。研究发现，果蝇 Toll 或 Toll 活化相关基因的突变可导致抗菌肽的生成明显下降，并使成年果蝇对真菌易感性明显增加。随后，在包括哺乳动物在内的其他动物中亦发现 Toll 的同源类似物，称为 Toll 样受体（TLR），并发现 TLR 与动物抵御病毒、细菌、真菌感染密切相关。在植物体内，亦发现含有类似 TLR 配体结合结构域的蛋白与抗菌肽的产生密切相关，表明这些结构域与宿主防御在进化上的紧密关联。

（1）TLR 的类别：目前已发现 10 个人类 TLR 基因（小鼠 13 个）。每种 TLR 都只识别健康脊椎动物体内不存在的、病原微生物的特征性组分（PAMP）。细菌胞壁和胞膜是由重复排列的蛋白质、糖类和脂质构成，其中革兰阳性菌细胞壁的磷壁酸（LTA）和革兰阴性菌外层膜的脂多糖（LPS）在固有免疫系统对细菌的识别过程中起到重要作用。细菌鞭毛亦是由重复性的蛋白质亚单位构成；细菌 DNA 由大量的未甲基化的二核苷酸 CpG 重复序列构成；病毒在复制过程中几乎总是产生双链 RNA（double-stranded RNA，dsRNA），而这些 dsRNA 是不会出现在正常健康细胞的；以上这些组分亦都可被 TLR 识别。因为机体只有数量相对较少的 TLR 基因，与适应性免疫系统的抗原受体相比较，TLR 的特异性相对不高。然而 TLR 能够识别大多数病原微生物组分，且 TLR 在吞噬型的巨噬细胞、树突细胞、B 细胞、某些单皮细胞等细胞上均有表达，这使机体很多组织都能启动抵抗病原微生物的免疫应答。

1）TLR-4：TLR-4 表达在包括树突细胞、巨噬细胞在内的多种类型免疫细胞上，这对于识别各种细菌感染并对它们发生免疫应答很重要。TLR-4 通过直接或间接机制识别 LPS。LPS 是革兰阴性菌（如沙门菌）细胞壁的组分，它在诱导机体发生免疫应答中的作用一直备受关注。全身注射 LPS 可导致机体循环系统和呼吸系统的崩溃，即可导致休克。当机体患系统性细菌感染（或称败血症）时可发生 LPS 诱导的感染性休克。在此状况下，LPS 引起细胞因子（尤其是 TNF-α）的大量分泌。TLR-4 功能缺失的小鼠能够抵御 LPS 诱导的感染性休克。LPS 在不同细菌中组分不一样，但主要包括类脂 A、核心寡聚糖和 O-特异性多糖侧链。为识别 LPS，TLR-4 的胞外域需要 MD-2 辅助蛋白的协助。MD-2 在细胞内最初是与 TLR-4 连接的，MD-2 对 TLR-4 运输到细胞表面以及对 LPS 的识别都很重要。MD-2 与 TLR-4 弯曲的胞外域中心部分相连接。当 TLR-4-MD-2 复合体与 LPS 作用时，LPS 的 5 条脂链结合在 MD-2 疏水口袋深处，并不与 TLR-4 直接结合，但 LPS 的第 6 条脂链暴露在 MD-2 蛋白表面。这条脂链及部分 LPS 多糖骨架直接结合在第 2 个 TLR-4 分子胞外段的凸突面。因此，TLR-4 对胞内信号活化需要与 LPS 直接或间接相互作用。

TLR-4被LPS活化还需要除MD-2外的另两个辅助蛋白。LPS是革兰阴性菌外层膜的一部分,但发生感染时LPS从细菌胞膜脱落,被血液或细胞外液中LPS结合蛋白(LPS-binding protein, LBP)捕获。然后,LPS从LBP转运给第2个辅助蛋白,CD14。CD14表达在巨噬细胞、中性粒细胞和树突细胞表面,其本身就可作为一吞噬细胞受体,但在巨噬细胞和树突细胞中也可作为TLR-4的辅助蛋白来发挥作用。

2) TLR-1、TLR-2和TLR-6：TLR-1、TLR-2和TLR-6在巨噬细胞、树突细胞、嗜酸性粒细胞、嗜碱性粒细胞和肥大细胞的胞膜上均有表达。TLR-1与TLR-2或TLR-2与TLR-6可形成异质二聚体(TLR-2/TLR-1或TLR-2/TLR-6)。主要识别的配体有:革兰阴性菌的脂磷壁酸、革兰阳性菌的肽聚糖和磷壁酸、分枝杆菌细胞壁组分以及酵母细胞壁组分等。

3) TLR-5：TLR-5表达在巨噬细胞、树突细胞和肠上皮细胞的胞膜表面,能识别细菌鞭毛蛋白。但TLR-5识别的是鞭毛蛋白被埋藏的高度保守序列。这意味着受体只能被单体鞭毛蛋白活化,而单体鞭毛蛋白的产生需要鞭毛菌在细胞外被酶促降解才能实现。

4) TLR-3：并不是所有哺乳动物TLR都是细胞表面受体。能够识别核酸的TLR定位在内体膜上。巨噬细胞、肠内皮细胞、树突细胞、NK细胞表达的TLR-3,能够识别dsRNA。dsRNA是多种类型病毒的复制中间体,不仅仅来源于RNA病毒。晶体分析表明,TLR-3可直接与dsRNA结合。TLR-3的胞外域(配体结合区)有两个与dsRNA结合的位点,一个在氨基末端,另外一个在与膜相邻的羧基末端。dsRNA的双对称性使其同时连接到TLR-3的胞外域,引起TLR-3的二聚化,导致胞内TIR区域聚合,从而活化胞内信号。人类TLR-3胞外区域的突变可导致单纯疱疹病毒性脑炎。

5) TLR-7和TLR-9：TLR-7和TLR-9与TLR-3相类似,是细胞内核苷酸感应器,与病毒识别有关。它们表达在浆细胞样树突细胞、NK细胞、B细胞和嗜酸性粒细胞上。TLR7能够被单链RNA(single-stranded RNA, ssRNA)活化。ssRNA也存在于健康哺乳动物细胞内,但它们在正常情况下局限在细胞核或胞质中而不在内体内。许多病毒(如虫霉病毒、狂犬病毒)的基因组都是ssRNA。当巨噬细胞和树突细胞在胞外将这些病毒的胞外颗粒内吞后,病毒在内体或溶酶体的酸性环境中脱衣壳,暴露出ssRNA基因组,从而被TLR-7识别。在某些病理情况下,TLR-7也可能识别自身来源的ssRNA。虽然在正常情况下细胞外RNA酶可降解掉组织损伤过程中释放出来的ssRNA,但在系统性红斑狼疮的小鼠模型中,由于自身ssRNA的清除出现障碍,其被TLR-7识别,从而导致疾病的发生。

TLR-9识别非甲基化的CpG二核苷酸。哺乳动物基因组中的CpG二核苷酸在DNA甲基转移酶作用下胞嘧啶被显著甲基化。但是在很多病毒和细菌的基因组中,CpG二核苷酸处于非甲基化状态,它们代表了另外一种病原相关分子模式。

TLR-3、TLR-7和TLR-9从内质网输送到内体依赖于其与一个由12个跨膜结构域组成的特殊蛋白(UNC93BI)的相互作用。缺乏这个蛋白的小鼠内体TLR信号转导将出现缺陷。罕见的人UNC93B1基因突变病例表明该基因缺失将导致个体对单纯性疱疹病毒的易感性,这与TLR-3缺陷所导致的疾病易感性相类似,但该基因的缺陷并不会影响机体对其他类型病毒抗原的免疫应答,这可能是由于其他病毒感受器(viral sensor)的存在。

(2) TLR 的活化与效应机制:TLR 识别并结合相应 PAMP 后,可启动信号转导的激活,诱导免疫效应分子的表达。在分子结构上,TLR 与 I 型 IL-1 受体结构高度同源,信号转导途径亦基本相同。TLR 在免疫应答的诱导和炎性应答反应中均发挥了重要作用。TLR 识别配体后,它的两个胞外域将发生二聚化,使其胞质段的 Toll/IL-1 受体同源结构域(Toll/interleukin-1 receptor homology,TIR)紧密相连,从而活化在信号转导中起关键作用的接头蛋白(adaptor)。哺乳动物 TLR 使用的接头蛋白主要有髓样分化因子 88 (myeloid differentiation factor 88,MyD88)、MyD88 样接头蛋白(MyD88-adapter-like,MAL)和诱导 IFN-β 产生的包含 TIR 区域接头蛋白(TIR domain-containing adaptor-inducing IFN-β,TRIF)。不同的 TLR 与不同的接头蛋白相互组合,对信号转导过程很重要。接头蛋白的选择直接影响了 TLR 活化信号的类型:TLR-5、TLR-7 和 TLR-9 仅与 MyD88 相互作用;TLR-3 仅与 TRIF 相互作用;TLR-2 与 TLR-1 或 TLR-6 组成的异二聚体与 MyD88/MAL 相互作用;而 TLR-4 介导的信号转导可同时使用 MyD88/MAL 和 TRIF 两种接头蛋白。MyD88 等接头蛋白活化后可导致转录因子 NF-κB、干扰素调节因子 3(interferon regulatory factor 3,IRF3)或 IRF7 的活化(下文详述)。活化的 NF-κB 进入核内,引起促炎细胞因子(如 TNF-α、IL-1β 和 IL-6)基因的转录。而 IRF3 或 IRF7 磷酸化入核后,在 I 型干扰素的转录调控中发挥重要作用(图 3-1)。

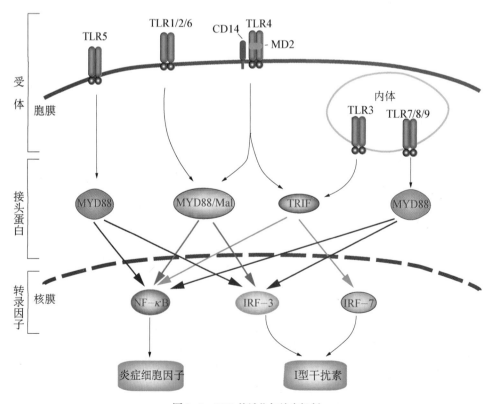

图 3-1 TLR 的活化与效应机制

MyD88 有两个负责其发挥接头蛋白功能的结构域：①位于羧基末端的 TIR 结构域，②位于氨基末端的死亡结构域(death domain)。之所以称为死亡结构域，是因为它们首先作为凋亡和程序性细胞死亡的信号蛋白被发现。MyD88 的死亡结构域可与其他胞内信号蛋白的死亡结构域形成异源二聚体，介导信号转导。TIR 结构域和死亡区域对 MyD88 功能均很重要，任一区域突变都可导致机体免疫缺陷，使机体反复发生细菌感染。MyD88 通过 TIR 结构域与 TLR 的 TIR 结构域相互作用，而其死亡结构域则负责募集并活化两种含有死亡结构域的丝氨酸-苏氨酸蛋白激酶：IL-1 受体相关激酶 4(IL-l receptor associated kinase 4，IRAK4)和 IL-1 受体相关激酶-1(IRAK1)。IRAK 复合体进一步招募 E3 泛素连接酶 TRAF-6 和 E2 结合酶 TRICAI，使 TRAF-6 自身和 NEMO 蛋白上发生多聚泛素化，形成脚手架(scaffold)样的结构，从而招募和活化丝氨酸-苏氨酸激酶 TAK1。TAK1 有两个重要的作用：①活化某些丝裂原活化蛋白激酶(mitogen-activated protein kinase，MAPK)，如 c-jun 末端激酶(JNK)和 MAPK14 (p38 MAPK)，然后活化 AP-1 家族转录因子；②磷酸化并激活 IκB 激酶(IKK)复合体(IKK 复合体由 IKKα、IKKβ 和 IKKγ 3 种蛋白组成，即 NEMO)。活化的 IKK 复合体磷酸化 IκB 并导致其降解，从而释放出 NF-κB，NF-κB 入核，进而引起炎症细胞因子(如 TNF-α、IL-1β 及 IL-6)基因的转录(图 3-2)。

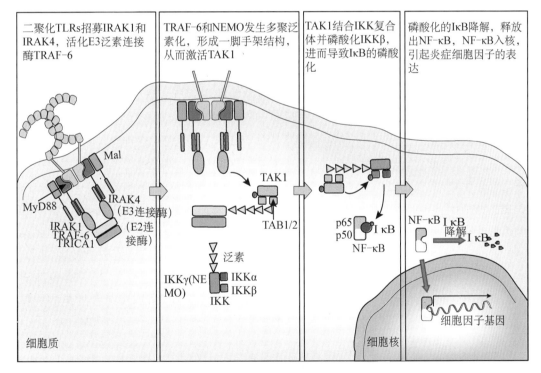

图 3-2　TLR 信号导致 NF-κB 活化

TLR 活化 NF-κB 的能力对免疫系统感知病原体的入侵很重要。人 IRAK4 突变失活所致疾病类似于 MyD88 基因缺陷所致疾病，其特点是反复发作的细菌感染。人 NEMO 基因的突变亦可导致 X 染色体无汗性外胚层发育不良伴免疫缺陷综合征(X-linked hypohidrotic ectodermal dysplasia and immunodeficiency），其特点是免疫缺陷和发育障碍。识别核酸的 TLR（TLR-7、TLR-8 和 TLR-9）只通过 MyD88 来活化 IRF 转录因子,从而诱导抗病毒的Ⅰ型干扰素产生。在没有感染发生的情况下,IRF 在胞质内处于失活的状态,只有当其羧基末端的丝氨酸、苏氨酸残基被磷酸化后才发生二聚化,随后入核发挥其转录调控作用。在 IRF 家族的 9 个成员中,尤以 IRF3 和 IRF7 在 TLR 信号转导中起到重要作用。内体的 TLR-7 和 TLR-9 通过 MyD88 的死亡结构域与 IRF7 相互作用而使其活化,导致细胞（如 pDC）产生 IFN-α 和 IFN-β。此外,识别 dsRNA 的 TLR-3 通过招募接头蛋白 TRIF,以 MyD88 非依赖的方式活化下游信号。与 MyD88 不同的是,TRIF 结合并活化激酶 IKKε 和 TBK1,然后磷酸化 IRF3,进而诱导 IFN-β 的表达。TLR-4 亦能通过结合 TRIF,以 MyD88 非依赖方式诱导 IFN-β 的表达。TLR 家族成员既能活化 NF-κB 又能活化 IRF,表明 TLR 既可参与抗细菌免疫应答又可参与抗病毒应答。人 IRAK4 基因缺失时并不影响其对病毒感染的易感性,表明 IRAK4 的基因缺失时,IRF 的活化并没有发生障碍,抗病毒干扰素的产生也未受到影响。

2. RIG-Ⅰ样受体（RIG-I-like receptor，RLR） TLR-3、TLR-7 和 TLR-9 可识别病毒 RNA 和 DNA,但它们首要作用是与经胞吞作用进入的细胞外物质而非与病毒感染细胞中的病毒核酸相互作用。胞质病毒 RNA 主要由 RIG 样受体所识别。

（1）视黄酸诱导基因 1（retinoicaid-inducible gene 1，RIG-1）:首先发现的 RIG 样受体是 RIG-1,它可作为多种病原体的感受器,广泛表达在各种组织和细胞类型中,可被 IFN、TNF-α 和 LPS 等诱导表达上调。缺乏 RIG-1 的小鼠对各种 ssRNA 病毒高度易感,如副黏病毒、正黏病毒、虫媒病毒等,但不包括小核糖核酸病毒。起初认为 RIG-1 识别长链的 dsRNA 病毒,后来的研究表明它主要特异识别 ssRNA 病毒。当真核生物 RNA 在核内被转录时,在其核酸起始端包含 5′-三磷酸基团。例如,mRNA 经历了加帽修饰,即将 7-甲基鸟苷加到其 5′-三磷酸处。然而大多数 RNA 病毒并不在核内复制,它们的转录过程也不发生加帽修饰。生物化学研究表明,RIG-1 识别的是 ssRNA 病毒的未经修饰的 5′-三磷酸末端。黄病毒属及其他 ssRNA 病毒的 RNA 转录本均有未经修饰的 5′-三磷酸末端,这就解释了这些病毒为什么能够被 RIG-1 识别。相反,小核糖核酸病毒（如脊髓灰质炎病毒、甲型肝炎病毒）的 RNA 5′端因与病毒蛋白共价结合而不能被 RIG-1 所识别。新近研究发现,dsDNA 在被 RNA 多聚酶Ⅲ（RNA polymerase Ⅲ，Pol Ⅲ）识别并转录成 5′端带三磷酸基团的 RNA（5′-PPP-RNA）后,可被 RIG-Ⅰ 识别。因此,RIG-Ⅰ 在 dsDNA 诱发的免疫应答中亦可能起到重要作用。

（2）黑素瘤分化相关基因 5（melanoma differentiation-associated gene 5，MDA-5）:MDA-5 与 RIG-1 结构类似,但它只识别 dsRNA。与 RIG-1 缺陷小鼠不同的是,MDA-5 缺陷小鼠易感染小核糖核酸病毒,表明宿主细胞的这两种病毒 RNA 感受器具有重要但又明显不同的防御功能。

RIG-1、MDA5 的分子结构主要包括为:①在 N-端有两个半胱天冬氨酸招募结构域（caspase recruitment domain，CARD）,CARD 与偶联在线粒体外膜上的接头蛋白

(mitochondrial antiviral signaling protein，MAVS)相互作用，负责传递信号；②含一个解旋酶，可识别 dsRNA 及合成 dsRNA（poly Ⅰ：C）。RIG-1 和 MDA5 与配体结合后，可活化MAVS，进而募集 IKK，激活 NF-κB 和 IRF3/7，NF-κB 的活化促进炎症细胞因子的产生，IRF3/7 协同则有效诱导Ⅰ型 IFN 表达，从而参与抗病毒效应(图 3-3)。

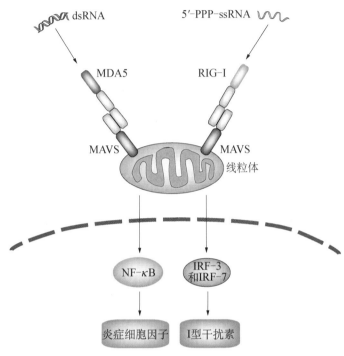

图 3-3　RLR 的活化与效应机制

3. NOD 样受体（NOD-like receptor, NLR）　　TLR 定位在细胞膜或者细胞器膜表面；而 NLR 属胞质型 PRR，可识别 PAMP 和 DAMP，激活 NF-κB 或半胱氨酸天冬氨酸蛋白酶-1(caspase-1)，启动类似 TLR 的炎性应答。NLR 主要包括核苷酸结合寡聚化结构域(nucleotide-binding oligomerization domain，NOD)蛋白和 NALP(NACHT LRR and PYD containing domain)蛋白等。NLR 是固有免疫识别受体中非常古老的家族，在植物抵御病原体感染中发挥重要作用的抗性蛋白〔resistance (R) protein〕是 NLR 同源类似物。

(1) NOD 蛋白：NOD 蛋白由氨基末端的 CARD、分子中央的 NOD 和近羧基端的富含亮氨酸重复序列(leucine-rich repeat，LRR)结构域组成。LRR 结构域负责检测病原体的存在，而 CARD 通过其他蛋白的 CARD 发生二聚化介导信号转导。NOD 主要与细菌胞壁的肽聚糖(peptidoglcan，PGN)结合。NOD1 识别革兰阴性菌肽聚糖的降解产物 γ 谷酰基二氨基庚二酸(γ-glutamyl diaminopimelic acid，iE-DAP)，其作用较局限，仅针对革兰阴性菌。体内上皮细胞 TLR 表达较弱或缺失，但高表达 NOD1，因此 NOD1 是机体阻止革兰阴性菌入侵的重要屏障。NOD2 高表达于小肠帕内特细胞，其配体为细菌肽聚糖的降解产物胞壁酰二肽(muramyl dipeptide，MDP)，由于革兰阴性菌和革兰阳性菌均具有 MDP，故 NOD2 可作为广谱细菌感染的感受器。当 NOD1 或 NOD2 识别它们的配体时,能够招募含 CARD 的丝氨酸-苏氨酸激酶 RIPK2(也称为 RICK 或 RIP2)。RIPK2 活化激酶 TAK1,然后通过 IKK 的磷酸化导致 NF-κB 的激活。其生物学作用为:①诱导促炎因子基因的表达;②诱导 α 和 β 防御素等抗菌肽的表达;③活化 pro-caspase-1,参与 pro-IL-1β 的产生。

(2) NALP 蛋白:NALP3 是目前鉴定最为清楚的 NALP 蛋白,在与 MDP、细菌 RNA 等 PAMP 结合或受到 DAMP 刺激后,其构象发生改变,暴露 NACHT 结构域,继而寡聚化,并通过热蛋白样结构域(pyrin domain,PYD)和 PYD 同型相互作用募集接头蛋白 ASC (apoptosis-associated speck-like protein containing a CARD)形成炎症小体(inflammasome)。该小体含 NALP3、ASC 和 pro-caspase-1,其中 ASC 是小体的中心接头分子。ASC 可通过 CARD-CARD 同型相互作用募集 pro-caspase-1,导致其构象改变,产生活性 caspase-1。Caspase-1 即 IL-1β 转换酶(IL-1β converting enzyme),活化后可裂解 pro-IL-1β 和 pro-IL-18,最终导致 IL-1β 和 IL-18 促炎因子的加工和成熟(图 3-4)。

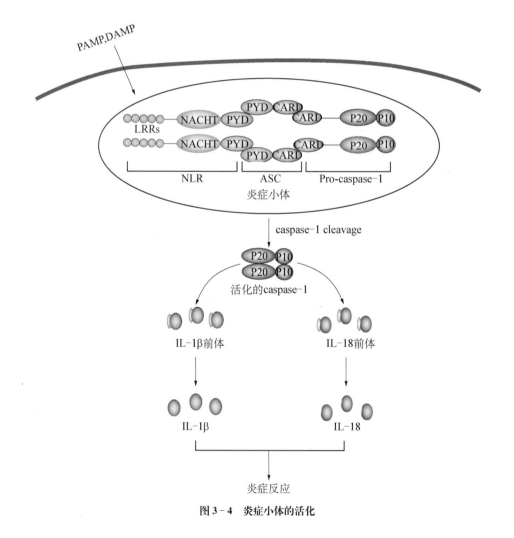

图 3-4 炎症小体的活化

（3）至今仍不清楚 NALP3 和其他的 NLRP 家族蛋白是否能作为特异性微生物产物的受体。然而,炎症小体被认为在炎症应答和炎性疾病的发生与发展中起到重要作用。例如,免疫佐剂氢氧化铝的刺激效应依赖于 NALP3 和炎症小体途径。痛风多年来被认为是由沉积在关节处软骨组织的尿酸单钠结晶所引起的炎症性疾病,但尿酸盐结晶是如何引起炎症的仍是个谜。尽管确切机制仍不清楚,但我们现在知道尿酸盐晶体可活化 NALP3 炎性小体,从而导致引发痛风的炎性细胞因子产生。NALP2 和 NALP3 的 NOD 区域的突变能够导致炎症小体的异常活化,在缺乏感染的情况下炎症仍然发生,这是一些遗传性自身免疫疾病产生的原因。人 NALP3 的突变与遗传性周期性发热综合征、家族性寒冷性炎性反应综合征及小儿肾淀粉样变形综合征相关。来自这类患者的巨噬细胞可自发产生炎性细胞因子(如 IL-1β)。

（4）黑色素瘤缺乏因子 2(absent in melanoma 2,AIM2):在 AIM2 分子中,HIN(H inversion)结构域取代了 NALP3 的 LRR 结构域,AIM2 还包含 PYD。HIN 因沙门菌中介导鞭毛 H 抗原 DNA 倒置的 HIN DNA 重组酶而得名。AIM2 通过 HIN 结构域与 dsDNA 结合,导致 AIM2 寡聚化并通过 PYD 招募 ASC,进而招募和活化 caspase-1,最终形成 AIM2 炎症小体,介导 IL-1β 的成熟。研究发现,AIM2 缺陷小鼠对土拉热杆菌(兔热病的致病因子)的易感性增加,证明 AIM2 在体内的重要作用。

第三节　固有免疫应答的生物学意义

一、参与抗感染

完整的固有免疫屏障可有效阻挡病原体的入侵。少量突破免疫屏障作用的病原体可被固有免疫细胞通过 PRR 对病原体的 PAMP 直接识别,某些固有免疫分子(如补体分子)亦可直接识别病原体相关组分,从而对入侵病原体发生快速免疫应答,并可清除大部分入侵病原微生物。

二、参与机体的免疫自稳

死亡或受损细胞所释放的 DAMP 可诱发炎症反应,这有助于机体清除损伤、衰老、变性细胞以及细胞碎片等,并可促进组织修复。但一旦 DAMP 相关的炎症失控或转为慢性炎症,则可能参与自身免疫性疾病、代谢性疾病及肿瘤的发生发展。

三、参与适应性免疫应答

1. **参与适应性免疫应答的启动**　固有免疫细胞(如巨噬细胞、DC)均可通过其表面的 PRR 对病原体进行摄取、加工成抗原肽,并与 MHC 分子结合而呈递给 T 细胞,激活的抗原呈递细胞高表达共刺激分子(如 B7 分子等),从而成为 T 细胞激活的第一信号和第二信号,启动适应性免疫应答。其中 DC 是唯一可以活化初始 T 细胞的抗原呈递细胞。固有免疫细胞活化后亦可产生细胞因子(如 IL-12、趋化因子等),从而参与免疫细胞的活化、增殖和定向迁移。

2. 影响适应性免疫应答的强度　①参与体液免疫效应:体液应答过程中,B 细胞表面 CD21(CR2)与 CD19、CD81 形成复合物,其作为 BCR 的共受体,与 BCR-Igα/Igβ 共同组成 BCR-共受体复合物对抗原表位进行识别。补体片段 C3d 包被的抗原可同时与 CD21 和 BCR 结合,从而降低 B 细胞对抗原产生应答的阈值,增强 B 细胞对 TD 抗原初次应答的强度。此外,体液应答的效应阶段,抗原和抗体复合物可以激活补体系统,形成膜攻击复合体,从而发挥溶菌、溶细胞效应,增强体液免疫应答的效应强度。②参与细胞免疫效应:补体活化所产生的 C3a、C5a 具有过敏毒素作用,在第Ⅳ型超敏反应中,可参与诱发大量单核-巨噬细胞浸润局部,活化的巨噬细胞通过释放细胞因子、蛋白酶及胶原酶等清除靶抗原。佐剂(如分枝杆菌、LPS、非甲基化 CpG),具有强大的非特异性刺激作用,因此同时给予佐剂和抗原,可促进抗原呈递细胞高表达共刺激分子并分泌细胞因子,从而增强适应性免疫应答。

3. 影响适应性免疫应答的类型　在适应性免疫应答中,初始 T 细胞具有分化为 Th1、Th2、Th17、Treg 等细胞亚群的潜能,其具体分化方向主要取决于微环境组成(尤其是细胞因子种类)。而固有免疫细胞通过 PRR 识别 PAMP 后,可通过其释放的细胞因子影响初始 T 细胞分化为不同亚群,并决定适应性免疫应答的类型。例如:①巨噬细胞和 cDC 通过其 PRR 模式识别作用而活化后,可产生 IL-12 为主的细胞因子,从而诱导 Th0 分化为 Th1 细胞;②某些寄生虫(如蠕虫)感染中,多种固有免疫细胞通过模式识别机制被激活,并分泌不同细胞因子(肥大细胞和嗜碱粒细胞分泌 IL-4;嗜碱粒细胞分泌 IL-5;巨噬细胞分泌 IL-10),从而诱导 Th0 细胞分化为 Th2 细胞,并介导体液免疫反应。

4. 影响 B 细胞记忆、阴性选择和自身耐受　现已知 DC 和补体/补体受体等在诱导和维持免疫记忆中发挥重要作用。例如,B 细胞记忆克隆的维持有赖于抗原持续刺激,而滤泡树突细胞(FDC)借助其所表达的补体受体(CR1、-CR2)可将以免疫复合物形式存在的抗原长时间滞留在细胞表面,从而维持记忆性 B 细胞生存。另外,补体在 B 细胞阴性选择和自身耐受形成中也发挥重要作用,但其确切机制有待阐明。

(高　波)

第四章　淋巴细胞对抗原的识别

　　抗原是一类诱导机体免疫应答并能与相应抗体或 T 细胞受体发生特异反应的物质。这些物质对机体来说是外源的,即非自身的,但在特定条件下,机体某些自身成分也能被免疫系统当成抗原来识别。抗原可分为完全抗原、不完全抗原和超抗原。凡具有免疫原性(immunogenicity)和免疫反应性(immunoreactivity),又称为抗原性(antigenicity)的物质称为完全抗原(complete antigen),如细菌、病毒和大分子蛋白质等。那些具有免疫反应性而无免疫原性的物质称为半抗原(hapten)或不完全抗原(incomplete antigen)。半抗原多为简单的小分子物质(分子量小于 4 000),单独作用时无免疫原性,但与蛋白质载体(carrier)结合后可具有免疫原性,如大多数多糖、脂类、某些药物等。有些免疫刺激分子具有强大的刺激能力,只需极低浓度即可诱发最大的免疫反应,以显示其作用力的强大,这种刺激分子称为超抗原,如一些细菌毒素。

第一节　抗　　原

一、抗原的概念与特性

　　抗原(antigen,Ag)是指能被 T、B 细胞表面的特异性抗原受体(TCR 或 BCR)识别、结合,促使其增殖、分化,产生免疫应答效应产物(致敏淋巴细胞或抗体),并与之结合,进而发挥适应性免疫应答效应的物质。抗原一般具备两个重要特性:一是免疫原性,即指抗原被 T、B 细胞表面特异性抗原受体(TCR 或 BCR)识别及结合,诱导机体产生适应性免疫应答(活化的 T/B 细胞或抗体)的能力;二是免疫反应性或抗原性,即指抗原与其诱导产生的免疫应答效应物质(活化的 T/B 细胞或抗体)特异性结合的能力。同时具有免疫原性和免疫反应性的物质称为完全抗原,即通常所称的抗原;仅具备免疫反应性的物质,称为不完全抗原,又称半抗原。能诱导变态反应的抗原又称为变应原(allergen);可诱导机体产生免疫耐受的抗原又称为耐受原(tolerogen)。

二、抗原的异物性与特异性

(一)异物性

　　异物即非己的物质。异物性是抗原的重要性质,抗原免疫原性的本质是异物性。一般情况下除了自身抗原外,抗原通常为非己物质。一般来说,抗原与机体之间的亲缘关系越远,组织结构差异越大,异物性越强,其免疫原性就越强。不同种属之间的异物性很强,如各种病原体、动物蛋白制剂等对人都是异物,为强抗原;鸡卵蛋白对鸭是弱抗原,对人则是强抗原;灵长类组织成分对人是弱抗原,而对啮齿类动物如大鼠、小鼠皆为强抗原。即使同一种属,不同个体之间仍存在异物性,如不同人体之间的器官移植物(同种异体移植物)具有很强的免疫原性(由 MHC 介导);自身成分如在特定条件下发生改变,可被机体视为异物;未发生改变的自身成分,如在胚胎期未建立与淋巴细胞接触所诱导特异性免疫耐受,也具有免疫原性,如眼晶状体蛋白等在正常情况下被屏障隔离于免疫系统之外,如因外伤溢出接触淋巴细胞,可诱导很强的免疫反应导致交叉性眼炎等疾病。

(二) 特异性

决定抗原特异性的结构基础是存在于抗原分子中的抗原表位。

1. 抗原表位的概念 T、B 细胞通过其表面的特异性抗原受体(TCR 或 BCR)识别抗原,这种识别是高度特异性的;同时被抗原活化的 T 细胞及活化的 B 细胞分化为浆细胞而产生的抗体与抗原的结合也是高度特异性的。上述两种特异性的分子结构基础取决于抗原分子所含的抗原表位(antigen epitope),又称抗原决定基(antigenic determinant)。表位是抗原分子中决定免疫应答特异性的特殊化学基团,是抗原与 TCR/BCR 或抗体特异性结合的最小结构和功能单位。表位通常由 5～15 个氨基酸残基组成,也可由多糖残基或核苷酸组成。一个抗原分子中能与抗体结合的抗原表位总数称为抗原结合价(antigenic valence)。天然抗原一般是大分子,含多种、多个抗原表位,可诱导机体产生含有多种特异性抗体的多克隆抗体。一个半抗原相当于一个抗原表位,仅能与 TCR/BCR 或抗体的一个结合部位结合。

2. 抗原表位的类型 根据抗原表位中氨基酸的空间结构特点,可将其分为顺序表位(sequential epitope)和构象表位(conformational epitope)。顺序表位是由连续性线性排列的氨基酸组成,又称线性表位(linear epitope),如 E1、E3(图 4-1);构象表位由不连续排列但在空间上彼此接近而形成特定构象的若干氨基酸组成,又称非线形表位(non-linear epitope),如 E2(图 4-1)。

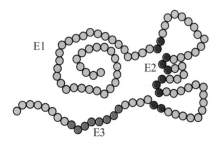

图 4-1 抗原分子中的线性表位和构象表位

根据 T、B 细胞所识别的抗原表位的不同,将其分为 T 细胞表位和 B 细胞表位。T 细胞表位仅识别由抗原呈递细胞(APC)加工后与其细胞膜上表达的重要分子 MHC 结合为复合物并表达于 APC 表面的线性表位。T 细胞表位又分为两种:CD8$^+$ T 细胞表位,含 8～10 个氨基酸,其中第 2、9 位氨基酸为锚定氨基酸(anchor residue);CD4$^+$ T 细胞表位,含 13～17 个氨基酸。B 细胞表位大多为位于抗原分子表面的构象表位,少数为线性表位,无需 APC 加工、呈递即可直接活化 B 细胞(表 4-1)。

表4-1 T细胞表位与B细胞表位的特性比较

	T细胞表位	B细胞表位
识别表位受体	TCR	BCR
MHC分子参与	必需	无需
表位性质	主要是线性短肽	无然多肽、多糖、脂多糖、有机化合物
表位大小	8—12个氨基酸(CD8$^+$T细胞)	5—15个氨基酸,或5—7个单糖、核苷酸
	12—17个氨基酸(CD4$^+$T细胞)	
表位类型	线性表位	构象表位或线性表位
表位位置	抗原分子任意部位	抗原分子表面

3. 影响抗原特异性的因素 抗原表位的性质、数目、位置和空间构象均可影响抗原表位的特异性。例如,氨苯磺酸、氨苯砷酸和氨苯甲酸在结构上相似,仅一个有机酸基团差异,均可诱生特异性抗体,因此抗氨苯磺酸抗体仅与氨苯磺酸高度结合,对相似的氨苯砷酸和氨苯甲酸只起中等和弱反应(表4-2),表明化学基团性质可影响抗原表位的抗原性和特异性。即使均为氨苯磺酸,但抗间位氨苯磺酸抗体只对间位氨苯磺酸产生强反应,对邻位氨苯磺酸和对位氨苯磺酸仅呈弱或无反应,表明化学基团的位置也影响抗原表位的免疫原性和免疫反应性及特异性(表4-3)。抗右旋、抗左旋和抗消旋酒石酸抗体仅对相应旋光性的酒石酸起反应,提示空间构象也显著影响抗原的特异性。

表4-2 化学基团的性质对抗原表位特异性的影响

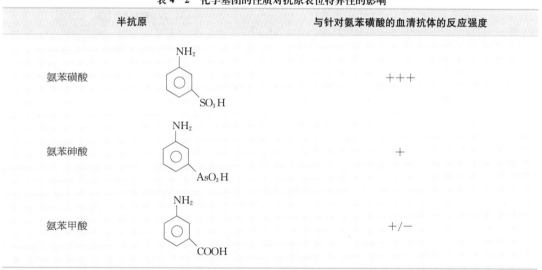

半抗原		与针对氨苯磺酸的血清抗体的反应强度
氨苯磺酸		+++
氨苯砷酸		+
氨苯甲酸		+/-

表4-3 化学基团的位置对抗原表位特异性的影响

半抗原		与针对间位氨苯磺酸血清抗体的反应强度
间位氨苯磺酸		+++

续　表

半抗原	与针对间位氨苯磺酸血清抗体的反应强度
对位氨苯磺酸	+/−
邻位氨苯磺酸	++

4. 半抗原-载体效应　某些人工合成的简单有机化学分子属于半抗原,其免疫原性很低,须与蛋白质载体偶联才可诱导抗半抗原的抗体产生。其机制为:B 细胞特异性识别半抗原,蛋白载体含 CD4$^+$T 细胞表位,被 B 细胞或其他 APC 呈递并活化 CD4$^+$T 细胞。因此,载体就可把特异 T 细胞和 B 细胞连接起来(T-B 桥联),T 细胞借此相互作用辅助激活 B 细胞(图 4-2)。

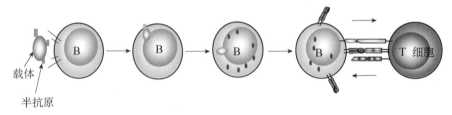

图 4-2　半抗原-载体效应

5. 共同抗原表位与交叉反应　不同抗原之间含有的相同或相似的抗原表位,称为共同抗原表位(common epitope),抗体或致敏淋巴细胞对具有相同和相似表位的不同抗原的反应,称为交叉反应(cross reaction)。含共同抗原表位的不同抗原称为交叉抗原(cross antigen)。机体感染链球菌导致风湿性心脏病的主要原因是链球菌中含有与心肌抗原的交叉抗原,其诱导的抗体与 T 细胞可交叉攻击心肌(图 4-3)。

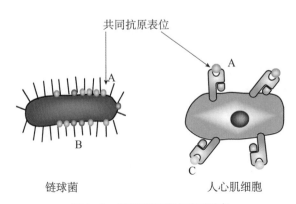

图 4-3　共同抗原表位与交叉反应

三、 影响抗原诱导免疫应答的因素

有多种因素影响机体对抗原免疫应答的类型及强度,但主要取决于抗原物质本身的性质、理化特性、结构与构象性质及其进入机体的方式和频率,同时也受机体遗传因素的影响。影响抗原诱导免疫应答的因素可概述为以下 3 个方面。

（一） 抗原分子的性质

1. 化学性质　天然抗原多为大分子有机物。一般蛋白质是良好的抗原。糖蛋白、脂蛋白、多糖类及脂多糖都具有较强的免疫原性。脂类和哺乳动物的细胞核成分如 DNA、组蛋白一般难以诱导免疫应答。但细胞在某些状态下如肿瘤或过活化时,其染色质、DNA 和组蛋白都具有免疫原性,能诱导相应的自身抗体生成。

2. 分子量大小　抗原的分子量一般在 10 000 以上,一般来说,抗原的分子量越大,含有抗原表位越多,结构越复杂,免疫原性越强。>100 000 的为强抗原,<10 000 的通常免疫原性较弱,甚至无免疫原性。

3. 分子结构　分子量大小并非决定免疫原性的绝对因素,分子结构的复杂性同样重要。明胶分子量为 100 000,但免疫原性很弱,原因在于明胶是由直链氨基酸组成,缺乏含苯环的氨基酸,稳定性差。如在明胶分子中偶联 2% 酪氨酸后,其免疫原性大大增强。胰岛素分子量仅 5 700,但其结构中含复杂的芳香族氨基酸,故其免疫原性较强。

4. 分子构象（conformation）　某些抗原分子在天然状态下可诱生特异性抗体,但经变性改变构象后,失去了诱生同样抗体的能力,这是其构象表位改变的缘故。因此,抗原分子的空间构象很大程度上影响抗原的免疫原性。

5. 易接近性（accessibility）　是指抗原表位在空间上被淋巴细胞抗原受体所接近的程度。抗原分子中氨基酸残基所处侧链位置的不同可影响抗原与淋巴细胞抗原受体的结合,从而影响抗原的免疫原性与免疫反应性。如图 4-4 所示,氨基酸残基在侧链的位置不同（A 与 B 相比）,其免疫原性也不同;而氨基酸残基由于侧链间距不同（B 与 C 相比）,使 BCR 可接近性不同,因此免疫原性也不同。

6. 物理状态　一般聚合状态的蛋白质较单体有更强的免疫原性。颗粒性抗原的免疫原性强于可溶性抗原,因此常将免疫原性弱的物质吸附在某些颗粒物质表面,可显著增强其免疫原性。

（二） 宿主方面的因素

1. 遗传因素　机体对抗原的应答受多种遗传基因尤其是主要组织相容性复合体（MHC）基因控制。研究发现,不同遗传背景的小鼠对特定抗原的应答能力不同,对某一抗原呈高反应的小鼠品系对其他抗原可能呈低反应性。不同遗传背景的豚鼠对白喉杆菌的抵抗力各异,且有遗传性。多糖抗原对人和小鼠具有免疫原性,而对豚鼠则无免疫原性。个体遗传基因不同,对同一抗原的免疫应答与否及应答的程度不同。MHC 基因多态性及其他免疫调控基因差异决定个体对同一抗原的免疫应答与否及其应答的强度差异。

2. 年龄、性别与健康状态　一般来说,青壮年个体比幼年和老年个体对抗原的免疫应答强;新生动物或婴儿对多糖类抗原不应答,故易引起细菌感染。雌性比雄性动物诱导抗体

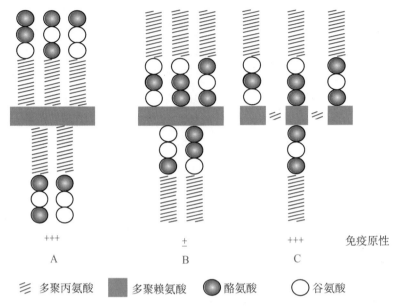

+++   ±   +++   免疫原性

A   B   C

≋ 多聚丙氨酸   ■ 多聚赖氨酸   ● 酪氨酸   ○ 谷氨酸

图 4 - 4 抗原氨基酸残基的位置和间距与免疫原性的关系

的能力强,但怀孕个体的应答能力受到显著抑制。感染或免疫抑制剂都能干扰和抑制机体对抗原的应答。

(三) 抗原进入机体方式

抗原进入机体的数量、途径、次数、频率及免疫佐剂的应用和佐剂类型等都明显影响机体对抗原的免疫应答强度和类型。一般而言,抗原剂量要适中,太低和太高抗原量则可诱导免疫耐受。皮内注射和皮下免疫途径容易诱导免疫应答,肌内注射次之,而腹腔注射和静脉注射免疫效果相对较差,口服易诱导耐受。适当间隔(如 1～2 周)免疫可诱导较好的免疫应答,免疫次数不要太频繁,频繁注射抗原可诱导免疫耐受。此外,不同类型的免疫佐剂可显著改变免疫应答的类型和强度,弗氏佐剂主要诱导 IgG 类抗体产生,明矾佐剂易诱导 IgE 类抗体产生。

四、抗原的分类

抗原种类很多,根据不同的分类标准可将抗原分为不同种类。

(一) 根据诱生抗体时需否 Th 细胞参与分类

1. 胸腺依赖性抗原 (thymus dependent antigen, TD - Ag) 此类抗原刺激 B 细胞产生抗体时依赖于 T 细胞辅助,故又称 T 细胞依赖抗原。绝大多数蛋白质抗原如病原微生物、血细胞、血清蛋白等均属 TD - Ag。先天性胸腺缺陷和后天性 T 细胞功能缺陷的个体,TD - Ag 诱导机体产生抗体的能力明显低下。

2. 胸腺非依赖性抗原 (thymus independent antigen, TI - Ag) 与 TD - Ag 不同,该类抗原刺激机体产生抗体时无需 T 细胞的辅助,又称 T 细胞非依赖性抗原。TI - Ag

可分为 TI-1 Ag 和 TI-2 Ag。TI-1 Ag 具有 B 细胞多克隆激活作用,如细菌脂多糖(LPS)等,成熟或未成熟 B 细胞均可对其产生应答;TI-2 Ag 如肺炎球菌荚膜多糖、聚合鞭毛素等,其表面含多个重复 B 表位,仅能刺激成熟 B 细胞。婴儿和新生动物 B 细胞发育不成熟,故对 TI-2 Ag 不应答或低应答,但对 TI-1 Ag 仍能应答。TD-Ag 与 TI-Ag 的区别详见表 4-4 和图 4-5。

表 4-4　TD-Ag 与 TI-Ag 的特性比较

	TD-Ag	TI-Ag
结构特点	复杂,含多种表位	含单一表位
表位组成	B 细胞和 T 细胞表位	重复 B 细胞表位
T 细胞辅助	必需	无需
MHC 限制性	有	无
激活的 B 细胞	B2	B1
免疫应答类型	体液免疫和细胞免疫	体液免疫
抗体类型	IgM、IgG、IgA 等	IgM
免疫记忆	有	无

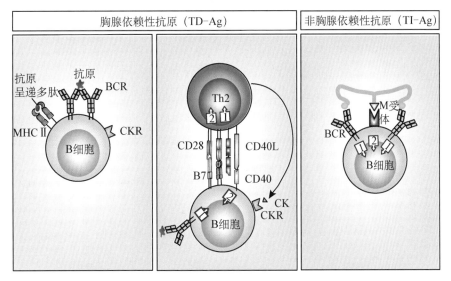

图 4-5　胸腺依赖性抗原 TD-Ag 和非胸腺依赖性抗原 TI-Ag

(二) 根据抗原与机体的亲缘关系分类

1. 异嗜性抗原(heterophilic antigen)　为一类与种属无关,存在于人、动物及微生物之间的共同抗原。异嗜性抗原最初是由 Forssman 发现,故又名 Forssman 抗原。例如,溶血性链球菌的表面成分与人肾小球基底膜及心肌组织有共同抗原,故在链球菌感染后,其刺激机体产生的抗体可与具有共同抗原的心、肾组织发生交叉反应,导致肾小球肾炎或心肌炎;大肠埃希菌 O14 型脂多糖与人结肠黏膜有共同抗原,有可能导致溃疡性结肠炎的发生。

2. 异种抗原(xenogenic antigen)　指来自于另一物种的抗原性物质,如病原微生物及其产物、植物蛋白、用于治疗目的的动物抗血清及异种器官移植物等,对人而言均为异种抗原。微生物的结构虽然简单,但其化学组成相当复杂,都有较强的免疫原性。临床上治疗用的动物免疫血清,如马血清抗毒素有其两重性:一是特异性抗体,有中和毒素的作用;二是异种抗原,可刺激机体产生抗马血清抗体,反复使用可导致超敏反应的发生。

3. 同种异型抗原(allogenic antigen) 指同一种属不同个体间所存在的抗原,亦称同种抗原或同种异体抗原。常见的人类同种异型抗原有血型(红细胞)抗原和人主要组织相容性抗原即人类白细胞抗原(HLA)。血型抗原已发现有 40 余种抗原系统,常见的有 ABO 系统和 Rh 系统。HLA 是人体最为复杂的同种异型抗原,在人群中具有高度多态性,成为个体区别于他人的独特的遗传标志,是介导人体间移植排斥反应的强移植抗原。

4. 自身抗原(autoantigen) 在正常情况下,机体对自身组织细胞不会产生免疫应答,即自身耐受。但是在感染、外伤、服用某些药物等影响下,使隔离抗原释放,或改变和修饰了的自身组织细胞,可诱发机体免疫系统对其发生免疫应答,这些可诱导特异性免疫应答的自身成分称为自身抗原。

5. 独特型抗原(idiotypic antigen) TCR、BCR 或 Ig V 区所具有的独特的氨基酸顺序和空间构型,可诱导自体产生相应的特异性抗体,这些独特的氨基酸序列所组成的抗原表位称为独特型(idiotype,Id),Id 所诱生的抗体(即抗抗体,或称 Ab2)称为抗独特型抗体(AId)。因此,能以 Ab1→Ab2→Ab3→Ab4……的形式进行下去,从而形成复杂的免疫网络,可调节免疫应答。

(三) 根据抗原是否在抗原呈递细胞内合成分类

1. 内源性抗原(endogenous antigen) 指在抗原呈递细胞(APC)内新合成的抗原,如被病毒感染的细胞内合成的病毒蛋白、肿瘤细胞内合成的肿瘤抗原等。此类抗原在细胞内加工处理为抗原肽,与 MHC Ⅰ类分子结合成复合物,可被 CD8$^+$ T 细胞的 TCR 识别(图 4 - 6)。

2. 外源性抗原(exogenous antigen) 指来源于 APC 以外的抗原。APC 可通过胞噬、胞饮和受体介导的内吞等作用摄取外源性抗原(如吞噬的细胞或细菌等),经加工为抗原短肽后,与 MHC Ⅱ类分子结合为复合物,可被 CD4$^+$ T 细胞的 TCR 识别(图 4 - 6)。

(四) 其他分类

除了上述常见的抗原分类外,还可根据抗原的产生方式不同,将其分为天然抗原和人工抗原;根据物理性状的不同,分为颗粒性抗原和可溶性抗原;根据抗原化学性质的不同,分为蛋白质抗原、多糖抗原及多肽抗原等;根据抗原诱导不同的免疫应答,分为移植抗原、肿瘤抗原、变应原、过敏原及耐受原等。肿瘤抗原是指细胞在癌变过程中出现的新抗原及过度表达的抗原物质的总称,包含肿瘤特异性抗原(TSA)和肿瘤相关抗原(TAA)。肿瘤相关抗原非肿瘤细胞所特有,正常细胞和其他组织中也存在,含量在细胞癌变时明显增高。因此,肿瘤相关抗原只表现量的改变,无严格肿瘤特异性,典型代表有胚胎性抗原如甲胎蛋白(AFP)可预测原发性肝癌,以及癌胚抗原(CEA)也常常作为临床上肠癌的判断指标。

(五) 超抗原

普通蛋白质抗原含有若干抗原表位,一般能特异性激活人体总细胞库中万分之一至百

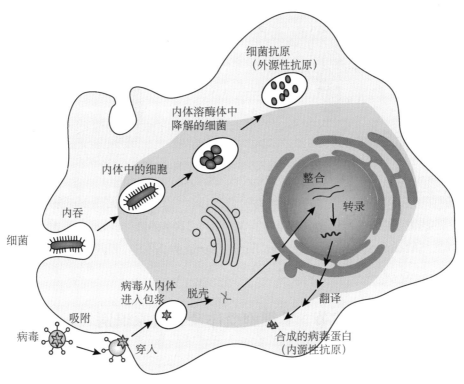

图 4 - 6　内源性抗原和外源性抗原

万分之一的 T 细胞克隆。然而极微量(1～10 ng/ml)的超抗原(superantigen，SAg)即可非特异性激活人体总细胞库中 2%～20% 的 T 细胞克隆，产生极强的免疫应答，但无严格的抗原特异性。

　　SAg 为何可非特异性激活如此大量的 T 细胞克隆？这与其激活 TCR 的独特方式密切相关。普通蛋白质抗原首先必须被 APC 降解为抗原表位肽，然后通过 APC 的 MHC 分子呈递给 T 细胞的特异性 TCR 才能相互作用。SAg 不需要 APC 加工处理，以完整的蛋白质形式呈递给 T 细胞。其一端不是与抗原肽结合槽结合，而是直接与 APC 膜上的 MHC Ⅱ 类分子的非多态区外侧结合，形成超抗原 MHC 复合物；另一端直接与 TCR 的 TCR - Vβ 片段外侧结合，无 MHC 限制性(图 4 - 7)。SAg 所诱导的细胞应答，其效应并非针对 SAg 本身，而是通过非特异性激活免疫细胞，分泌大量炎症性细胞因子，导致中毒性休克、多器官衰竭等严重病理过程发生。SAg 不仅可激活 T 细胞，还可致 T 细胞产生免疫耐受或抑制。深入研究 SAg 与 T 细胞作用的机制，将有助于揭示淋巴细胞对自身抗原免疫耐受的机制和自身免疫性疾病的发病机制。

　　SAg 分为外源性和内源性两类。外源性 SAg 主要为细菌的代谢产物，如金黄色葡萄球菌肠毒素 A～E(staphylococcal enterotoxin A～E，SEA～SEE)、毒性休克综合征毒素- 1(toxic shock syndrometoxin1，TSST - 1)、表皮剥脱毒素(exfolia tivetoxin，EXT)、A 族链球菌的致热外毒素(Streptococc-alpyrogenic exotoxin，SPA)等；内源性 SAg 主要为由感染哺

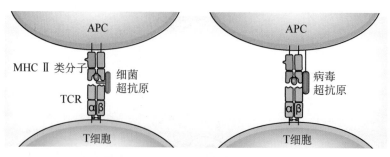

图 4-7 超抗原激活 T 细胞机制示意图

乳动物细胞的某种病毒（反转录病毒）编码的细胞膜蛋白质产物，如病毒 DNA 与宿主 DNA 整合表达的病毒蛋白产物（如小鼠乳腺瘤病毒 3′端 LTR 编码的抗原成分），其可作为次要淋巴细胞刺激抗原（minor lymphocyte stimulating antigen，MLS），刺激 T 细胞增殖。

第二节　T 细胞受体及其抗原识别

一、T 细胞受体

　　T 细胞是获得性免疫系统中主要的功能细胞，通过 T 细胞表面的 T 细胞受体（T cell receptor，TCR）识别抗原，在抗原识别中起关键作用。T 细胞是不均一（heterogeneous）的群体，根据其表达的 TCR 不同，可分为两大类：约占 95% 的 αβT 细胞，占 5% 的 γδT 细胞和极少量的 pre-TCR。αβT 细胞随机分布在各种组织中，在上皮下的间质组织、外周淋巴组织以及外周血中，占 T 细胞总数的绝大多数；而 γδT 细胞相对少，比较集中分布于肠、肺、表皮、舌、阴道、子宫等组织的上皮层以及黏膜相关淋巴组织中。pre-TCR 只表达于未成熟的 αβT 细胞表面，信号传递不依赖于配体，它在细胞表面自发形成二聚体，由此向细胞传递活化信号，调控 T 细胞在胸腺中的发育过程。TCR 是 T 细胞表面关键的受体分子，特异性地识别各种多肽抗原并通过胞内区免疫受体酪氨酸激活基序（immunoreceptor tyrosine-based activation motif，ITAM）磷酸化传递抗原刺激信号，进而引发 T 细胞的免疫效应。

二、TCR 的结构和功能

　　TCR 是由两条不同肽链构成的异二聚体，构成 TCR 的肽链有 α、β、γ、δ 4 种（图 4-8）。根据所含肽链的不同，TCR 可以分为 αβTCR 和 γδTCR 两种，其相应的 T 细胞分别称为 αβT 细胞和 γδT 细胞。构成 TCR 的两条肽链均是跨膜蛋白，由二硫键链接。每条肽链的胞膜外区各含 1 个可变（V）区和 1 个恒定（C）区。V 区中含有 3 个互补决定区（complementarity determining region，CDR）。CDR1、CDR2 和 CDR3 是 TCR 识别 pMHC 的功能区。两条肽链的跨膜区具有带正电荷的氨基酸残基（赖氨酸或精氨酸），通过盐桥与 CD3 分子的跨膜区连接，形成 TCR-CD3 复合体。构成 TCR 两条肽链的胞质区很短，不具备转导活化信号的

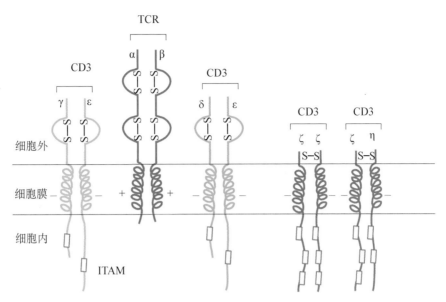

图 4 - 8　TCR - CD3 复合物结构示意图

功能,TCR 识别抗原产生的活化信号需借助 CD3 分子转导至 T 细胞内。

三、 CD3 的结构和功能

CD3 具有 γ、δ、ε、ζ、η 5 种肽链,均为跨膜蛋白,跨膜区具有带负电荷的氨基酸残基(天冬氨酸),与 TCR 跨膜区带有正电荷的氨基酸残基形成盐桥(见图 4 - 8)。γ、δ、ε 链的胞膜外区各有一个 Ig 样结构域。通过这些结构域之间的相互作用,分别形成 γε 和 δε 二聚体。ζ、η 链的胞膜外区很短,并以二硫键连接,形成 ζζ 二聚体或 ζη 二聚体。γ、δ、ε、ζ、η 5 种肽链的胞质区均含有 ITAM。ITAM 由 18 个氨基酸残基组成,其中含有 2 个 YXXL/V(即酪氨酸- 2 个任意氨基酸-亮氨酸或缬氨酸)保守序列。该保守序列的酪氨酸残基(Y)被细胞内的酪氨酸蛋白激酶磷酸化后,可募集其他含有 SH2 结构域的酪氨酸蛋白激酶(如 ZAP - 70),通过一系列信号转导过程激活 T 细胞。ITAM 的磷酸化及与 ZAP - 70 的结合是 T 细胞活化信号转导过程早期阶段的重要生化反应之一。因此,CD3 分子的功能是转导 TCR 识别抗原所产生的活化信号。

四、 TCR 与 MHC 肽复合物相互作用

T 细胞对抗原的识别是 T 细胞特异性免疫应答发生的先决条件。T 细胞通过其表面的 TCR 分子来识别外来抗原,抗原首先被 APC 处理为 9～14 个氨基酸的多肽,形成抗原肽。MHC 分子是抗原肽的受体,它的基本功能是结合来自细胞内或来自细胞外的肽,形成 MHC -肽复合物。这些抗原肽和 MHC 分子一同在 APC 分子表面表达,TCR 分子识别并结合的是 MHC -肽复合物,从而引起免疫反应。TCR Vα 和 Vβ 的 CDR3 部位与 MHC 呈递的肽的中间部分以一定角度结合。CDR1 和 CDR2 不只与 MHC 分子结合,也与肽结合。α 链

的 CDR1 和 CDR2 与 MHC 分子上的结合槽以及肽的氨基端结合。β 链的 CDR1 和 CDR2 与 MHC 结合槽以及抗原肽的羧基端结合。因此,如果从上往下看,CDR1、CDR2 与 MHC 结合槽犹如一个"井"字相互交叉,"井"字中间是 CDR3 和肽的中间部分,在调节 T 细胞活化中起重要作用。由 TCR 和 CD3 分子组成的 TCR 复合物与 MHC 抗原肽结合,为 T 细胞活化提供了第一信号。

五、T 细胞的抗原识别

T 细胞识别是指初始 T 细胞膜表面抗原识别受体(TCR)与 APC 表面的抗原肽- MHC 分子复合物特异性结合的过程。TCR 识别表达于 APC 表面并与 MHC 分子结合的抗原肽复合分子,而不能识别游离的蛋白质抗原。T 细胞识别抗原具有 MHC 限制性。TCRα、β 链 V 区 CDR1、CDR2 识别并结合 MHC 分子的多态区和抗原肽的两端,CDR3 识别并结合位于抗原肽中央的 T 细胞表位(图 4 - 9)。CD4$^+$ αβ T 细胞识别 APC 呈递的 MHC - II -肽复合物。这些抗原主要是存在于囊泡系统内的抗原,来源于巨噬细胞摄取到内体(endosome)中的颗粒成分(如细胞、细菌等)及细菌增殖中新合成的抗原成分;还有一些抗原是通过 APC 吞噬和吞饮摄取的内化细菌代谢产物和其他可溶性蛋白质抗原。而 CD8$^+$ αβT 细胞识别 APC 呈递的 MHC - I -肽复合物,这些抗原主要是存在于胞质内的抗原,如病毒和一些细菌感染细胞后,在胞质及胞核内合成的抗原;还有一些是肿瘤细胞合成的肿瘤抗原。

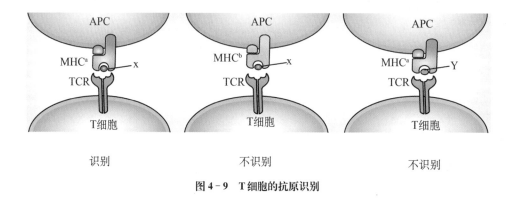

图 4 - 9 T 细胞的抗原识别

第三节 B 细胞受体及其抗原识别

一、B 细胞受体

B 细胞是获得性免疫系统中介导体液免疫、呈递抗原并发挥免疫调节作用的一群重要的功能细胞。B 细胞受体(B cell receptor,BCR)具有抗原结合特异性,在同一个体内,其多样性高达 10^9～10^{12},构成容量巨大的 BCR 库,赋予个体识别各种抗原、产生特异性抗体的巨大潜能。BCR 胚系基因以片段形式存在,需经重排才能表达功能性 BCR,重排是 BCR 多样性形成的重要机制。B 细胞在骨髓中经历祖 B 细胞、前 B 细胞、未成熟 B 细胞和成熟 B 细胞 4 个发育阶段,期间完成功能性 BCR 的表达并形成中枢免疫耐受。在成熟 B 细胞表面,Igα、Igβ 总是和 BCR 共同表达,形成 BCR - Igα/Igβ 复合体,前者识别抗原,后者转导 BCR 识别的抗原刺激信号。

二、BCR 的结构和功能

BCR 是 B 细胞表面的重要分子。BCR 复合物由识别和结合抗原的膜表面免疫球蛋白(mIg)和传递抗原刺激信号的 Igα(CD79a)/Igβ(CD79b)异二聚体组成(图 4 - 10)。mIg 是 B 细胞的特征性表面标志,以单体形式存在,特异性结合抗原。但由于其胞质区很短,不能直接将抗原刺激的信号传递到 B 细胞内,需要其他分子的辅助来完成 BCR 结合抗原后信号的传递。成熟 B 细胞主要表达 mIgM 和 mIgD。Igα/Igβ 异二聚体与 mIg 相连,主要功能为传导 BCR 与抗原结合产生的活化信号并稳定 BCR 复合物空间构型。Igα/Igβ 均属免疫球蛋白超家族,有胞外区、跨膜区和相对较长的胞质区。Igα/Igβ 的近胞膜处通过二硫键相连构成二聚体。Igα/Igβ 和 mIg 的跨膜区均有极性氨基酸,借静电吸引而组成稳定的 BCR 复合物。Igα/Igβ 胞质区含有免 ITAM,通过募集下游信号分子,转导抗原与 BCR 结合所产生的信号。在抗原刺激下,B 细胞最终分化为浆细胞,浆细胞不表达 mIg。

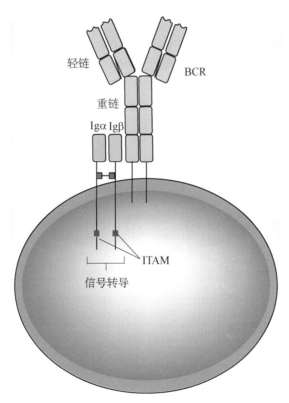

图 4 - 10 BCR 复合物结构示意图

三、B 细胞共受体的结构和功能

B 细胞共受体(coreceptor)能促进 BCR 对抗原的识别及 B 细胞的活化。B 细胞表面的 CD19、CD21 及 CD81 非共价相连,形成 B 细胞的多分子共受体,能增强 BCR 与抗原结合的稳定性,并与 Igα/Igβ 共同传递 B 细胞活化的第一信号。在复合体中,CD21(即 CR2)可结合 C3d,形成 CD21 - C3d -抗原- BCR 复合物,发挥 B 细胞共受体的作用;CD19 传递活化信号(图 4 - 11)。

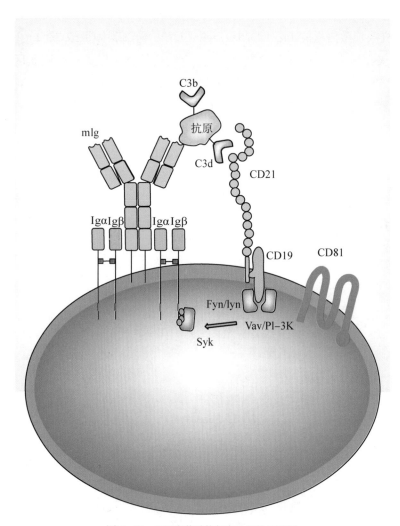

图 4 - 11　B 细胞共受体复合物结构示意图

四、B 细胞的抗原识别

BCR 对抗原的识别与 TCR 识别抗原不同:BCR 不仅能识别蛋白质抗原,还能识别多肽、核酸、多糖类、脂类和小分子化合物类抗原;BCR 能特异性识别完整抗原的天然构象,或识别抗原降解所暴露表位的空间构象;BCR 对抗原的识别不需 APC 的加工和呈递,也无 MHC

限制性。

（一）B 细胞对 TD 抗原的识别和免疫应答

TD 抗原主要为蛋白质抗原,如病原微生物、血细胞和血清蛋白。BCR 识别 TD 抗原对 B 细胞的激活有两个相互关联的作用:BCR 特异性结合抗原,产生 B 细胞活化的第一信号;B 细胞内化 BCR 所结合的抗原,并对抗原进行加工,形成抗原肽-MHC Ⅱ 类分子复合物 (peptide-MHC Ⅱ complex,pMHC)呈递给抗原特异性 Th 识别,Th 活化后通过表达的 CD40L 与 B 细胞表面 CD40 结合,又提供 B 细胞活化的第二信号(图 4-12)。

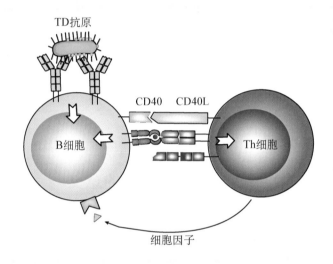

图 4-12　B 细胞对 TD 抗原的识别

（二）B 细胞对 TI 抗原的识别和免疫应答

TI 抗原为非胸腺依赖抗原,一般为细菌多糖、多聚蛋白质及脂多糖等,不易降解,无需 T 细胞的辅助。TI 抗原包括 TI-1 抗原和 TI-2 抗原。TI-1 抗原又称 B 细胞丝裂原(如 LPS),其含有 B 细胞丝裂原和重复的 B 细胞表位,因此 B 细胞对 TI-1 抗原的识别除了 BCR 直接识别其 B 细胞表位外,还能通过 B 细胞膜上的丝裂原受体直接识别其丝裂原成分。 TI-1 抗原可诱导不成熟和成熟的 B 细胞应答,高浓度 TI-1 抗原如 LPS,经 B 细胞膜上的 丝裂原受体(如 TLR4)识别而非特异性地诱导多克隆 B 细胞增殖和分化;而低浓度 TI-1 抗 原需经 B 细胞膜上的 BCR 识别而特异性诱导 B 细胞增殖和分化。TI-2 抗原多为细菌胞壁 与荚膜多糖,具有高度重复的表位,TI-2 抗原诱导抗原特异性的成熟 B 细胞 BCR 的交联反 应而产生 B 细胞活化。BCR 交联介导的信号转导途径为:受体交联激活 BLK,Fyn/Lyn 导 致 CD79/CD19 的 ITAM 磷酸化,进一步导致 SyK 酪氨酸激酶活化。通过活化 PLC-γ 和 EGF,最终使 B 细胞增殖、分化。TI 抗原一般激活的主要是 CD5[+] B1 细胞,所产生的主要为 低亲和力的 IgM 抗体(图 4-13)。由于无特异性 T 细胞辅助,TI 抗原一般不能诱导 Ig 类别 转换、抗体亲和力成熟及记忆 B 细胞形成。

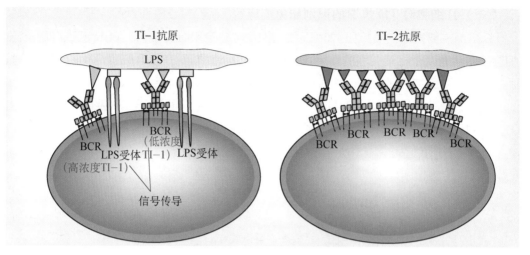

图 4 - 13　B 细胞对 TI 抗原的识别

第四节　抗原识别的意义

抗原识别是引起机体产生特异性免疫应答的先决条件,有关抗原进入机体后如何刺激免疫细胞使之活化,Burnet 的克隆选择学说(clonal selection theory)已被多数免疫学家接受。该学说认为:在胚胎期由于细胞的突变,体内已形成了许多淋巴细胞克隆(clone),每一个克隆表面均携带一种特定的抗原识别受体,抗原进入体内后选择具有相应受体的淋巴细胞使之活化、增生、分化,从而导致特异性免疫应答的发生。在某些情况下,抗原也可诱导相应的淋巴细胞克隆对该抗原表现为特异性无应答状态,称为免疫耐受(immune tolerance)。有些抗原还可引起机体发生病理性免疫应答,如超敏反应(hypersensitivity)。

（洪晓武）

第五章 抗原的加工呈递和主要组织相容性复合体

T 细胞受体(T cell Receptor，TCR)存在于 T 细胞表面，其分子结构类似于抗体的 Fab 段。B 细胞受体或抗体可以识别多种类型的抗原，如蛋白、多肽、核酸、糖、脂和一些小分子化合物，并能够识别抗原的三级结构；而 T 细胞应答通常是针对外来蛋白，TCR 仅能识别较短的线型抗原肽，即抗原肽的氨基酸序列，且此肽段可以不暴露于蛋白的表面，另有部分 TCR 识别脂类或糖脂抗原。

TCR 不能识别游离的抗原肽，只有当组织相容性复合体(major histocompatibility complex，MHC)分子结合抗原肽并将抗原肽展现于细胞表面，才能被 T 细胞识别。抗原呈递细胞将蛋白抗原加工，装载在 MHC 分子上并展现在细胞表面的过程被称为抗原呈递(antigen presentation)。这些抗原可以是内源性的，如胞内病毒或胞内菌抗原，经剪切加工后由 MHC Ⅰ类分子呈递给 CD8$^+$ 细胞毒性 T 细胞(cytotoxic T lymphocyte，CTL)；也可以是外源性的，如从胞外通过吞噬或胞饮作用内化的病原微生物及其分子，经加工后由 MHC Ⅱ类分子呈递给 CD4$^+$ 辅助性 T 细胞(helper T cell，Th)。抗原呈递细胞(antigen presenting cell，APC)能够捕捉抗原，并把抗原以抗原肽- MHC 分子复合物的形式呈递给 T 细胞而活化 T 细胞，使 T 细胞得以履行其功能。在本章中，首先将讨论抗原呈递细胞，然后描述蛋白抗原加工呈递途径及脂类抗原的呈递，最后介绍 MHC 及 MHC 分子。

第一节 T 细胞识别抗原需要抗原呈递细胞

抗原呈递细胞(APC)是指能够摄取、加工抗原并将抗原肽- MHC 分子复合物呈递给 T 细胞的一类细胞，专职性抗原呈递细胞(professional APC)包括树突细胞(dendritic cell，DC)、巨噬细胞(macrophage)和 B 细胞，其中 DC 能最有效地活化初始状态的 T 细胞(naïve T cell)，从而启动适应性免疫反应；巨噬细胞和 B 细胞通常呈递抗原给效应性 T 细胞，活化的 T 细胞反过来促进巨噬细胞的杀伤功能、增进 B 细胞分化及抗体分泌。专职性 APC 把抗原呈递给 CD4$^+$ 辅助性 T 细胞(Th)；所有的有核细胞都能够将抗原呈递给 CD8$^+$ 杀伤性 T 细胞(CTL)。

一、专职性抗原呈递细胞
专职性 APC 把抗原肽- MHC 分子复合物呈递给抗原特异性 CD4$^+$ T 细胞识别，称为 T

细胞活化的第一信号。APC 还表达其他与 T 细胞活化相关的分子,如共刺激分子 CD80、CD86,这些分子与 T 细胞表面的 CD28 结合后产生第二信号,第二信号对于激活初始化 T 细胞尤为重要。此外,APC 还分泌细胞因子,如 IL-2、IFN-γ,对 T 细胞的活化、亚型分化起至关重要的作用,这些细胞因子的作用有时被称为第三信号。

DC 和巨噬细胞表达 Toll 样受体(Toll-like receptors,TLR)和其他模式识别受体(pattern recognition receptor,PRR),这些受体识别微生物病原体相关分子模式(pathogen-associated molecular pattern,PAMP)后,上调 APC 表面的 MHC 分子、共刺激分子及黏附分子的表达,刺激 APC 分泌细胞因子,这些信号共同作用促进 T 细胞活化。此外,DC 还表达趋化因子受体,使 DC 捕捉抗原后从外周组织迁移到淋巴组织的 T 细胞区中以增加与抗原特异性 T 细胞接触的机会,因此 PAMP 分子通过活化固有免疫系统而启动并增强适应性免疫应答。人们在很早以前就发现,纯化的蛋白并不能引起很好的免疫反应,如果在其中混合加入微生物或其成分,如灭活的分枝杆菌,混合物所诱导的免疫反应明显增强,这类物质被称为佐剂(adjuvant),佐剂实则增强了 APC 提供给 T 细胞的多种活化信号。

APC 呈递抗原给 T 细胞并提供第二、第三信号活化 T 细胞,但此种细胞-细胞之间的作用并非单向的,活化的 T 细胞分泌细胞因子如 INF-γ,反过来刺激 APC,使其抗原加工呈递能力增强,MHC Ⅱ类分子和共刺激分子表达增加,进一步分泌细胞因子。这种 APC 与 T 细胞的双向作用形成正反馈,使得免疫应答增强,也是 Th 细胞辅助细胞免疫和体液免疫的基础(详见下述)。

(一) 树突细胞

一般情况下,外来抗原的进入是病原微生物突破了皮肤、黏膜屏障,如皮肤、呼吸道、消化道上皮细胞,遍布皮肤和黏膜的毛细淋巴管可以将组织回流来的淋巴液聚集到局部淋巴结。一些抗原被 APC 如 DC 捕获后转运至局部淋巴结,另有抗原可以进入毛细淋巴管直接回流至局部淋巴结,因此淋巴结浓缩了外周组织回流的抗原。

DC 广泛分布于外周皮肤、黏膜,以及各器官实质及淋巴组织中,处于免疫防御的第一线。由于 DC 在形态上具有特征性的树状突起,故被称为树突细胞,这些树状突起大大增加了细胞的表面积,从而增强其捕捉抗原及呈递抗原的功能。DC 作为吞噬细胞参与固有免疫防御,由于 DC 能够活化初始化 T 细胞而启动适应性免疫应答,故 DC 被称为联系固有免疫和适应性免疫的桥梁。

1. DC 的类型　DC 源于骨髓前体细胞。根据其表面标志性抗原及其在免疫反应中的作用,DC 分为许多亚型,最重要的两个亚型为经典 DC(conventional DC,cDC)和浆细胞样 DC(plasmacytoid DC,pDC)。经典 DC 是最早被发现的 DC,也是存在于外周组织和淋巴器官中数量最多的 DC,其最重要的功能为呈递抗原。pDC 主要存在于血液中,在淋巴结及脾脏中也有少量存在。pDC 形态与浆细胞相似而得名。pDC 在活化后具备 DC 的形态和功能,也能够呈递抗原给 T 细胞,但 pDC 最重要的功能为在病毒感染时分泌Ⅰ型干扰素(type Ⅰ interferon,IFN-α 和 IFN-β)。此外,淋巴结中的滤泡 DC(follicular DC)

形态上有许多树状突起,但不具备抗原呈递的能力,不是专职性 APC。在此主要介绍经典DC。

2. 经典 DC 的成熟　外周 DC 为未成熟(immature)DC,如皮肤上皮组织中的 DC 为朗格汉斯细胞(Langerhans cell)。小肠和呼吸道上皮组织中的 DC 能够把树状突起经上皮间隙延伸到小肠腔或呼吸道内,有利于捕获抗原。未成熟 DC 有很强的摄取及加工入侵病原体的能力,但由于其 MHC Ⅱ类分子、共刺激分子(如 CD80、CD86)和黏附分子(如 ICAM - 1)的表达水平较低,因而呈递抗原及活化 T 细胞的能力较弱。未成熟 DC 表达识别微生物的吞噬受体,如 C -型凝集素受体(C-type lectin receptors)、甘露糖受体(mannose receptor),以及参与调理作用的 Fc 受体,故 DC 可通过这些受体捕获、吞噬病原微生物及其分子。除了受体介导的吞噬作用,DC 还能够通过胞饮作用摄取细胞环境中的可溶性蛋白。DC 把吞噬的蛋白抗原剪切成肽段并装载到 MHC 分子上。DC 表达模式识别受体如 TLR 和其他受体,能够被微生物 PAMP 分子活化。此外,PAMP 分子能够刺激组织中炎性因子如 TNF - α、IL - 1β 分泌,炎性因子也能够刺激 DC,被活化的未成熟 DC 发生表型和功能的变化而转变为成熟(mature)DC。

在成熟过程中,DC 失去在外周组织的附着力,并上调趋化因子受体 CCR7。CCR7 的两个主要配体——趋化因子 CCL19 和 CCL21,存在于淋巴结的 T 细胞区。在趋化因子的作用下,捕获了微生物抗原的成熟 DC 迁移至回流淋巴结的 T 细胞区。由于初始化 T 细胞也表达 CCR7,初始化 T 细胞与携带抗原的 DC 归巢至淋巴结的同一区域,大大增加了 T 细胞寻找到特异性抗原的可能性。成熟 DC 上调细胞表面抗原肽- MHC 分子复合物、共刺激分子及黏附分子的表达,将抗原呈递给 T 细胞从而启动适应性免疫反应,同时成熟 DC 识别、摄取及加工抗原的能力减弱。因此,DC 成熟的过程(maturation)是使 DC 从抗原捕获细胞转变成具有抗原呈递功能的细胞(图 5 - 1,表 5 - 1)。淋巴结 T 细胞区的并指状 DC (interdigitating DC)即为成熟 DC。

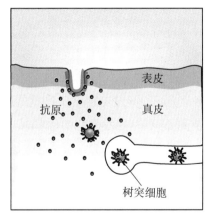
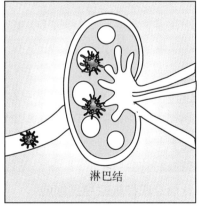

图 5 - 1　树突细胞的成熟过程

表 5-1 未成熟与成熟 DC 特点的比较

	未成熟 DC	成熟 DC
主要功能	抗原的摄取、加工	抗原呈递
C-型凝集素受体、甘露糖受体、Fc 受体的表达	++	+/-
抗原摄取及加工功能	++	+/-
趋化因子 CCR7 受体表达	+/-	++
MHC Ⅱ类分子表达	+/-	++
共刺激分子表达	+/-	++
黏附分子表达	+/-	++
细胞因子(IL-12)分泌	+/-	++
抗原呈递能力	+/-	++

抗原除了被 DC 捕捉后进入回流淋巴结,还能够以可溶性分子的形式通过毛细淋巴管直接进入淋巴结。当回流的淋巴液经输入淋巴管进入淋巴结时,首先进入被膜下窦,被膜下窦中有巨噬细胞和 DC,能够摄取抗原并运送至皮质 T 细胞区。此外,淋巴结中还具有与被膜下窦相连的由纤维网状细胞环绕的管道系统(conduit system),仅分子量较小的抗原能够进入此管道系统。这些管道被 DC 包围,DC 的树状突起延伸至管腔内,摄取管道系统中的抗原并呈递给 T 细胞。

除了淋巴结外,一些淋巴样组织也能够收集并浓缩抗原。在黏膜组织中,除了毛细淋巴管回流至淋巴结外,黏膜相关的淋巴样组织直接监控肠腔和气道中的抗原,如小肠派氏结和咽部的扁桃体。直接来自于血液或由胸腺导管进入血液的外源性抗原的监控依赖于脾脏中的 APC。

3. DC 作为专职性 APC 的重要特性 DC 具备下述性质使其成为最有效的 APC 以启动初始化 T 细胞的免疫应答。①未成熟 DC 分布于接触外来抗原的第一线,如皮肤和黏膜。因此,DC 被称为免疫系统的哨兵(sentinel)。②DC 表达吞噬性受体,通过受体介导的吞噬作用和胞饮作用有效捕获抗原,因此,DC 参与固有免疫应答;同时 DC 将蛋白加工成可供呈递的抗原肽而启动适应性免疫反应。③DC 表达模式识别受体,使其能够对微生物 PAMP 分子产生应答,分泌多种细胞因子,促进 DC 成熟并决定 T 细胞的分化,如 DC 分泌 IL-12 诱导初始化 Th0 细胞分化成 Th1。④DC 具有迁移功能,在外周捕获抗原后迁移至淋巴结的 T 细胞区,并将抗原展现给循环至淋巴结的 T 细胞供其筛查。⑤成熟 DC 高表达抗原肽-MHC 分子复合物、共刺激分子、黏附分子,分泌细胞因子,促进初始化 T 细胞的活化。

初始化 T 细胞的活化需要 DC 捕获和呈递抗原,人们开始发现初始化 $CD4^+$ T 细胞的活化需要 DC,后来发现 $CD8^+$ T 细胞免疫应答的启动也需要 DC。DC 能够吞噬被病毒感染的细胞并将病原抗原呈递给 $CD8^+$ T 细胞,是能活化初始化 $CD8^+$ T 细胞最有效的 APC。

（二）其他专职性抗原呈递细胞

DC 在启动初始化 T 细胞免疫应答过程中起非常重要的作用,巨噬细胞和 B 细胞通过抗原呈递对 Th 细胞效应的发挥起关键作用。

1. 单核-巨噬细胞 单核细胞来源于骨髓前体细胞,循环的单核细胞可以被募集到感染炎症发生部位而分化成巨噬细胞。募集和组织原住(tissue resident)的巨噬细胞表达多种吞噬受体和模式识别受体,能够通过吞噬作用、胞饮作用及受体介导的内吞作用等方式吞噬、杀灭入侵的病原体。正常情况下,单核-巨噬细胞表达低水平 MHC 分子和共刺激分子,抗原呈递能力较弱,但在 PAMP 分子和细胞因子如 IFN－γ 刺激后,细胞表面 MHC 分子和共刺激分子水平上调,能够将抗原肽- MHC Ⅱ分子复合物呈递给 CD4$^+$ Th 细胞。病原体特异性的 CD4$^+$ Th 细胞识别抗原后活化,分泌细胞因子如 IFN－γ,反过来刺激巨噬细胞,增强其杀伤能力进而清除致病微生物。这一抗原呈递过程对于 T 细胞发挥细胞介导的免疫反应及迟发型变态反应都非常重要。

2. B 细胞　B 细胞是体液免疫反应的重要细胞。B 细胞持续性表达 MHC Ⅱ类分子,但表达低水平共刺激分子如 CD80、CD86,B 细胞通过 BCR 有效识别、富集和内吞蛋白抗原,此外还可通过胞饮作用摄取抗原,B 细胞将抗原加工成抗原肽后,将抗原肽- MHC Ⅱ复合物呈递给 Th 细胞,活化的 Th 细胞通过共刺激分子 CD40、CD80、CD86 等及分泌细胞因子促进 B 细胞增殖,并分化成浆细胞,此抗原呈递过程对 T 细胞依赖型抗体的产生起关键作用(表5-2)。

表5-2　专职性抗原呈递细胞特性和功能的比较

	DC	巨噬细胞	B 细胞
呈递对象	初始化 T 细胞	效应性 CD4$^+$ Th 细胞	效应性 CD4$^+$ Th 细胞
抗原摄取	吞噬作用、胞饮作用(未成熟 DC)	吞噬作用、胞饮作用	BCR 介导的内吞作用、胞饮作用
MHC Ⅱ类分子表达	未成熟 DC 低,成熟 DC 高	PAMP 和细胞因子诱导	持续表达,活化后进一步升高
共刺激分子表达	未成熟 DC 低,成熟 DC 高	PAMP 和细胞因子诱导	活化诱导
位置	全身	淋巴组织、结缔组织、体腔	淋巴组织、外周血
主要功能	启动适应性免疫反应,初始化 T 细胞活化增殖并分化为效应性 T 细胞	增强巨噬细胞活性(细胞免疫)	B 细胞活化分化,产生抗体(体液免疫)

二、非专职性抗原呈递细胞

一些组织上皮细胞和实质细胞不表达或表达低水平 MHC Ⅱ类分子,不是专职性 APC,但在炎症过程中,在细胞因子如 IFN－γ 的刺激下,被诱导表达 MHC Ⅱ类分子,其生理意义不明。因为这些细胞不表达共刺激分子,也不能有效加工蛋白、不能生成能够结合 MHC Ⅱ类分子的抗原肽,对 T 细胞免疫应答可能作用不大。胸腺上皮细胞持续性表达 MHC 分子,对 T 细胞发育、形成各种抗原特异性的 T 细胞库(T cell repertoire)有重要作用。

所有有核细胞均表达 MHC Ⅰ类分子,能呈递细胞质内蛋白抗原(内源性抗原)给 CD8$^+$ T 细胞。由于所有有核细胞可能受病毒感染或产生致癌突变,需要免疫系统能够识别胞质内抗原如病毒抗原和突变蛋白抗原。CD8$^+$ 的杀伤性 T 细胞能够识别有核细胞呈递的细胞质来源的抗原肽,从而清除被感染或癌变的细胞,因此这些细胞被称作靶细胞。被吞噬的微生物抗原在有些情况下会从吞噬体渗漏至细胞质中,从而被 CD8$^+$ 杀伤性 T 细胞识别。

第二节　抗原加工呈递

抗原加工(antigen processing)是指将存在于细胞质的内源性抗原或从细胞外环境中内吞的外源性蛋白抗原剪切成肽段,装载到 MHC 分子上并转运至细胞表面的过程。抗原呈递(antigen presentation)是指将细胞表面的抗原肽-MHC 分子复合物展示给 TCR 识别从而诱导 T 细胞活化的过程。抗原加工过程即为产生具有能够与 MHC 分子结合的抗原肽,并且抗原肽与具有抗原结合槽的 MHC 分子在同一细胞器内相遇,抗原肽结合到 MHC 分子后被运送至细胞膜。抗原肽的结合与 MHC 分子组装和转运密不可分,也对 MHC 分子的稳定性和表达于细胞表面起重要作用。细胞外环境中蛋白抗原被内吞至吞噬体,产生抗原肽与 MHC Ⅱ类分子结合,供 CD4+ T 细胞识别;细胞质中蛋白抗原被降解成抗原肽与 MHC Ⅰ类分子结合,供 CD8+ T 细胞识别。外源性抗原主要由表达 MHC Ⅱ类分子的 APC 加工呈递;而靶细胞(为有核细胞)表达 MHC Ⅰ类分子,能够加工呈递抗原给 CTL 识别并被杀伤。内源性与外源性抗原的命运取决于 MHC Ⅰ类和Ⅱ类分子的合成与组装的亚细胞位点。在本节中,首先描述内源性和外源性抗原呈递途径,然后介绍交叉呈递及脂类抗原的 CD1 分子呈递途径。

一、内源性途径

内源性抗原主要通过 MHC Ⅰ类分子途径加工和呈递。大多数细胞质蛋白抗原在细胞内合成,有些是被吞噬再转运至细胞质。细胞质内的抗原可以是细胞感染病毒和其他胞内微生物的产物;肿瘤细胞中,各种突变和过表达的基因可能产生蛋白抗原;也可能是被内吞但从吞噬体中逃逸至细胞质中的抗原;另有细胞质中重要的蛋白来源是内质网(endoplasmic reticulum,ER)中合成的出现折叠错误的自身蛋白。

1. 细胞质蛋白的酶解　蛋白抗原首先需被降解成抗原肽,才能装载至 MHC 分子上。内源性蛋白的剪切加工最主要是通过蛋白酶体(proteasome)的降解。蛋白酶体为中空的圆柱体结构,是由多个亚单位组成的复合蛋白,并具有广谱蛋白酶活性,在大多数细胞的细胞质和细胞核中存在。蛋白酶体为两个 β 内环和两个 α 外环组成筒状结构,每个环由 7 个亚单位组成,在圆柱体结构的两端各有一个帽状结构。α 外环不具有酶活性,在 β 内环的 3 个亚基含有水解蛋白的活性位点。

一般情况下,蛋白酶体降解老化或有折叠错误的蛋白。需要降解的蛋白首先共价结合数个被称为泛素的小分子多肽,结合了 4 个或以上泛素的蛋白能够被蛋白酶体的帽状结构识别,蛋白被去折叠,呈线性通过蛋白酶体的中央,被剪切为多肽。蛋白酶体可以产生广谱的多肽,但通常并不把蛋白分解为单个氨基酸。有趣的是,经细胞因子 IFN-γ 刺激后,蛋白酶体 β 内环中的 3 个活性亚单位被新的活性亚单位(低分子量多肽,low molecular weight peptide,LMP)取代,称为免疫蛋白酶体(immunoproteasome)。免疫蛋白酶体的底物特异性及产物性质均发生改变,酶切的多肽产物通常含有 6～30 个氨基酸残基,且其 C 端多为疏水性或碱性氨基酸残基,这类多肽适合被 TAP 转运蛋白运送至内质网腔内(详见下述)并适合与 MHC Ⅰ类分子的抗原槽结合。此外,IFN-γ 还能够增加 MHC 分子的表达。

2. 抗原肽从细胞质到内质网的转运　由于抗原肽在细胞质中生成而 MHC Ⅰ类分子在内质网中合成,需要将胞质中的抗原肽转运至内质网才能形成抗原肽-MHC Ⅰ复合物。这个转运过程由抗原加工相关转运物(transporter associated with antigen processing, TAP)完成,TAP 是由两个跨膜蛋白亚单位(TAP1 和 TAP2)组成的异二聚体,在内质网膜上形成孔道,TAP 与 ATP 依赖性 ABC 转运蛋白家族中的蛋白有同源性。胞质中的抗原肽与 TAP 蛋白结合,TAP 发生 ATP-依赖性的蛋白构象改变,开放孔道,完成抗原肽从细胞质到 ER 的转运。TAP 对含 8～16 氨基酸残基,C 端为疏水性或碱性氨基酸残基抗原肽的转运最为有效,这些抗原肽恰好又是免疫蛋白酶体剪切产生的,并适合结合在 MHC Ⅰ类分子的抗原结合槽上。

3. 内质网中抗原肽-MHC Ⅰ类分子复合物的组装　MHC Ⅰ类分子的合成与组装是一多步骤的过程,并与抗原肽结合密切相关。MHC Ⅰ类分子的 α 重链和 β2 微球蛋白(β2-microglobulin, β2m)在内质网中合成,新合成的 α 链与伴侣蛋白(chaperone)结合。伴侣蛋白包括钙联蛋白(calnexin)、钙网蛋白(calreticulin)及 TAP 相关蛋白(Tapasin),它们协助新合成的 α 链折叠及与 β2m 组装成完整的 MHC Ⅰ类分子。Tapasin 蛋白与 TAP 蛋白结合,因此 Tapasin 将等待装载的 MHC Ⅰ类分子与 TAP 转运蛋白连接起来,促进转入内质网的抗原肽与 MHC Ⅰ类分子结合。实际上,TAP、Tapasin、钙联蛋白、钙网蛋白和羟基氧化还原酶 Erp57 等形成了一抗原肽装载复合物,协调 MHC Ⅰ类分子的折叠组装及抗原肽的结合。Erp57 可催化 MHC Ⅰ类分子功能区二硫键的断裂和重建,使抗原肽的结合更加稳定。在结合过程中,抗原肽氨基肽酶(ER Resident Aminopeptidase, ERAP)进一步修剪抗原肽,形成含 8～12 个氨基酸残基的抗原肽,更适合结合在 MHC Ⅰ类分子的抗原结合槽中。抗原肽结合完成后,MHC Ⅰ类分子与 Tapasin 解离,可以离开内质网经高尔基复合体转运至细胞膜。

4. 抗原肽-MHC Ⅰ类分子复合物在细胞表面的表达　表达于细胞膜表面的抗原肽-MHC Ⅰ类分子复合物具有稳定的结构,能够被抗原特异性的 CD8+ T 细胞识别,而 TCR 的共同受体(co-receptor)CD8 分子结合在 MHC Ⅰ类分子保守的 α3 结构域。抗原肽的结合同时也增强 MHC Ⅰ类分子稳定性,如果没有抗原肽的结合,新形成的 MHC Ⅰ类分子 α 链-β2m 二聚体不能经内质网转运至高尔基复合体,最终将被运送至细胞质被蛋白酶体降解。

综上所述,内源性蛋白抗原首先在细胞质中被蛋白酶体剪切成抗原肽,后经 TAP 转运蛋白运送至内质网;内质网内新合成的 MHC Ⅰ类分子 α 链和 β2m 在伴侣蛋白协助下完成蛋白折叠和组装,伴侣蛋白协助抗原肽装载至 MHC Ⅰ类分子的抗原结合槽中;所形成稳定的抗原肽-MHC Ⅰ类分子复合物,经高尔基复合体转运至靶细胞表面,供抗原特异性 CD8+ T 细胞识别(图 5-2,表 5-3)。

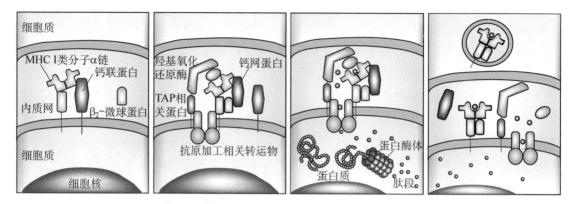

图 5-2　内源性抗原通过 MHC Ⅰ 类分子途径加工和呈递

表 5-3　内源性和外源性蛋白抗原加工呈递的比较

	内源性途径	外源性途径
呈递分子	MHC Ⅰ 类	MHC Ⅱ 类
加工及抗原呈递细胞类型	所有有核细胞	DC、单核-巨噬细胞、B 细胞、胸腺上皮细胞
蛋白抗原来源	细胞质蛋白(主要在胞内合成,有些从吞噬体进入胞质)	内体和溶酶体中的蛋白(主要从细胞外环境内吞)
抗原酶解细胞器	细胞质蛋白酶体	内体、溶酶体、MIIC
抗原肽结合 MHC 分子部位	内质网	MIIC
主要伴随蛋白	伴侣蛋白、TAP	伴侣蛋白、Ii、HLA-DM
激活的 T 细胞	$CD8^+$ CTL	$CD4^+$ Th

二、 外源性途径

外源性抗原主要通过 MHC Ⅱ 类分子途径加工并呈递。外源性蛋白抗原被吞噬进入胞内囊泡中,剪切产生能与 MHC Ⅱ 类分子结合的抗原肽,并在囊泡中完成抗原肽与 MHC Ⅱ 类分子的结合。多数与 MHC Ⅱ 类分子结合的抗原是从 APC 胞外环境中摄取后进入胞内囊泡中,不同 APC 能够用不同方式摄取蛋白抗原。DC 和巨噬细胞表达多种吞噬性受体,由这些受体结合并内吞病原微生物;上述两种细胞还表达抗体的 Fc 受体和补体 C3b 受体,通过调理作用加强吞噬功能;此外,还可经胞饮作用摄取可溶性抗原。B 细胞膜表达 BCR,能够有效介导可溶性蛋白的内吞和富集,B 细胞也可通过胞饮作用摄取蛋白质抗原。

被 APC 内吞的抗原蛋白存在于内体(endosome)中,内体与溶酶体通过融合和分裂进行物质交流,晚期内体(late endosome)呈酸性并含有蛋白酶;颗粒状的微生物被内吞进入吞噬体(phagosome)中,吞噬体与溶酶体融合形成吞噬溶酶体;有些经囊泡转运的分泌蛋白也可能被加工呈递;有时,细胞质蛋白被自噬体吞噬,并与溶酶体融合,进入外源性途径;自噬体也能将细胞内病原体包裹并与溶酶体融合,因此,即使在细胞质中复制的病毒,其蛋白抗原也可能进入外源性途径,从而活化病毒特异性 $CD4^+$ T 细胞;另有些膜蛋白也可能在内吞过程中进入内体。

1. 囊泡中蛋白的降解 内吞的蛋白在晚期内体和吞噬溶酶体中被蛋白酶降解,生成可以结合在MHC Ⅱ类分子抗原结合槽的抗原肽。晚期内体及吞噬溶酶体呈酸性环境并含有多种蛋白酶,其中最丰富的蛋白酶为组织蛋白酶(cathepsin),能够将蛋白抗原降解为含10～30个氨基酸残基的抗原肽,适合结合在MHC Ⅱ类分子抗原结合槽中。晚期内体和吞噬溶酶体和MHC Ⅱ类小室(MHC class Ⅱ compartment,MIIC)融合。MIIC为免疫电镜及细胞器分离研究显示的在APC中存在富含MHC Ⅱ类分子的胞内囊泡,MIIC富含与抗原肽-MHC Ⅱ类分子复合物合成相关的分子,如MHC Ⅱ类分子、蛋白酶、与Ⅱ类分子折叠和抗原肽装载相关的Ⅰa相关恒定链(Ⅰa-associated invariant chain,Ii)和HLA-DM等。因此,MIIC、晚期内体、吞噬溶酶体是APC加工处理外源性抗原的主要亚细胞结构,而MIIC是抗原肽和MHC Ⅱ类分子结合的重要场所。

2. MHC Ⅱ类分子的合成及向MIIC的转运 MHC Ⅱ类分子的α链和β链在内质网中合成,在伴侣蛋白如钙联蛋白的辅助下折叠组装形成MHC Ⅱ类分子异二聚体。新合成的MHC Ⅱ类分子结构不稳定,需要与Ii分子结合。Ii为三聚体,每个亚基能够结合一个新合成的MHC Ⅱ类分子的α链和β链异二聚体,因而Ii和MHC Ⅱ类分子形成$(\alpha\beta Ii)_3$九聚体。Ii的主要功能为:促进新合成MHC Ⅱ类分子的α链和β链折叠和组装成二聚体;占据新合成MHC Ⅱ类分子的抗原结合槽,阻止内质网中内源性多肽的结合;将MHC Ⅱ类分子运送至MIIC。MHC Ⅱ分子-Ii复合物经高尔基,由MIIC囊泡中向细胞表面运送,并与含有抗原肽的晚期内体或吞噬溶酶体融合,这样MHC Ⅱ类分子与抗原肽相遇,形成抗原肽-MHC Ⅱ类分子复合物。

3. MIIC中抗原肽与MHC Ⅱ类分子的结合 在MIIC腔内,由于Ii阻断抗原肽结合于抗原结合槽,必须移除Ii才能形成抗原肽-MHC Ⅱ类分子复合物。蛋白酶如组织蛋白酶能够降解Ii,仅留下24个氨基酸残基的多肽结合于抗原结合槽,此多肽被称为MHC Ⅱ类分子相关的恒定链多肽(class Ⅱ-associated invariant chain peptide,CLIP)。在HLA-DM分子的作用下,CLIP被抗原肽从抗原结合槽中置换下来,即形成稳定的抗原肽-MHC Ⅱ类分子复合物。由于MHC Ⅱ类分子抗原结合槽的两端开放,较长的抗原肽也能够结合,并进一步被蛋白酶修剪成适合的长度,这样,结合在MHC Ⅱ类分子的抗原肽一般含有10～30个氨基酸残基。

MHC Ⅱ类分子与抗原肽结合后变得稳定,复合物向细胞膜转运是通过囊泡膜与细胞膜的融合,一旦复合物表达于细胞表面,即可被抗原特异性$CD4^+$ T细胞识别,TCR的共同受体CD4分子结合于MHC Ⅱ类分子非多样性的β2结构域。尽管装载了抗原肽的MHC Ⅱ类分子表达于细胞表面,其他与抗原呈递有关的分子如HLA-DM仍保留在囊泡中,不表达于细胞表面,其机制不明。

综上所述,外源性抗原被APC以吞噬、胞饮等多种方式摄取和内吞后,进入内体和吞噬溶酶体,并与MIIC融合,蛋白抗原被多种蛋白酶剪切为抗原肽;在内质网中新合成的MHC Ⅱ类分子与Ii形成九聚体,并经高尔基体进入MIIC,Ii被MIIC中的蛋白酶降解,仅留下结合在抗原结合槽的多肽CLIP;在HLA-DM的协助下,抗原肽置换CLIP并结合于抗原结合槽,形成稳定的抗原肽-MHC Ⅱ类分子复合物,转运至 APC 膜表面,供抗原特异性 CD4$^+$ T 细胞识别(图 5-3,表 5-3)。

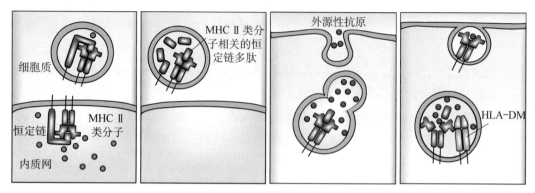

图 5-3　外源性抗原通过 MHC Ⅱ类分子途径加工和呈递

三、交叉呈递

以上介绍了经典的内源性和外源性抗原呈递途径,但也有例外,如部分 DC 能够捕获并吞噬被病毒感染的细胞或肿瘤细胞并将原本是外源性的病毒或肿瘤抗原通过 MHC Ⅰ类分子呈递给 CD8$^+$ T 细胞,此过程称为交叉呈递(cross-presentation)或交叉致敏(cross-priming)。外源性抗原交叉呈递的机制为:①外源性抗原从内体或吞噬溶酶体中被转运至细胞质,被蛋白酶体降解成抗原肽,经 TAP 进入内质网,与新合成的 MHC Ⅰ类分子结合后被运送至细胞表面;②内体或吞噬溶酶体中形成的外源性多肽通过胞吐作用被排出,再与细胞膜表面的 MHC Ⅰ类分子结合;③细胞表面的 MHC Ⅰ类分子被内吞,或含有新合成的 MHC Ⅰ类分子的囊泡与内体或吞噬溶酶体融合,因而外源性抗原得以与 MHC Ⅰ类分子结合。由于 DC 能最有效地活化初始化 CD8$^+$ T 细胞,交叉呈递,使 DC 本身没有被病毒感染的情况下,能够将所吞噬的外源性抗原交叉呈递给 CD8$^+$ T 细胞,产生效应性 CTL,进一步杀伤靶细胞。

此外,内源性抗原也可以被交叉呈递,即细胞质蛋白能经外源性途径结合至 MHC Ⅱ类分子上,如损坏或老化的细胞器和胞质中的蛋白如病毒蛋白能够被自噬体包裹,并与溶酶体融合,进入外源性抗原呈递途径。

四、抗原呈递的意义

T 细胞通过抗原呈递识别抗原对 T 细胞的活化及 T 细胞的效应都起重要作用。人体内存在能够识别多种抗原的 T 细胞库,但针对某一抗原的特异性 T 细胞数量极少;而病原体可能从人体的任何部位入侵,特别是外周组织如皮肤、黏膜,抗原特异性 T 细胞必须寻找到其能够识别的抗原,才能产生免疫应答,清除感染。这就需要一个特别的系统能够捕捉抗原并把抗原带到 T 细胞富集区供 T 细胞筛查。DC 存在于病原体可能侵入的外周组织中,T 细胞在循环过程中经过二级淋巴组织(如淋巴结、脾脏)以寻找身体各部位回流来的抗原。DC 从外周捕捉抗原并迁移至回流淋巴组织的 T 细胞区域,大大增加了 T 细胞和特异性抗原相遇的可能性。因此,抗原呈递对启动适应性免疫反应至关重要。

抗原呈递还与 T 细胞的效应密切相关。在免疫系统中,T 细胞的主要功能为杀死被病毒感染的靶细胞、激活巨噬细胞以杀灭被其吞噬的胞内病原体、活化 B 细胞使其增殖并分化为浆细胞产生抗体以中和清除胞外病原。因此,T 细胞需要通过与其他细胞相互作用而发挥其功能,抗原呈递为 T 细胞与其他细胞对话提供了平台。$CD8^+$ T 细胞通过抗原呈递识别并杀伤靶细胞;$CD4^+$ Th 细胞识别巨噬细胞呈递的特异性抗原,辅助其吞噬杀伤功能;Th 也能够通过识别 B 细胞呈递的抗原,促进抗原特异性 B 细胞分化和产生抗体。

那么为什么需要两种不同途径的抗原呈递? 这是因为免疫系统针对存在于细胞不同部位的抗原,必须有不同类别 T 细胞产生应答。例如,针对胞外菌及毒素,需要巨噬细胞吞噬或产生抗体中和,而巨噬细胞的吞噬杀菌功能有赖于 $CD4^+$ Th 细胞的支持,高效价抗体的产生需要 Th 细胞促进 B 细胞的增殖分化,因此对于外源性抗原需要活化 Th 细胞;但对于在宿主细胞内复制的病毒或细胞内肿瘤相关蛋白,抗体不能进入细胞发挥作用,这时需要 $CD8^+$ CTL 杀死被感染的靶细胞或肿瘤细胞。T 细胞受体并不能区分这两种截然不同的需求,而两条抗原呈递途径能够将细胞外与细胞内抗原区别开来,呈递到不同的 MHC 分子上,由于 MHC Ⅰ类和Ⅱ类分子分别带有 T 细胞共同受体 CD8 和 CD4 的结合位点,因而不同 MHC 分子结合的抗原能够呈递给不同类型($CD4^+$ 或 $CD8^+$)的 T 细胞以产生针对性的免疫应答。总之,抗原的捕捉和呈递为一个特异且协调的过程,决定了 T 细胞免疫应答的性质。

五、非蛋白抗原呈递

有些 T 细胞能够识别非蛋白抗原,且不涉及 MHC Ⅰ类或Ⅱ类分子的抗原呈递。CD1 分子能够结合脂类抗原,并呈递给 T 细胞或 NKT 细胞。CD1 分子为非经典 MHC Ⅰ样分子,虽然具有 MHC Ⅰ类分子的结构,但其呈递抗原的途径不同于内源性途径。新合成的 CD1 分子结合细胞内脂质后运送至细胞膜,细胞膜上 CD1 分子-脂质复合物经内吞进入胞内囊泡(内体或溶酶体),在囊泡中结合细胞从外环境中摄取的脂质分子,新的 CD1-脂质复合物被运送至细胞表面供 T 或 NKT 细胞识别,因而 CD1 分子在细胞膜→胞内囊泡→细胞膜的循环过程中装载脂质抗原,没有明显的抗原加工过程。识别脂类分子的 T 细胞或 NKT 细胞可能在抗感染免疫过程中,特别是抗富含脂质成分的分枝杆菌的免疫应答中发挥重要作用。

第三节 主要组织相容性复合体(MHC)

MHC 分子结合来自病原体的抗原肽,并在细胞表面呈递给抗原特异性 T 细胞;活化后的 T 细胞或杀伤病毒感染的细胞,或激活巨噬细胞以增进其吞噬和杀伤病原的能力,或激活 B 细胞产生抗体以中和、清除胞外致病原或毒素,因此 MHC 分子依赖的抗原呈递对免疫防御起重要作用。

一、MHC 的发现

主要组织相容性复合体(major histocompatibility complex,MHC)指的是包含编码MHC 分子的基因及相关基因的一个染色体区域。由于人们最早发现 MHC 能够决定移植物的相容或排斥,因而被称为组织相容性复合体。小鼠和人的 MHC 是分别被发现的,小鼠的 MHC 也被称为 H－2 基因复合体,人的 MHC 则称为人类白细胞抗原(human leukocyte antigen,HLA)基因复合体。在发现 MHC 后的近 20 年时间里,文献报道的 MHC 功能仍局限于移植物排斥,科学家们不理解为什么会有这样一个在进化中高度保守的染色体区域仅在一非自然(免疫排斥)的过程中发挥作用。直到在 20 世纪 60～70 年代,人们才发现蛋白抗原诱导不同种系的小鼠产生抗体反应的差别很大,这些和抗体反应相关的基因被称为"免疫应答基因"(immune response gene)。"免疫应答基因"定位于 MHC,提示 MHC 对免疫反应起重要作用。然后又有研究表明小鼠被病毒感染后,能够产生病毒特异性的 CD8$^+$ CTL,而此 CTL 能够识别的靶细胞所表达的 MHC 必须与产生 CTL 小鼠的 MHC 相同。因此,抗原特异性 TCR 不仅识别抗原肽,还特异性地识别 MHC 分子,这一现象称为 MHC 限制性(MHC restriction)。MHC 限制性的发现充分说明了 MHC 参与 T 细胞的抗原识别。现在,由于人们认识到 T 细胞介导的免疫反应在移植排斥中起主导作用,因而不难理解 MHC 对移植物命运的影响。

二、MHC 基因

MHC 位于人的第 6 号染色体短臂,是包括至少 400 万个碱基对的一个染色体区域,这一区域包含至少 200 个基因座位,其中 128 个为功能性基因,其他为假基因,MHC 包含MHC Ⅰ类、Ⅱ类和Ⅲ类基因区(图 5－4)。

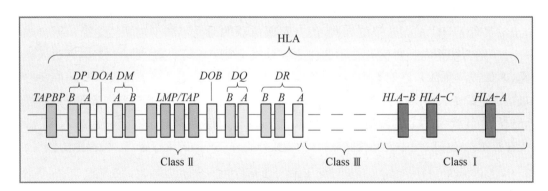

图 5－4　人类 MHC 的基因结构示意图

1. MHC Ⅰ类和Ⅱ类基因区　MHC Ⅰ类基因区集中在远离着丝粒的一侧,包含 HLA－B、HLA－C 和 HLA－A,编码同名的 3 个 MHC 分子的 α 链,α 链为 MHC Ⅰ类分子异二聚体的重链;编码Ⅰ类分子轻链 β$_2$ 微球蛋白的基因不在 MHC,而是位于第 15 号染色体。MHC Ⅱ类基因区存在于靠近着丝粒的一侧,包括 HLA－DP、HLA－DQ 和 HLA－DR 基因,均由 A 和 B 基因组成(HLA－DR 有两个 B 基因),分别编码 MHC Ⅱ类分子异二聚体的

α 和 β 链;编码与 MHC Ⅱ 分子折叠、组装及运输密切相关的 Ii 的基因则位于第 5 号染色体。

在 Ⅱ 类基因区,除了编码 MHC Ⅱ 类分子的基因,还有许多与抗原加工和呈递相关的基因,如内源性呈递途径中编码抗原肽从胞质转运至内质网的转运蛋白 TAP1 和 TAP2 的基因、编码免疫蛋白酶体活性亚基 LMP 的基因、编码伴侣蛋白 Tapasin 的基因 TPABP;此外,Ⅱ 类基因区还含有编码与外源性呈递途径有关的 HLA - DM α、β 链及其负调控分子 DO α、β 链的基因。以上基因分布表明,在进化过程中,MHC 作为整个片段被保留和继承以协调并履行抗原加工和呈递的重要功能。

2. **MHC 分子表达的基因调控**　MHC 分子的表达受到固有和适应性免疫细胞因子的调控。在 IFN - α、IFN - β、IFN - γ 刺激后,编码 MHC Ⅰ 类分子 α 链和 β_2m 及 TAP、LMP、TPABP 基因的转录上调。由于 IFN 是针对病毒感染产生的固有免疫细胞因子,这样固有免疫应答增强了所有有核细胞加工病毒蛋白抗原及将抗原肽呈递给病毒特异性 T 细胞的能力,从而启动了适应性免疫应答。这些基因的连锁有利于统一调控抗原呈递功能。

MHC Ⅰ 类分子表达于所有有核细胞表面,而 MHC Ⅱ 类分子的表达较为局限,主要在 APC(DC、巨噬细胞和 B 细胞),也受到细胞因子及其他分子或细胞的调控。炎性细胞因子如 IFN - γ、TNF - α、IL - 1β 及 PAMP 分子能够刺激 DC 和巨噬细胞上调 MHC Ⅱ 类分子的表达;B 细胞持续表达 MHC Ⅱ 类分子,在抗原识别和 Th 细胞分泌的细胞因子作用下,也能够上调 MHC Ⅱ 类分子表达。IFN - γ 的作用是促进合成 MHC class Ⅱ transactivator (CIITA)蛋白。CIITA 为一重要的 MHC Ⅱ 类分子转录共激活因子(transcriptional co-activator),能够结合转录因子,促进 MHC Ⅱ 类分子的转录。CIITA 的基因突变导致 Ⅱ 类分子表达减少或缺失,产生严重的免疫缺陷。

3. **MHC Ⅲ 类基因区**　在 Ⅲ 类基因区,存在免疫功能相关基因,如编码补体蛋白的基因 C4A、C4B、C2 和 Bf;编码细胞因子 TNF 和 LTA、LTB 的基因。此外,编码参与胆固醇代谢的 21 -羟化酶的基因 CYP 21B 也在此区域。

MHC Ⅰ 类链相关分子(MHC class Ⅰ chain-related, MIC,包括 MICA 和 MICB)基因也位于 Ⅲ 类基因区,其调控与经典 Ⅰ 类基因调控不同,主要由细胞应激反应诱导,如热休克。MIC 分子能够被 NK 细胞活性受体 NKG2D 识别,激活 NK 细胞杀伤表达 MIC 的细胞。

4. **非经典 Ⅰ 类基因**　除了编码经典 MHC Ⅰ 类和 Ⅱ 类分子的基因,MHC 还包含非经典 Ⅰ 类基因,又称为 MHC Ⅰ b 基因。与之对应,经典的 Ⅰ 类基因被称为 MHC Ⅰ a 基因。MHC Ⅰ b 基因编码多态性较为局限的 MHC Ⅰ 样分子,多数与 β_2m 结合,其表达量及组织分布各不相同,其中很多分子的功能尚不明确。

H2 - M3 为小鼠的 MHC Ⅰ b 类分子,与 β_2m 结合,能够呈递 N 端为甲酰化蛋氨酸的抗原肽。由于细菌的蛋白质合成起始于甲酰化蛋氨酸,被细菌感染的细胞能够通过 H2 - M3 将 N 端为甲酰化蛋氨酸的抗原肽呈递给 CD8$^+$ T 细胞。人类是否具有功能相似的蛋白尚不明确。

编码人类 MHC Ⅰ b 类分子 HLA - E、HLA - F 和 HLA - G 基因位于 Ⅰ 类基因区,均由 α 链和 β_2m 组成,这类分子对抑制 NK 细胞识别靶细胞有重要意义。HLA - E 表达于各种组织细胞,能够结合来自 HLA Ⅰa 类分子信号肽的抗原肽形成复合物,此复合物能够被 NK 细胞抑制性受体 NKG2A/CD94 识别。因此,表达 HLA-E 的自身细胞不会被 NK 细胞杀伤。HLA-F 和 HLA-G 也能够抑制 NK 细胞的杀伤,HLA-G 表达于胎儿来源的胎盘细胞,这些细胞不表达经典的 Ⅰ 类分子,并不会激活 NK 细胞,这是因为 HLA-G 被 NK 细胞表面 LILRB1 (leukocyte immunoglobulin-like receptor superfamily B member 1)受体识别,抑制 NK 细胞对胎盘细胞的杀伤作用。HLA-F 表达于多种组织中,可能也通过 NK 细胞的 LILRB1 受体发挥作用。

三、 MHC 的多基因性和多态性

MHC 有两个重要的特性有助于免疫系统针对千变万化的病原体产生免疫应答。首先,MHC 具有多基因性(polygeny),MHC 包括编码 3 个 MHC Ⅰ 类和 3～4 个 Ⅱ 类分子的基因(Ⅱ类分子 DR 有两个 B 基因),因此每一个体拥有一套 MHC 分子,能够结合较为广谱的抗原肽;其次,MHC 具有多态性(polymorphism),即在人群中,MHC 有多个等位基因(allele)。事实上,MHC 基因是已知多样性最丰富的基因,有些 MHC 分子在人群中等位基因数量在 1 000 种以上。根据现有的分子检测法将 HLA 分型,等位基因的命名如 HLA-A * 0201 或 HLA-DRB1 * 0401。由于人群中每种 MHC 等位基因的出现都具有一定的频率,每个人两条染色体上等位基因相同的概率很小,因此大多数人都是 MHC 基因的杂合子。

同一条染色体上紧密连锁的 MHC 等位基因组合称为 MHC 的单体型(haplotype),如一个人的单体型为 HLA-A2、HLA-B5、HLA-DR3 等,这样在每个杂合个体中,有两套 MHC 单体型。但在纯合子,两条染色体的 MHC 单体型相同。MHC 的表达为共显性(co-dominant),也就是说,两条染色体上等位基因表达蛋白的水平相同,两种蛋白都能够呈递抗原给 T 细胞。由于大多数情况下,MHC 的多样性使同一个体中的两条染色体等位基因不相同,因此每一个体能够表达 MHC 的基因型加倍。MHC 的多态性结合多基因性,使得每一个体能够识别更为广谱的抗原肽。在人群中,MHC 多态性赋予不同个体抗病能力的差异,有助于增强物种的适应能力。但由于 MHC 的多基因性和多态性,在个体间进行器官移植,MHC 基因相同的概率很低,即使兄弟姐妹,也只有 25% 的概率具有相同的 MHC,因此,寻找到合适的器官移植供体的概率也很低。

HLA 的等位基因在人群中以一定的频率出现,但各等位基因出现的频率并不相同,在特定的人种和地理族群中,某些等位基因的频率远远高于随机分布的频率,因而等位基因并非随机遗传。此外,HLA 的一些基因经常连锁遗传,某些基因同时出现在同一条染色体上的概率高于随机出现的概率,这种现象称为连锁不平衡(linkage disequilibrium)。

四、 MHC 分子及与抗原肽的结合

(一) MHC 特征性的分子结构为其抗原呈递的功能服务

(1) MHC 分子胞外部分由远离细胞膜的抗原结合结构域和靠近细胞膜的免疫球蛋白(immunoglobulin, Ig)样结构域组成。MHC Ⅰ 类分子由在 MHC 内基因编码的 α 重链和

MHC 以外基因编码的 β_2m 组成,而组成 MHC Ⅱ类分子的 α 链和 β 链两个亚单位均由 MHC 内基因编码。尽管组成Ⅰ类和Ⅱ类分子的亚单位不同,但两类分子的蛋白三级结构相似。

(2) 抗原结合槽是由两个 α 螺旋坐落于 8 个 β 片层结构之上构成,抗原肽被夹在两个 α 螺旋结构中形成三明治样结构。TCR 不仅识别抗原肽,也识别抗原结合槽的 α 螺旋结构,因而存在 MHC 限制性现象。决定 MHC 分子多态性的氨基酸残基主要在抗原结合槽内或周边,正是由于这些多态性,决定了不同 MHC 分子结合不同的抗原肽,并被不同 TCR 特异性地识别。

(3) 非多态性的免疫球蛋白样结构域含有与 T 细胞共同受体结合的位点。CD4 和 CD8 表达于功能迥异的 T 细胞表面,协同 TCR 识别抗原,被称为 T 细胞的共同受体(co-receptor)。CD4 分子结合于 MHC Ⅱ类分子 β2 区,而 CD8 分子结合于 MHC Ⅰ类分子的 α3 区,这就决定了 $CD4^+$ Th 细胞特异性识别 MHC Ⅱ类分子呈递的抗原而 $CD8^+$ CTL 细胞识别 MHC Ⅰ类分子结合的抗原肽。

(4) 一个完整的Ⅰ类分子包括 α 重链、β_2m 轻链和结合的抗原肽;同样,完整的Ⅱ类分子包括 α 链、β 链和所结合的抗原肽。只有三者同时存在,MHC 分子才能稳定地表达于细胞膜上;而空载的 MHC 分子不稳定,只有当细胞膜上存在稳定的抗原肽- MHC 分子复合物,才能供抗原特异性 TCR 寻找并识别。

(5) 每个 MHC 分子只有一个抗原结合槽,一次只能结合一个抗原肽,但每个 MHC 分子能结合一系列抗原肽。不同于多肽激素和激素受体一对一地特异性结合,MHC 分子结合抗原肽既有高亲和力又有广谱的特异性,即一个 MHC 分子能够结合一系列不同的抗原肽。每一个体只有共 6 个Ⅰ类分子和 6~8 个Ⅱ类分子,而人们可能接触到的致病原种类繁多,蛋白成分各不相同。正是由于 MHC 分子能够结合广谱抗原肽,才使得人类能够应对多种病原微生物的侵袭。

(6) 少量的抗原肽- MHC 复合物即可诱导 T 细胞活化。据估算,细胞膜上约 100 个抗原肽- MHC 复合物分子就能够活化 T 细胞。

(7) MHC 分子不能区分外来与自身多肽。事实上,APC 上 MHC 分子结合的多数为自身多肽,但多数情况下并没有导致自身免疫反应,这是因为识别自身多肽的 T 细胞在发育过程中被清除;APC 上结合外来多肽的 MHC 数量并不多,但如前所述,T 细胞的活化并不需要非常多的抗原肽- MHC 复合物。

(二) MHC Ⅰ类分子

Ⅰ类分子包括两个非共价结合的多肽链,MHC 内基因编码的 α 重链(44 000~47 000)和非 MHC 基因编码的轻链 β_2m(12 000)。只有 α 链跨膜,75% 的 α 重链存在于胞外,其 N 端折叠成 α1、α2 和 α3 3 个结构域,前两个片段组成抗原结合槽,能够结合 8~11 个氨基酸残基的抗原肽。Ⅰ类分子的抗原结合槽两端封闭,因而不能容纳较大的抗原肽。Ⅰ类分子的多态性局限于 α1、α2,而靠近细胞膜的 α3 结构域氨基酸较为保守,折叠成 Ig 样结构域,含有 CD8 分子的结合位点。α3 的 C 端为跨膜和胞内结构域,因而将 MHC Ⅰ类分子固定于细胞膜上。轻链β₂m不具多态性,也折叠成 Ig 样结构域,与重链的 α3 片段非共价结合。由于大多数人是 MHC 的杂合子,因而有两套不同的、共 6 个 HLA Ⅰ 类基因(图 5-5,表 5-4)。

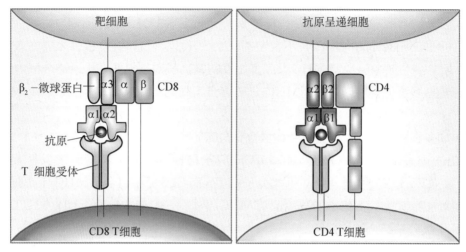

图 5-5 MHC Ⅰ 类和 Ⅱ 类分子的结构、抗原呈递及与共同受体的结合示意图

表 5-4 MHC Ⅰ 类与 Ⅱ 类分子结构、组织分布、功能的比较

	MHC Ⅰ 类分子	MHC Ⅱ 类分子
蛋白亚单位	α 链(44 000～47 000) β2m(12 000)	α 链(32 000～34 000) β 链(29 000～32 000)
抗原肽结合的结构域	α1 和 α2	α1 和 β1
T 细胞共同受体结合部位	CD8 结合 α3 区	CD4 结合 β2 区
抗原结合槽	两端封闭,结合 8～11 个氨基酸残基的抗原肽	两端开放,结合 10～30 个氨基酸残基的抗原肽
组织细胞分布	所有有核细胞	APCs、胸腺上皮细胞
功能	识别内源性抗原肽,活化 CD8⁺CTL	识别外源性抗原肽,活化 CD4⁺Th 细胞
人类 MHC 分子命名	HLA-A、HLA-B、HLA-C	HLA-DR、HLA-DP、HLA-DQ

(三)MHC Ⅱ 类分子

MHC Ⅱ 类分子由两个非共价结合的亚基组成,α 链(32 000～34 000)和 β 链(29 000～32 000),编码两条链的基因都存在于 MHC,且均具多态性。MHC Ⅱ 类分子中,存在于 N 端的 α1 和 β1 片段共同组成远离细胞膜的抗原结合槽,蛋白三级结构与 Ⅰ 类分子的抗原结合槽相似,具有多态性的氨基酸残基位于 α1 和 β1 片段抗原结合槽内或周边,人类 MHC Ⅱ 类分子的多态性大多数存在于 β 链。Ⅱ 类分子抗原结合槽的两端开放,因而能够容纳较大片段的抗原肽(30 个或以上氨基酸残基),最为适合的抗原肽长度为 12～16 个氨基酸残基。Ⅱ 类分子的 α2 和 β2 片段,如同 Ⅰ 类分子的 α3 片段和 β2 m,折叠成 Ig 样结构域,靠近细胞膜,不具多态性。β2 片段包含 CD4 的结合位点,α2 和 β2 片段的 C 端都具有跨膜和胞内结构域。大多数人有两套不同的 HLA Ⅱ 类基因,由于编码 DRB 的基因有 2 个,及不同染色体上的 A 和 B 基因产物可能配对,因而每一个体至少有 6～8 个 HLA Ⅱ 类分子(图 5-5,表 5-4)。

（四）抗原肽与 MHC 分子的结合

抗原肽与 MHC 分子的结合为非共价结合,由抗原肽与 MHC 分子抗原结合槽互补而成。抗原肽以线性伸展的形式结合于抗原结合槽,抗原肽和水分子充满抗原结合槽,与形成抗原结合槽的 α 螺旋及 β 片层上的氨基酸残基密切接触。MHC Ⅰ 类分子抗原肽的结合主要依赖抗原肽 N 端和 C 端所带电荷与抗原结合槽两端的固定位点互补;而 MHC Ⅱ 类分子呈递的抗原肽两端游离。有些氨基酸残基通过侧链互补于抗原结合槽,其中两个或两个以上的关键部位称为锚残基(anchor residue)。每个 MHC 分子具有 1~2 个固定的锚残基,但对于抗原肽其他部位的残基要求有一定的灵活性,因而一个 MHC 分子能够结合一系列抗原肽。

五、CD1 分子呈递脂质抗原

CD1 为非经典 MHC Ⅰ 样基因,位于 MHC 以外。人类有 5 个 CD1 基因,CD1a~e,CD1 分子的结构类似 MHC Ⅰ 类分子,也是由 α 重链和 $\beta_2 m$ 两个亚基组成。其抗原结合槽为疏水性,能够结合糖脂或磷脂,此类抗原的脂质端结合在疏水性的抗原结合槽中,其糖或其他亲水性的基团供 T 细胞识别。

CD1 分子分为两组,第 1 组包括 CD1a、CD1b、CD1c,第 2 组包括 CD1d,而 CD1e 介于两组之间。CD1a~c 分子结合糖脂、磷脂抗原,如分枝杆菌细胞壁的脂类成分,识别此类抗原的 T 细胞多数具有多样化的 α:β TCR,介导针对病原体的适应性免疫应答。CD1d 的疏水性抗原结合槽更深,一个已知的 CD1d 能结合的抗原为从海绵中提取的糖脂神经酰胺半乳糖脂(α-galactoceramide,α-GalCer)。CD1d 将抗原呈递给 NKT 细胞参与固有免疫应答,NKT 细胞同时表达 T 细胞和 NK 细胞标志性抗原,其 TCR 相对局限,如人类 NKT 细胞多表达相同的 TCRα 链(Vα24-Jα18)。

六、HLA 与疾病的关系

人类 HLA 与多种疾病相关,其中多数为自身免疫性疾病,但对其机制的研究较为困难。原因如下。①由于 MHC 的连锁不平衡,很难确定某一 HLA 与疾病有直接关系,还是通过与其连锁的其他 HLA 产生关联;②很多 HLA 相关疾病是由多基因因素合并环境因素所致;③大多数情况下,与疾病相关的自身抗原不明。

1. **强直性脊柱炎（ankylosing spondylitis, AS）** 目前报道的 HLA 与疾病相关研究中,HLA 与 AS 的关联性最强,90%~95%的 AS 患者为 HLA-B27 阳性,而正常人中仅不到 10%为阳性。此关联性在所有人群和种族中都存在,但其相关的机制仍不明确。

2. **乳糜泻（celiac disease，CD）** 是指由麸质引起的慢性小肠吸收功能障碍,90%以上的患者具有 HLA-DQA1 * 0501-DQB1 * 0201 基因。其机制可能是由于以上基因编码的 HLA-DQ2 分子能够结合带有负电荷的抗原肽,活化抗原特异性 CD4$^+$ T 细胞并分泌 IFN-γ,导致小肠慢性炎症。

3. **Ⅰ 型糖尿病（type Ⅰ diabetes，TID）** 又称胰岛素依赖性糖尿病,由于产生了针

对分泌胰岛素的 β 细胞的自身反应性 T 细胞介导所致,前胰岛素为主要的自身抗原。大量研究表明,在 DRB1、DRQA1 及 DQB1 的一些等位基因与 TID 有密切相关性。有趣的是,有些单倍体具有保护作用,如 DRB1 * 1501 - DQA1 * 0102 - DQB1 * 0602,DQB1 * 0602 在此单倍体中有近乎绝对的保护作用,甚至当另一单倍体上存在易感基因时。

4. 多发性硬化症(multiple sclerosis) 由针对髓鞘的自身反应性 T 细胞所致,与遗传因素密切相关,特别是与 HLA - DRB1 * 1501 有很强的关联。

(吕鸣芳)

第六章　淋巴细胞发育

个体的一生将应对周围环境中数量庞大和种类广泛的抗原挑战。免疫系统通过淋巴细胞表达的抗原受体特异性识别抗原,启动抗原特异性免疫应答以清除有害物质。淋巴细胞抗原受体库(repertoire)由分子结构不同的抗原识别受体构成。不同的淋巴细胞克隆,表达的抗原受体结构也即抗原特异性不同。淋巴细胞抗原受体库的丰富多样性,产生于淋巴细胞在中枢免疫器官发育阶段的基因重排。

中枢免疫器官骨髓和胸腺分别是 B 细胞和 T 细胞发生、分化和成熟的场所。外周成熟的 B 细胞可分为 B1 细胞和 B2 细胞两个亚群。B1 细胞占 B 细胞总数 5%～10%,因发育早于 B2 细胞,在胚胎期即已产生而得名。B1 细胞在胎肝和网膜分化发育,定居于体腔以及肠道黏膜固有层,参与对 T 细胞非依赖抗原的抗体应答。在骨髓分化发育的 B2 细胞,成熟后分布于外周淋巴器官,根据定居部位分为滤泡(follicular,FO)B 细胞和边缘区(marginal zone,MZ)B 细胞两个亚群。FO B 细胞是对 T 细胞依赖抗原抗体应答的主要细胞。$\alpha\beta$T 细胞和 $\gamma\delta$T 细胞均在胸腺分化发育。$\alpha\beta$T 细胞占外周免疫器官和循环 T 细胞的 95% 以上,介导细胞免疫应答。$\gamma\delta$T 细胞分布于黏膜和皮肤组织,参与固有免疫。本章着重介绍参与适应性免疫应答的淋巴细胞、B2 细胞在骨髓及 $\alpha\beta$T 细胞在胸腺的分化发育。

第一节　B 细胞在骨髓的分化发育

淋巴细胞在中枢免疫器官发育的核心事件是,进行抗原受体基因的有序重排、表达和组装。通过选择(selection)和发育检验点(checkpoint)的严密调控机制,保证只有成功完成抗原受体基因重排,而且表达功能性抗原受体的淋巴细胞,才能进一步发育为成熟的淋巴细胞。B 细胞在骨髓的分化发育,获得了多样性的 B 细胞受体(B cell receptor,BCR)库和自身免疫耐受。

一、免疫球蛋白基因重排

(一) 人免疫球蛋白胚系基因结构

免疫球蛋白(immunoglobulin,Ig)的基本结构是四肽链,由两条完全相同的重链和两条完全相同的轻链组成。重链分为 5 类:μ 链、γ 链、α 链、δ 链和 ε 链;轻链有 κ 链和 λ 链两型。编码人 κ 和 λ 轻链的基因群分别位于第 2 号染色体和第 22 号染色体。如图 6 - 1 所示,免疫球蛋白 κ 链基因群由 34～38 个 $V\kappa$ 和 5 个 $J\kappa$ 基因片段组成可变区基因,以及 1 个 $C\kappa$ 恒定区基因组成。免疫球蛋白λ链可变区基因由29～33个 V_λ 和4～5个 J_λ 基因片段组成。免疫球蛋白λ链恒定区基因由4～5个 C_λ 基因片段组成。编码免疫球蛋白λ链的基因群，其排列顺序和κ轻链有所不同。在成簇排列的 V_λ 基因片段之后，是交错排列的 J_λ 和 C_λ 基因片段。编码人免疫球蛋白重链的基因群位于第14号染色体。免疫球蛋白重链可变区基因分别由38～46个 V_H、23个 D_H 和6个 J_H 基因片段间断排列组成；免疫球蛋白重链恒定区基因由9个 C_H 基因片段组成。每个 C_H 基因片段对应不同的免疫球蛋白同种型(isotype)。通过对mRNA前体选择性剪切，初始B细胞(naive B cell)最初表达的Ig同种型是 μ 和 δ，产生IgM和IgD。活化的B细胞通过类别转换机制表达其他的重链同种型，例如 γ，产生IgG。

免疫球蛋白胚系基因，以成簇的可变区V、(D)和J基因节段的不连续间断排列为特点，虽可见于包括B细胞在内的所有体细胞，但并不具备转录活性。只有B细胞在骨髓的特定发育阶段，启动免疫球蛋白可变区基因重排，在这些成簇的基因片段中选择某些基因片段重新组合，形成连续、完整的单个可变区V(D)J基因，才具备转录活性(图6-1)。

λ轻链基因座位
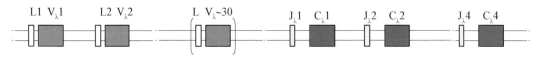

κ轻链基因座位
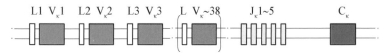

重链基因座位

图6-1 人Ig重链和轻链胚系基因结构

（二）Ig基因重排及机制

1. 完整 V_L 基因的产生 图6-2(1)显示从间断排列的V和J基因节段中随机选择一个片段重排，形成连续完整VJ外显子(exon)，编码轻链可变区(variable region，V区)。同时，V和J基因片段的组合，会缩短可变区与恒定区(constant region，C区)基因节段间的距离，但两者之间仍然间隔JC内含子(intron)。转录后通过对初级mRNA转录物的剪接，去除内含子使V区VJ外显子和C区的外显子相连。成熟mRNA翻译合成完整的Ig轻链。

2. 完整 V_H 基因的产生 图6-2(2)显示间断排列的V、D和J基因片段随机组合，产生完整的Ig重链可变区(V_H)基因，编码Ig重链可变区的过程。整个过程分为两个阶段。首先，一个 D_H 基因片段和一个 J_H 片段组合；然后，一个 V_H 基因片段和重组 DJ_H 构成一个完

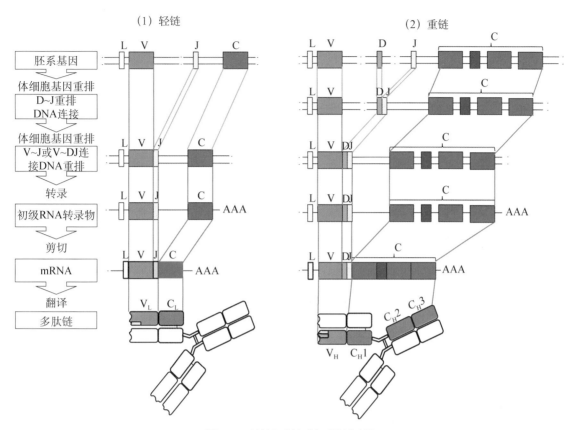

图 6 - 2　轻链和重链可变区基因重排

整的 V_H 基因外显子。与轻链可变区基因重排过程相似，通过对初级 mRNA 转录物进行剪接等转录后加工，成熟 mRNA 翻译合成完整的 Ig 重链。

3. 重组信号序列和 12/23 规则　一些位于 Ig 和 TCR 可变区基因片段外显子旁侧、与可变区基因片段重排有关的 DNA 序列，称为重组信号序列（recombination signal sequence，RSS）。图 6 - 3(1)显示 RSS 的基本结构组成和位置。RSS 包括一个高度保守的、具有回文结构的 7 核苷酸序列（heptamer，CACAGTG）；一个高度保守的、富含 A（腺嘌呤核苷）的 9 核苷酸序列（nonamer，ACAAAAACC）；以及两者之间、非保守的 12 或 23 碱基对（bp）间隔序列（spacer）。RSS 7 核苷酸序列，总是紧邻 V、D 和 J 基因的外显子。可变区基因片段之间的重排往往发生于同一条染色体，遵循 12/23 规则（12/23 rule），即一侧为 12 bp 间隔序列 RSS 的基因片段，只能与一侧为 23 bp 间隔序列 RSS 的基因片段进行组合。对于重链而言，23 bp 间隔序列 RSS 位于众多 V 基因片段 3′端和 J 基因片段 5′端，D 基因片段两侧是 12 bp 间隔序列 RSS。因此，重链 V 与 J 基因片段之间无法直接组合。

4. V（D）J 重组酶和连接多样性　参与 Ig 和 TCR 基因重组的酶统称为 V（D）J 重组酶。重组激活基因 1 和 2（recombination activating gene，）Rag1 和 Rag2 编码的激活重组酶 RAG - 1/RAG - 2 复合物，仅在淋巴细胞发育过程中的 TCR 或 BCR 基因重排阶段特异性表达，在基因重排中发挥主要作用。RAG 作为核酸内切酶，能够特异性识别、排列靠拢和切除

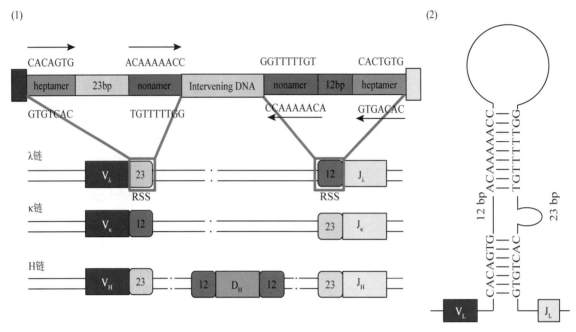

图 6-3 信号重组序列

位于两个待重排基因片段编码序列旁侧的 RSS,并引起双链 DNA 断裂。图 6-3(2)以 V_L 和 J_L 片段重排为例,其 RSS 分别位于 V_L 3′端(7 核苷酸序列-12 bp-9 核苷酸序列)和 J_L 5′端 (9 核苷酸序列-23 bp-7 核苷酸序列)的内含子区域。因为相对应的 RSS 7 核苷酸序列或 9 核苷酸序列是反向互补序列,在 HMG-1 和 HMG-2(DNA bending and looping high mobility group-1 and group-2)作用下,位于 V_L 和 J_L 片段外显子中间的 DNA 形成茎-环状结构(stem and loop structure),造成 V_L 和 J_L 片断相互靠拢。RAG 作用在 RSS 和 V_L 或 J_L 编码序列的交界处,产生 V_L 和 J_L 双链 DNA 断端。V_L 和 J_L 编码端,分别形成"U"形发夹结构(hairpin)。在 Artemis 核酸酶等作用下,发夹被打开,形成单链回文结构(palindrome)(图 6-4)。在连接不同基因片段时,核苷酸的插入和丢失会产生新的核苷酸编码序列,有按照单链回文结构模板添加的 P-核苷酸序列(P-nucleotide,该序列存在于原先发夹部位互补的双链 DNA 中),以及末端脱氧核苷酸转移酶(terminal deoxynucleotidyl transferase,TdT)添加的非模板编码 N-核苷酸序列(N-nucleotide)。最后,在 DNA 双链断端损伤修复和修饰蛋白 Ku 蛋白、DNA 连接酶 Ⅳ 以及 XRCC4(X-ray repair complementing defective repair in Chinese hamster cells 4)等的作用下完成 V_L 和 J_L 断端连接,形成一个完整的编码免疫球蛋白轻链可变区的 VJ 外显子(图 6-4)。

（三）基因重排产生 Ig 多样性的机制

基因重排是指将原本间隔排列的不同基因片段,连接成完整的可变区基因外显子,编码 Ig 和 TCR 可变区。基因重排通过组合多样性(combinatorial diversity)和连接多样性 (junctional diversity)机制,产生 TCR 和 BCR 库的多样性。

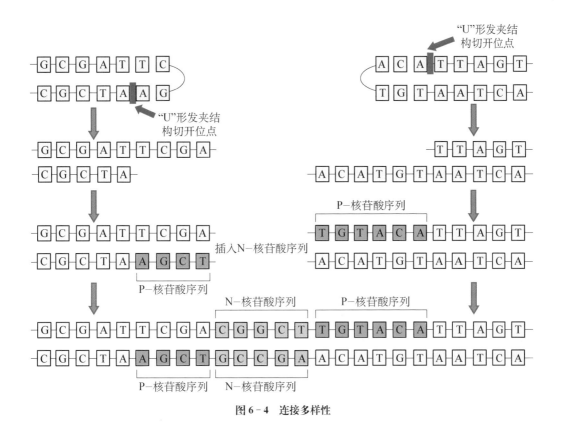

图 6-4　连接多样性

免疫球蛋白可变区基因的重排,是从众多的 V、(D) 和 J 基因片段中随机选取,由此形成组合多样性。连接多样性,指进行重排的免疫球蛋白 V、(D)、J 基因片段切断部位间的连接往往有核苷酸的插入和丢失,包括密码子错位、读码框架移位、N-核苷酸序列和 P-核苷酸序列的插入。在上述基础上,组成抗原结合部位的 Ig 重链与轻链的不同组合,进一步丰富了 BCR 库的多样性。从理论上推断,组合多样性约 1.9×10^6,再加上连接多样性,估计在成熟的初始 B 细胞库中,抗原特异性不同的 B 细胞克隆可达到 10^{11}。

二、Ig 基因重排与 B 细胞分化

B 细胞在骨髓的发育为抗原非依赖性,分为早期祖 B 细胞(early pro-B cell)、晚期祖 B 细胞(late pro-B cell)、大前 B 细胞(large pre-B cell)、小前 B 细胞(small pre-B cell),以及未成熟 B 细胞(immature B cell)阶段。处于不同发育阶段的 B 前体细胞,其表面的细胞膜分子以及免疫球蛋白基因的重排和表达情况各异,涉及选择和发育检验点等多个严密调控机制,逐渐分化成熟(图 6-5)。

(一) 骨髓造血诱导微环境

骨髓基质细胞(bone marrow stromal cell,BMSC)主要包括网状细胞、成纤维细胞、血管内皮细胞和巨噬细胞。骨髓造血诱导微环境(hematopoietic incluctive microenvironment,HIM)由基质细胞及其分泌的多种造血生长因子(如 IL-3、IL-7、SCF 等),以及细胞外基

成熟阶段	干细胞	祖B细胞	前B细胞	未成熟B细胞	成熟B细胞
增殖分裂		▬▬		▬▬	
RAG表达			▬▬	▬▬	
TdT表达			▬▬		
Ig DNA, RNA	胚系基因	VDJ重排	VDJ重组功能基因 轻链VJ开始重排；μ mRNA	重链VDJ和轻链 VJ重组功能基因；μ、κ或λ mRNA	初始转录体 VDJ-C RNA 选择性剪切，产生 VDJ-Cμ和VDJ-Cδ mRNA
Ig表达			Pre-BCR	膜型IgM	膜型IgM和IgD
表面标记	CD43⁺ ——————→ CD43⁻ —————————→ CD19⁺ —————————————————→ AA4.1⁺ ——————————————→ AA4.1⁻ ——→ B220 ————————————————→ IgMlo ——→ IgM⁺ IgD⁺				
发生部位	骨髓 ————————————→ 外周				
抗原应答	无	无	无	阴性选择	活化、增殖和分化

图 6-5 B细胞的发育成熟阶段示意图

质组成。在骨髓造血诱导微环境影响下,骨髓造血干细胞(hematopoietic stem cell, HSC)经过多能祖细胞(multipotent progenitor cell, MPP)和共同淋巴样祖细胞(common lymphoid progenitor, CLP)阶段,朝 B 细胞谱系定向分化发育。

骨髓造血诱导微环境与早期 B 细胞发生密切相关。IL-7 能驱动定向祖 B 和 T 细胞增殖,是 T 和 B 细胞生存发育的关键细胞因子。基质细胞表达酪氨酸激酶受体 FLT3 的配体,与多能祖细胞表面的 FLT3 结合,FLT3 信号刺激多能祖细胞表达 IL-7 受体(IL-7R)。IL-7R 由 α 链和共用 γ 链(common γ chain,γ_C)组成。编码 IL-7Rα 链的基因缺陷会严重影响小鼠 B 细胞在骨髓的发育。而人类因 IL-7R 共用 γ 链缺陷,发生 X 连锁的重症免疫缺陷病(X-SCID),表现为 NK 细胞和 T 细胞发育受阻,但 B 细胞发育正常,显示 IL-7 在人体中对淋巴细胞发育的不同作用。其次,B 细胞的分化发育受到转录因子的动态调控。FLT3信号能够刺激多能祖细胞表达 B 细胞定向分化相关转录因子 PU.1。PU.1 和 Ikaros 通过调控 B 细胞谱系转录因子 E2A 和 EBF 在 pro-B 细胞的转录表达,促进 B 细胞的定向分化。另外,基质细胞与 pro-B 细胞之间的 VCAM-1/VLA-4 非特异性黏附,增强基质细胞表面的 SCF 与 pro‐B 细胞上的酪氨酸激酶受体 c‐Kit 的结合,促进 pro‐B 细胞增殖。

（二）pro‐B 细胞阶段的 Ig 重链可变区基因重排

BCR 复合物由识别和结合抗原的膜表面免疫球蛋白(mIg)和传递抗原刺激信号的 Igα/Igβ(CD79a/CD79b)异二聚体组成。在早期 pro‐B 细胞阶段重链可变区基因 D 和 J 片段发生重排;到晚期 pro‐B 细胞阶段重链可变区基因片段 V_H 和 DJ_H 发生重排,此时轻链编码基因尚处于胚系基因状态。具有转录活性的重链可变区基因重排成功,合成膜型 μ 重链。μ 链和由 VpreB 和 λ5 组成的替代轻链(surrogate light chain, SLC)以及 Igα/Igβ 异二聚体组装成 pre‐B 细胞受体(pre‐BCR)复合物,表达于细胞表面。pre‐BCR 信号刺激 pro‐B 细胞增殖进入大前 B 细胞阶段。

pro‐B 细胞表达的 B 细胞谱系分化相关转录因子 E2A 和 EBF,在 B 细胞发育的初期阶段发挥重要作用。E2A 和 EBF 激活 V(D)J 重组酶 RAG 基因的转录表达,启动 pro‐B 细胞重链 V(D)J 基因重排;其次,E2A 和 EBF 激活 pro‐B 细胞表达转录因子 PAX5。PAX5 通过调控下游 B 细胞特异性基因的表达,如替代轻链 VpreB 和 λ5、pre‐BCR 和 BCR 复合物中的信号转导分子 Igα,以及 B 细胞共受体复合物成员 CD19 基因,对 B 细胞的定向分化起决定性作用。Pax5 缺陷使 pro‐B 细胞向 pre‐B 细胞发育受阻,转而分化为 T 细胞或髓样细胞。

早期的 pro‐B 细胞,两条染色体可同时进行 Ig 重链 D_H 和 J_H 基因重排。但进入到 pro‐B 后期阶段,首先在一条染色体上开始 V_H 和 DJ_H 重排。一旦重排成功,合成完整的 μ 链,将会抑制另一条染色体上的重链基因重排(等位排斥),细胞发育为 pre‐B 细胞。一条染色体上 V_H 和 DJ_H 重排失败的可能性约为 2/3,而在另一条染色体上重新开始的基因重排,同样有 2/3 的失败可能性。因此,粗略统计产生一个 pre‐B 细胞的概率是 55%[1/3＋(2/3×1/3)=0.55]。换言之,约有 45% 的 pro‐B 因不能表达 μ 链在此阶段被清除。但实际 pro‐B 细胞因重排失败被清除的比例可能会更高,因为 V 基因片段库中存在无功能的假基因,可以参与重排但无法合成蛋白。

TdT 的表达量在 pro‐B 细胞阶段最为丰富,在 Ig 轻链可变区基因重排的 pre‐B 阶段下调。因此,几乎所有人 Ig 重链可变区 V‐D 和 D‐J 连接部位编码序列可见 N‐核苷酸序列插入,而仅有 25% 的人 Ig 轻链基因有 N‐核苷酸序列。TdT 在 pro‐B 细胞的表达特异性增高,有助于增加 B 细胞抗原受体库的多样性。

（三）pre‐BCR 的表达和 B 细胞发育检验点

pro‐B 细胞 Ig 重链可变区基因重排成功,膜型 μ 链和替代轻链以及 Igα/Igβ 异二聚体组成 pre‐BCR 复合物表达于细胞表面,即成为 pre‐B 细胞。

编码替代轻链 λ5 和 VpreB 的基因远离免疫球蛋白基因座位,其表达受转录因子 E2A 和 EBF 调控。因与 λ 轻链 C 结构域和轻链 V 结构域的相似性,分别取名 λ5 和 VpreB。Igα/Igβ 异二聚体自 pro‐B 细胞阶段开始,持续表达于各阶段 B 细胞的表面,是 pre‐BCR 和 BCR 复合物的组成成分,参与 pre‐BCR 和 BCR 的信号转导。

pre‐BCR 的配体不明,但 pre‐BCR 之间通过替代轻链 VpreB 和 λ5 氨基端相互作用,交联成二聚体或多聚体,产生信号。pre - BCR 信号会暂时下调 RAG 表达,从而阻止另一条染色体重链基因重排,避免发生一个 B 细胞表达两种抗原特异性 BCR,即等位排斥(allelic exclusion)。同时,pre - BCR 信号增加 pro - B 细胞对 IL - 7 的敏感性,驱动 μ 链重排成功的 pro - B 细胞分裂增殖,pro - B 细胞分化为 pre - B 细胞。如果将 pre - BCR 复合物中的 λ5 基因敲除或使重链跨膜结构域缺失突变,会导致 B 细胞进一步发育受阻,说明 pre - BCR 表达是检验 Ig 重链重排成功与否,决定 pro - B 细胞分化为 pre - B 的一个重要检验点。

(四) 小前 B 细胞阶段的轻链基因重排

大前 B 细胞在 pre - BCR 信号刺激下经过数轮细胞增殖分裂,使表达 μ 链的细胞数扩增达 30～60 倍。pre - BCR 信号下调 λ5 和 VpreB 基因表达,不再表达替代轻链和 pre - BCR 的子代细胞,停止增殖,回到静息状态,进入小前 B 细胞阶段。小前 B 细胞重新表达基因重组酶 RAG,启动轻链的 VJ 基因重排,重链和轻链结合,细胞表面表达抗原受体膜型 IgM,pre - B 细胞即成为未成熟 B 细胞。

一个成功完成重链可变区基因重排的 pre - B 细胞,首先通过扩增产生大量表达相同 μ 链的子代细胞;然后启动轻链可变区基因重排,使诸多表达相同 μ 链的子代细胞得以与不同的轻链进行组合。如此,在细胞层面进一步增加了 B 细胞抗原受体库的多样性。同样,Ig 轻链基因重排存在等位排斥和同型排斥(isotype exclusion,κ 轻链基因重排成功后会抑制 λ 轻链基因重排),以保证一个 B 细胞克隆表达单一的特异性,以及只表达一种 Ig 轻链型别。

三、未成熟 B 细胞的阴性选择

小前 B 细胞完成轻链可变区基因重排和 μ 链组装,在细胞表面表达完整 IgM 抗原受体,成为未成熟 B 细胞。在此阶段,B 细胞库中表达自身反应性 BCR 的未成熟 B 细胞克隆,根据识别的配体特性不同,将通过克隆删除(clonal deletion)、受体编辑(receptor editing)、免疫不应答或克隆失能(anergy),以及免疫忽视(immunological ignorance)这 4 种机制,保证成熟 B 细胞库对自身抗原的免疫耐受。当 BCR 被多价自身抗原广泛交联后,通常诱导自身反应性 B 细胞凋亡或克隆删除,但也会促发自身反应性未成熟 B 细胞重新表达 RAG,轻链发生重排(受体编辑)。若产生的 BCR 不再具有自身反应性,则 B 细胞继续发育;也有可能轻链重排后 BCR 的自身反应性仍无法改变,细胞将发生凋亡。当 BCR 被低价抗原轻度交联后,如可溶性蛋白,会诱导自身反应性未成熟 B 细胞处于免疫不应答或失能状态而不是立即死亡。失能 B 细胞可以发育成熟,迁移到外周免疫器官,但只能停留在 T 细胞区,而无法进入淋巴滤泡。因为自身反应性 T 细胞处于耐受状态,无法得到抗原特异性 T 细胞辅助的失能 B 细胞易发生凋亡。免疫忽视 B 细胞虽然表达自身反应性 BCR,但由于自身抗原在骨髓中不表达、表达量低或亲和力低等原因,使 B 细胞对自身抗原的存在未能感知和应答。免疫忽视 B 细胞不同于免疫失能 B 细胞,在外周免疫器官,如果遭遇到自身抗原或自身抗原水平发生显著增加,这类具有自身反应性潜能的 B 细胞可以从免疫忽视状态转变为免疫应答状态。

第二节　T细胞在胸腺的分化发育

　　胸腺主要由胸腺细胞和胸腺基质细胞组成。胸腺细胞是处于不同发育阶段的T细胞。胸腺基质细胞由胸腺上皮细胞、巨噬细胞、树突细胞和成纤维细胞组成。HSC和淋巴样祖细胞自骨髓经血液循环进入胸腺后,在胸腺微环境(主要由胸腺基质细胞、细胞外基质和细胞因子等组成)影响下朝T细胞谱系定向分化,先后经历祖T细胞(pro-T)、前T细胞(pre-T)、未成熟T细胞和成熟T细胞阶段。T细胞在胸腺的分化发育,其核心事件是获得功能性TCR的表达,涉及严格的调控机制,最终发育为成熟的T细胞,获得了多样性的TCR库、自身MHC限制性以及自身免疫耐受。

一、TCR基因重排

（一）TCR胚系基因结构

　　TCR由α、β、γ和δ共4种肽链构成。根据TCR组成肽链的不同,T细胞可分为αβT细胞和γδT细胞。αβT细胞占外周免疫器官和循环T细胞的95%以上。图6-6是人TCRα和β链胚系基因的简要结构,显示与BCR基因群的广泛相似性,由成簇的V、D、J基因节段以及C(恒定)区基因间断排列而成。编码人TCRα链的基因群位于第14号染色体,由70～80个Vα和61个Jα基因片段,以及1个C区基因组成。TCRβ链的基因群位于第7号染色体,由52个功能性Vβ基因片段,以及位于其后的另外两簇基因群组成。每簇基因群包含一个D基因片段和6～7个J基因片段以及一个C基因。

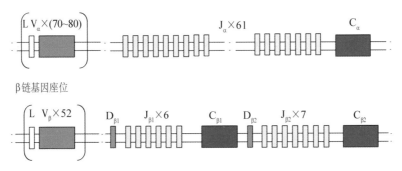

图6-6　人TCR胚系基因的简要结构

（二）TCR基因重排

　　不仅TCR与Ig的胚系基因结构组成相似,基因重排过程也类似,详见图6-7。参与TCR基因重排的基因重组酶与Ig基因重排相同。图6-8显示的是人TCR基因片段旁侧的信号重组序列,与Ig旁侧的RSS序列构成一致,并被相同的基因重组酶识别。两个基因

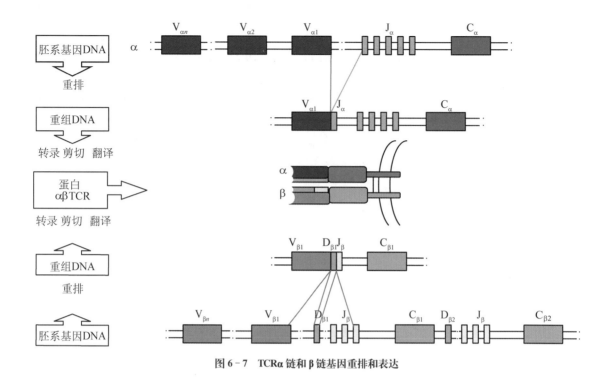

图 6-7　TCRα 链和 β 链基因重排和表达

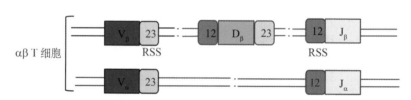

图 6-8　TCR 基因片段两侧信号重组序列

片段的重排同样遵循 12/23 法则。

（三）TCR 与 BCR 多样性形成机制比较

表 6-1 表明，TCR 可变区结构的多样性产生于基因重排过程中的组合多样性和连接多样性。TCR 肽链的变异主要来自基因片段的连接部位，其连接多样性可达 2×10^{11}，远高于组合多样性 5.8×10^6。编码连接部位的核苷酸序列由 V、（D）和 J 基因片段编码序列，以及插入的 N-核苷酸和 P-核苷酸序列组成。TCR α 链基因座位较 Ig 轻链 κ 或 λ 基因座位拥有更多的 J 基因片段数，V 和 J 基因片段的连接区域 100％ 发生 P-核苷酸和 N-核苷酸序列的插入。而免疫球蛋白 κ 轻链 V 和 J 基因片段连接区域出现 N-核苷酸序列的概率为 50％。组合多样性和连接多样性两者相加，人 BCR 和 αβTCR 基因多样性的理论值可分别达到 5×10^{13} 和 10^{18}。

表 6-1 TCR 基因与 BCR 基因重排多样性比较

	Ig		αβTCR	
	H	κ+λ	β	α
V 基因片段	~40	~70	52	~70
D 基因片段	23	0	2	0
J 基因片段	6	5(κ)4(λ)	13	61
插入 N-核苷酸和 P-核苷酸的连接部位	2	50%概率	2	1
组合多样性	1.9×10^6		5.8×10^6	
连接多样性	$\sim 3 \times 10^7$		$\sim 2 \times 10^{11}$	
总的多样性	$\sim 5 \times 10^{13}$		$\sim 10^{18}$	

二、TCR 基因重排与 T 细胞分化

淋巴样祖细胞在胸腺微环境作用下朝 T 细胞谱系定向分化,先后经历祖 T 细胞、前 T 细胞、未成熟 T 细胞和成熟 T 细胞阶段。胸腺细胞又可根据 TCR 辅助受体 CD4 和 CD8 的表达,依次分为 CD 4$^-$CD8$^-$ 双阴性细胞(double negative cell,DN 细胞)、CD4$^+$ CD8$^+$ 双阳性细胞(double positive cell, DP 细胞)和 CD4$^+$ CD8$^-$ 或 CD4$^-$ CD8$^+$ 单阳性细胞(single positive,SP 细胞)。伴随 T 细胞的逐渐分化成熟,T 细胞从胸腺皮质向髓质移行。胸腺每天产生约 5×10^7 细胞,但每天只有 $10^6 \sim 2 \times 10^6$ T 细胞可以成熟离开胸腺,进入外周免疫器官。T 细胞在胸腺的分化发育经历了严格的筛选,图 6-9 显示不同发育阶段 T 细胞的表面标记及其 TCR 基因重排和表达的特点。

(一) DN 细胞的 β 链基因重排

DN 细胞位于胸腺包膜下和外皮质部位,处于 pro-T 细胞和 pre-T 细胞阶段。pro-T 细胞 TCR 首先开始 D$_\beta$ 和 J$_\beta$ 片段重排,之后 V$_\beta$ 和 DJ$_\beta$ 重排。如果 DN 细胞 TCR 的 β 链基因重排成功,合成的 β 链和前 T 细胞 α 链(pre-T cell α, pTα)以及 CD3 组成前 T 细胞受体(pre-T cell receptor, pre-TCR)复合物。成功表达 pre-TCR 的细胞即为 pre-T 细胞。pre-TCR 的信号传递不依赖于配体,它在细胞表面自发聚合成二聚体,传递信号,诱导 RAG 磷酸化及降解,TCR β 链基因停止重排(等位排斥)。pre-TCR 信号刺激细胞快速增殖分裂,激活 CD4 和 CD8 分子的表达,从而进入 DP 细胞阶段。

(二) DP 细胞的 α 链基因重排

一个 DP 细胞通过扩增,可以产生大量表达相同 β 链的子代细胞;然后启动 α 链基因重排,使诸多表达相同 β 链的子代细胞得以与不同的 α 链进行组合。由此,在细胞层面进一步丰富了 TCR 库的多样性。

虽然与 Ig 轻链基因一样缺少 D 基因片段,但 TCR α 链基因有更多数量的 Jα 基因片段,提示 TCR α 链基因比 Ig 轻链基因有更多的 V-J 重排补救机会以表达功能性 α 链。同时,TCR α 链基因和 Ig 轻链基因重排都是在组成抗原受体的另一条肽链,TCR 是 β 链而 Ig 是 μ 链,表达成功后才启动。但不同之处在于,B 细胞一旦成功表达 BCR,就会停止基因重排,发育为未成熟 B 细胞;而 T 细胞的 Vα 基因重排,只有在表达的 TCR 能够识别抗原肽-MHC

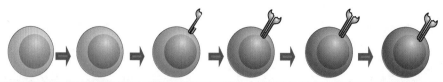

成熟阶段	干细胞	祖T细胞	前T细胞	DP细胞	SP细胞 （未成熟T细胞）	成熟T细胞
增殖分裂	▬▬		▬▬			
RAG表达			▬	▬		
TdT表达		▬▬				
TCR DNA, RNA	胚系	胚系	重组β链功能基因[V(D)J-C]; β链mRNA		重组β和α链功能基因[V(D)J-C]; β和链mRNA	
TCR表达			Pre-TCR	αβ TCR	αβ TCR	αβ TCR
表面标记	c-kit$^+$ CD44$^+$ CD25$^-$	c-kit$^+$ CD44$^+$ CD25$^+$	c-kit$^+$ CD44$^-$ CD25$^+$	CD4$^+$ CD8$^+$ TCR/CD3^{lo}	CD4$^+$ CD8$^-$或 CD4$^-$ CD8$^+$ TCR/CD3^{hi}	CD4$^+$ CD8$^-$或 CD4$^-$ CD8$^+$ TCR/CD3^{hi}
发生部位	骨髓	胸腺	胸腺	胸腺	胸腺	外周
抗原应答	无	无	无	阳性和阴性选择	阴性选择	活化、增殖和分化

图 6-9 T细胞在胸腺的发育成熟阶段

复合物,传递阳性选择(positive selection)信号后才会停止。这意味着两条染色体上的 Vα 链基因可以同时发生重排,使一个 T 细胞能够表达多种不同的 α 链,与同一条 β 链组合,以测试新的 TCR 能否识别抗原肽-MHC 复合物。这个阶段的基因重排在小鼠持续 3～4 天,不能够有效识别抗原肽-MHC 复合物的 T 细胞,将面临程序化死亡(programmed cell death)。表达双重特异性 TCR 的 T 细胞已在人和小鼠中被证实。因此,从严格意义上讲,等位排斥原则并不适用于 TCR α 链基因的重排。

总之,T 细胞虽然可以具有双重特异性,但仅表达一种功能性 TCR,因为一旦新产生的 TCR 能够识别 MHC 分子呈递的抗原肽,α 链基因重排就会终止。

三、阳性选择

位于胸腺皮质深层表达 TCR 的 DP 细胞,即是未成熟 T 细胞。未成熟 T 细胞,其 TCR 如果不能识别和结合胸腺皮质上皮细胞表面的抗原肽-MHC 复合物,只能生存 3～4 天。使 DP 细胞免于凋亡,并继续分化为 SP 细胞的过程,被称为阳性选择(positive selection)。只有

10%～30%未成熟 DP 细胞,表达识别抗原肽-MHC 复合物的功能性 TCR,能够通过阳性选择在胸腺生存下来,即获得 MHC 限制性(MHC restriction),在对外来抗原的自身 MHC 限制性细胞免疫应答中发挥作用。如果 DP 细胞表达的 TCR 对自身抗原肽-MHC 复合物呈现过高亲和力,将经历阴性选择(negative selection)发生凋亡,以此清除潜在可能的自身反应性 T 细胞。

(一) MHC 分子对 SP 细胞分化的影响

人类免疫缺陷疾病淋巴细胞减少综合征,因 MHC Ⅱ类分子缺陷,导致患者体内虽然有正常数目的 $CD8^+$ T 细胞,但 $CD4^+$ T 细胞数量很少。反之,MHC Ⅰ类分子缺陷患者体内缺乏 $CD8^+$ T 细胞。

成熟的 αβT 细胞通过 TCR 对抗原肽(peptide)和 MHC 分子的多态性部位进行双重识别。CD4 或 CD8 分别与 MHC Ⅱ类分子或 MHC Ⅰ类分子非多态性恒定部位结合,发挥稳定 TCR-pMHC 三聚体(TCR-peptide-MHC tetramer)结构和增强 TCR 信号转导的作用。因此,CD4 和 CD8 又被称为 TCR 的共受体。

同样,胸腺的阳性选择是基于皮质上皮细胞表面 MHC 分子与 DP 细胞表面 TCR 和共受体之间的相互作用。如果一个 DP 细胞表面的 TCR 能够识别 MHC-抗原肽复合物,开始传递阳性选择信号,会首先下调 CD4 和 CD8 的表达。然后,重新表达 CD4,成为 $CD4^+$ $CD8^{low}$ 细胞。如果 $CD4^+$ $CD8^{low}$ 细胞识别抗原肽-MHC Ⅱ类分子复合物,CD4 通过与 MHC Ⅱ类分子结合,激活蛋白质酪氨酸激酶 Lck,产生更强或更持久的 TCR 信号,使细胞向 $CD4^+$ SP 细胞分化,并完全丢失 CD8 的表达。反之,如果 $CD4^+$ $CD8^{low}$ 细胞识别抗原肽-MHC Ⅰ类分子复合物,共受体 CD4 因无法结合 MHC Ⅰ类分子,相对较弱的 TCR 信号强度,使 $CD4^+$ $CD8^{low}$ 细胞向 $CD8^+$ SP 细胞分化,下调 CD4 和上调 CD8。

因此,TCR 与抗原肽-MHC 复合物以及共受体 CD4 的相互作用,决定了 TCR 信号强度,影响了 DP 细胞的分化方向。其作用主要是通过调控互为拮抗的转录因子 ThPOK 和 Runx3 在 $CD4^+$ $CD8^{low}$ 细胞的表达来完成。强烈的 TCR 信号促进 ThPOK 而抑制 Runx3 的表达,诱导 $CD4^+$ $CD8^{low}$ 细胞分化为 $CD4^+$ SP 细胞;如果 TCR 信号弱或短暂,不足以诱导 ThPOK 的表达,表达 Runx3 的 $CD4^+$ $CD8^{low}$ 细胞分化为 $CD8^+$ T 细胞。

最终,识别抗原肽-MHC Ⅰ类分子复合物的 DP 细胞分化为 $CD4^-$ $CD8^+$ T 细胞,获得 MHC Ⅰ类分子限制性;而识别抗原肽-MHC Ⅱ类分子复合物的 DP 细胞分化为 $CD4^+$ $CD8^-$ T 细胞,获得 MHC Ⅱ类分子限制性。

(二) 胸腺皮质上皮细胞在阳性选择中的作用

作为抗原呈递细胞,胸腺皮质上皮细胞在阳性选择中起决定性作用。一方面,可能因为在胸腺皮质部位,巨噬细胞和树突细胞数量很少,而胸腺上皮细胞则与 DP 细胞密切接触。另一方面,胸腺上皮细胞特异性表达一些抗原加工所需的关键蛋白酶,如组织蛋白酶 L,而不是广泛分布的组织蛋白酶 S。组织蛋白酶 L 缺陷小鼠有严重的 $CD4^+$ T 细胞发育障碍,其胸腺上皮细胞表面,相当多的 MHC Ⅱ类分子的抗原肽结合槽内,残留有恒定链多肽片段(class Ⅱ-associated invariant chain peptide,CLIP)。胸腺皮质上皮细胞还特异性表达一种蛋白酶

亚单位 β5T,而其他细胞则表达 β5 或 β5i。β5T 缺陷小鼠有严重的 CD8$^+$ T 细胞发育障碍。由于组织蛋白酶 L 或 β5T 缺陷小鼠的胸腺皮质上皮细胞表面仍然表达有正常水平的 MHC 分子,推测 CD4$^+$ 或 CD8$^+$ T 细胞的发育障碍与 MHC 分子呈递的抗原肽库异常有关。

(三) 阳性选择的生物学意义

在阳性选择阶段,唯有以适度亲和力结合抗原肽- MHC 复合物的未成熟 DP 细胞可以获得阳性选择信号得以生存。经历胸腺选择过程之后,准备输出至外周的成熟 αβT 细胞,只表达其中的一种共受体 CD4 或 CD8,分属于 CD4$^+$ T 细胞、CD8$^+$ T 细胞,或 CD4$^+$ CD25$^+$ 的自然调节性 T 细胞(natural regulatory T cell, nTreg)。大部分成熟的初始 CD4$^+$ T 细胞在对外来抗原的免疫应答中分化为辅助 T 细胞(helper T cell, Th),而 CD8$^+$ T 细胞分化为细胞毒性 T 细胞(cytotoxic T lymphocyte,CTL)。

因此,阳性选择不仅使 T 细胞在识别和结合抗原时具备 MHC 限制性,也决定了 CD4$^+$ CD8$^-$、CD4$^-$ CD8$^+$ T 细胞,以及最终在免疫应答过程中发挥效应功能的效应 T 细胞的分化。

四、阴性选择

(一) 自身抗原在胸腺的表达

在外周淋巴器官和组织,如果初始 T 细胞表达的 TCR 与专职性抗原呈递细胞表面的外来抗原肽- MHC 复合物高亲和力结合,初始 T 细胞将活化、增殖和分化为效应性 T 细胞。相反,处于发育阶段的胸腺细胞如果以高亲和力和自身抗原肽- MHC 复合物结合,将发生凋亡被克隆删除(阴性选择)。阴性选择可以发生于胸腺皮质深层的 DP 细胞阶段、皮髓交界以及髓质的 SP 细胞阶段,可能和胸腺细胞与抗原遭遇部位有关。参与阴性选择的抗原呈递细胞主要有骨髓来源的树突细胞、巨噬细胞以及胸腺上皮细胞。自身抗原分为两大类:一类是普遍存在于各组织细胞的自身抗原,另一类是只在特定组织表达的组织特异性蛋白。令人费解的问题是,胸腺中的自身反应性 T 细胞如何能够接触到许多只有在外周特定组织表达的蛋白质抗原如胰腺分泌的胰岛素,并被清除。目前已知自身免疫调节因子(autoimmune regulator, AIRE)作为转录调控分子,可以驱使一些组织特异性蛋白在胸腺髓质上皮细胞的异位表达。AIRE 缺陷引起自身免疫性多内分泌病-白念珠菌病-外胚层营养不良症(autoimmune polyendocrinopathy-candidiasis-ectodermac dystrophy),说明胸腺异位表达组织特异性蛋白对于维护自身免疫耐受的重要性。当然,不是所有的自身蛋白都在胸腺有表达。因此,阴性选择并不能清除所有的自身反应性 T 细胞。这些自身反应性 T 细胞可以成熟和被释放至外周组织,在遭遇自身抗原时,通过外周免疫耐受机制,维持自身免疫耐受。

(二) 亲和力假说

一个有待解决的问题是,TCR 和胸腺皮质上皮细胞表面自身抗原肽- MHC 复合物的相互作用如何会产生 T 细胞生存(阳性选择)或死亡(阴性选择)这样决然不同的结果。目前认为,T 细胞是经历阳性选择还是阴性选择取决于 TCR 结合抗原肽- MHC 复合物的亲和力,即亲和力假说(affinity hypothesis)。低亲和力的结合拯救细胞免于死亡(阳性选择);高亲和力的结合诱导细胞凋亡(阴性选择)。因为大多数 TCR 与自身抗原肽-MHC 复合物的结合呈现低亲和力,阳性选择使 T 细胞具备 MHC 限制性的同时,仍然有足够数量的、表达不同 TCR 结构的 T 细胞能够发育成熟,从而保证了成熟 T 细胞库的丰富多样性。而进一步对其中高亲和力自身反应性克隆的删除(阴性选择),使 T 细胞库在保留多样性和 MHC 限制性的同时,获得自身免疫耐受性。

第三节　淋巴细胞在外周的发育成熟

在胎儿和青少年时期,中枢淋巴器官不断有大量新的淋巴细胞产生,迁移和定居于外周淋巴组织如淋巴结、脾脏和黏膜相关淋巴组织(mucosa associated lymphoid tissue, MALT)。成年以后,胸腺产生新的 T 细胞的速度放缓,主要通过外周成熟 T 细胞的分裂以及长寿 T 细胞,保持 T 细胞数目在一定水平。而骨髓,即使在成年以后,仍在持续不断地产生新的 B 细胞。

一、淋巴细胞再循环

从胸腺和骨髓进入外周免疫器官和黏膜相关淋巴组织、尚未接触抗原的成熟 T 和 B 细胞称为初始 T 细胞(naive T cell)和初始 B 细胞(naive B cell)。

中枢免疫器官新生成的淋巴细胞经脾脏白红髓交界边缘区(marginal zone)的边缘窦(marginal sinus)分别迁入白髓的动脉周围淋巴鞘(periarteriolar lymphoid sheath, PALS, T 细胞区)和脾小结(splenic nodule, B 细胞区)。淋巴细胞从红髓的静脉窦汇入脾静脉出脾脏,返回血液循环。

在淋巴结,高内皮微静脉(high endothelial venule, HEV)位于副皮质区的 T 细胞区,是淋巴细胞离开血液循环进入淋巴结的重要通道。初始 B 细胞则穿过 T 细胞区迁入浅皮质的淋巴滤泡(B 细胞区);若未遭遇特异性抗原,T 和 B 细胞经输出淋巴管汇入胸导管,最终经左锁骨下静脉返回血液循环,参与淋巴细胞再循环。

淋巴细胞再循环与分别表达在初始淋巴细胞的归巢受体和血管内皮细胞上的血管地址素之间的黏附作用有关。而 T 细胞和 B 细胞分别定向迁移至外周淋巴组织的 T 细胞区和 B 细胞区,与这些部位基质细胞以及骨髓来源细胞分泌的多种趋化因子对淋巴细胞的趋化作用有关。淋巴细胞再循环,有利于淋巴细胞与抗原及抗原呈递细胞的接触,促进适应性免疫应答的产生。

二、外周淋巴细胞的生存和发育

从骨髓进入外周的 B 细胞尚未完全成熟,与成熟 B 细胞相反,表达高水平 mIgM 和低水平 mIgD。进入脾脏的未成熟 B 细胞,经过过渡阶段(transitional stage),分化为 FO B 细胞和 MZ B 细胞。FO B 细胞平均寿命 3~8 周,参与淋巴细胞再循环,介导 T 细胞依赖性抗原

(TD-Ag)的抗体应答；MZ B 细胞则介导血源性、T 细胞非依赖性抗原(TI-Ag)的抗体应答。

B 细胞表达的 BAFF(B-cell activating factor)受体(BAFF-R)对外周 B 细胞的生存和发育至关重要。滤泡树突细胞(FDC)能够产生大量 BAFF。BAFF-R 或 BAFF 缺陷均能导致外周 B 细胞成熟障碍，发育停滞在未成熟 B 细胞阶段。

BCR 的组成性表达产生的非抗原刺激信号(tonic signaling)，对外周 B 细胞的生存和发育同样不可或缺。敲除 BCR 的成熟 B 细胞无法生存；而敲除 BCR 下游信号转导分子酪氨酸激酶 Syk 的小鼠，其外周 B 细胞库仅有未成熟 B 细胞，说明 BCR 传递的信号参与维护外周 B 细胞的生存和发育。

相对 B 细胞，T 细胞离开胸腺时已完全成熟。IL-7 和树突细胞(dendritic cell，DC)表面表达的自身抗原肽-MHC 分子复合物能够刺激外周 T 细胞，产生促细胞生存而非活化信号，维持外周 T 细胞库在 T 细胞数量和 TCR 多样性组成上的动态稳定。

（陆　青）

第七章　T淋巴细胞及其介导的细胞免疫应答

第一节　T细胞表面分子

T细胞表面表达多种行使不同功能的分子,参与T细胞应答的每个环节(抗原识别、活化、增殖和分化,以及效应功能的发挥),同时也是区分T细胞和T细胞各亚群的重要表面标志。

一、TCR-CD3复合物

(一)T细胞受体(T cell receptor, TCR)的结构和功能

TCR是所有T细胞表面的特征性标志,可以用作区别其他免疫细胞。TCR的作用是识别抗原。然而,TCR不能直接识别蛋白抗原表面的表位,只能特异性识别抗原呈递细胞(APC)表面的抗原肽-MHC分子复合物(pMHC)。因此,T细胞抗原识别具有双重特异性:抗原特异性和MHC限制性,既要识别抗原肽,也要识别自身MHC分子的多态性。

TCR是由二硫键连接的两条不同肽链组成的异源二聚体,构成TCR的肽链有α、β、γ、δ4种类型,均为跨膜蛋白。根据所含肽链的不同,TCR分为αβTCR和γδTCR两种类型。体内大多数T细胞表达αβTCR;仅少数T细胞表达γδTCR,命名为γδT细胞。α和β肽链的胞膜外区与免疫球蛋白(Ig)类似,各含1个可变(V)区和1个恒定(C)区。V区含有高变区或互补决定区(CDR),其氨基酸组成和排列顺序高度可变,是TCR识别抗原肽-MHC分子复合物的功能区,决定了T细胞的抗原特异性。α和β肽链的胞质区很短,不具备转导活化信号的功能。T细胞通过TCR识别抗原后,由CD3分子和ζ链转导T细胞活化信号。

(二)CD3和ζ链的结构和功能

CD3和ζ蛋白非共价键与TCRαβ异源二聚体相结合形成TCR-CD3复合物(图7-1)。与TCR的多样性不同,所有T细胞表达一样的CD3和ζ蛋白,这与CD3和ζ蛋白负责信号转导,不参与抗原识别的作用是一致的。组成CD3的肽段有3种,即γ、δ、ε链,均为跨膜蛋白。γ、δ和ε链的结构同源,胞膜外区各有一个Ig样结构域。通过这些结构域之间的相互作用,分别形成γε和δε异源二聚体。ζ蛋白通常是由两条ζ链以二硫键连接组成的同源二聚体,ζ链与γ、δ和ε不同,ζ链的胞膜外区很短,仅有9个氨基酸。γ、δ、ε和ζ链具有较长

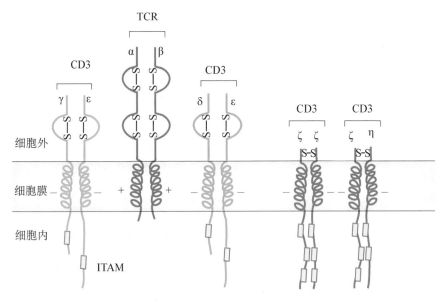

图 7 - 1　TCR - CD3 复合物

由 TCRαβ 异源二聚体与 CD3 和 ζ 蛋白共同组成。TCR 负责特异性识别抗原，CD3 和 ζ 蛋白负责转导 T 细胞活化信号。

的胞质区，均含有免疫受体酪氨酸活化基序（immunoreceptor tyrosine-based activation motif，ITAM）。ITAM 由 18 个氨基酸残基组成，其中含有 2 个 YxxL/V（x 代表任意氨基酸，即酪氨酸-2 个任意氨基酸-亮氨酸或缬氨酸）保守序列。免疫受体蛋白家族的信号蛋白通常含有 ITAM，TCR 结合抗原肽- MHC 分子复合物后，酪氨酸蛋白激酶 LCK 磷酸化该保守序列的酪氨酸残基（Y），募集其他含有 SH2 结构域的酪氨酸蛋白激酶（例如 Syk 家族酪氨酸蛋白激酶 ZAP - 70）。ITAM 的磷酸化及与 ZAP - 70 的结合是 T 细胞活化信号转导过程早期阶段的重要生化反应之一。

二、 CD4 和 CD8 共受体

CD4 和 CD8 是 T 细胞共受体（co-receptor），协助 TCR 识别抗原肽- MHC 分子复合物，参与 T 细胞活化信号的转导。成熟 T 细胞一般只表达 CD4 或 CD8，即 CD4[+] T 细胞或 CD8[+] T 细胞。

CD4 是单链跨膜蛋白，胞膜外区具有 4 个 Ig 样结构域，其中膜远端的 2 个结构域能够与 MHCⅡ类分子非多态性的 β2 结构域结合。NKT 细胞、巨噬细胞和树突细胞亦可表达 CD4 分子，但表达水平较低。CD4 分子还是人类免疫缺陷病毒（HIV）囊膜糖蛋白的受体，与 CD4 分子结合是 HIV 侵入并感染 CD4[+]细胞的机制之一。

CD8 在多数情况下是由 α 和 β 肽链与二硫键连接组成的异源二聚体，2 条肽链均为跨膜蛋白，胞膜外区各含 1 个 Ig 样结构域，能够与 MHC Ⅰ类分子重链的 α3 结构域区结合。少数 T 细胞表达 α 链组成的同源二聚体，但与 CD8αβ 二聚体在功能上相似。ααCD8 也表达于小鼠的一类 DC 细胞亚群。

CD4 和 CD8 分别结合 MHC Ⅱ 类和 Ⅰ 类分子非多态性区域,协助 TCR 识别抗原肽-MHC 复合物,增强 T 细胞与 APC 或靶细胞之间的相互作用。CD4 和 CD8 分子的胞质区可结合酪氨酸蛋白激酶 LCK,使其接近结合抗原肽- MHC 分子复合物的 TCR 复合物,有利于 LCK 激活后促使 CD3 和 ζ 蛋白胞内区 ITAM 中的酪氨酸残基发生磷酸化。所以,CD4 和 CD8 分子的作用除了辅助 TCR 识别抗原外,还参与 TCR 识别抗原所产生的活化信号转导过程。

三、共刺激分子

初始 T 细胞识别 APC 呈递的抗原肽- MHC 分子复合物启动其活化,而初始 T 细胞要获得完全活化,能够克隆增殖并分化为效应 T 细胞,则需活化 APC 和 T 细胞之间的共刺激信号(表 7-1)。共刺激分子(co-stimulatory molecule)即为初始 T 细胞完全活化提供共刺激信号的细胞表面分子及其配体。CD28 是第一个被发现的 T 细胞表达的共刺激分子,之后大量与 CD28 同源共刺激分子相继被发现。除了对 T 细胞活化提供正调控以外(如 ICOS - ICOSL),一些 T 细胞表达的共刺激分子对 T 细胞活化起着负调控作用,也被称作共抑制分子。

表 7-1　调节 T 细胞活化及功能的常见共刺激分子

分类	共刺激分子	表达细胞	配体/受体	结合蛋白	功　能
正性共刺激分子	CD28	CD4$^+$ T 细胞、CD8$^+$ T 细胞	受体	B7 - 1(CD80),B7 - 2(CD86)	诱导 T 细胞分泌抗凋亡蛋白;促进 T 细胞增殖和分化
	ICOS	活化的 T 细胞	受体	ICOSL (B7 - H2)	促进 T 细胞增殖;调节其他 CD4$^+$ T 细胞亚群的细胞因子和 T 细胞依赖的 B 细胞应答
	CD40L	活化的 CD4$^+$ T 细胞	配体	CD40	通过 APC 促进 T 细胞的活化;促进 B 细胞的增殖、分化、抗体生成和抗体类别转换,诱导记忆性 B 细胞的产生;增强巨噬细胞活性
负性共刺激分子	CTLA - 4	活化的 CD4$^+$ 和 CD8$^+$ T 细胞	受体	B7	下调或终止 T 细胞活化
	PD - 1	活化的 T 细胞	受体	PD - L1,PD - L2	负向调控 T 细胞活化;抑制 T 细胞的增殖和细胞因子的产生,并抑制 B 细胞的增殖、分化及 Ig 的分泌

（一）正性共刺激分子

1. CD28　是由两条相同肽链组成的同源二聚体,组成性表达于 90% CD4$^+$ T 细胞和 50% CD8$^+$ T 细胞(在小鼠中所有的 T 细胞都表达)。CD28 是协同刺激分子 B7 的受体。B7 分子包括 B7 - 1(CD80)和 B7 - 2(CD86),主要表达于专职 APC。CD28 与 B7 分子结合产生的共刺激信号对初始 T 细胞活化起重要作用,一方面通过诱导 T 细胞分泌抗凋亡蛋白,维持细胞的存活;另一方面刺激 T 细胞合成分泌重要的生长因子 IL - 2,促进 T 细胞的增殖和分化。

2. ICOS（inducible costimulator）　表达于活化的 T 细胞,配体为 ICOSL(B7 - H2),属于 B7 家族分子,主要表达于活化树突细胞、单核细胞和 B 细胞。ICOS 及其受体结合产生的共刺激信号在 CD28 转导的共刺激信号之后起作用。尽管在促进 T 细胞增殖方面与 CD28 相似,但 ICOS 不能诱导 IL-2,而是可能调节其他 CD4$^+$ T 细胞亚群的细胞因子。ICOS 与 ICOSL 结合产生的共刺激信号对 T 细胞依赖的 B 细胞应答起重要作用。ICOS 缺陷小鼠不能形成生发中心,表现为抗体应答严重减弱。

3. CD40 配体(CD40L) 主要表达于活化的 CD4$^+$ T 细胞,与 APC 表达的 CD40 结合。CD40L 与 CD40 的结合不直接提供活化 T 细胞的共刺激信号,而是通过促进 APC 活化,上调 B7 分子表达和细胞因子(如 IL-12)的分泌,从而促进 T 细胞的活化。除了间接活化 T 细胞外,在 T 细胞依赖的 B 细胞应答中,活化的 Th 细胞表达的 CD40L 与 B 细胞表面的 CD40 结合可促进 B 细胞增殖、分化、抗体生成和抗体类别转换,诱导记忆性 B 细胞的产生。Th1 细胞表达的 CD40L 与巨噬细胞表面的 CD40 结合有助于增强巨噬细胞的生物学活性。

(二)负性共刺激分子

1. CTLA-4(CD152) CTLA-4 与 CD28 高度同源,属于 CD28 家族成员,表达于活化的 CD4$^+$ 和 CD8$^+$ T 细胞,其配体亦是 B7 分子,但 CTLA-4 结合 B7 的亲和力显著高于 CD28。与 CD28 提供的共刺激作用相反,CTLA-4 与 B7 分子结合产生抑制性信号,下调或终止 T 细胞活化。

2. PD-1(programmed death 1) 表达于活化的 T 细胞,因为最早认为与程序性细胞死亡相关而命名,但现在知道 PD-1 并不影响 T 细胞凋亡,而是一个负向调控 T 细胞活化的重要分子。配体为 PD-L1 和 PD-L2,PD-L1 表达于 APC 和许多其他组织细胞,而 PD-L2 主要表达于 APC。PD-1 与相应配体结合后,可抑制 T 细胞的增殖和 IFN-γ 等细胞因子的产生,并抑制 B 细胞的增殖、分化及 Ig 的分泌。PD-1 对负调控外周组织中免疫应答起重要作用。

四、黏附分子

1. LFA-1 全称为淋巴细胞功能相关抗原-1(LFA-1)。T 细胞表达的 LFA-1 与 APC 表达的黏附分子-1(ICAM-1)相互结合,介导 T 细胞与 APC 的黏附。T 细胞也可表达 ICAM-1,与表达 LFA-1 的细胞结合。TCR 识别抗原后的活化信号改变 LFA-1 构象,增加 LFA-1 与 ICAM-1 的亲和力,加强了抗原特异性 T 细胞与 APC 的特异性黏附。

2. CD2 又称淋巴细胞功能相关抗原分子-2(LFA-2),表达在 95% 成熟 T 细胞、50%～70% 胸腺细胞以及部分 NK 细胞。人和小鼠 CD2 分子的配体分别是 LFA-3(CD58)和 CD48。LFA-3 广泛表达于造血细胞和非造血细胞。CD2 除介导 T 细胞与 APC 及其他靶细胞之间的黏附外,还为 T 细胞提供活化信号。

五、丝裂原受体及其他表面分子

T 细胞也表达多种丝裂原受体,通过结合丝裂原可非特异性诱导静息 T 细胞的活化和增殖。刀豆蛋白 A(concanavalinA,ConA)和植物血凝素(phytohemagg lutinin,PHA)是最常用的 T 细胞丝裂原。T 细胞活化后还表达许多与效应功能有关的分子,包括多种细胞因子受体及可诱导细胞凋亡的 FasL(CD95L)等。

第二节 T 细 胞 亚 群

T 细胞由不同功能的若干 T 细胞亚群组成,具有高度异质性。可根据多种分类方法将 T 细胞分为不同的亚群。根据所处的活化阶段,T 细胞可分为初始 T 细胞、效应 T 细胞和记忆性 T 细胞;根据表达 TCR 的类型,T 细胞可分为 αβT 细胞和 γδT 细胞;根据是否表达 CD4 或 CD8 分子,T 细胞可分为 CD4+ T 细胞和 CD8+ T 细胞;根据其免疫效应功能,T 细胞可分为辅助性 T 细胞、细胞毒性 T 细胞、调节性 T 细胞等,辅助性 T 细胞还可分为不同的功能亚群。

一、根据 T 细胞所处的活化阶段

(一)初始 T 细胞

初始 T 细胞(naïve T cell)是在胸腺发育成熟,进入外周,但从未接受过抗原刺激的 T 细胞。初始 T 细胞是未活化的静息状态的 T 细胞,存活期较短,表达 CD45RA 和高水平的 L-选择素(CD62L),可与效应 T 细胞及记忆 T 细胞区别,参与淋巴细胞再循环,主要功能是识别抗原。初始 T 细胞在外周淋巴器官内接受树突细胞(DC)呈递的抗原刺激而活化,并最终分化为效应 T 细胞和记忆性 T 细胞。

(二)效应 T 细胞

效应 T 细胞(effector T cell)是接受抗原刺激,获得活化,具有相应效应功能的 T 细胞,存活期短,表达 CD45RO 和高水平的 CD44,以及高水平高亲和力的 IL-2 受体(CD25),但 CD62L 的表达水平较低。与初始 T 细胞不同,效应 T 细胞不参与淋巴细胞再循环,主要从外周淋巴器官向外周炎症部位或某些器官组织迁移,从而在炎症局部发挥效应功能。

(三)记忆性 T 细胞

记忆性 T 细胞(memory T cell)是接受抗原刺激,获得活化,但处于功能静止的 T 细胞,可能直接由初始 T 细胞活化后直接分化而来,也可能由效应 T 细胞分化而来。记忆 T 细胞在抗原清除后长期存活,有规律地进行自发增殖来补充数量,使其维持在一定水平。记忆 T 细胞表型与效应 T 细胞相似,亦表达 CD45RO 和高水平的 CD44。记忆性 T 细胞介导再次免疫应答,接受相同抗原刺激后可迅速活化,清除抗原(表 7-2,图 7-2)。

表 7-2 初始、效应、记忆 T 细胞的比较

	初始 T 细胞	效应 T 细胞	记忆 T 细胞
迁移	优先向外周淋巴组织	优先向炎症组织	优先向炎症组织与黏膜组织
对特异抗原的细胞响应频率	非常低	高	低
效应功能	无	细胞因子的分泌;细胞毒活性	无

	初始 T 细胞	效应 T 细胞	记忆 T 细胞
细胞周期	无	有	弱
对 IL-2 受体的亲和力	低	高	低
外围淋巴结归巢受体(L-选择素,CD62L)的表达	高	低	不稳定
黏附分子(整合素,CD44)的表达	低	高	高
趋化因子受体(CCR7)的表达	高	低	不稳定
主要的人 CD45 亚型	CD45RA	CD45RO	CD45RO;可变
形态学	小;胞质少	大;胞质多	小

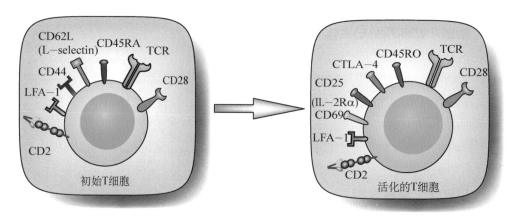

图 7-2　T 细胞活化过程中表面标志的变化

初始和活化的 T 细胞表面均表达 TCR 和 CD28,初始 T 细胞表面的 CD2,LFA-1,CD44,CD62L,CD45RA 等,随着 T 细胞活化的过程下调表达或表达消失,而活化的 T 细胞表面表达 CTLA-4 等协同刺激因子,以及 CD69,CD25 等。记忆 T 细胞表面表达 CD45RO。

二、 根据表达的 TCR 类型

（一） αβT 细胞

αβT 细胞为通常所称的 T 细胞,属于适应性免疫细胞,占脾脏、淋巴结和外周血的 95% 以上。

（二） γδT 细胞

γδT 细胞属于固有类淋巴细胞,其抗原受体缺乏多样性,且直接识别抗原分子,不具有 MHC 限制性。大部分 γδT 细胞为 CD4 和 CD8 双阴性细胞,小部分为 CD8[+],但通常表达 CD8αα 同源二聚体。γδT 细胞主要分布于皮肤、小肠、肺等黏膜及皮下组织,具有种系特异性,例如 γδT 细胞是构成小鼠小肠上皮内淋巴细胞的主要成分之一,而在人类肠上皮内仅占 10%。γδT 细胞主要识别由 CD1 分子呈递的多种病原体表达的共同抗原成分,包括糖脂、某些病毒的糖蛋白、分枝杆菌的磷酸糖和核苷酸衍生物、热休克蛋白(HSP)等。活化的 γδT 细胞通过分泌多种细胞因子,以及直接杀伤病毒或被病原体感染的细胞,为宿主提供快速保护性应答,在黏膜免疫中发挥重要作用(表7-3)。

表7-3　αβT细胞与γδT细胞的比较

分类	TCR 多样性	分布	功能	抗原受体和特异性	表面标记	MHC 限制性
αβ T 细胞	极高	占脾脏、淋巴结和外周血的95%以上	辅助细胞功能	8～17个氨基酸的简单多肽	CD4$^+$或CD8$^+$	有,需经典 MHC
γδT 细胞	低	外周血占5%～15%,以及皮肤、小肠、肺等黏膜及皮下组织	辅助和细胞毒性功能(先天免疫中)	γδ异源二聚体限定的特异性肽和非肽抗原(脂类、多糖、热休克蛋白)	CD3$^+$;CD4及CD8双阴性为主	无,仅需 MHC 类似分子

三、根据表达的辅助受体 CD4 和 CD8 分子

(一) CD4$^+$ T 细胞

CD4$^+$ T 细胞组成脾脏和淋巴结60%～65%的T细胞。CD4$^+$ T 细胞在外周淋巴器官识别的抗原肽-MHC Ⅱ类分子复合物,获得活化后,分化成不同亚型的辅助性 T 细胞(helper T cell, Th 细胞),主要通过分泌多种细胞因子,调节其他类型免疫细胞的功能,从而发挥免疫效应功能。此外,少数 CD4$^+$ T 细胞具有细胞毒作用和免疫抑制作用。

(二) CD8$^+$ T 细胞

CD8$^+$ T 细胞组成脾脏和淋巴结30%～35%的T细胞。CD8$^+$ T 细胞在外周淋巴器官识别的抗原肽-MHC Ⅰ类分子复合物,获得活化后,分化为细胞毒性 T 细胞(cytotoxic T lymphocyte, CTL),具有细胞毒作用,可特异性杀伤靶细胞。

四、根据其辅助受体的表达和免疫效应功能

这些细胞实际上是初始 T 细胞活化后分化而成的效应细胞或调节性 T 细胞。

(一) 辅助性 T 细胞(helper T cell, Th 细胞)

Th 细胞均表达CD4,为初始 CD4$^+$ T 细胞活化后分化成的效应 T 细胞,具有分泌多种细胞因子的功能。根据不同的细胞因子分泌谱和效应功能,Th 细胞可以进一步分成 4 种类型的效应 Th 细胞:Th1、Th2、Th17 和 Tfh。

1. **Th1**　主要通过分泌 IFN-γ,增强巨噬细胞的功能,介导抗感染细胞免疫,特别是抗胞内病原体感染。在病理情况下,Th1 参与多种慢性炎症和自身免疫性疾病的发生和发展。

2. **Th2**　主要通过分泌 IL-4、IL-5 和 IL-13 等,促进 B 细胞分泌 IgE 抗体,以及肥大细胞、嗜酸性粒细胞和嗜碱性粒细胞的活化,介导抗寄生虫感染。在病理情况下,Th2 参与过敏性疾病的发生和发展。

3. **Th17**　主要通过分泌 IL-17(IL-17A 和 IL-17F)和 IL-22,促进中性粒细胞的招募和活化,介导多种急性和慢性组织炎症。除了发挥抗感染保护宿主作用,在病理情况下,

Th17 参与多种自身免疫性疾病的病理组织损伤。

4. Tfh（follicular Th） 全称为滤泡辅助 T 细胞。与上述 3 种 Th 细胞不同，Tfh 细胞存在于外周免疫器官淋巴滤泡，是辅助 B 细胞活化的关键细胞，主要通过分泌细胞因子和细胞接触作用，促进 B 细胞增殖、分化，产生高亲和力抗体并在 Ig 类型转化中发挥重要作用。

（二）细胞毒性 T 细胞（cytotoxic T lymphocyte，CTL）

特指活化的 CD8$^+$ 效应 T 细胞，而同样具有细胞毒作用的 γδT 细胞和 NKT 细胞则不属于 CTL。CTL 主要通过特异性识别表达抗原肽- MHC Ⅰ类分子复合物的靶细胞（主要为病毒感染的细胞或肿瘤细胞），分泌和上调表达多种细胞杀伤分子，导致靶细胞的凋亡，但在杀伤过程中对 CTL 自身不产生伤害，可连续对多个靶细胞进行杀伤。

（三）调节性 T 细胞（regulatory T cell，Treg）

绝大多数 Treg 为 CD4$^+$ T 细胞。此类 T 细胞不发挥效应功能，而是以效应细胞为作用对象，负调控后者介导的免疫应答的强度和持续时间。研究最广泛的 Treg 是 CD4$^+$ CD25$^+$ Foxp3$^+$ T 细胞，其表型特点为组成性高表达 IL - 2 高亲和力受体 CD25，以及表达转录因子 Foxp3。Foxp3 不仅是 Treg 的重要标记，也影响 Treg 的分化和抑制功能。Treg 发挥免疫负调控主要通过两种方式：①直接接触抑制靶细胞的活化；②分泌免疫抑制因子，如 TGF - β 和 IL - 10，抑制免疫应答。Treg 在免疫应答的负调节及自身免疫耐受中发挥重要的作用，参与自身免疫性疾病、过敏性疾病、感染性疾病、器官移植及肿瘤等多种疾病的发生和发展。CD4$^+$ Treg 可根据来源分为两类：

1. 自然调节性 T 细胞（natural regulatory Treg，nTreg） 天然存在于免疫系统，直接从胸腺中分化而来。占外周血 CD4$^+$ T 细胞的 5%～10%。对维持自身耐受和免疫稳态不可或缺。Foxp3 缺陷使人或小鼠的 Treg 减少或缺失，从而导致严重自身免疫性疾病的发生。

2. 适应性调节性 T 细胞（inducible Treg，iTreg） 主要指由初始 CD4$^+$ T 细胞在外周接受抗原刺激以及存在其他因素（TGF - β、IL - 2、维甲酸）时诱导上调 Foxp3 而产生，肠道是人体内 iTreg 的主要生成场所。iTreg 与 nTreg 的表型相同，在体内不易区分。

除了 Foxp3$^+$ iTreg，还有 Tr1 和 Th3 两种亚群，后两者不表达 Foxp3，主要通过分泌免疫抑制因子发挥免疫调节作用。Tr1 细胞主要分泌 IL - 10 及 TGF - β，抑制自身免疫炎症和由 Th1 介导的淋巴细胞增殖及移植排斥反应。此外，还可通过分泌 IL - 10 可能在过敏性哮喘的防治中起作用。Th3 细胞主要产生 TGF - β，在口服耐受和黏膜免疫中发挥作用（表 7 - 4）。

表 7 - 4 CD4$^+$辅助性 T 细胞、CD8$^+$细胞毒性 T 细胞与调节性 T 细胞的比较

分类	功能	抗原受体和特异性	表面标记	占淋巴细胞百分比（人）（外周血、淋巴结、脾）（%）		
CD4$^+$ 辅助性 T 细胞	促进 B 细胞分化（体液免疫），活化巨噬细胞（细胞免疫）	αβ 异源二聚体；对 MHC Ⅱ 类复合肽具有不同的特异性	CD3$^+$，CD4$^+$，CD8$^-$	50～60	50～60	50～60

分类	功能	抗原受体和特异性	表面标记	占淋巴细胞百分比(人)(外周血、淋巴结、脾)(%)		
CD8$^+$细胞毒性T细胞	杀灭微生物感染的细胞,杀伤肿瘤细胞	αβ异源二聚体;对MHC Ⅰ类复合肽具有不同的特异性	CD3$^+$,CD4$^-$,CD8$^+$	20～25	15～20	10～15
调节性T细胞	抑制其他T细胞的功能(调节免疫反应,维持自身耐受)	αβ异源二聚体	CD3$^+$,CD4$^+$,CD25$^+$(最常见)	少	10	10

第三节　T细胞应答

一、T细胞活化

在外周淋巴器官,初始T细胞特异性识别活化的树突细胞呈递的抗原肽-MHC分子复合物,并且同时接受来自树突细胞的共刺激信号,获得活化,表现为抗原特异性T细胞克隆增殖并进一步分化为不同类型的效应T细胞,最终完成对抗原的清除。初始T细胞的完全活化需要两种活化信号的协同作用。第一信号来自TCR与抗原肽-MHC分子复合物的特异性结合,即T细胞对抗原识别。第一信号对保证活化的T细胞克隆具有严格的抗原特异性是必需的,但不足以充分活化T细胞增殖并分化为效应T细胞。T细胞的克隆增殖需要APC与T细胞表面的多对共刺激分子相互作用提供的第二信号。T细胞活化第二信号的意义在于保证识别自身抗原或者无害的外来抗原的T细胞不能被活化,这是因为这些抗原不能活化APC,而不能上调表达共刺激分子以提供T细胞充分活化的第二信号。除上述双信号外,T细胞增殖和分化成不同的亚群还有赖于多种细胞因子的参与。

(一)T细胞特异性识别抗原,启动活化

初始T细胞活化的第一步是T细胞通过TCR特异性识别树状细胞表面的抗原肽-MHC分子复合物。树突细胞是最强的APC,它可以启动T细胞应答。在第四章和第五章中已经讲述APC对外源性和内源性抗原的处理和呈递。外周组织或组织引流淋巴组织的APC摄取、加工和处理外源性抗原,以抗原肽-MHC Ⅱ类分子复合物的形式表达于APC表面,再将抗原有效地呈递给CD4$^+$T细胞。内源性抗原如病毒感染细胞所合成的病毒蛋白和肿瘤细胞所合成的肿瘤抗原,主要被宿主的APC加工、处理及呈递,以抗原肽-MHC Ⅰ类分子复合物的形式表达于细胞表面,再将抗原有效地呈递给CD8$^+$T细胞。

1. T细胞与APC的非特异性结合　定居在淋巴结副皮质区的初始T细胞可通过表面的黏附分子(LFA-1、CD2)与APC表面相应配体(ICAM-1、LFA-3)结合,形成T细胞与APC的非特异结合。这种结合是可逆而短暂的,若未能识别相应的特异性抗原肽,T细胞随即与APC分离。

2. T细胞与APC的特异性结合　在T细胞与APC的短暂非特异性结合过程中,若TCR识别相应的特异性抗原肽,则T细胞可与APC发生特异性结合,CD4和CD8可分别识

别和结合 APC 或靶细胞表面的 MHC Ⅱ类分子和 MHC Ⅰ类分子,增强 TCR 与抗原肽结合的亲和力。TCR 识别抗原肽后,CD3 分子向胞内传递的活化信号,导致 LFA-1 分子构象改变,并增强其与 ICAM-1 结合的亲和力,从而稳定 T 细胞与 APC 间的结合并延长结合时间。T 细胞与 APC 之间的作用并不是细胞表面分子间随机分散的相互作用,而是在细胞表面独特的区域上形成一种称为免疫突触(immunological synapse)的特殊结构。免疫突触的形成是一种主动的动力学过程,在免疫突触形成的初期,TCR -抗原肽- MHC 分子复合物分散在新形成的突触周围,然后向中央移动,最终形成的 TCR -抗原肽- MHC 分子复合物位于中央,周围是一圈黏附分子以及共刺激分子等相互作用的较为密闭的结构。此结构不仅可增强 TCR 与抗原肽- MHC 分子复合物相互作用的亲和力,还引发胞膜相关分子的一系列重要的变化,促进 T 细胞信号转导分子的相互作用、信号通路的激活及细胞骨架系统和细胞器的结构及功能变化,从而有效地诱导抗原特异性 T 细胞激活和增殖,以及发挥细胞效应(表 7-5)。

表 7-5　T 细胞与 APC 的非特异与特异性结合

	时间	性质	结合分子	免疫突触形成
非特异结合	短暂	可逆	T 细胞表面黏附分子(LFA-1、CD2)与 APC 表面相应配体(ICAM-1、LFA-3)结合	无
特异性结合	较长时间	非可逆	T 细胞表面 CD4 和 CD8 可分别结合 APC 或靶细胞表面的 MHC Ⅱ类分子和 Ⅰ类分子	有

(二) 共刺激分子在 T 细胞活化中的作用

除了抗原识别提供的第一信号外,初始 T 细胞的充分活化需要 APC 活化后上调表达的共刺激分子提供的第二信号。在缺少共刺激信号的情况下,T 细胞识别特异性抗原后会出现以下两种情况:①不能充分活化,T 细胞凋亡;②T 细胞进入无应答的失能状态。共刺激信号的首次提出是源于研究中发现仅由 TCR 参与,例如用抗 CD3 抗体刺激 T 细胞所诱导的 T 细胞应答强度远远低于活化 APC 呈递抗原所诱导的 T 细胞应答,提示活化 APC 可提供除抗原以外的 T 细胞活化信号。现在知道这是因为活化的 APC 上调表达共刺激分子,与 T 细胞表面的共刺激分子相互作用,提供促进特异性 T 细胞克隆增殖所需的活化信号。

1. CD28-B7 共刺激信号为 T 细胞活化提供第二信号　T 细胞表面共刺激分子 CD28 与活化 APC 上的共刺激分子 B7 分子的结合是目前研究最清楚的 T 细胞活化共刺激信号通路。B7 分子包括 B7-1(CD80)和 B7-2(CD86),两者结构相似,均为膜表面的单链糖蛋白,胞外区含有两个 Ig 样结构域;在细胞表面,B7-1 以二聚体的形式存在,B7-2 为单体。B7-1 与 B7-2 的功能差别还不清楚,因此统称为 B7 分子。

B7 分子主要表达在 APC 上,包括树突细胞、巨噬细胞和 B 细胞。在静息状态时,APC 不表达或者低表达 B7 分子;多种刺激物可诱导上调 B7 分子的表达,包括与 TLR 相互作用的微生物产物和细胞因子(如 IFN-γ)。许多疫苗的佐剂是微生物产物或者模拟微生物,主要通过活化 APC 上调 B7 分子促进特异性 T 细胞的活化。另外,活化 T 细胞表达的 CD40L 与 APC 表达的 CD40 结合可增强 APC 的 B7 分子表达水平,进一步放大 T 细胞应答的效应。

在所有的 APC 中,成熟树突细胞表达的共刺激分子水平最高,所以树突细胞是最强大的活化初始 T 细胞的 APC。正常组织中未激活的或者静息的 APC,能够呈递自身抗原给 T 细胞,但低表达 B7 分子,因此不会造成自身反应性 T 细胞的活化,从而有利于维持自身免疫耐受。由此可见,如果缺乏共刺激信号,抗原识别介导的第一信号不能有效活化特异性 T 细胞,甚至可导致 T 细胞无能,从而不能进行克隆扩增以及获得相应的效应功能。这样,通过调控 B7 分子的表达,可保证在正确的时间和地点启动 T 细胞应答。

CD28 - B7 共刺激信号诱导初始 T 细胞活化的主要机制是促进 IL - 2 合成,诱导 T 细胞克隆增殖。一方面,CD28 - B7 共刺激信号活化 PI3K,上调转录因子 AP - 1、NF - κB 表达,从而提高 IL - 2 的基因转录水平。另一方面,CD28 - B7 共刺激信号能增强合成的 IL - 2 mRNA 的稳定性,促使合成更多 IL - 2 蛋白。此外,CD28 - B7 共刺激信号增强了抗凋亡蛋白的表达,如 Bcl - 2 和 Bcl - XL,从而促进 T 细胞的存活。

2. CTLA4 - B7 相互作用负向调节 T 细胞活化　CTLA - 4 与 CD28 高度同源,且识别相同的配体(B7 分子),但是在 T 细胞活化过程产生截然不同的功能。CTLA - 4 是在 T 细胞激活后呈诱导性表达,与 B7 结合的亲和力是 CD28 的 20 倍,可竞争性抑制 CD28 的作用。而且,CTLA - 4 与 B7 结合后可以直接转导抑制性信号,这是因为 CTLA - 4 胞质区有免疫受体酪氨酸抑制基序(immunoreceptor tyrosine-based inhibition motif, ITIM),可募集蛋白质酪氨酸磷酸酶 SHP - 1 和 SHIP 并与之结合,这些磷酸酶通过对 T 细胞活化途径中重要信号分子的去磷酸化,从而抑制 T 细胞活化信号的转导。这样,以 CTLA - 4 - B7 为代表的负性共刺激调控有效地适度调节了免疫应答,避免过强或过久的免疫应答造成的宿主组织病理损伤。

共刺激通路的机制阐明也导致新的治疗药剂的发展。例如:一方面,利用 CTLA - 4 - Ig 融合蛋白与 CD28 竞争结合 B7 分子,从而阻断 B7 - CD28 的相互作用,抑制过度的免疫应答。CTLA - 4 - Ig 已用于风湿性关节炎的治疗,其对移植排斥、银屑病、克罗恩病的治疗效果正处于临床评估阶段。另一方面,利用针对 CTLA - 4 和 PD - 1 的阻断性抗体,恢复抗肿瘤 T 细胞应答,在临床试验中用于肿瘤的免疫治疗。然而,CTLA - 4 对于维持免疫耐受有重要作用,CTLA - 4 阻断性抗体可能会诱导某些患者的自身免疫反应。

3. 细胞因子促进 T 细胞增殖和分化　除上述双信号外,T 细胞的增殖和分化还有赖于多种细胞因子的参与。活化的 APC 和 T 细胞可分泌多种细胞因子,在 T 细胞应答的形成过程中发挥重要作用(详见本章第四节)。

4. T 细胞活化的信号转导途径和靶基因　T 细胞通过 TCR 特异性识别 APC 呈递的结合在 MHC 分子槽中的抗原肽,启动抗原识别信号,导致 CD3 分子胞质区 ITAM 中的酪氨酸发生磷酸化,招募蛋白激酶,启动 T 细胞的活化。TCR 活化信号胞内转导的主要途径有两条:PLC - γ 活化途径和 Ras - MAPK 活化途径。经过一系列信号转导分子的级联反应,最终活化转录因子 NFAT、AP - 1 和 NF - κB,并进入核内与 T 细胞效应分子编码基因调控区部位结合,增强启动子的活性,促使基因转录。其中,IL - 2 作为 T 细胞的自分泌生长因子,其基因的转录对于 T 细胞的活化是必需的,因而 IL - 2 基因的转录调节可作为 T 细胞活化期间细胞因子转录调节的重要代表。目前临床使用的免疫抑制剂,如环孢素 A 和 FK506,都是阻断 PLC‐γ 活化途径中的钙调磷酸酶(calcineurin)的作用,使转录因子 NFAT 不能发生核转位,从而阻止 IL‐2 等基因转录而发挥免疫抑制作用。

T 细胞活化信号调节的靶基因包括与细胞活化、增殖、分化和迁移相关的共刺激分子、黏附分子、细胞因子受体和细胞因子基因。活化 T 细胞上多种表面分子的表达发生改变(图 7‐2)。在研究中,常用来鉴别活化 T 细胞的表面分子包括 CD69、CD25 和 CD44。CD69 可作为 T 细胞早期活化的标记。T 细胞活化数小时,CD69 的表达即上调,与鞘氨醇 1‐磷酸盐受体(S1PR1)结合,降低其表达,从而阻止 S1PR1 介导 T 细胞从淋巴器官向外周组织迁移,这样有助于 T 细胞留在淋巴器官,继续接受活化信号,增殖和分化为效应细胞和记忆细胞。活化的 T 细胞分裂为子代 T 细胞后,CD69 的表达下降,T 细胞重新表达高水平的 S1PR1,这样效应和记忆细胞可以从淋巴器官迁移到外周。CD25 是 IL‐2 的高亲和力受体,活化 T 细胞上调其表达,可以更好地应答 IL‐2 的促增殖效应。CD44 是胞外基质分子透明质酸的受体,与配体结合后可帮助迁移出淋巴器官的活化 T 细胞留在外周炎症组织,发挥效应功能。

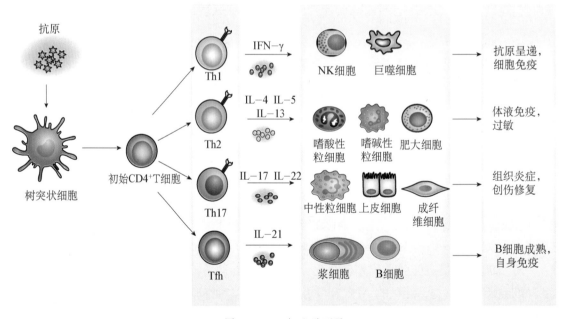

图 7‐3 CD4+T 细胞亚群

初始 T 细胞活化的早期决定性因素——局部微环境中来自固有免疫细胞以及早期活化 T 细胞的细胞因子,是调控 CD4+T 细胞亚群分化的关键因子。分化成熟的 T 细胞亚群可产生不同的细胞因子,一方面促进自我增殖,另一方面作用于其他免疫细胞,发挥不同的效应功能。

二、 抗原特异性 T 细胞克隆性增殖和分化

在双信号和细胞因子的作用下,活化的 T 细胞发生克隆扩增,并进一步分化成为效应细胞。在接触抗原前,体内针对某一特定抗原的初始 T 细胞仅占总淋巴细胞的 $1/10^6 \sim 1/10^5$,

T细胞识别抗原活化后进行克隆增殖的目的在于增大该抗原特异性T细胞的数量,达到清除该抗原的目的。经过T细胞克隆增殖,针对某一特定抗原的CD4$^+$T细胞占总淋巴细胞的比例可能会提高到1/1 000~1/100,CD8$^+$T细胞提高到1/10~1/3,而其他非特异性的T细胞则不会增殖,保证了T细胞应答的抗原特异性。

抗原特异性T细胞克隆增殖由多个信号共同介导,这些信号来源于抗原受体、共刺激分子和自分泌的生长因子,其中IL-2是最重要的促增殖因子。IL-2主要来源于CD4$^+$T细胞,TCR活化信号和CD28-B7介导的共刺激信号可诱导IL-2基因的转录及维持其稳定,促进IL-2蛋白的合成和分泌。IL-2的产生迅速而短暂,是T细胞活化后2~4小时内表达的最重要的细胞因子。IL-2以自分泌方式促进T细胞克隆增殖。IL-2受体由3个亚单位蛋白链组成,分别是IL-2Rα(CD25)、IL-2/15Rβ(CD122)、γc(CD132)。其中,只有IL-2Rα是IL-2所特有的,其表达增强IL-2结合受体的亲和力。静止T细胞仅表达低水平的中亲和力IL-2R(由βγ两条链组成),活化的T细胞上调表达CD25,形成高亲和力IL-2R(由αβγ3条链组成)。这样,T细胞活化后分泌IL-2,并上调表达其高亲和力受体,通过IL-2及其受体作用,选择性促进抗原特异性T细胞克隆增殖。有意思的是,Treg分泌IL-2的能力有限,但高表达高亲和力IL-2R,意味着Treg依赖其他抗原活化的T细胞分泌的IL-2,IL-2对维持功能性Treg存活非常重要,从而对T细胞应答的调控发挥重要作用。过度T细胞刺激导致IL-2Rα的脱落,使血清游离IL-2Rα水平升高。在临床上,经常被用来作为强抗原性刺激的标记,如急性移植器官排异反应。

T细胞克隆扩增后进一步分化为效应T细胞,CD8$^+$T细胞全部分化为可杀伤靶细胞的细胞毒性T细胞(CTL),对抗胞内病原体感染,尤其是病毒感染,以及杀伤肿瘤细胞。在多种细胞因子的作用下,CD4$^+$T细胞分化为具有不同效应功能的Th细胞,主要为Th1、Th2、Th17和Tfh。

(一) CD8$^+$T细胞分化为细胞毒性T细胞

根据是否需要Th细胞的参与,初始CD8$^+$T细胞完全活化和分化成CTL有两种方式:如果病原体直接感染专职APC,或者进行有效的交叉呈递,提供较强的共刺激信号,直接刺激CD8$^+$T细胞产生IL-2,诱导CD8$^+$T细胞自身增殖并分化为CTL,可以不需要Th细胞。但对于潜伏病毒感染、器官移植和肿瘤等情况,CD8$^+$T细胞的活化则需要Th细胞提供的第二信号。Th细胞通过多种机制促进CD8$^+$T细胞的活化,如通过分泌IL-2等细胞因子;同时,抗原刺激的Th细胞可上调表达CD40L,与APC上的CD40结合,上调APC的B7分子,增强共刺激信号,使其更有效地诱导CD8$^+$T分化为CTL。HIV感染很好地体现了CD4$^+$T细胞对CD8$^+$T细胞的辅助作用,HIV感染直接造成CD4$^+$T细胞的减少,可能导致了HIV感染个体的CTL生成缺陷。

(二) CD4$^+$T细胞分化为多种Th细胞亚群

尽管初始CD4$^+$T细胞在活化早期主要分泌IL-2,但是克隆增殖的CD4$^+$T细胞进一步分化为效应细胞能表达多种细胞因子,具有不同生物学功能(图7-3)。根据分泌细胞因子的不同,CD4$^+$T细胞可分为Th1、Th2和Th17,在宿主抵御不同类型的病原微生物和病理组织损伤中发挥相应的作用。此外,Tfh 细胞位于 B 细胞滤泡,在体液免疫中起重要作用。

影响 Th 细胞亚群分化最关键的因素是细胞因子。T 细胞活化早期来自固有免疫细胞以及活化 T 细胞的细胞因子,是决定 Th 细胞分化类型的首要因素,而分化成熟的细胞亚群产生细胞因子,可进一步促进自身的发展,形成一个自我放大的机制,同时也可抑制其他亚群的发展。此外,其他因素,如抗原类型、剂量、暴露途径以及宿主的基因组成等也可以影响 Th 细胞亚群的分化。有意思的是,目前发现当活化条件改变,已经分化成熟的 Th 细胞可以发生亚群转化。Th 的可塑性是当今 T 细胞研究的热点之一。

Th 亚群的发现是 T 细胞免疫学研究中最有意义的成就之一。定义独特的 Th 亚群需要明确诱导 Th 亚群分化的关键细胞因子和关键转录因子,以及分泌的主要细胞因子及其介导的效应功能(表 7 - 6)。

表 7 - 6　CD4$^+$ T 细胞亚群的分化

	诱导微生物	诱导细胞因子	转录因子	效应细胞因子	应答类型
Th1	胞内菌(李斯特菌、结核分枝杆菌等),寄生虫(利士曼原虫等)	IL - 12, IFN - γ	STAT4, STAT1, T - bet	IFN - γ, TNF - α	细胞免疫
Th2	寄生虫(蠕虫等),过敏原	IL - 4	STAT6, GATA - 3	IL - 4, IL - 5, IL - 13	体液免疫
Th17	多种细菌和真菌感染	IL - 6, TGF - β, IL - 23	STAT3, RORγt	IL - 17A, IL - 17F, IL - 22, IL - 6, TNF - α	炎症反应

1. Th1 分化　主要诱导 Th1 分化的细胞因子是 IL - 12 和 IFN - γ。许多胞内菌可诱导 Th1 分化,如李斯特菌和结核分枝杆菌;此外,寄生虫如利士曼原虫也可诱导 Th1 分化。这是因为这些病原微生物能感染并活化巨噬细胞和树突细胞,诱导 IL - 12 的产生。一旦活化 T 细胞向 Th1 细胞分化,它们会分泌 IFN - γ,IFN - γ 一方面可直接诱导 Th1 分化;另一方面可作用于树突细胞和巨噬细胞,促进产生更多的 IL - 12,进一步促进 Th1 分化。病毒和与佐剂共同作用的蛋白抗原也可诱导 Th1 分化。病毒感染诱导的 I 型干扰素(尤其在人)对 Th1 分化很重要。病毒感染可活化 NK 细胞产生 IFN - γ,促进 Th1 分化。因此,诱导 Th1 分化的抗原共同特征是活化固有免疫反应,产生促 Th1 分化的细胞因子。此外,诱导 Th1 分化的细胞因子可抑制 Th2 和 Th17 的分化,这样保证 CD4$^+$ T 细胞分化朝一个方向进行。

IFN - γ 和 IL - 12 通过活化转录因子 T - bet、STAT1 和 STAT4 诱导 Th1 的分化。T - bet 是诱导 Th1 分化的主要转录因子。TCR 信号和 IFN - γ 共同诱导初始 CD4$^+$ T 细胞表达 T - bet。此外,IFN - γ 可通过活化转录因子 STAT1,间接诱导 T - bet 的表达。IL - 12 则激活转录因子 STAT4,促进 IFN - γ 的产生。T - bet 通过直接激活 IFN - γ 基因转录和诱导 IFN - γ 基因位点的染色质重塑这两种机制,促进 IFN - γ 的产生。这样,IFN - γ 刺激 T - bet 表达的同时,T - bet 增强 IFN - γ 转录,形成了一个正向放大机制,促进 CD4$^+$ T 细胞向 Th1 分化。

2. Th2 分化　主要诱导 Th2 分化的细胞因子是 IL - 4。Th2 的发生常见于对蠕虫和过敏原的应答中。这是因为蠕虫和过敏原通常导致慢性 T 细胞刺激,不引起 Th1 分化所需的固有免疫应答,主要是不引起巨噬细胞的活化和 IL-12 的分泌。因此,诱导 Th2 分化的抗原共同特征是诱导 IL-4 的产生,但不诱导 IL-12 和 IFN-γ 的产生。Th2 分化依赖 IL-4,但目前并不清楚体内启动 Th2 分化的 IL-4 的主要细胞来源,可能在某些条件下,如蠕虫感染,肥大细胞、嗜碱性粒细胞和嗜酸性粒细胞能分泌少量 IL-4;另一种可能是抗原刺激下早期活化的 $CD4^+$ T 细胞分泌少量 IL-4,如果抗原持续存在,IL-4 水平可逐渐增高。当抗原不诱导产生 IL-12 的固有免疫炎症,活化 $CD4^+$ T 细胞会朝 Th2 方向分化,分化的 Th2 细胞分泌 IL-4,进一步强化 Th2 的分化。此外,IL-4 可抑制 Th1 和 Th17 的分化。

IL-4 通过活化转录因子 STAT6 刺激 Th2 分化,STAT6 和 TCR 信号共同诱导初始 $CD4^+$ T 细胞表达 GATA-3。GATA-3 是诱导 Th2 分化的主要转录因子,可增强 Th2 细胞因子 IL-4、IL-5、IL-13 的表达,其作用机制与 T-bet 诱导 IFN-γ 表达相似。但目前对直接活化 GATA3 的信号机制还不清楚。此外,其他细胞因子可通过活化 STAT5、STAT6,促进 Th2 细胞因子 IL-4、IL-5、IL-13 的表达。

3. Th17 分化　主要诱导 Th17 分化的细胞因子是 TGF-β、IL-6 和 IL-23。多种细菌和真菌感染可诱导 Th17 的分化。这些病原微生物作用于树突细胞,刺激诱导 Th17 分化的细胞因子产生。TGF-β 和 IL-6 对启动活化 $CD4^+$ T 细胞向 Th17 分化起关键作用,而 IL-23 对 Th17 的增殖和维持更重要。作为一个抗炎细胞因子,TGF-β 可能并不直接诱导 Th17 分化,而是通过抑制 Th1 和 Th2 分化发挥间接作用。黏膜组织,尤其是胃肠道存在大量的 Th17,可能是因为肠道环境提供高浓度的 TGF-β 和其他诱导 Th17 分化的细胞因子,此外,肠道共生菌也影响 Th17 分化。由此可见,一方面肠道组织环境影响 Th17 的产生,另一方面 Th17 细胞可能在肠道感染以及病理性肠道炎症的发展中起重要作用。

TGF-β 和 IL-6 通过活化转录因子 RORγt 和 STAT3 诱导 Th17 分化。TGF-β 活化的 RORγt 是诱导 Th17 分化的主要转录因子。IL-6 通过活化转录因子 STAT3,与 RORγt 一起诱导 Th17 细胞因子 IL-17 和 IL-22 的产生。编码 STAT3 基因突变可导致一种罕见的名为 Job's 综合征的免疫缺陷病。这些患者的 Th17 应答缺陷,出现多种细菌和真菌感染引起的皮肤脓肿。

4. 效应 T 细胞的再活化　在外周淋巴器官,初始 T 细胞识别抗原活化后,增殖分化为效应细胞。效应细胞发挥功能,需要再次接触相同抗原,再次获得活化,以确保 T 细胞免疫应答的特异性。与初始 T 细胞活化需要双信号刺激不同,效应 T 细胞再活化只需要 TCR 识别抗原提供的第一信号。巨噬细胞和 B 细胞对效应细胞再活化起重要作用。

5. T 细胞应答的衰减　效应 T 细胞清除抗原后,T 细胞应答衰减,免疫系统重新回到稳态。T 细胞应答减弱主要是由于抗原被清除,维持 T 细胞存活和增殖的信号不复存在,大部分效应 T 细胞死亡。不同的调节机制可能参与正常的免疫应答衰减,包括负性共刺激分子 CTLA-4、PD-1 和 TNF 受体家族诱导的凋亡,以及调节性 T 细胞的负调控,但现在对介导正常免疫应答衰减的必要机制仍不清楚。如果介导 T 细胞应答衰减的调节机制出现问题,持续存在的 T 细胞应答会造成机体组织的病理损伤,导致相应疾病的发生。

6. 记忆 T 细胞的形成 T 细胞介导的免疫应答通常会有抗原特异性记忆 T 细胞的形成。抗原清除,T 细胞应答结束后,抗原特异性记忆 T 细胞仍可在体内持续存在数年,甚至终身。记忆 T 细胞参与淋巴再循环,大量存在于黏膜组织、皮肤和淋巴器官中。机体再次接触相同抗原可迅速活化记忆 T 细胞,产生特异性效应 T 细胞,分泌效应分子,清除抗原。与初始 T 细胞活化不同,再次抗原接触活化记忆 T 细胞不依赖于 APC 提供的共刺激信号,保证记忆 T 细胞对再次感染可作出迅速应答。针对某一特定抗原的记忆 T 细胞数量远多于初始 T 细胞,为 10～100 倍。正是因为克隆数量的增加,所以再次免疫比初次免疫能产生更强的免疫应答。因此,记忆细胞提供了一个抵御广泛存在的可能重复感染性病原体的最佳方式。在很大程度上,疫苗的成功归功于有效地诱导了抗原特异性记忆 T 细胞。

记忆 T 细胞的数量与初始 T 细胞接受抗原刺激的数量相关。因此,相对初始 T 细胞而言,持续暴露和对感染源应答,可诱导记忆 T 细胞的比例进行性升高。个体超过 50 岁,一半或者更多的循环 T 细胞是记忆细胞。但目前不清楚记忆 T 细胞是直接从活化的初始 T 细胞分化而来,还是从已分化的效应细胞发展而来。决定单个 T 细胞是变成短寿命的效应细胞还是长久存在的记忆 T 细胞的分子机制也不清楚。记忆 T 细胞可缓慢增殖,这种自我更新的能力可能有助于它们长时间存活。维持记忆 T 细胞不需要抗原识别,但依赖细胞因子。记忆 T 细胞高表达 IL-7 受体(CD127),IL-7 是维持记忆 $CD4^+$ 和 $CD8^+$ T 细胞最重要的细胞因子。IL-15 对维持记忆 $CD8^+$ T 细胞的存活也发挥重要作用。IL-7 和 IL-15 主要通过诱导抗凋亡蛋白的表达,并且刺激低水平的增殖,来长时间维持记忆 T 细胞的存在。

根据迁移特性和效应功能,记忆 T 细胞可进一步分为中枢性记忆 T 细胞(central memory T cell)和效应记忆 T 细胞(effector memory T cell)。①中枢记忆 T 细胞表达 CCR7 和高水平的 CD62L,主要存在于淋巴结、脾脏和血液中,再次接触抗原后,主要应答为增殖活跃,产生大量的效应 T 细胞,但效应功能有限。②效应记忆 T 细胞不表达 CCR7 和表达低水平的 CD62L,再次接触抗原后,主要应答为迁移到外周组织,快速产生效应因子,或者迅速变成细胞毒性 T 细胞,但其增殖能力有限。与效应 T 细胞相似,记忆 T 细胞也能分泌不同类型的细胞因子。这样,两种类型的记忆 T 细胞在功能上互为补充,保证快速有效地启动再次免疫应答,但是完全清除感染可能依靠来自于中枢记忆 T 细胞增殖产生的效应细胞(表 7-7)。目前尚不清楚记忆 T 细胞是否都可以被分为中枢性记忆 T 细胞和效应性记忆 T 细胞。

表 7-7 中枢性记忆 T 细胞与效应记忆 T 细胞

	细胞表面受体	存在组织	再次活化后的应答	应答缺陷
中枢性记忆 T 细胞	表达 CCR7,高水平的 CD62L	淋巴结、脾脏和血液	增殖活跃,产生大量的效应 T 细胞	效应功能有限
效应记忆 T 细胞	不表达 CCR7,表达低水平 CD62L	—	迁移到外周组织,快速产生效应因子,或者迅速变成细胞毒性 T 细胞	增殖能力有限

第四节　T细胞介导的细胞免疫应答

适应性免疫分为抗体介导的体液免疫和T细胞介导的细胞免疫。体液免疫是B细胞识别抗原分泌抗体介导的，因此体液免疫可以清除胞外病原体和毒素，但不能清除胞内病原体。T细胞介导的细胞免疫则负责清除吞噬细胞或者非吞噬细胞中存活和复制的病原体。细胞免疫缺陷可导致机体对于病毒和胞内菌的易感性增加，同时也容易感染吞噬细胞可摄取的胞外细菌和真菌。T细胞介导的细胞免疫应答在同种异体移植物排斥、抗肿瘤免疫、免疫相关炎症疾病中也发挥重要作用。

一、效应T细胞迁移至感染部位

效应T细胞是在外周淋巴器官由初始T细胞活化、增殖、分化而成。效应T细胞介导细胞免疫应答，发挥效应功能。Th1、Th2、Th17需要从外周淋巴器官迁移至外周组织感染部位，发挥效应功能，清除病原微生物。Tfh则是从淋巴器官的T细胞区迁移到B细胞滤泡，这是因为Tfh的主要效应功能是辅助B细胞的活化和抗体分泌。

初始T细胞活化、增殖、分化为效应细胞的同时，决定这些细胞迁移特性的趋化因子受体和黏附分子的表达也发生了改变。抗原刺激迅速下调活化的初始T细胞的淋巴结归巢相关分子（L-选择素和CCR7），同时上调S1PR1。与初始T细胞不同的是，效应T细胞诱导上调表达黏附分子和多种趋化因子受体，分别与小静脉内皮细胞黏附分子和感染部位的趋化因子结合，最终通过循环血液，迁移到外周组织。效应T细胞从淋巴组织迁移至外周感染部位，很大程度上是抗原非依赖性，而主要依赖其表达受体和血管黏附分子与感染组织产生的趋化因子的相互作用，这样有助于活化的细胞能及时迁移至感染部位。进入感染部位的效应T细胞识别APC呈递的特异性抗原后被再次激活，产生更多的细胞因子和趋化因子，增强髓样细胞的组织迁移。这种增强的组织炎症被称为免疫炎症。

Th1、Th2、Th17具有不同的归巢表型，指导它们迁移到不同的感染部位，主要表现为表达不同的选择素配体和趋化因子受体。例如，Th1细胞表达高水平的选择素配体，与E-选择素、P-选择素结合，而Th2细胞表达低水平的选择素配体。此外，Th1细胞高表达趋化因子受体CXCR3和CCR5，这样有利于Th1细胞迁移到某些高表达相应趋化因子的感染组织。CTL迁移特性与Th1类似。相反，Th2细胞表达趋化因子受体CCR3、CCR4、CCR8，它们识别的趋化因子高表达在蠕虫感染或者过敏炎症组织，尤其是黏膜组织，这样有利于Th2细胞迁移到这些组织。Th17细胞表达CCR6，许多细菌和真菌感染诱导其配体CCL20上调表达，这样有利于Th17细胞迁移到相应的感染部位。

二、T细胞介导的细胞免疫类型

细胞免疫类型可按效应T细胞亚群分类，分别有效抵御不同类型的病原体感染，体现适应性免疫的特异性。CD4$^+$ Th 细胞主要通过分泌细胞因子,招募和活化其他白细胞,清除病原体。CD4$^+$ Th 亚群决定了所招募和活化的白细胞的类型。一般情况下,Th1 活化巨噬细胞,Th2 招募和活化嗜酸性粒细胞,Th17 主要招募和活化中性粒细胞。每种类型的白细胞适合清除特定类型的微生物。T 细胞和其他白细胞在细胞免疫中的密切合作体现了适应性免疫和固有免疫的重要联系:T 细胞识别特异性抗原获得活化,通过分泌细胞因子,活化非特异性固有免疫细胞(吞噬细胞和嗜酸性粒细胞),增强这些细胞的效应功能,最终清除病原体。CD8$^+$ CTL 主要通过直接的细胞毒杀伤效应,直接杀伤被病原体感染的细胞,清除感染源(详见第十章)。

除了在抗感染中发挥重要作用,T 细胞介导的细胞免疫诱导的组织炎症可能是有害的,造成组织的免疫病理损伤。这种 T 细胞应答介导的组织损伤被称为迟发型超敏反应(DTH),参与某些慢性感染性疾病(详见第十章)和自身免疫性疾病(详见第十二章)的病理损伤。

(一) Th 细胞的效应功能

Th 细胞本身并不直接杀伤和清除病原体,而是通过分泌细胞因子和表达细胞表面分子,活化其他免疫细胞,增强其效应功能,从而清除病原体。例如,Th 细胞通过辅助 B 细胞产生高亲和力抗体,对抗胞外微生物;通过增强巨噬细胞的吞噬杀伤功能,清除胞内菌;促进 CTL 的分化,清除病毒感染的细胞。总的来说,Th 细胞在细胞免疫中的功能可分为以下几个步骤:①招募其他白细胞到达感染部位,Th 细胞通过分泌细胞因子,介导中性粒细胞、单核细胞和嗜酸性粒细胞到达感染部位。根据分泌细胞因子的类型不同,不同的 Th 细胞亚群招募不同类型的白细胞;②活化招募到感染组织的白细胞。Th 细胞主要通过分泌细胞因子和表达 CD40L 两种主要机制活化白细胞。

1. Th1 细胞的生物学活性　Th1 细胞在宿主抗胞内病原体感染中起重要作用,主要通过分泌以 IFN - γ 为主的细胞因子和上调表达 CD40L,活化巨噬细胞、B 细胞和中性粒细胞。

(1) Th1 细胞对巨噬细胞的作用:巨噬细胞是感染早期固有免疫防御的重要吞噬细胞,主要功能是吞噬和杀伤微生物。然而,许多微生物通过多种逃逸机制,可以在吞噬细胞中存活甚至复制,因此,仅有固有免疫无法清除这类微生物。在这些情况下,Th1 细胞可产生多种细胞因子以及上调表达膜分子,通过多途径作用于巨噬细胞,最终促进巨噬细胞的杀菌能力,清除感染。

1) 激活巨噬细胞:Th1 细胞提供巨噬细胞活化的两个主要信号,一个是产生 IFN - γ,另一个是 Th1 细胞表面 CD40L 与巨噬细胞表面 CD40 结合,最终导致转录因子 NF - κB 和 AP - 1 的激活,促进巨噬细胞的吞噬溶酶体表达多种蛋白酶和溶解酶,诱导活性氧自由基(ROS)和诱导型一氧化氮合酶(iNOS)产生,后者可刺激一氧化氮的合成,最终杀伤巨噬细胞吞噬的微生物。IFN - γ 激活的巨噬细胞,具有强大的杀菌能力,这种巨噬细胞被称为经典活化的巨噬细胞(也称为 M1 型巨噬细胞)。一个体现 Th1 细胞激活巨噬细胞,增强其杀菌能力的重要例子是:虽然正常人肺泡巨噬细胞能吞噬并杀伤清除卡氏肺囊虫,但 HIV/AIDS 患者常死于卡氏肺囊虫感染引发的肺炎,这是因为 HIV 感染导致 CD4$^+$ T 细胞缺失,不能有效激活肺泡巨噬细胞。另一方面,活化的巨噬细胞也可通过上调表达一些免疫膜分子和分泌细胞因子增强 Th1 细胞的效应,如激活的巨噬细胞高表达 B7 和 MHC Ⅱ类分子,从而具有更强的呈递抗原和活化 CD4$^+$ T 细胞的能力,激活的巨噬细胞分泌 IL-12、IL-1、TNF 等细胞因子,可促进 Th1 细胞分化,以及招募白细胞到达感染组织,进一步扩大 Th1 细胞应答的效应。

2) 诱生并募集巨噬细胞:Th1 细胞产生 IL-3 和 GM-CSF,促进骨髓造血干细胞分化为单核细胞;Th1 细胞产生 TNF-α、淋巴毒素 α(lymphotoxin α, LTα)和 CCL2 等,可分别诱导炎症部位血管内皮细胞高表达黏附分子,促进单核细胞和淋巴细胞的血管内皮黏附,继而穿越血管壁趋化到局部组织。当病原体能有效抵抗活化巨噬细胞的杀菌作用时会发生慢性感染炎症。例如,慢性结核分枝杆菌感染的特征性标志肉芽肿就是 Th1 细胞活化巨噬细胞引起的组织病理改变。

(2) Th1 细胞对淋巴细胞的作用:Th1 细胞产生 IFN-γ,作用于 B 细胞,促进抗体类型转化为 IgG 亚型,主要是 IgG2a 或者 IgG2b(在小鼠中),且抑制 IL-4 依赖的 IgE 类型转化。IgG 型抗体与吞噬细胞的 Fcγ 受体结合,活化补体,通过调理机制,增强吞噬细胞的吞噬能力。IFN-γ 促进 Th1 细胞的分化,且抑制 Th2 和 Th17 的分化,从而放大 Th1 介导的细胞免疫应答。

(3) Th1 细胞对中性粒细胞的作用:Th1 细胞产生的 LT 和 TNF-α 可活化中性粒细胞,促进其杀伤病原体。值得注意的是,Th1 介导的细胞免疫对微生物的应答可能伴随着某些组织损伤,因为一旦活化的巨噬细胞和中性粒细胞分泌杀菌分子,这些分子不区分微生物和宿主组织,可以造成正常组织的损伤。然而,这种组织损伤程度有限且持续时间短暂,一旦清除感染,可以通过组织修复而恢复。

2. Th2 细胞的生物学活性　Th2 细胞在宿主抗寄生虫感染中起重要作用。因为蠕虫体形太大,不能被巨噬细胞和中性粒细胞吞噬,需要 Th2 细胞分泌以 IL-4、IL-5 和 IL-13 活化嗜酸性粒细胞和促进 IgE 抗体的产生,从而清除感染的寄生虫。Th2 细胞也是介导过敏性炎症的主要效应细胞,当前更多的研究集中于 Th2 细胞介导的病理性免疫应答。

(1) Th2 细胞对淋巴细胞的作用:Th2 细胞产生 IL-4 和 IL-13,作用于 B 细胞,促进抗体类型转化为 IgE。此外,IL-4 促进 IgG4(人类)或 IgG1(鼠)的产生。IgE 抗体活化嗜酸性粒细胞,在清除蠕虫的免疫应答中发挥重要作用。同时,IgE 活化肥大细胞,介导速发型超敏反应(详见十一章)。在小鼠中,IL-4 可抑制 IFN-γ 诱导的 IgG2 和 IgG3 型抗体的产生。此外,Th2 细胞通过产生 IL-5 促进 IgA 抗体的产生。IL-4 促进 Th2 细胞的分化,且抑制 Th1 和 Th17 的分化,从而放大 Th2 介导的细胞免疫应答。

(2) Th2 细胞对嗜酸性粒细胞的作用:Th2 细胞产生 IL-5,直接刺激嗜酸性粒细胞的成熟和活化;产生 IL-4 和 IL-13,诱导内皮细胞黏附分子的表达和趋化因子的分泌,如 CCL11,招募嗜酸性粒细胞。

(3) Th2 细胞对巨噬细胞的作用:Th2 细胞通过产生 IL-4 和 IL-13,促进巨噬细胞的活化,但与 IFN-γ 经典活化的 M1 型巨噬细胞相反,IL-4 和 IL-13 活化的巨噬细胞抑制抗胞内菌的免疫应答,其主要功能是促进组织修复和纤维化,因此成为替代活化的(M2 型)巨噬细胞。

(4) Th2 细胞介导屏障免疫:在与外界直接相通的黏膜屏障表面,Th2 细胞产生的细胞因子可促进微生物的排出,发挥重要的免疫防御作用。例如,IL-13 刺激上皮杯状细胞分泌黏液;IL-4 和 IL-13 可以刺激胃肠道的蠕动,促进寄生虫的排出。

3. Th17 细胞的生物学活性 Th17 细胞在宿主抗胞外细菌和真菌中起重要作用,主要通过分泌 IL-17 等细胞因子,招募中性粒细胞到感染部位,介导以中性粒细胞为主的炎症应答,清除病原体。此外,Th17 细胞也是介导多种自身免疫性疾病慢性炎症组织损伤的主要致病细胞,如银屑病、炎症肠道疾病、类风湿关节炎和多种硬化症。在临床上,IL-17 中和性抗体已经针对某些疾病开始使用。Th1 和 Th17 细胞均参与大多数自身免疫性疾病,它们对疾病的相对贡献是目前研究的热点。

(1) Th17 细胞对中性粒细胞的作用:Th17 细胞产生 IL-17,刺激趋化因子和其他细胞因子(如 TNF)的产生,招募中性粒细胞到感染炎症部位,并活化中性粒细胞,促进其产生包括抗菌肽在内的多种杀菌物质;产生 G-CSF 和 GM-CSF 等集落刺激因子,刺激骨髓造血干细胞产生更多髓样细胞,活化中性粒细胞和单核细胞。

(2) Th17 细胞对组织结构细胞的作用:Th17 细胞产生 IL-17 和 IL-22,刺激上皮细胞分泌防御素等抗菌肽;产生 IL-22,促进上皮的屏障功能和刺激损伤上皮的修复,维持上皮的完整;产生 IL-17,促进成纤维细胞的增殖与活化,以及胶原的合成(表 7-8)。

表 7-8 Th 细胞介导的细胞免疫

	介导细胞	Th 细胞作用	Th 细胞信号刺激	效应因子	活化细胞效应	总体效应
Th1	对巨噬细胞	激活巨噬细胞	Th1 提供巨噬细胞活化信号:IFN-γ,激活 NF-κB 和 AP-1	ROS、iNOS	杀伤巨噬细胞吞噬的微生物	介导宿主抗胞内病原体感染
		诱生并募集巨噬细胞	Th1 产生 IL-3 和 GM-CSF,促进单核细胞分化;产生 TNF-α、LTα 和 CCL2,诱导黏附分子表达	—	发生慢性感染炎症	
	对淋巴细胞	调节 B 细胞抗体类型转化	Th1 细胞产生 IFN-γ,促进 B 细胞抗体 IgG 亚型转化,并抑制 IgE 类型转化	IgG、IFN-γ	活化补体,增强吞噬细胞的吞噬能力;放大 Th1 介导的细胞免疫应答	
	对中性粒细胞	活化中性粒细胞	Th1 产生淋巴毒素和 TNF-α	—	杀伤病原体;也可造成短暂性正常组织的损伤	
Th2	对淋巴细胞	调节 B 细胞抗体类型转化	Th2 产生 IL-4 和 IL-13,促进 B 细胞抗体类型转化为 IgE;产生 IL-5 促进 IgA 抗体产生	IgE、IgA、IL-4	活化嗜酸性粒细胞,清除蠕虫;活化肥大细胞,介导速发型超敏反应;促进并放大 Th2 介导的细胞免疫应答	介导宿主抗寄生虫感染
	对嗜酸性粒细胞	成熟和活化嗜酸性粒细胞	Th2 产生 IL-5、IL-4 和 IL-13	CCL11	诱导内皮细胞黏附分子的表达和趋化因子的分泌,招募嗜酸性粒细胞	
	对巨噬细胞	活化巨噬细胞	Th2 产生 IL-4 和 IL-13	—	抑制抗胞内菌的免疫应答,促进组织修复和纤维化	

续 表

介导细胞	Th 细胞作用	Th 细胞信号刺激	效应因子	活化细胞效应	总体效应
	介导屏障免疫	刺激上皮杯状细胞分泌黏液；刺激胃肠道蠕动	Th2 产生 IL-4 和 IL-13	—	免疫防御；排出寄生虫	
Th17	对中性粒细胞	招募并活化中性粒细胞	Th17 产生 IL-17	TNF、趋化因子	产生抗菌肽，杀伤病原菌	介导宿主抗胞外细菌和真菌感染
	对组织结构细胞	活化上皮细胞，促进上皮屏障功能和损伤修复	Th17 产生 IL-17 和 IL-22	防御素等抗菌肽	抗菌；维持上皮完整；促进成纤维细胞的增殖与活化，以及胶原的合成	

（二）CTL 的效应功能

CTL 主要杀伤胞内病原体（病毒和某些胞内寄生菌等）感染的细胞和肿瘤细胞等。在两种情况下，宿主细胞不能清除感染它们的微生物。第一，病毒在非吞噬细胞中生存和复制（例如肝炎病毒在肝细胞）；第二，病原体抵抗吞噬细胞的杀伤，从吞噬小体逃逸到胞质。这时，CTL 介导的细胞毒杀伤作用直接清除被感染的细胞，从而根除感染源。然而，在某些疾病中，CTL 杀伤感染细胞是造成组织损伤的原因之一。例如，在肝炎病毒 B 和 C 感染中，CTL 杀伤病毒感染的肝细胞造成肝脏组织损伤和功能紊乱。此外，CTL 的细胞毒杀伤效应也参与迟发型超敏反应介导的器官性自身免疫性疾病。

1. CTL 杀伤靶细胞的过程 CTL 可高效、特异性地杀伤靶细胞，表现为只杀伤表达用以活化 CTL 的相同抗原肽-MHC I 类分子复合物的靶细胞，而不杀伤不表达该抗原的邻近正常细胞，CTL 自身在杀伤过程中也不会受到损害。CTL 细胞特异性杀伤靶细胞的效应过程包括识别与结合靶细胞、胞内细胞器重新定向，颗粒外胞吐和靶细胞凋亡，每个步骤都由特殊的分子相互作用控制（图 7-4）。

（1）效-靶细胞结合：CD8+ T 细胞识别 APC 呈递的抗原，在外周淋巴组织内获得活化、增殖、分化为效应性 CTL，在趋化因子作用下离开淋巴组织向感染灶或肿瘤部位集聚。在外周感染组织，一方面，CTL 高表达黏附分子（如 LFA-1、CD2 等）可有效结合表达相应配体（ICAM-1、LFA-3 等）的靶细胞；另一方面，CTL 识别表达特异性抗原的靶细胞，TCR 的激活信号可增强效-靶细胞表面黏附分子与其相应配体结合的亲和力。这样，在 CTL 与靶细胞的接触部位形成免疫突触，使活化的 CTL 分泌的效应分子在局部形成很高的浓度，从而选择性杀伤所接触的靶细胞。

（2）CTL 的极化：CTL 与抗原特异性的靶细胞接触后形成免疫突触，导致 CTL 内某些细胞器的极化，如细胞骨架系统（肌动蛋白、微管等）、高尔基复合体及胞质颗粒等均向效-靶细胞接触部位重新排列和分布，从而保证 CTL 分泌的效应分子有效作用于所接触的靶细胞。

（3）致死性攻击：CTL 识别靶细胞活化后，传递致死性攻击给靶细胞，导致靶细胞的凋亡。在清除感染细胞方面，凋亡比坏死更有效，因为细胞坏死可释放病原体，继续感染其他细胞，而凋亡机制不但杀伤被感染的宿主细胞，也直接作用于胞内病原体，在破坏细胞 DNA 同时能降解病毒 DNA。这阻止了病毒粒子的包装以及感染性病毒的释放，最终达到根除感

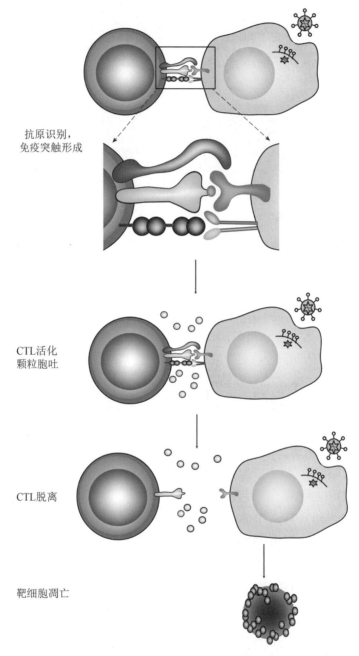

图 7 - 4　CTL 细胞活化和杀伤靶细胞的过程

CTL 特异性识别表达抗原的靶细胞,获得活化,胞内细胞器重新定向,释放杀伤性颗粒物质,从而向靶细胞传递致死性攻击信号,最终导致靶细胞凋亡。

染源的目的。CTL 主要通过下列两条途径诱导靶细胞的凋亡。

1)穿孔素/颗粒酶途径:穿孔素(perforin)是贮存于胞质颗粒中的细胞毒素,与 C9 补体蛋白同源,其生物学效应类似于补体激活所形成的攻膜复合物(MAC)。穿孔素主要的功能是协助 CTL 分泌的颗粒酶传递到靶细胞的内部。颗粒酶(granzyme)是一类重要的丝氨酸蛋白酶。CTL 脱颗粒,分泌到胞外的颗粒酶通过穿孔素在靶细胞膜所形成的孔道进入靶细胞。一旦进入靶细胞胞质,颗粒酶通过激活凋亡相关的酶系统而介导靶细胞凋亡。

2) Fas/FasL 途径:CTL 也可通过颗粒酶非依赖的机制杀伤靶细胞,主要由 CTL 表达膜蛋白 Fas 配体(FasL)与靶细胞上的死亡受体 Fas 结合,导致靶细胞的凋亡。

(4) CTL 脱离靶细胞:在传递致死性打击之后,CTL 脱离靶细胞,通常可能甚至发生在细胞死亡之前。脱离靶细胞的 CTL 特异性地识别下一个靶细胞,发挥细胞毒杀伤效应。

2. CTL 的其他效应功能　除了通过直接接触靶细胞,诱导其凋亡,发挥细胞毒杀伤效应,CTL 还可释放多种细胞因子,包括 IFN - γ、TNF - α 和 LT - α,通过多种途径参与免疫防御。例如,CTL 分泌 IFN - γ 可直接抑制病毒复制,诱导感染细胞 MHC Ⅰ 类分子高表达,进而增加 CTL 杀伤病毒感染细胞的机会。

(何　睿)

第八章 B 细胞及其介导的体液免疫应答

环境中的病原体侵入生物机体后,胞外菌寄居在宿主的细胞外组织液、淋巴液和血液等体液中,进行繁殖和细胞间的传播与扩散。体液免疫应答(humoral immune response),是机体针对病原体产生特异性抗体的免疫应答,也称为抗体应答(antibody response)。侵入生物机体的病原体刺激特异性 B 细胞活化并最终分化为浆细胞,产生的特异性抗体进入体液,进而清除体液中的病原体。

第一节 B 细胞活化的调控机制

一、B 细胞的抗原识别系统

(一) BCR 复合物

B 细胞抗原受体(B cell receptor,BCR)表达于 B 细胞膜表面,属于膜型免疫球蛋白(membrane immunoglobulin,mIg)(图 8-1)。BCR 主要通过重链 C-端将 BCR 锚定在 B 细胞表面。特异性结合抗原的 BCR 可与抗原一同被内化。B 细胞发育的不同阶段,mIg 类别不尽相同。成熟的 B 细胞主要分布在外周淋巴组织,如脾脏或淋巴结中,mIg 主要为 IgM 和 IgD。每个 B 细胞表面可表达 100 个左右 Ig 分子。BCR 与抗体的化学结构相似,在胞外区的远膜端有两个抗原结合部位;但 BCR 比抗体多了跨膜区和极短的胞质区。BCR 跨膜区中高度保守的序列,往往是 BCR 信号转导中的重要部分。因 BCR 的胞质区很短,只有 3 个氨基酸,不能高效地传递抗原刺激信号,需依赖于 BCR 复合物中的 Igα(CD79a)和 Igβ(CD79b)。Igα/Igβ 均属于单链 I 型跨膜蛋白,分子量分别为 33 000 和 37 000。Igα/Igβ 在其胞外区的近胞膜处以二硫键相连,构成二聚体。BCR 复合物的稳定性主要通过 BCR 跨膜区两个高度保守序列 TAST 和 YSTTVT 中的极性氨基酸(Thr、Ser)与 Igα/Igβ 跨膜区的极性氨基酸之间形成的盐键(salt bond)来维持。Igα/Igβ 胞质区含有免疫受体酪氨酸激活基序(immunoreceptor tyrosine-based activation motif,ITAM),ITAM 中的酪氨酸残基在抗原刺激下被磷酸化,进一步招募相关的下游信号分子。由此,根据结构和功能,可以将 BCR 复合物分为两大部分,即 BCR 识别抗原,以及 Igα/Igβ 传递抗原刺激 B 细胞的活化信号。只有当 BCR 与 Igα/Igβ 同时表达于细胞表面时,B 细胞才能完成正常的信号转导及体液免疫应答。

(二) B 细胞活化共受体复合物(coreceptor complex)

除了 BCR 复合物参与 B 细胞的信号转导以外,成熟 B 细胞表面表达的 CD19、CD21 和

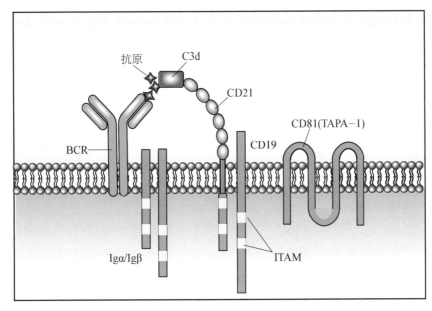

图8-1　B细胞受体(BCR)复合物及与信号转导相关的主要共受体。抗原与BCR特异性结合,Igα/Igβ参与抗原刺激信号转导。同时,抗原以共价方式结合补体片段C3d,经C3d和CD19/CD21/CD81共受体中的CD21结合,促进CD19磷酸化,进一步放大了BCR的信号转导。图中黄色区域是免疫受体酪氨酸激活基序(ITAM)。通过ITAM上酪氨酸残基的磷酸化募集下游信号分子,从而促进BCR下游信号转导。CD19、Igα/Igβ以及CD81(TAPA-1)共同参与了BCR的下游信号转导过程

CD81 3种跨膜分子,以非共价键结合,组成BCR活化共受体复合物(coreceptor complex),起到辅助BCR信号转导的作用。

1. **CD19**　为一种糖蛋白,分子量为90 000,分布在除浆细胞以外的B细胞谱系发育各阶段和生发中心滤泡树突细胞(FDC)。CD19的胞质区含6个酪氨酸残基(Y),通过酪氨酸磷酸化(pY)募集Src PTK家族成员LYN等信号分子,辅助BCR参与启动胞内的信号转导。CD19基因敲除小鼠,对TD-Ag的体液免疫应答受损,且无法形成生发中心及抗体亲和力成熟。CD19也为PLCγ的招募提供了结合位点,增强了B细胞的活化信号转导。

2. **CD21**　属于单链Ⅰ型跨膜蛋白,分子量为145 000,又称为Ⅱ型补体受体(CR2),主要表达于成熟B细胞和FDC,在T细胞和鼻咽癌上皮细胞也有部分表达。CD21的胞外区,有15个短同源重复序列,配体是补体C3的裂解片段C3dg、C3d和iC3b。某些抗原分子如细菌在呈递给BCR时,已经与补体片段特别是C3d以共价键结合。而CD21能特异性地结合C3d,使CD21的酪氨酸残基出现磷酸化,进一步活化Igα/Igβ上的ITAM,为招募PI3K提供结合位点,同时定位PI3K到共辅助受体分子上,也增强了伴随细胞激活的细胞存活及修饰等。CD21的主要功能有以下几点。①结合补体裂解片段:通过结合抗原补体复合结构中的补体成分,CD19/CD21/CD81共受体复合物与BCR交联成簇,CD19胞质区磷酸化,进一步招募和结合Src家族如Lyn,以及PI3K等多种激酶。因此,BCR与共受体复合物的交联,放大了抗原刺激BCR的信号,从而一定程度上降低了B细胞活化阈值,增强了B细胞对抗

原刺激的敏感性。有实验证实,当鸡卵溶菌酶(HEL)偶联 C3dg 后,其免疫原性比单纯的 HEL 抗原分子提高了 1 000～10 000 倍。②促进 B 细胞增殖:可溶性 CD23(FcεR Ⅱ)分子是 CD21 的另一配体,能够作为一种生长因子,通过与 CD21 结合,促进 B 细胞的分裂增殖。③表达在 FDC 表面的 CD21 通过结合补体片段和抗原连接,起到固定和浓缩抗原的作用,持续刺激 B 细胞增殖,并有利于抗体亲和力成熟和记忆 B 细胞的生成。④EB 病毒通过 EB 病毒受体 CD21 感染 B 细胞,导致 B 细胞的持续增殖和转化,由此可在体外建立 B 淋巴母细胞系,将有意义的 B 细胞克隆长期保存下来。

3. CD81 又称 TAPA - 1(target of anti-proliferative antibody),属于 4 次跨膜蛋白超家族(TM4 - SF),其单抗能够显著抑制淋巴细胞的增殖。

(三) 其他辅助分子

1. CD45 又名白细胞共同抗原(LCA),属于单链 Ⅰ 型跨膜蛋白,主要通过磷酸化作用,参与启动 B 细胞抗原识别信号的转导。CD45 的胞内段由两个结构域组成,属于蛋白酪氨酸磷酸酶(PTP)。CD45 作用于 Src PTK 分子 C 端调节区 505 位磷酸化的酪氨酸残基,使其脱去磷酸根,从而解除 Src PTK 的抑制状态。CD45 磷酸酶通过脱磷酸化作用,调控 BCR 信号转导中发挥关键作用的 Src PTK 的活性,参与了 BCR 激活信号通路的启动。

2. CD40 属于 TNF 受体超家族成员,其胞外区有 4 个富含半胱氨酸的重复序列。CD40 配体(CD40L,即 CD154)表达于活化 T 细胞表面。CD40 与 CD40L 相互作用给予 B 细胞活化第二信号,对 B 细胞分化和抗体产生以及类别转换有重要作用。

3. **其他表面分子** 这些分子虽未直接参与 B 细胞对抗原的识别,但通过参与 T - B 细胞间的相互作用,调控 B 细胞的活性以及抗体的产生来间接辅助 B 细胞活化后的胞内信号转导。

二、B 细胞抗原识别后的信号转导

(一) B 细胞激活后的信号跨膜转导

1. **抗原结合导致受体交联成簇** 抗原的结合诱导 BCR 的构象发生改变,暴露 Ig 重链 Cμ4 结构域,其邻近的受体辅助分子通过这些结构域使得受体发生低聚反应,形成抗原抗体复合物簇。B 细胞识别抗原后信号转导的启动有如下几种方式:①与 T 细胞识别抗原方式不同,B 细胞可以直接识别完整的、具有多个表位的抗原分子,而不需要 MHC 分子对抗原降解肽段的呈递,抗原分子通过重复相同的表位与多个 BCR 结合,使 BCR 复合物聚合交联成簇,来启动 B 细胞的跨膜转导。需要注意的是,因结构复杂,大多数的蛋白质抗原通常很少有相同的 B 细胞表位;②BCR 和 CD21 分子分别通过对抗原-补体复合结构中的抗原和补体成分识别,使 BCR 复合物(BCR - Igα/Igβ)、共受体复合物(CD21/CD19/CD81)、B 细胞表面参与辅助抗原识别及信号转导的跨膜分子如 CD45,以及 Src PTK 等激酶聚集成簇。这一方面促使 CD45 磷酸酶对 PTK Src 分子 C 端 505 位 pY 的脱磷酸化,解除 PTK 分子活性抑制状态;另一方面解除抑制状态的 Src 家族 PTK 成员彼此接近而发生相互磷酸化,从而被激活。参与 B 细胞激活后跨膜信号转导的 Src 家族成员主要包括 LYN、FYN、BLK 以及 LCK。

研究人员分别用 α - IgM 的 Fab 片段或 F(ab')₂ 片段刺激 B 细胞,观察 B 细胞的激活信号,来进一步证明 BCR 交联对 B 细胞激活的重要性。实验结果表明,Fab 因为是单价,不能使 BCR 发生交联,故 Fab α-IgM 无法刺激 B 细胞活化。而 F(ab')₂ 可以交联两个 BCR,故 F(ab')₂ α-IgM 刺激 B 细胞出现微弱的激活信号。进一步采用抗 F(ab')₂ 抗体,通过结合两个 F(ab')₂ α-IgM,从而使更多的 BCR 发生交联,故 B 细胞获得了很强的激活信号。说明 BCR 的交联对于产生 B 细胞激活信号是不可或缺的。

另外,B 细胞激活信号的有效转导与细胞膜的特化微结构域——脂筏密切相关。当 B 细胞处于静息状态时,脂筏中的 BCR 分子很少。一旦 B 细胞识别抗原并且 BCR 发生交联时,BCR 复合物会大量出现在脂筏中,许多跨膜分子也多聚集于此,并进一步招募一些参与 B 细胞活化信号转导相关的蛋白激酶如 Syk、Lyn、Btk、PLC-γ 和接头蛋白 BLNK 等。故脂筏这一结构在 B 细胞激活的信号转导过程中发挥重要的作用。

2. 启动信号转导 当 B 细胞接触到抗原,BCR 交联成簇并迁移至脂筏。在此,成簇的 Src 家族 PTK,如 LYN、FYN、BLK 等,相互磷酸化而激活,首先促使 Igα/Igβ 胞质区的 ITAM 发生磷酸化。Igα/Igβ 磷酸化,募集含有 SH2 结构域的胞质中的酪氨酸激酶 Syk。进而 Src PTK 作用于招募而来的 Syk PTK,使位于 Syk 活性中心 SH1 结构域的酪氨酸残基发生磷酸化而激活 Syk,从而开启 BCR 下游的多条信号转导级联反应。

(二) B 细胞激活后的胞内信号转导

当抗原交联 BCR 或抗原-补体片段交联 BCR 和共受体,ITAM 磷酸化,Syk 被招募和激活,由此启动下游多条信号通路。Syk 能够使衔接蛋白的酪氨酸残基磷酸化,通过作用于衔接蛋白参与调控这些信号通路。SLP-65 含有 SH2 结构域和多个酪氨酸磷酸化位点,分子量为 65 000,也称为 B 细胞连接蛋白(BLNK),是 B 细胞激活信号胞内传递的重要衔接分子。磷酸化的 BLNK 能够招募结合多种其他接头蛋白、鸟嘌呤核苷酸交换蛋白及蛋白激酶如磷脂酶 C(PLCγ2)、Btk 和 Itk 等。这些激酶或蛋白的招募能够促进下游信号分子的激活,启动特定的信号转导通路。目前 B 细胞胞内信号转导主要有 3 条途径(图 8-2)。

1. 磷脂酰肌醇途径 在 B 细胞中,磷脂酶 C(PLC)的主要亚型为 γ2,而在 T 细胞多表现为 γ1 亚型。当 B 细胞被活化后,BLNK 通过其 SH2 结构域结合到 Igα 的非 ITAM 磷酸化酪氨酸位点 204,PLCγ2 与 BLNK 结合,在蛋白激酶 Syk 和 Btk 作用下发生磷酸化而被激活。激活的 PLCγ2 酶解胞膜脂质磷脂酰肌醇 4,5-二磷酸(PIP2),产生可溶性三磷酸肌醇(IP3)和二酰甘油(DAG)。IP3 通过促进内质网钙池中的 Ca^{2+} 释放,使胞质内 Ca^{2+} 浓度升高;同时通过增加胞外 Ca^{2+} 内流,以补充内质网钙储存,进一步提高胞质内 Ca^{2+} 浓度,从而能够激活钙调磷酸酶,最终激活转录因子 NFAT。DAG 和 Ca^{2+} 能够激活蛋白激酶 C(PKC)。PKC 能够进一步磷酸化下游蛋白上的丝氨酸/苏氨酸残基,最终激活转录因子 NF-κB。另外,其中还涉及胞质中无活性的 NFAT-p 的脱磷酸化和 NF-κB 的 i 抑制组分 IκB 因磷酸化和泛素化而降解等机制。总之,PLC-γ2 在 BCR 诱导的信号转导过程中被激活,同时也进一步加强了下游信号的转导。

2. PI3K 激活 PKC 途径 对抗原和补体片段复合体的识别,使 CD21/CD19/CD81 共受体复合物与 BCR 复合物等分子聚集在脂筏中,在 Src PTK 作用下,CD19 胞内段酪氨酸残基

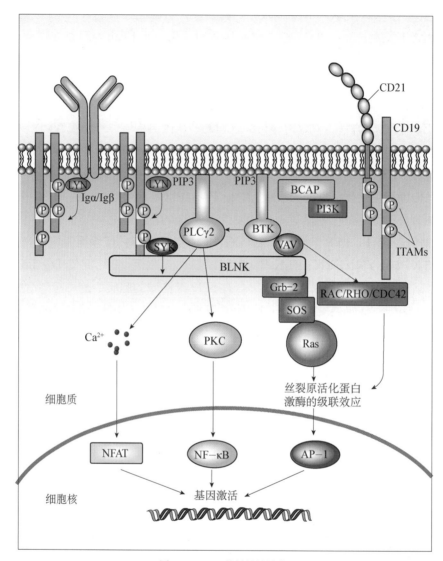

图 8 - 2　BCR 信号转导通路

　　抗原介导的 BCR 发生交联成簇后,进入细胞膜的脂筏中,导致 Igα/Igβ 和 CD19、衔接分子 BLNK 和 BCAP 以及酪氨酸激酶 SYK 的磷酸化。BCAP 和 CD19 招募 PI3K 至细胞膜,继而产生 PIP3,通过调节钙流,促进信号转导。PLCγ2 与衔接分子 BLNK 结合,被 SYK 磷酸化,激活 PKC,导致钙流增加,继而通过激活转录因子 NFAT 和 NF - κB,调节 B 细胞的活化。Grb2 与 BLNK 结合,激活 Ras,同时通过 GEF 蛋白 VAV 的激活,活化 Rac,共同参与激活 MAPK 通路

发生磷酸化。BCAP 是在 B 细胞特异性表达的衔接蛋白,包含多个酪氨酸,通过 SYK 和 BTK 被磷酸化。当 B 细胞被活化后,PI3K 被招募到 CD19 和 BCAP 近旁并被激活。PI3K 将胞膜脂质 PIP2 磷酸化为 PIP3,位于胞膜内层的 PIP3 与 PLCγ2 和 BTK 结合,使 PLCγ2 和 BTK 完全活化。CD19 磷酸化还募集和激活 LYN。因此,共受体的活化起到放大抗原刺激 BCR 信号的作用。激活的 PI3K 也参与对 PKC 的活化,从而激活 NF - κB。NF - κB 属于异质二聚体的转录因子家族,在静息的细胞中,NF - κB 异二聚体在细胞质中与 NF - κB 的抑制蛋白 IκB 结合而存在。细胞一旦被激活,即诱导 IκB 激酶(IKK),使得 IκB 被磷酸化。磷

酸化的 IκB 蛋白被蛋白酶所降解,从而释放 NF－κB 进入核内,结合一系列与免疫功能相关的基因启动子。NF－κB 对于许多参与调节固有免疫及适应性免疫功能的蛋白的转录调控是至关重要的。

3. Ras－MAPK 途径　鸟苷酸结合蛋白(简称 G 蛋白)是 Ras－MAP 相关信号通路中的重要分子。在 B 细胞激活中发挥重要作用的小 G 蛋白主要有 Ras 和 Rac。小 G 蛋白存在两种状态。如 Ras,鸟苷酸置换因子(GEF)能够使与二磷酸鸟苷结合的无活性 Ras－GDP 转化为与三磷酸鸟苷结合的有活性 Ras－GTP。在 B 细胞,参与小 G 蛋白 Ras 活化的主要 GEF 家族成员是 VAV。VAV 通过与衔接蛋白 Grb－2 结合被招募至 BLNK,激活 Ras,启动 ERK 和 JNK/MAPK 通路,在胞核中汇集 Fos 和 Jun,组成转录因子 AP－1。Ras－MAP 信号途径中 GEF 的激活主要有 3 条途径:第一条途径是依赖 BLNK 募集衔接蛋白 SLP－65,两者以复合物的形式再通过 VAV 来激活 Rac。第二条途径是通过 GEF 家族中的 Ras 鸟苷释放蛋白(Ras guanyl-releasing protein,Ras-GRP)来使 Ras 活化。第三条途径是通过 CD19 介导激活 VAV,VAV 活化 Rac。

(三) 信号入核启动转录因子与基因的表达

BCR 活化信号传递的终末即激活一系列转录因子,进而转位进入细胞核。转录因子在细胞核内与其调控基因启动子区域中的顺式作用元件或 DNA 框结合,转录表达相应的基因产物,产生功能效应。如在 Ras 和 ERK 的激活下,表达转录因子 FOS;在 Rac 和 JNK 的激活下,表达转录因子 JunB;在 BTK、PLCγ2 和 PKC－β 的激活下,表达 NF－κB 转录因子等。

三、B 细胞激活后信号转导的负性调控机制

B 细胞遭遇抗原刺激后被激活,会进入一个快速增殖阶段。一个激活的 B 细胞每 6 小时会分裂一次,其中一部分最终分化为浆细胞,产生足量的抗体用以清除抗原。但当体内的抗原逐渐被清除将尽时,B 细胞的负性调控发挥主导作用,表现为 B 细胞增殖速度减缓,并且大多数 B 细胞会进入一个凋亡程序。这一部分主要介绍 B 细胞活化的负性调控机制。

(一) 由 CD22 分子介导的负性调控

CD22 表达在 mIgM$^+$ 和 mIgD$^+$ 的静息 B 细胞表面。CD22 胞质区含免疫受体酪氨酸抑制基序(immunoreceptor tyrosine-based inhibitory motif,ITIM),是一个抑制性细胞表面受体分子。CD22 能够识别 N-连接糖基上的唾液酸糖结合物(sialoglycoconjugate)血清糖蛋白和其他细胞表面的 N-羟乙酸基甘露糖胺丙酮酸残基,且可作为黏附因子。B 细胞的活化,激活的酪氨酸激酶促使 CD22 的 ITIM 酪氨酸磷酸化,招募带有 SH2 结构域的酪氨酸磷酸酶如 SHP－1,结合在 CD22 的胞质段。SHP－1 能够作用于邻近的信号转导复合物上的 pY,使之脱磷酸化。因而,CD22 表现出对 BCR 活化信号的抑制。

BCR 信号转导通路因 BCR 的成簇交联被激活。在这一过程,许多参与 BCR 信号转导的蛋白分子被酪氨酸蛋白激酶磷酸化;同时磷酸酶也在不断对这些信号分子进行去磷酸化,从而抑制 B 细胞的过度活化。当抗原的水平开始下降,受体介导的酪氨酸激酶活性开始下降,负性调控即占据了主导作用。

CD22 作为一个对 B 细胞激活起负性调控的分子，它的存在和活性保证了当抗原不再结合 BCR 时，BCR 的胞内转导信号能够受到抑制。在 CD22 敲除小鼠中，B 细胞激活的水平是上升的，并且随着年龄的增长，其自身免疫的水平也上升。

（二）由 FcγRIIb 受体介导的负性调控

FcγRIIb（CD32）是表达于 B 细胞表面、在胞质段有 ITIM 基序的又一抑制型受体。FcγRIIb 受体识别和结合 IgG 抗体的 Fc 段。当抗原特异性 IgG 抗体与抗原形成免疫复合物，交联 FcγRIIb 受体与 BCR 时，FcγRIIb 信号转导通路被激活。FcγRIIb 受体胞质段 ITIM 磷酸化招募 SHIP。SHIP 抑制 PI3K 的作用，水解 PIP3 为 PIP2，使 BTK 和 PLCγ2 无法与 PIP3 结合，阻碍了这两个重要信号转导分子的膜定位和完全活化，因而对 BCR 转导的活化信号起抑制作用。FcγRIIb 受体对 BCR 信号转导发挥抑制作用的前提是，机体免疫系统已产生大量抗原特异性 IgG 抗体。抗原与抗原特异性 IgG 抗体形成免疫复合物，通过交联 BCR 及 FcγRIIb 受体，来抑制抗原特异性 B 细胞的持续和过度活化，促使免疫系统恢复稳态。因此，FcγRIIb 受体介导的负性调控对维持机体体液免疫应答的平衡起重要作用。

（三）B-10 B 细胞介导的负性调控

目前，发现一新的 B 细胞群（调节性 B 细胞），其受刺激后通过分泌细胞因子 IL-10 参与调节炎症性免疫应答。研究发现，在实验性自身免疫性脑脊髓炎小鼠模型（EAE）中，分泌 IL-10 的 B 细胞能够减弱自身免疫性疾病多发性硬化症的症状。IL-10 作为一种细胞因子，能够下调多种免疫系统的细胞功能。但是，对于这种分泌 IL-10 的 B 细胞是否代表了 B 细胞发育成熟过程中的一个独立类群，尚不清楚。目前认为这一类细胞在免疫应答中能够限制及控制炎症反应，缓解炎性症状，但还需进一步明确其在 B 细胞发育谱系中的位置和相互之间的关系。

最新研究表明，增加调节性 B 细胞的数量能够阻碍宿主抵御感染，并且通过使静息状态的 CD4$^+$T 细胞转变为调节性 T 细胞来促进肿瘤生长和新陈代谢。还有研究证明，IL-35 也能够诱导产生调节性 B 细胞，并且促使它们转变为一种新的调节性 B 细胞亚型，同时产生 IL-35 和 IL-10。在葡萄膜炎自身免疫疾病模型小鼠中，当 IL-35 敲除或缺陷时，内生的调节性 B 细胞的数量减少，且葡萄膜炎的症状表现更加严重。如果外源性输注由 IL-35 诱导产生的调节性 B 细胞，则葡萄膜炎受到抑制。其机制主要是通过抑制针对病原体的辅助性 T 细胞，包括 Th17 和 Th1 细胞，而促进调节性 T 细胞的扩散。在 B 细胞，IL-35 主要通过其包含了 IL-12Rβ2 和 IL-27Rα 亚单位的 IL-35 受体激活 STAT1 和 STAT3。这一研究提示，IL-35 不仅能够诱导产生自身存在的调节性 B 细胞，还能产生一种 IL-35$^+$ 调节性 B 细胞。目前关于调节性 B 细胞对 B 细胞信号转导的负性调控作用，对自身免疫性疾病以及炎症性疾病的治疗有十分重大的意义。

四、B 细胞活化异常与免疫疾病

本节主要阐述了抗原刺激 B 细胞活化信号转导的调控。BCR 信号转导的正向和负向调控，既保证 B 细胞的充分激活和抗体产生，又防止 B 细胞的持续和过度激活，引发自身免疫性疾病。另外,抗原特异性抗体是体液免疫应答的主要效应分子。抗体可以通过中和作用、激活补体、调理作用、ADCC和阻止局部特异性抗原侵入黏膜等多种机制发挥免疫效应,来清除非己抗原。活化的B细胞除了产生抗体外,还可以产生多种细胞因子,调控免疫应答。一旦BCR信号转导过程出现调控异常,抗体水平出现失衡,则会导致机体出现免疫缺陷、超敏反应、自身免疫性疾病以及促肿瘤生长等病理性免疫反应。

X性联无丙种球蛋白血症(X-linked agammaglobulinemia, XLA)是首次确定的一种免疫缺陷疾病,又称Bruton病。其特点是血清内各种类别抗体量少甚至缺乏,伴有外周血和淋巴组织中的B细胞数量明显减少至完全缺乏,无浆细胞及生发中心,仅存的B细胞分化功能也出现严重异常。其发病早,多在出生几个月内,当来源于母体的抗体消耗殆尽时易发病。临床表现为反复化脓性感染,B细胞产生抗体异常,但细胞免疫一般不受影响。该病的发病原因为X染色体上编码酪氨酸激酶BTK的基因发生突变,导致其不能正常表达。BTK参与调控BCR的信号转导,同时也参与调控前B细胞的信号传递,故当BTK的表达异常时,会出现B细胞发育严重障碍,成熟B细胞数量减少,机体内抗体产生下降,导致免疫缺陷。

BCR本身出现突变,会导致抗原结合的异常;细胞膜上脂筏的构成出现改变,会影响BCR交联成簇的稳定性;或者BCR的突变也可能影响到BCR信号转导过程中共受体或激酶的活性,从而导致BCR信号转导的异常。BCR信号的过度活跃与B细胞相关肿瘤以及自身免疫性疾病的发病相关。未来可以从靶向BCR的低聚反应,以及调节BCR信号转导的活性等方面着手,来治疗与B细胞相关的肿瘤以及全身系统性自身免疫性疾病。

在弥漫性大B细胞淋巴瘤(DLBCL)中,发现激活的DLBCL上其BCR会形成静止不动的低聚物。相反,在伯基特淋巴瘤、套细胞淋巴瘤以及生发中心样B细胞的DLBCL中,BCR表现出无聚集现象。目前,对于其产生BCR聚集现象异常的机制,还尚不清楚。

另外,FcγRIIb的跨膜相关结构域的突变与系统性红斑狼疮(SLE)的发生有关。FcγRIIb功能的减弱,会抑制其阻滞BCR交联成簇,以及信号转导中负向调控的功能。当机体在包含ssRNA或包含CpG的DNA抗原的诱导下,出现BCR与模式识别受体TLR7或TLR9的互相交联,被认为与自身免疫性B细胞激活有关。总之,多种基因的异常表达致B细胞信号增强,是SLE明确的病理性原因之一;同时,这也为治疗自身免疫性疾病提供了一个新的治疗靶点。

综上所述,B细胞的活化作为由B细胞介导的体液免疫应答的起始阶段,包括抗原的识别、BCR激活信号的胞内转导,对后期抗原特异性B细胞的增殖、分化以及抗体产生起着至关重要的作用。

第二节　B细胞介导的体液免疫

根据不同抗原激活B细胞不同的体液免疫应答过程,可将抗原分为T细胞依赖抗原(T cell dependent antigen, TD-Ag)如蛋白质抗原,以及T细胞非依赖抗原(T cell independent antigen，TI‑Ag)如多糖和脂类抗原。在外周淋巴组织 B 细胞区和生发中心，TD‑Ag 激活 B 细胞的免疫应答需要 Th 细胞的辅助，经历抗体的超突变(somatic hypermutation，SHM)、类别转换(class switch recombination，CSR)和亲和力成熟等生物学过程。同时，机体产生免疫记忆，能够对再次免疫的同一抗原迅速产生免疫应答。TI‑Ag 则不需要 Th 细胞的辅助，也不产生免疫记忆。体液免疫应答的意义是能够清除细胞外的细菌、细菌毒素以及病毒等抗原物质，维持机体体液环境的稳态。

一、B 细胞对 TD‑Ag 的免疫应答

(一) TD‑Ag

病原体的蛋白质多为 TD‑Ag。TD‑Ag 需要辅助性 T 细胞(T helper cell，Th)的帮助才能刺激机体产生体液应答。该结论是通过小鼠过继转输实验证明，实验先通过辐射彻底破坏受体小鼠的免疫系统，再转输来源于同种基因型(congenic)供体小鼠的不同种类并纯化后的细胞，看能否重建被辐射小鼠的免疫系统。实验结果表明，单独将骨髓细胞或胸腺细胞转输到受体小鼠体内，不能够恢复受体小鼠的免疫系统。只有将骨髓细胞和胸腺细胞共同转输到被辐射后的小鼠体内才能够重建其免疫系统。胸腺是 T 细胞发育的器官，然而成熟的能够分泌抗体的 B 细胞来源于骨髓，并且在骨髓中再循环。该实验表明，TD‑Ag 引起的免疫应答需要 B 细胞和 T 细胞的共同参与。TD‑Ag 在刺激 B 细胞活化产生抗体时需要 Th 细胞的辅助，主要表现为：T 细胞分泌细胞因子促进 B 细胞的增殖和分化，以及 T 细胞表达共刺激分子 CD40L 提供 B 细胞活化第二信号。B 细胞对于 TD‑Ag 的免疫应答，最终分化为长寿的浆细胞(plasma cell)，产生高亲和力的抗体，发生抗体的类别转换，帮助机体有效清除外来抗原。同时能够形成记忆 B 细胞，介导再次免疫应答，在较长时间内保护机体免于同一抗原的再次入侵。

(二) B 细胞对 TD‑Ag 的免疫应答的过程

1. 成熟淋巴细胞定居淋巴滤泡　在外周淋巴器官，成熟的初始 B 细胞高表达趋化因子受体 CXCR5，其配体是趋化因子 CXCL13，由分布在淋巴滤泡的基质细胞和滤泡树突细胞(follicular dendritic cell，FDC)分泌。因而，成熟的初始 B 细胞会向淋巴滤泡趋化，完成滤泡迁移。定居滤泡的初始 B 细胞大部分会在骨髓、血液和淋巴系统中再循环以遭遇抗原。如果几个月内没有接触到抗原，则会发生凋亡。

在淋巴滤泡，FDC、中性粒细胞和巨噬细胞等固有免疫细胞分泌的细胞因子，TNF 家族成员 B-cell activation factor(BAFF)，是重要的 B 细胞生存信号。成熟的 B 细胞如果得不到足量的 BAFF，就会发生凋亡(图 8‑3)。

2. TD‑Ag 的获取与识别　当外界抗原侵入机体内，会在外周淋巴器官富集。血源性抗原和组织中的抗原能够分别进入脾脏和局部引流淋巴结进行过滤。

在 T 细胞区，初始 T 细胞通过识别树突细胞表面的 MHC 分子呈递的抗原肽而被活化，上调表达 CD40L。活化的 T 细胞，其趋化因子受体表达发生改变，下调 CCR7 和上调 CXCR5，受 CXCL13 趋化朝滤泡区移动。

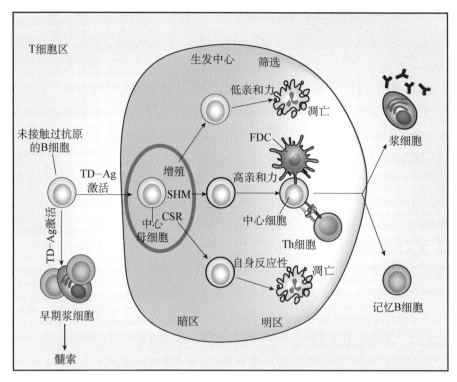

图 8-3　B 细胞的活化和分化

B 细胞识别抗原的方式不同于 T 细胞,能够识别未经处理的完整抗原。微生物抗原通常会被补体共价修饰,因而能够同时结合 BCR 和共受体复合物,这在 B 细胞活化的过程中非常重要。B 细胞识别抗原的能力高低与抗原的大小有很大关系。小的可溶性抗原能够在淋巴液中循环,经管道进入淋巴滤泡,滤泡中的 B 细胞能够识别并且不需要其他细胞的帮助。大的较为复杂的抗原,可以形成免疫复合物或与补体片段共价结合,被巨噬细胞以及树突细胞表面的补体受体和 FcγR 捕获,持续性表达在这些细胞表面,供 B 细胞识别。

3. 结合抗原的 B 细胞向 T 细胞区移动　与抗原接触 2～4 分钟后,其细胞膜会发生扩张,存在于细胞膜上的 BCR 会进行重新排列与聚集,更好地与抗原结合,为信号传递及 B 细胞的活化做准备。约 2 小时后,B 细胞内吞抗原,处理加工产生的抗原肽段经 MHC Ⅱ 类分子呈递,表达在 B 细胞表面。B 细胞通过 BCR 识别抗原后,上调表达 CCR7 受体。CCR7 受体可以与外周淋巴组织中 T 细胞区内基质细胞分泌的趋化因子 CCL19 和 CCL21 结合。同时,因为与抗原结合的 B 细胞仍然表达能够结合 B 细胞趋化因子 CXCL13 的趋化因子受体 CXCR5,这样结合抗原的 B 细胞能够有效地迁移到 T 细胞区与 B 细胞区的交界处,将抗原呈递给 Th 细胞。因活化的 Th 细胞表达 CD40L 和分泌细胞因子,获得 T 细胞有效辅助的 B 细胞被充分活化。

4. 分化为滤泡外浆细胞(extrafollicular plasma cell)　部分活化的 B 细胞,其趋化因子受体的表达发生变化,不表达 CCR5,而表达 EBI2 和 CXCR4,离开 T 细胞区域,迁移到滤泡外区域如淋巴结髓索,增殖分裂并分化为早期浆细胞,形成原发灶(primary foci)。一般在免疫后4天,这种分化即可完成,产生少量抗体,以 IgM 为主,可出现抗体类别转换。在这些滤泡外 B 细胞灶,可见 B 细胞的抗体基因可变区超突变和抗原选择的亲和力成熟,但程度远低于生发中心。快速产生的抗体,参与早期防御。

5. 分化为生发中心 B 细胞和长寿的浆细胞(long-lived plasma cell)　T－B 细胞的相互作用,使部分激活的 Th 细胞表达 CXCR5,进入淋巴滤泡,分化为滤泡辅助性 T 细胞(follicular helper T cell,Tfh)。活化的 B 细胞下调表达 CCR7,表达 CXCR5 和 CXCR4,进入淋巴滤泡,继续增殖分裂,形成生发中心(germinal center,GC)。生发中心 B 细胞在 Tfh 帮助下,经历 B 细胞的抗体基因可变区高频率点突变和抗原选择的抗体亲和力成熟,以及抗体类别转化,最终产生高亲和力抗体的浆细胞和记忆 B 细胞。高亲和力抗体的浆细胞迁移至骨髓。初次免疫后,一般在6～10天完成超突变,在体循环中可以检测到突变后的抗体。

(三)T－B 细胞间的相互作用

大多数的蛋白质抗原是 TD－Ag,由于结构复杂,每个抗原分子往往没有相同重复 B 细胞表位用以交联 B 细胞表面 BCR。当 TD－Ag 被 B 细胞表面的 BCR 识别并结合后,其激活 BCR 信号转导通路的能力有限。因此,TD－Ag 诱导 B 细胞应答需要 Th 细胞的辅助。T－B 细胞间的相互作用表现在两方面:一方面,B 细胞不仅是 Th 细胞的辅助对象,也是 Th 细胞的抗原呈递细胞。抗原与 BCR 结合后被 B 细胞内化加工为抗原肽,然后与 MHC Ⅱ类分子结合形成抗原肽-MHC 分子复合物,呈递给 Th 细胞识别,产生 T 细胞活化的第一信号。同时,B 细胞在识别抗原后表达 CD80 和 CD86 分子,与 Th 细胞表面的 CD28 结合,提供 Th 细胞活化的第二信号。因此,B 细胞作为抗原呈递细胞进一步激活 Th 细胞。另一方面,Th 细胞表面表达 CD40L,CD40L 与 B 细胞表面的 CD40 结合,提供 B 细胞活化的第二信号。同时 Th 细胞产生一些细胞因子,如白细胞介素-2(interleukin-2,IL-2)、IL-4、IL-21、IL-6 以及 γ 干扰素(IFN-γ)等,这些细胞因子与活化的巨噬细胞分泌的 IL-1、IL-7 等共同作用于 B 细胞,成为 B 细胞活化的第三信号。因此,B 细胞作为抗原呈递细胞将抗原呈递给抗原特异性 T 细胞后,获得使 B 细胞充分活化的第二和第三信号,进一步增殖和分化(图8-4)。

(四)应答产生的效应和结局

1. 生发中心的形成　生发中心的发育和形成需要经历以下几个阶段:一般情况下,在抗原刺激大约7天后,生发中心即可形成。其中 B 细胞呈现快速分裂状态,每6～8小时分裂一次。这种具有快速分裂能力、低表达 mIg 尤其是 mIgD 的表达下降到极低水平的 B 细胞,被称为生发中心母细胞(centroblast)。增殖的生发中心母细胞多居于淋巴滤泡的内层,由于其细胞密集在光镜下呈现较暗,故称为暗区(dark zone),其中含有较少量 FDC。之后,随着生发中心母细胞分裂速度降低或停止,形成的子代细胞体积较小,并且重新高表达 mIg,这些细胞被称为生发中心细胞(centrocyte)。生发中心细胞向生发中心外侧区移动形成明区(light zone)。明区中含有较多的 FDC 和 Tfh 细胞以及巨噬细胞。在明区,大量的 B 细胞因竞争不到抗原刺激信号和 T 细胞的辅助,发生凋亡后被巨噬细胞吞噬清除。

生发中心是一个动态的微环境,是在 FDC 和 Tfh 细胞的协同作用下 B 细胞应对 TD－Ag 应答的重要场所。生发中心反应(germinal center reaction)涉及 B 细胞增殖、发育和分化

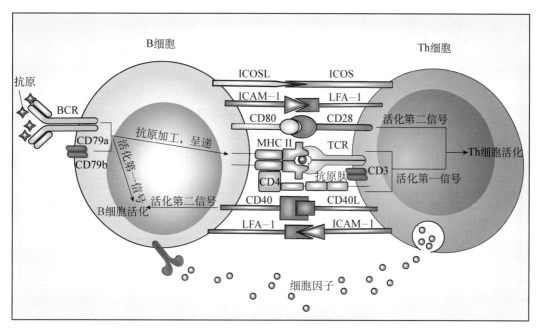

图 8-4　B 细胞与 Th 细胞之间的相互作用

等生物学过程:抗原激活的 B 细胞克隆性扩增、Ig 可变区基因的体细胞高频突变(SHM)、抗原对高亲和力 B 细胞克隆的阳性选择和无关或自身反应性 B 细胞克隆的阴性选择、Ig 类别转换(CSR),以及最终分化为寿命较长的浆细胞或记忆 B 细胞,离开生发中心进入外周循环,发挥体液免疫功能。

2. AID 介导的体细胞超突变机制　SHM 是在生殖细胞以外的体细胞中发生的较高频率的基因突变。Ig 基因重链和轻链可变区高频突变发生于生发中心暗区,需要抗原和 T 细胞来源的 CD40L 刺激信号。SHM 是由激活诱导的胞苷脱氨酶(activation-induced cytidine deaminase,AID)介导的。AID 基因的转录表达与 Tfh 细胞提供给 B 细胞的 CD40L-CD40 活化信号有关。该酶由科学家 Tasuku Honjo 及其同事通过分析类别转换前后的 B 细胞株的基因表达图谱而发现,他们同时证明抗体的类别转换也需要 AID。

SHM 的具体机制尚不清楚,但是其中的部分过程已被实验证实(图 8-5)。AID 能够引起单链 DNA 中热点基因位置上的胞嘧啶(C)脱氨形成尿嘧啶(U),进而产生 U-G 的错配。细胞内多种生物学途径参与基因错配的修复过程,进而导致错配位点被修复或者增加基因的突变。较为简单的途径是通过复制将 AID 引起的 U-G 错配位点转换为 A-T,形成点突变。其次可以通过碱基切除修复(base-excision repair,BER)进行修复,尿嘧啶-N-糖基化酶(uracil N-glycosylase,UNG)可以选择性水解断裂含有 dU 的双链或单链 DNA 中的尿嘧啶糖苷键,留下核酸和五碳糖结构,形成有缺失碱基的 DNA 链。无嘌呤核酸内切酶(apurinic/apyrimidinic endonuclease,APE)能够切断这个缺少碱基的位点,形成单链断裂的 DNA(single-strand DNA break,SSB)。高保真 DNA 聚合酶 β 可以对断裂处进行碱基修复,然后 DNA 连接酶将断裂处进行链接,形成 3′,5′-磷酸二酯键,完成修复,但是这种方式

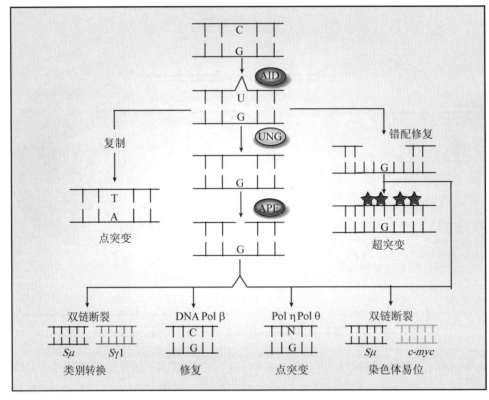

图 8 - 5　AID 介导的 SHM 和 CSR 的分子机制

在片段较长的碱基切除修复中也会产生错配,形成突变。低保真 DNA 聚合酶 η 和 θ 也能够对断裂处进行碱基修复,但是这种修复可能会产生错配,其他 3 种碱基随机掺入,从而形成突变。另外还可以进行错配修复(mismatch repair,MMR),错配修复中的错配修复蛋白会将 AID 引起的含有 U 的一条 DNA 链周围的一些碱基一并切除,然后再招募一些低保真酶如 DNA 聚合酶 η 来进行修复,这样会造成 C:G 位点颠换成 A:T,从而产生点突变。

SHM 和 CSR 的起始过程都是由于 AID 引起的 C 脱氨变成 U。SHM:U - G 的错配在复制和低保真酶的剪切切除修复过程中,能够形成点突变,在错配修复过程中可以形成高频率突变。CSR:如果两个 U - G 错配位点分别位于 DNA 的一条链上且距离较近,在错配修复和碱基切除修复过程中能够形成双链断裂,进而产生 CSR。另外,如果 AID 非特异性攻击非免疫球蛋白基因,则可能导致染色体的易位(chromosome translocation)

SHM 仅发生在生发中心 B 细胞的免疫球蛋白基因可变区,AID 如何精确地作用于免疫球蛋白基因介导 SHM,具体机制尚不清楚。研究表明,Ig 基因发生转录,局部 DNA 双螺旋解开呈单链 DNA 时,是 AID 行使其功能的必要条件。这可能也是 SHM 发生在生发中心暗区具备快速分裂能力的生发中心母细胞阶段的原因。众多研究发现,AID 作用的基因位点存在一定规律:AID 倾向攻击特定的热点基因序列 DGYW/WRCH(D=A/G/T；Y=C/T；R=A/G；W=A/T；H=T/C/A)。另外,如果 AID 不能准确地作用于 Ig 基因位点而发生脱靶效应,以及异常表达会导致多种疾病的发生,如过敏反应、炎症、自身免疫性疾病和癌症等。

3. 抗体亲和力成熟与自身免疫性B细胞的清除 实验发现,B细胞存在于生发中心明区的时间较短,而明区中B细胞的数量又明显多于Tfh细胞。因此,B细胞之间必须相互竞争,以结合抗原特异性Tfh细胞,获得Tfh细胞提供的生存和活化信号。比较公认的理论模型是,由于SHM的随机性,在经过SHM后,相比表达低亲和力BCR的B细胞,拥有高亲和力BCR的B细胞更能从FDC竞争获取抗原,对抗原加工处理后呈递给Tfh细胞,以获取T细胞提供的CD40L - CD40,B细胞活化第二信号,得以优势扩增。

另外,拥有高亲和力BCR的B细胞能够竞争结合抗原,激活PI3K和丝氨酸/苏氨酸激酶Akt通路。Akt是一种多效激酶,不仅能够促进细胞的生存,抑制凋亡蛋白的产生,还可以促进p53蛋白的降解,进而保证了表达高亲和力BCR的GC B细胞的增殖。

由于SHM是一种随机过程,突变会产生自身反应性BCR。如果这些自身反应性B细胞不被清除,则可能导致自身免疫性疾病。在T细胞成熟过程中经历阴性选择,清除了自身反应性T细胞,所以生发中心不存在自身反应性Tfh细胞。有研究结果显示,SHM产生的自身反应性B细胞与生发中心内的自身抗原结合后,得不到Tfh细胞提供的第二信号,最终发生凋亡。由此可见,生发中心B细胞的生存、扩增和最终分化为浆细胞和记忆性B细胞的过程依赖Tfh细胞的帮助。

4. 抗体类别转换 临床研究发现,患者机体内缺乏正常AID,会产生高免疫球蛋白M综合征(hyper-IgM syndrome, HIGM)。HIGM患者因不能够进行SHM和CSR,体内只有IgM抗体,临床表现为周期性严重感染。这表明SHM和CSR对于免疫系统不可或缺的重要性。另外,一些罕见病例中发现患者体内AICDA基因3′端存在提前终止现象,产生了不成熟的AID,患者虽然能够产生SHM,但是不能够形成CSR。这类患者的临床症状较轻,一般成年后才会被诊断发现。这些现象表明,AID在SHM和CSR的过程中发挥着重要的作用。

Ig重链基因大约200 kb,μ、δ、γ、ε和α重链C基因位于重排后的VDJ基因的下游。未活化的B细胞同时表达mIgM和mIgD,这两种Ig来源于同一转录本,通过前体mRNA剪切方式不同产生。然而,其余3类Ig的表达,则需要Ig重链恒定区基因发生断裂后重排,其重链V区基因从连接$C\mu$转换为连接$C\gamma$、$C\alpha$或$C\varepsilon$基因,进而产生抗体的类别转换为IgG、IgA或IgE,即Ig的类别转换(class switching)或同种型转换(isotype switching)。重排过程中,Ig重链的V区保持不变,说明类别转换不涉及抗体的抗原结合特异性。Ig基因的类别转换受到抗原以及Th细胞等分泌的细胞因子调节,具体见表8-1。

表8-1 细胞因子诱导B细胞产生类别转换后产生的抗体类型

细胞因子	诱导B细胞产生抗体类型
IL - 4	IgG1,IgE
TGF - β	IgA,IgG2b
IL - 5	IgA
IFN - γ	IgG3,IgG2a

抗体类别转换是机体产生不同类别抗体并发挥不同功能抵御外来病原体的基础。Ig 类别转换过程中,抗体重链 C 基因座中的一部分会从染色体去除,而被去除部分附近的基因片段会重新接合在一起,形成了可以有效转录另一种抗体类别的功能基因。双链断裂会发生在 Cγ、Cα 或 Cε 附近的 S 区(switch region),该区域核苷酸序列的特点是串联重复短序列,并且富含 C 核苷酸,长 20～80 bp。类别转换也由 AID 介导,起始阶段与 SHM 类似。AID 首先攻击抗体重链的 S 区富含中的 C,使其脱氨形成 U。机体通过 BER 和 MMR 等修复机制,形成双链 DNA 断裂(double strand break,DSB)。通过类别转换中基因的变化规律,分析出 AID 主要作用于 WGCW/WCGW 碱基对形成双链断裂,然后通过非同源重组(non-homologous recombination)的方式进行连接,从而形成抗体基因的类别转换。在没有成功进行非同源性末端连接时,DNA 的重新结合可能使用另一种旁路途径,称为微同源末端接合。除了 μ 和 δ 可同时表达这种特殊情况之外,B 细胞只会在同一时间表达其中一种抗体类别(图 8 - 6)。

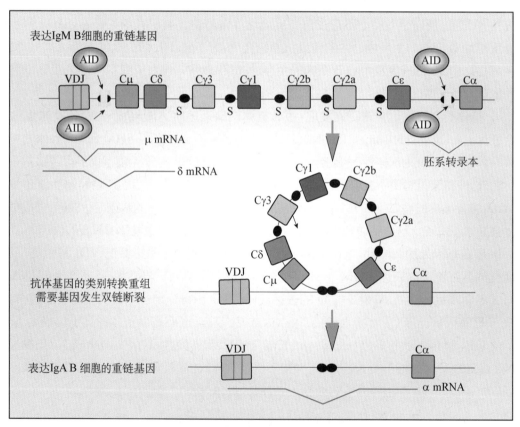

图 8 - 6　AID 攻击免疫球蛋白基因产生 CSR

在 CSR 过程中,AID 能够攻击抗体重链基因中的 S 区,形成双链断裂。在断裂位点周围的基因可以通过重组的方式进行链接,然而中间的一段基因会被去除,细胞完成 CSR 后,能够产生相应类别的抗体

5. 浆细胞　B 细胞在经历过超突变、类别转换以及进一步的抗体亲和力成熟,最终会分

化为分泌抗体的长寿浆细胞。

浆细胞是产生抗体的工厂,其细胞质中除少量线粒体外,几乎全部是合成抗体的粗糙型内质网,细胞膜表面的 Ig 水平接近于零,并且不能够再次被抗原刺激或呈递抗原给 T 细胞识别。活化的 B 细胞在淋巴结的小结间区开始向浆细胞分化。随着细胞的分化,其 mIg、MHC 以及 CD80/86 分子表达减少,抗体分泌增加,进一步向浆母细胞(plasmablast)分化。生发中心产生的浆细胞是终末分化的细胞,通常失去了增殖和生长的能力,大部分迁移至骨髓,并在较长时间范围内持续产生抗体。

研究表明,B 细胞中一系列的转录因子控制着 B 细胞向 GC B 或浆细胞分化。Bcl - 6 基因敲除小鼠不能够形成生发中心,说明转录因子 Bcl - 6 对于维持生发中心 B 细胞的活化状态有很重要的作用。Blimp - 1 基因敲除小鼠完全失去了产生浆细胞的能力,说明转录因子 Blimp - 1 能够调节 B 细胞向浆细胞分化。同时,B 细胞谱系转录因子 Pax - 5 和 Bcl - 6 能够显著抑制与浆细胞形成相关的转录因子 Blimp - 1,而 Blimp - 1 能够下调 Pax - 5 和 Bcl - 6 的表达水平。在野生型小鼠中,B 细胞向浆细胞分化过程中,会表达大量 Blimp - 1,尤其高表达于骨髓中长寿命的浆细胞和外周淋巴组织中的早期浆细胞。表达 Blimp - 1 同时也会下调 B 细胞表面 MHC 分子,这也是导致浆细胞不能够再向 T 细胞呈递抗原的原因之一。此外,Blimp - 1 可以促进免疫球蛋白 mRNA 的可变剪切,对于抗体的成熟转录与分泌有重要的作用。

6. 记忆 B 细胞　记忆 B 细胞(memory B cell, Bm)是来源于生发中心、存活下来但未向浆细胞分化的 B 细胞。记忆 B 细胞产生后,部分留在淋巴滤泡,其余大部分进入血液参与再循环。当再一次遇到同一抗原刺激时,能够在记忆性辅助 T 细胞协助下迅速活化,产生大量抗原特异性抗体。记忆 B 细胞的表面分子标记为 CD19$^+$ CD27$^+$。记忆性 B 细胞的表型和功能与其他 B 细胞存在明显差别,其寿命较长,不分裂或分裂非常慢,膜表面表达抗原特异性 BCR,但不分泌抗体,活化阈值低,在遇到很低浓度的抗原即可被迅速激活,发生再次免疫应答。部分学者认为,FDC 表面持续存在的抗原提供了记忆性 B 细胞的存活信号。

二、 B 细胞对 TI‑Ag 的免疫应答

（一） TI‑Ag

不是所有抗体产生过程都需要 T 细胞的参与,某些 B 亚群能够在没有 T 细胞的帮助下,被特定的抗原刺激,产生特定种类的抗体。实验使用转录因子 Foxn1 突变的裸鼠,其毛发不能正常生长,并且缺失胸腺,T 细胞不能发育成熟。通过对裸鼠进行的抗原免疫实验,发现大部分蛋白质抗原都不能够引起机体产生抗体,然而一些糖类如脂多糖以及多糖类抗原对机体产生抗体的反应不产生影响。这些能够诱导无胸腺裸鼠或无成熟 T 细胞动物产生抗体的抗原都是 TI‑Ag。TI‑Ag 具有多价、重复的抗原决定簇等特征。这些抗原通常能够被 B 细胞亚群中的 B‑1 细胞以及边缘 B 细胞识别。B‑1 细胞主要产生未经超突变的 IgM 抗体。

（二）T细胞非依赖的B细胞活化特点

TD-Ag引起B细胞免疫应答需要T细胞帮助产生AID,进而通过体细胞高频突变和类别转换增加抗体的多样性。然而,TI-Ag则不需要T细胞的帮助就能活化B细胞,仅能够产生IgM类型的较低亲和力的抗体(表8-2)。根据TI-Ag结构以及激活B细胞的方式不同,又可将其分为TI-1抗原和TI-2抗原(图8-7)。

表8-2　TD-Ag与TI-Ag的特性

性质	TD-Ag	TI-Ag	
		TI-1	TI-2
化学性质	可溶性蛋白	细菌细胞壁成分	高分子蛋白抗原;荚膜多糖
体液免疫应答			
抗体类别转换	有	无	很少
亲和力成熟	有	无	无
免疫记忆	有	无	无
产生多克隆B细胞	无	有	无

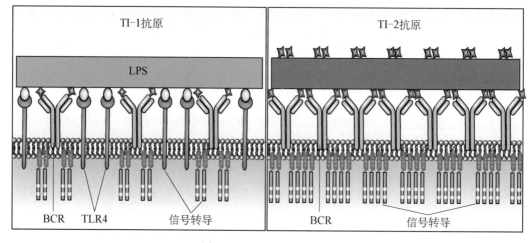

图8-7　TI-1和TI-2抗原

TI-1抗原如LPS能够与BCR及丝裂原受体结合,在没有T细胞的帮助下即可激活B细胞;TI-2抗原具有重复的抗原表位,能够通过交联多个BCR激活B细胞。

1. TI-1抗原　来源于革兰阴性菌细胞壁的脂多糖(LPS)是典型的TI-1抗原,具有单一重复的B细胞表位和丝裂原特性。在TI-1抗原如LPS高浓度的情况下,通过与B细胞表面的丝裂原受体也即模式识别受体TLR4结合,能够非特异性激活未成熟和成熟的B细胞,多克隆增殖和分化,产生低亲和力的IgM类抗体,其中仅有一小部分抗体能够与LPS特异性结合。低浓度LPS与TLR4的结合不足以激活B细胞,但可以通过LPS的B细胞抗原表位与BCR特异性结合,交联BCR与TLR4,以抗原特异性方式激活B细胞。因此,TI-1抗原在低浓度时,以抗原特异性方式激活B细胞,产生的抗体能够特异性地与该TI-1抗原结合。高浓度革兰阴性菌能够激活大量多克隆B细胞,可能导致败血症及休克。由于无需T

细胞的帮助,机体对 TI-1 抗原免疫应答发生较快,这在针对一些胞外病原体的抗感染中发挥重要作用。但 TI-1 抗原单独作用于机体时,不能够引起抗体的类别转换、亲和力成熟以及记忆 B 细胞的形成。

在人体肠道内也有很多的共生细菌含有 TI-1 抗原,这些细菌没有引起机体 B 细胞活化反应,是由于肠道内含有黏液层,将共生细菌与肠道内的淋巴细胞隔开。另外,T 细胞在肠道的数量维持在恒定水平有利于降低肠道的免疫反应,从而减少炎症的发生,保证机体肠道内共生细菌的生存环境。

2. TI-2 抗原 与 TI-1 抗原不同,TI-2 抗原主要是多糖类大分子,如荚膜细菌多糖、聚合物鞭毛蛋白,具有高度重复的 B 细胞抗原表位,但是不具有丝裂原特性。TI-2 抗原也可在无 T 细胞的帮助下,通过其高度重复性的抗原表位使 BCR 发生交联而特异性激活 B 细胞,使 B 细胞同时获得生存的第一和第二信号。此外,TI-2 抗原可以通过激活补体旁路途径、凝结素途径,结合补体分子如 C3d 和 C3dg,交联 BCR 和 CD21/CD19/CD81 进而激活 B 细胞及激活补体旁路途径、凝结素途径。通过以上几种方式,TI-2 抗原可以激活成熟的 B-1 细胞和边缘区 B 细胞。B-1 细胞主要在腹腔膜、胸腔膜和肠道固有层等处含量丰富,主要针对体腔中的抗原。而位于脾脏边缘区 B 细胞,不参与再循环。侵入血流的病原体被巨噬细胞识别捕捉后,边缘区 B 细胞能够快速对 TI-2 抗原产生免疫应答反应。

在完全没有其他细胞的帮助下,TI-2 抗原仅能够刺激一小部分 B 细胞活化。单核细胞、巨噬细胞和树突细胞通过分泌 BAFF 等细胞因子,促进 B 细胞的存活、成熟和抗体分泌。T 细胞分泌的一些细胞因子,能够促进 TI-2 抗原激活的 B 细胞产生抗体,并可发生抗体类别转换,产生 IgG。与 TI-1 不同,TI-2 抗原不能够刺激未成熟的 B 细胞,也不能够引起 B 细胞的多克隆增殖。

B 细胞对 TI-2 抗原的免疫应答反应具有重要的生理学意义。大多数胞外菌有细胞壁多糖,能够抵御吞噬细胞的吞噬消化。B 细胞所产生的针对 TI-2 抗原的抗体能够发挥调理作用,促进吞噬细胞对病原体的吞噬,并且有利于巨噬细胞将抗原呈递给 T 细胞。

三、体液免疫应答产生抗体的普遍规律

外来抗原在进入机体后能够特异性诱导 B 细胞活化,通过 SHM 和 CSR 产生高亲和力抗体,有效清除抗原。外来抗原初次刺激机体所诱发的体液免疫应答称为初次应答(primary response);在初次免疫应答中所产生的记忆细胞,当再次接触相同抗原刺激后会产生快速、高效、持久的应答,称为再次应答(secondary response),或称记忆应答(memory response)。

(一) 初次应答

在初次免疫应答中,B 细胞产生的针对特异性抗原的抗体数量少且亲和力低,其抗体产生过程可分为以下 4 个阶段。

1. 潜伏期(lag phase) 指从机体受到抗原刺激到血清中特异抗体可被检出之间的阶段。该时期可持续数小时至数周,时间的长短主要取决于侵入机体的抗原的性质、抗原侵入机体的途径、所用佐剂的类型,以及机体的状态等。

2. 对数期（log phase） 该期机体中血清抗体量呈指数增长,血清中特异抗体量增长速度的快慢主要取决于抗原侵入机体的剂量以及抗原的性质。

3. 平台期（plateau phase） 该期血清中的抗体量基本维持在相对稳定的较高水平。平台期可持续数天至数周,时间的长短依抗原不同而异,不同类型的抗原刺激,机体初次应答到达平台期所需的时间、平台的高度以及其维持的时间都各异。

4. 下降期（decline phase） 该期血清中特异抗体的浓度呈缓慢下降趋势,可持续几天至几周,取决于抗体被降解或与特异抗原结合而被清除的速度。

（二）再次应答

当同一种抗原再次进入机体时,因为初次免疫应答所产生的记忆性 T 和 B 细胞的存在,机体能够产生特异、迅速且高效的再次应答。相比于初次免疫应答,再次免疫应答时,抗体的产生有以下特征:①潜伏期持续时间短,约是初次应答潜伏期的一半;②血清中抗体浓度增加迅速,能够快速到达平台期,且平台高度相比初次应答可高 10 倍以上;③血清抗体在机体内维持时间长;④小剂量抗原即可诱发再次免疫应答;⑤相比初次应答中主要产生低亲和力的 IgM,再次免疫应答主要产生高亲和力的抗体 IgG。

再次免疫应答的强弱主要取决于机体受到两次抗原刺激的间隔时间长短:间隔越短,则应答越弱,因为再次刺激的抗原可与初次免疫应答后存留的抗体结合,通过形成抗原-抗体复合物而被迅速清除;间隔若太长,则反应也会较弱,因为记忆性 B 细胞有一定的寿命。再次应答的效应可持续数月至数年(图 8-8)。

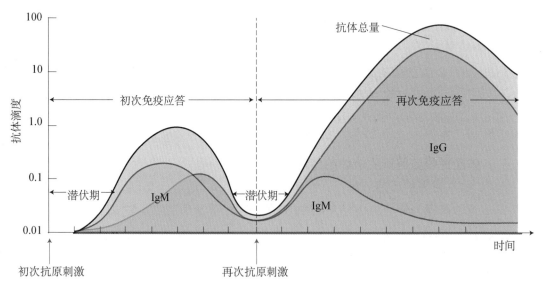

图 8-8 初次免疫应答和再次免疫应答

初次免疫应答潜伏期时间长,主要产生 IgM 且抗体维持时间短;再次免疫应答潜伏期短,反应迅速,主要产生大量 IgG 且抗体维持时间长

第三节 抗体的结构和功能

一、抗体的结构

（一）抗体的基本结构

1. **重链和轻链** 天然抗体分子的基本结构包含两条相同的重链（heavy-chain，H）和两条相同的轻链（light-chain，L）。重链的分子量为 50 000～75 000，含 450～550 个氨基酸残基；轻链的分子量约为 25 000，含约 210 个氨基酸残基。重链和轻链之间通过二硫键连接。同时链间存在诸如离子键、氢键以及疏水作用非共价相互作用，形成完整的抗体分子。链间二硫键的位置和数量随抗体的类别而异（图 8-9）。

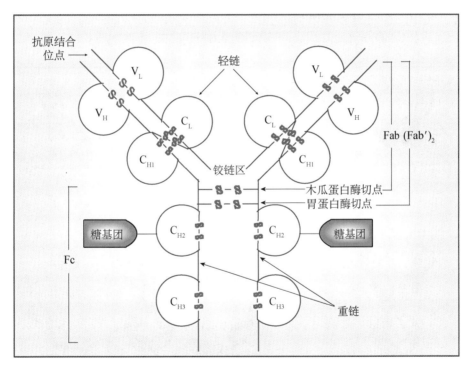

图 8-9　IgG 的构造

2. **可变区和恒定区**

（1）可变区：不同特异性抗体之间氨基酸序列的差异变化，集中于重链和轻链的近 N 端 110 个氨基酸。将这部分氨基酸序列高度变化的区域称为可变区（variable region，V），重链可变区标记为 V_H，轻链可变区标记为 V_L。抗体结合抗原的特异性，源自这些可变区氨基酸序列的差异。在 V_H 和 V_L，各有 3 个区域的氨基酸组成序列和排列顺序高度变化，称为高变区（hypervariable region，HVR）或互补决定区（complementarity determining region，CDR），因为这些部位构成是抗原表位的结合部位（antigen binding site），与抗原空间构象互补。分别用 CDR1(HVR1)、CDR2(HVR2)和 CDR3(HVR3)表示。V 区中 HVR 以外区域的氨基酸序列组成和排列顺序相对变化不大,称为骨架区(framework region,FR)。V_H和V_L各含有 3 个 CDR 和 4 个 FR。

(2) 恒定区:相对于可变区而言,靠近肽链 C 端的氨基酸序列相对恒定,变化较少,称为恒定区(constant region,C)。重链和轻链的恒定区,分别标记为 C_H 和 C_L。根据重链恒定区的差异分为 5 种类型,即 μ、γ、α、δ 和 ε,决定了 5 种抗体类别:IgM(μ)、IgG(γ)、IgA(α)、IgD(δ)和 IgE(ε)(图 8-10)。根据重链 γ 链和 α 链恒定区的一些微小差异,人类中有 α1(IgA1)和 α2(IgA2),以及 γ1(IgG1)、γ2(IgG2)、γ3(IgG3)和 γ4(IgG4)不同亚类。识别不同抗原的同一类别抗体,V 区不同,而 C 区氨基酸序列组成基本相同,免疫原性相同。同样,根据轻链恒定区的差异,分为 κ 和 λ 两型。在人类中,60% 的轻链是 κ(kappa)型,λ(lambda)型占 40%。在小鼠中,高达 95% 的轻链是 κ 型,而只有 5% 的轻链是 λ 型。一个天然抗体分子的轻链同型,重链同类。

λ 型轻链间氨基酸序列差异很小,通常用作亚型的鉴别。小鼠中有 3 种亚型,而人则有 4

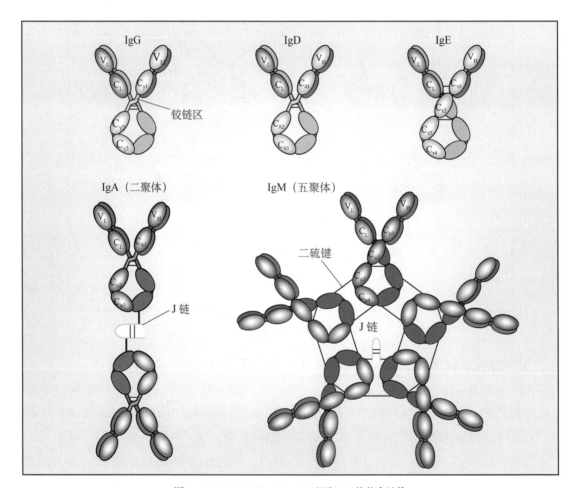

图 8-10　IgM、IgG、IgA、IgD 以及 IgE 的基本结构

种亚型。抗体是糖蛋白,连接糖基团的位点一般位于恒定区。目前对抗体上糖基团所起的作用还未充分了解,已知的是糖基团增加了抗体的可溶性。糖基团的缺失或者是在错误位置上糖基化将会影响抗体与 Fc 受体等分子的相互作用。

3. 球状结构域　Ig 分子的每条肽链可折叠成 2～5 个球状结构域(domain)或功能区。每个结构域约含 110 个氨基酸,经肽链折叠形成反向平行的 β 片层,链内二硫键连接构成稳定的"β"桶状结构,再进一步折叠成球状结构。相邻的球状结构域相互作用即组成蛋白质的四级结构。Ig 轻链含有一个 V_L 结构域和一个 C_L 结构域;重链含一个 V_H 结构域。根据抗体类别不同,IgG(γ)、IgA(α)和 IgD(δ)重链恒定区有 3 个结构域(C_H1、C_H2 和 C_H3),而 IgE(ε)和 IgM(μ)重链恒定区有 4 个结构域(C_H1、C_H2、C_H3 和 C_H4)。抗体单体含有 2 个抗原结合部位,一对 V_H 和 V_L 结构域共同构成抗体的一个抗原结合部位。恒定区因各个结构域的氨基酸序列组成特点,与多种分子、细胞表面受体相互作用,参与多种多样的生物学功能(详见"抗体功能")。

4. 铰链区　铰链区(hinge region)位于 γ、α 和 δ 重链的 C_H1 和 C_H2 之间。铰链区多肽序列富含脯氨酸和半胱氨酸,因此易弯曲和伸展,使抗体可以灵活调整其两个抗原结合部位间的距离,以利于同时结合两个抗原分子。这种现象通过电镜下观察抗原抗体复合物可以见到。不同类或亚类的 Ig 铰链区不尽相同,长度从 10 个到超过 60 个氨基酸不等。铰链区也是不同 IgG 亚类恒定区之间差异的主要部位,这也从整体上造就了 IgG 亚类不同的构型。μ 和 ε 链上没有铰链区。

（二）抗体的辅助成分

1. J 链　J 链(joining chain)富含半胱氨酸,由浆细胞合成,连接单体 IgA 和 IgM,分别形成二聚体 IgA 和五聚体 IgM。5 个单体 IgM 在重链羧基端 $C\mu4/C\mu4$ 结构域和 $C\mu3/C\mu3$ 结构域,经二硫键彼此连接在一起,并通过二硫键与 J 链连接成五聚体。

2. 分泌片（secretory piece，SP）　分泌片是多聚免疫球蛋白受体(poly-Ig receptor,pIgR)胞外段的 4 个结构域,由黏膜上皮细胞合成。新合成的 IgA 二聚体与黏膜上皮细胞基底外侧 pIgR 结合后,通过细胞内吞一起进入胞质,进一步通过酶和胞吐作用,将结合分泌片的 IgA 转运到黏膜表面,成为分泌型 IgA(SIgA)。分泌片具有保护 SIgA 的铰链区,免于蛋白水解酶降解的作用。IgM 五聚体也可以通过这种方式转运到黏膜表面。

（三）解析 IgG 抗体多链结构的经典实验

血清中 IgG 抗体的分子量大约为 150 000。IgG 结构通过以下实验得以阐明。

1. 蛋白酶水解实验　铰链区富含脯氨酸和半胱氨酸,使其容易被蛋白水解酶如胃蛋白酶和木瓜蛋白酶水解为各种片段。

（1）木瓜蛋白酶水解:用木瓜蛋白酶(papain)消化 IgG,因其作用部位在铰链区链间二硫键连接的两条重链近 N 端,会产生 3 个片段(图 8-1)。其中的两个片段完全相同,分子量约45 000,称为 Fab 片段(fragment of antigen binding, Fab)。Fab 由重链的 V_H 和 C_H1 结构域,以及一条完整的轻链(V_L 和 C_L)组成,只能结合单个抗原表位。第三个片段分子量约 50 000,因冷却时会出现结晶,称为 Fc 段(fragment crystallizable, Fc)。Fc 段由一对 C_H2 和 C_H3

结构域组成,不具抗原结合活性,却是抗体与补体和细胞表面 Fc 受体(FcR)相互作用的部位。

(2)胃蛋白酶水解片段:用胃蛋白酶(pepsin)消化 IgG,因其作用部位在铰链区链间二硫键连接的两条重链近 C 端,产生一个分子量 100 000 的 F(ab')$_2$ 片段和一些小片段。F(ab')$_2$ 片段由 2 个 Fab 和铰链区组成,含有两个抗原结合位点。

2. 巯基乙醇还原实验　IgG 包含两条相同重链和两条相同轻链,链间经二硫键连接。通过巯基乙醇可以还原和烷基化单体重链或者轻链,将 IgG 肽链内和肽链间二硫键不可逆地打断;然后,根据分子大小过柱层析,发现 IgG 具有分子量 50 000 的重链和 25 000 的轻链。

(四)免疫球蛋白上的抗原决定簇

抗体属于糖蛋白,它们本身可以作为免疫原来诱导抗体反应。在免疫球蛋白分子上的抗原决定簇或表位可分为 3 类:同种型(isotypic determinant),同种异型(allotypic determinant)以及独特型(idiotypic determinant)。

1. 同种型(isotype)　同种型抗原表位位于同种抗体的恒定区,可刺激异种动物产生针对该抗体的免疫应答,是种属标记。

2. 同种异型(allotype)　同种异型表位位于同一种属的不同个体来源抗体的恒定区,可刺激不同个体产生针对该抗体的免疫应答,是个体遗传标记。

虽然同一种属遗传相同一套的同种型基因,但个体间有等位基因的存在,编码 1～4 个氨基酸序列的差异是同种异型抗原决定簇存在的基础。IgA2 有两种亚型:A2m(1)和 A2m(2)。κ 轻链有 3 种同种异型抗原决定簇:κm(1)、κm(2)以及 κm(3)。如 Balb/c 与 C57BL/6 小鼠来源的 IgG 有不同的同种异型。

3. 独特型(idiotype, Id)　独特型表位存在于同一个体来源的抗体分子的可变区。抗体 V$_H$ 和 V$_L$ 独特的氨基酸序列,不仅是抗原结合位点,也是构成独特型表位的基础。独特型在异种、同种异体和同一个体内均可刺激产生抗独特型抗体。体内产生抗独特型抗体的前提条件是某个抗原特异性 B 细胞克隆经抗原激活后,大量扩增致该独特型超过免疫系统感知的阈值。

二、抗体介导的效应功能

(一)抗体的 Fc 受体

抗体通过特异性识别病原体,引发免疫效应功能,最终清除病原体,防御疾病。抗体可变区是抗原结合部位,而重链恒定区是抗体与其他分子、细胞和组织之间相互作用的部位,从而执行抗体的效应功能。抗体的很多效应功能和重链恒定区(Fc)与细胞表面的 Fc 受体相互作用有关。许多细胞表面表达不同类或亚类免疫球蛋白 Fc 受体,如中性粒细胞、肥大细胞、巨噬细胞、嗜酸性粒细胞和 NK 细胞等固有免疫细胞。各类及亚类抗体分子通过与其对应的 Fc 受体结合,募集到相应的固有免疫细胞,参与体液免疫应答的效应阶段。

至今已发现有多种 Fc 受体存在。IgG 抗体的 Fc 受体(FcγR)有 3 类,分别为 FcγRⅠ(CD64)、FcγRⅡ(CD32)和 FcγRⅢ(CD16),与不同的 IgG 亚类的亲和力有所不同。其他

Fc受体包括IgA的受体FcαR(CD89)、IgA和IgM的受体FcαμR(CD35)、IgE的受体FcεR[分为FcεR Ⅰ和FcεR Ⅱ(CD23)],以及最新发现的IgM的受体FcμR。Fc受体通常是信号转导复合物的一部分。在多数情况下,这些受体通过抗原抗体复合物的交联来启动信号转导的级联放大,实现吞噬细胞的胞吞、肥大细胞和嗜酸性粒细胞的脱颗粒以及ADCC(详见"抗体的主要功能")等。IgG Fc受体在调控血清IgG水平中也起到重要的作用。

(二)抗体的主要功能

1. 特异性识别抗原 抗体分子有H_2L_2或者$(H_2L_2)_n$的结构:IgG、IgE和IgD是单体,分泌型IgM是五聚体,分泌型IgA则是二聚体。因此,抗体分子结合抗原表位的数目不尽相同。抗体结合抗原表位的个数称为抗原结合价。单体抗体有两个抗原结合部位,因而是2价;分泌型IgA是4价;五聚体IgM因立体构象的空间位阻,实际为5价。抗体的单个抗原结合部位(Fab)与单价抗原(或表位)的结合,称为亲和力(affinity),整个抗体分子与抗原之间的总结合力称为亲合力(avidity)。五聚体IgM,大大提升了IgM整体的抗原结合能力。

当抗体可变区与病原微生物及其产物结合后,能够封闭病原体和毒素的毒力结构,起到中和毒素以及阻止病原微生物侵袭和感染组织的作用。

2. 激活补体系统 结合抗原的IgG1～IgG3和IgM抗体,构型发生改变,暴露C_H2(IgG)和C_H3(IgM)结构域的补体结合位点,激活补体的经典途径。IgG4、IgA和IgE凝聚体也能直接激活补体旁路途径。激活补体系统,最终生成攻膜复合物(membrane attack complex,MAC),介导溶细胞和溶菌效应。

3. 结合Fc受体

(1)调理作用(opsonization):调理作用是指在抗感染过程中,抗体促进巨噬细胞和中性粒细胞吞噬外来病原微生物抗原的功能。结合细菌的IgG抗体,以其Fab段结合抗原,Fc段与巨噬细胞和中性粒细胞表面的IgG Fc受体(FcγR)结合,促进吞噬细胞的吞噬作用和氧化性爆发(oxidative burst)等。吞噬细胞Fc受体和抗体结合后有着与抗原抗体相似的靶抗原,使得这些抗原能够与膜上受体结合。FcγR和抗体Fc段的结合交联参与信号传递。补体活化片段C3b等可直接结合于病原微生物表面,抗原-抗体-补体复合物和吞噬细胞表面的FcγR以及补体受体结合,发挥联合促调理作用。

(2)抗体依赖的细胞介导的细胞毒作用(antibody-dependent cell-mediated cytotoxicity,ADCC):IgG抗体通过其可变区与肿瘤细胞或病毒感染细胞表面的肿瘤或病毒抗原结合,通过抗体Fc段与表达FcγR的NK细胞和巨噬细胞结合,增强NK细胞和巨噬细胞对肿瘤细胞和病毒感染靶细胞的杀伤作用。

(3)介导Ⅰ型超敏反应:变应原初次进入体内,刺激机体产生IgE抗体。IgE抗体通过其Fc段结合在表达FcεRI的肥大细胞表面,致敏肥大细胞。当变应原再次进入体内时,变应原通过与结合在肥大细胞表面的2个以上相邻IgE结合而交联FcεRI,激活肥大细胞脱颗粒,释放组胺、白三烯等生物活性介质,介导Ⅰ型超敏反应。

(4)穿过胎盘和黏膜:抗体从黏膜下分泌到黏膜表面,需要免疫球蛋白穿越上皮细胞层,这个过程称为转胞吞作用(transcytosis)。位于黏膜上皮细胞表面的多聚免疫球蛋白受体(poly-Ig receptor,pIgR)能够将 IgA 二聚体转运到呼吸道和肠道黏膜表面,参与黏膜免疫。在孕期,胎盘母体一侧的滋养层细胞表达新生 Fc 段受体(neonatal FcR,FcRn),从母体将 IgG 转运至胎儿血液循环。IgG 从母体运送至胎儿是一种自然的被动免疫,对于发育中的胎儿获得母体的抗体以抵御外界病原的侵袭以及新生儿抗感染有重要意义。

三、各类免疫球蛋白的生物学特性

1. 免疫球蛋白 G(IgG) IgG 是血清和体液中主要的一类免疫球蛋白,占血清 Ig 总量的 80%,是抗感染的主力军。再次免疫应答产生的抗体主要是 IgG。根据铰链区结构以及重链间二硫键的位置和数量,人 IgG 有 4 个亚类,即 IgG1、IgG2、IgG3、IgG4。IgG1、IgG3 和 IgG4 可以穿过胎盘屏障,保护发育中的胎儿和新生儿抗感染。激活补体经典途径的能力依次为 IgG3>IgG1>IgG2。IgG4 不能激活补体经典途径。IgG 抗体与吞噬细胞和 NK 细胞表面的 FcγR 结合,发挥调理作用和 ADCC 作用。

2. 免疫球蛋白 M(IgM) 单体 IgM 的分子量在 180 000 左右,作为抗原识别受体,以 mIgM 表达在 B 细胞表面。最早出现在 B 细胞表面的 BCR 是 mIgM,未成熟 B 细胞只表达 mIgM。

浆细胞分泌的 IgM 是五聚体,因分子量大不能透过血管壁,主要存在于血液中,占血清 Ig 总量的 5%~10%,平均浓度在 1.5 mg/ml。五聚体 IgM 较 IgG 有更强的结合抗原和激活补体的能力。IgM 是机体受到外界抗原刺激后最早产生的抗体类别,参与早期抗感染,可用于感染早期诊断。IgM 也是个体发育最早合成和分泌的抗体,脐带血中如抗某些病毒特异性 IgM 抗体增高,则提示宫内感染。

3. 免疫球蛋白 A(IgA) IgA 有血清型和分泌型。血清型 IgA 是单体,占血清 Ig 总量的 5%~10%。分泌型 IgA 为二聚体,主要存在于乳汁、唾液、泪液,以及呼吸道、消化道和泌尿生殖道黏膜表面,通过抗体中和作用参与局部黏膜保护。同时,母乳喂养使婴儿从母乳中获得分泌型 IgA,是重要的自然被动免疫。

4. 免疫球蛋白 E(IgE) IgE 在正常人血清中含量最少,平均浓度只有 0.3 μg/ml。IgE 抗体主要由黏膜下淋巴组织中的浆细胞合成和分泌。IgE 抗体具有亲细胞性的特点,其 C_H2 和 C_H3 结构域与肥大细胞和嗜碱性粒细胞表面的高亲和力 FcεRI 结合,变应原通过结合 IgE 交联 FcεRI,促细胞脱颗粒释放生物活性介质,介导 I 型超敏反应。此外,IgE 抗体参与抗寄生虫感染。

5. 免疫球蛋白 D(IgD) IgD 在正常人血清中含量很低,约 30 μg/ml,占血清 Ig 总量的 0.3%。IgD 分为血清型和膜型。血清型 IgD 的生物学功能尚不清楚;未成熟 B 细胞仅表达 mIgM,同时表达 mIgD 和 mIgM,是成熟的初始 B 细胞的重要标记。B 细胞活化后,其细胞表面的 mIgD 逐渐消失。但其生物学功能目前还不清楚。

表 8 - 3　免疫球蛋白的分子特征和生物学功能

特征/功能	IgG1	IgG2	IgG3	IgG4	IgA1	IgA2	IgM	IgE	IgD
分子量($\times 10^3$)	150	150	150	150	150～600	150～600	900	190	150
重链成分	$\gamma 1$	$\gamma 2$	$\gamma 3$	$\gamma 4$	$\alpha 1$	$\alpha 2$	μ	ε	δ
正常血清水平(mg/ml)	9	3	1	0.5	3.0	0.5	1.5	0.000 3	0.03
体内血清半衰期(天)	23	23	8	23	6	6	5	2.5	3
激活经典补体途径	+	+/-	++	-	-	-	+++	-	-
穿过胎盘	+	+/-	+	+	-	-	-	-	-
成熟 B 细胞膜上表达	-	-	-	-	-	-	+	-	+
与巨噬细胞 Fc 受体结合	++	+/-	++	+	-	-	?	-	-
黏膜运输	-	-	-	-	++	++	+	-	-
诱导肥大细胞脱粒	-	-	-	-	-	-	-	+	-

诱导活性水平：++高；+适中；+/一低；一无；? 存疑

四、 抗体在医学生物学方面的应用

（一）多克隆抗体

用天然抗原免疫动物后产生的抗体,是针对该抗原上不同抗原表位的多克隆抗体(polyclonal antibody)。获得多克隆抗体的途径有动物免疫血清、恢复期患者血清或免疫接种人群。多克隆抗体的优点是：具备中和抗原、调理作用、ADCC 等,来源广泛、制备容易;缺点是特异性不高、血清交叉反应、不易大量制备等。

（二）单克隆抗体

1. 单克隆抗体技术　1975 年,Georges Köhler 和 Cesar Milstein 建立了单克隆抗体技术,并因此获得了 1984 年诺贝尔生理或医学奖。该技术将可产生特异性抗体的短寿 B 细胞与骨髓瘤细胞融合,产生杂交瘤细胞(hybridoma)。杂交瘤细胞既有骨髓瘤细胞永生的能力,也具备 B 细胞分泌抗原特异性抗体的功能。经过筛选和克隆化,杂交瘤细胞仅能合成和分泌针对单个抗原表位的单克隆抗体(monoclonal antibody,mAb)。其特点是特异性高、无血清交叉反应、可以体外大量制备。

2. 单克隆抗体在临床上的重要应用　单克隆抗体已广泛应用于疾病诊断、医疗影像以及生物导向药物制备等,成为生物医药行业非常有开拓前景和经济价值的技术和领域。最初作为体外诊断试剂,体内使用放射性标记的单克隆抗体来标记和追踪肿瘤抗原,实现对肿瘤转移与否的早期诊断。生物导向药物,如将肿瘤特异性单克隆抗体与致死毒素偶联制备免疫毒素,在治疗白血病、淋巴瘤以及其他一些癌症方面有重大的治疗价值,但有效性和安全性还在研究中。近年来,利用 CTLA - 4 以及 PD - 1 阻碍抗体来激活肿瘤特异性 T 细胞,在治疗肿瘤方面取得有效的成果。

3. 抗体酶是能够催化反应的单克隆抗体　抗体与抗原的结合在很多方面类似于酶与底物的结合,如非共价相互作用、高亲和性和高特异性。两者间的区别在于抗体不改变抗原,而酶改变了底物的组成。但是,抗体的特异性能够稳定结合底物的过渡态,从而降低了底物化学改变所需的活化能。两者之间的相似性使得人们去寻找一种具有酶活性的抗体。我们通过合成一种半抗原,这种半抗原结构上类似于酯水解中的过渡态,对小鼠脾细胞免疫,然后与骨髓瘤细胞融合,制备单克隆抗体,获得单克隆抗半抗原的单克隆抗体。将这个单克隆抗体与酯底物共孵育,发现部分底物水解速度提高了100倍。这种抗体酶(abzyme)的催化活性是高度特异性的,具有抗体和酶双功能。催化性抗体的研究目标在于寻找一种类似于限制性酶的抗体酶,在特异位点酶切肽键。这种抗体酶在蛋白的结构和功能研究中将是无价之宝。

(三)基因工程抗体

通过基因工程技术制备基因工程抗体(genetically engineering antibody),如人-鼠嵌合抗体(chimeric antibody)、人源化抗体(humanized antibody)、双特异性抗体(bispecific antibody)、Fab抗体以及可变区仅含单一CDR结构的最小识别单位(minimal recognition unit,MRU)等。优点是有单克隆抗体的特异性和均一性,又能避免鼠源性抗体的弊端。

(王继扬)

第九章 黏膜免疫

自 20 世纪 60 年代黏膜免疫概念产生以来，黏膜免疫系统作为机体相对独立的免疫系统，一直被国内外学者所关注。机体黏膜组织是机体与外部环境进行交流的场所，黏膜表面与外界抗原(如食物、共生菌、有害病原体等)直接接触，是机体受威胁最大的部位，机体 95% 以上的感染发生于黏膜或从黏膜入侵。为了预防局部黏膜疾病的发生，黏膜组织形成了严密的防御体系即黏膜免疫系统，其为机体抵抗病原微生物入侵的第一道免疫屏障。通过黏膜免疫后，黏膜局部的抗体比血清抗体出现得早，效价高，且维持的时间长。黏膜免疫系统(mucosal immune system，MIS)包括广泛分布于呼吸道、胃肠道、泌尿生殖道黏膜下及一些外分泌腺体(唾液腺、泪腺、乳腺)处的淋巴组织，是执行局部特异性免疫功能的主要场所。黏膜免疫系统由肠黏膜相关淋巴组织(gut-associated lymphoid tissue，GALT)、支气管黏膜相关淋巴组织(bronchial-associated lymphoid tissue，BALT)、眼结膜相关淋巴组织(conjunctival-associated lymphoid tissue，CALT)和泌尿生殖道黏膜相关淋巴组织(urogenital-associated lymphoid tissue，UALT)4 部分构成，统称为黏膜相关淋巴组织(mucosal-associated lymphoid tissue，MALT)。黏膜免疫系统在体内覆盖范围广，是机体整个免疫网络的重要组成部分，是具有独特结构和功能的独立免疫体系。它在抵抗感染方面起着极其重要的作用，是机体抵抗感染的第一道防线。

第一节　黏膜免疫系统的组成

黏膜免疫系统担负着哨兵的责任，区分无害与有害以决定是"放过去"(耐受)还是"拦下来"(免疫反应)。黏膜免疫系统包括那些与身体内表面相关的淋巴组织，是由分布于胃肠道、上下呼吸道、泌尿生殖道、外分泌腺(即泪道、唾液分泌管、胰腺和乳腺)黏膜内的淋巴组织组成的，占据了机体淋巴组织的大部分，包括肠黏膜相关淋巴组织(GALT)、支气管黏膜相关淋巴组织(BALT)、眼结膜相关淋巴组织(CALT)和泌尿生殖道黏膜相关淋巴组织(UALT)，它们在抗感染免疫反应中起着非常重要的作用(图 9 - 1)。其中消化道黏膜是吸收、消化和交换营养物质的场所，面积巨大，分布于人的胃肠道面积有 400 平方米，200 倍于皮肤表面。与外周免疫系统(如淋巴结和脾脏)迥然不同，黏膜免疫系统具有其独特的解剖学结构、免疫细胞和分子组成。如黏膜免疫系统主要是通过 sIgA 和 IgM 发挥作用，slgA 可以阻止微生物在黏膜上皮层驻扎繁殖，禁止它们进入上皮层。黏膜免疫系统独特的位置、高度完整性和完善的调节作用能使宿主一方面不受病原体的伤害，另一方面使机体对普通的

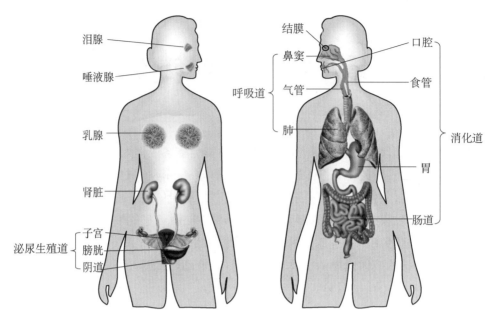

图 9-1　人体的黏膜组织分布

食物抗原和正常微生物产生免疫耐受。从数量上说,黏膜免疫系统是免疫系统中最大的,这里淋巴细胞的数量比其他部位的总和还要多,体内 60％的 T 细胞分布于黏膜组织。

黏膜免疫系统按解剖和功能分为诱导部位和效应部位。诱导部位指黏膜免疫系统中首先接触抗原的部位。如 GALT、BALT 和近年发现的 CALT 等。黏膜免疫诱导过程为抗原物质活化淋巴细胞即抗原呈递,然后淋巴细胞从黏膜诱导位点回到相应黏膜组织,如消化道黏膜免疫系统的传入诱导部分存在于派氏小结(Peyer patch,PP 结)和淋巴滤泡。在诱导部位,幼稚 B 细胞和 T 细胞与摄入的抗原接触后进行克隆选择并进行增殖。黏膜免疫应答的效应部位广泛分布于肠道、呼吸道和生殖道以及分泌腺组织如乳腺、唾液腺和泪腺等黏膜固有层和上皮内的散在或相对密集的免疫细胞(包括上皮内淋巴细胞、固有层淋巴细胞)。因此,在 MALT 中接触抗原后,黏膜淋巴细胞离开诱导部位,回到黏膜效应组织发挥作用。

黏膜免疫系统在结构和功能上均有别于传统的系统免疫系统,主要表现在以下几个方面:①MIS 是大量免疫细胞和免疫分子弥散在黏膜上皮内或黏膜下固有层(弥散淋巴组织),或由单个或多个淋巴滤泡聚集成的 MALT,包括 GALT、BALT 和鼻相关淋巴组织(NALT)等。机体 50％以上的淋巴组织和 80％以上的免疫细胞集中于黏膜免疫系统。②MIS 分泌一类黏膜相关免疫球蛋白,即 slgA 和 sIgM。③MIS 内有一类能下调全身免疫应答的效应性 T 细胞。④MIS 按功能不同可分为两个部位:诱导部位和效应部位。前者主要指 MALT,后者主要包括固有层、上皮内淋巴细胞和一些外分泌腺(如泪腺、唾液腺和乳腺等)。⑤在诱导部位和效应部位间,主要通过淋巴细胞归巢发生联系。即在一个诱导部位致敏的免疫细胞,经胸导管进入血循环,逐步分化成熟,在特异性归巢受体(homing receptor)的介导下,多数免疫细胞(约80%)归巢到抗原致敏部位(即诱导部位的黏膜固有层或上皮内)发挥效应功能。由此使黏膜免疫相对独立于系统免疫,表现为局部性。另外,约20%的免疫细胞进入其他黏膜部位,发挥效应功能,使不同黏膜部位的免疫反应相关联。因此,有人把从黏膜诱导部位归巢到效应部位这一功能上相联的系统统称为共同黏膜免疫系统(common mucosal immune system)。⑥MIS的主要功能是对黏膜表面吸入或食入的大量种类繁多的抗原进行识别并作出反应,既可对大量无害抗原下调免疫反应或产生耐受,又可对有害抗原或病原体产生高效体液和细胞免疫,进行有效免疫排斥(exclusion)或清除(elimination)。

MALT 是由于炎症和自身免疫反应等在黏膜内所形成的相关淋巴组织,分布于肠、胃、气管、眼结膜和扁桃体等器官的黏膜内。以肠道黏膜免疫系统(图9-2)为例对黏膜免疫系统进行描述。GALT 由 PP 结、肠系膜淋巴结(mesenteric lymph node,MLN)以及分散在黏膜固有层(lamina propria)和肠上皮中的大量淋巴细胞组成。GALT 是 IgA$^+$ B 细胞和记忆 T 细胞定位的所在地,发挥免疫效应作用。胃肠道黏膜免疫系统所分泌的免疫球蛋白主要是slgA 等,胃肠道尤其是结肠的黏膜相关淋巴组织在免疫应答的急性期起主要作用。

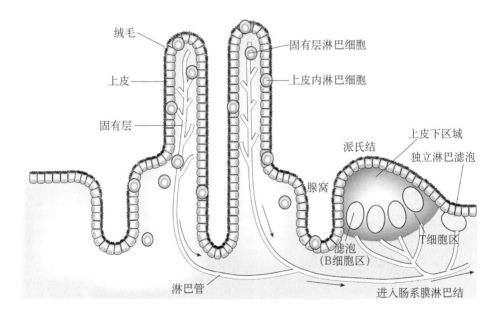

图9-2 胃肠道黏膜免疫系统

1. 派伊尔结(PP 结) PP 结又称肠集合淋巴结,是分布于肠系膜缘对侧肠壁黏膜或黏膜下,由多个淋巴滤泡聚集成高度器官化的黏膜相关淋巴组织(O-MALT)。形态学上为一种长25 cm、白色椭圆形微微隆起的结构,凸现在小肠中肠系膜的对侧,与肠腔仅隔一层立方上皮细胞,这层上皮细胞也很特别,被称为滤泡相关上皮(FAE)。PP 结有传出淋巴管,但没有传入淋巴管,这一结构特点在淋巴组织中是独特的。PP 有明确的 T 细胞区和 B 细胞区,是典型的二级淋巴器官。其中 B 细胞主要分布在淋巴滤泡,淋巴滤泡受抗原刺激形成生发中心,内含大量增殖淋巴母细胞,多数为 IgA$^+$ 细胞,少数 IgM$^+$、IgD$^+$ 细胞位于滤泡间区。

T 细胞主要位于滤泡间区,包括 CD4$^+$ T 细胞和 CD8$^+$ T 细胞,其中 95% 以上的 T 细胞表达 αβTCR,小部分表达 γδTCR,在 PP 结中,50%~60% 的 αβTCR T 细胞是 CD4$^+$ T 细胞,其余为 CD8$^+$ T 细胞。黏膜相关淋巴组织所在的黏膜上皮有一种特殊的上皮细胞:微皱折细胞(microfold cell,M 细胞)。M 细胞是一种扁平上皮细胞,其浆细胞中含有大量的吞饮小泡,但完全缺乏分解蛋白的溶酶体。M 细胞能输送抗原性物质透过黏膜,并启动免疫反应。由于 PP 结含有各种必需的免疫活性细胞,一般认为 PP 结是黏膜免疫反应的主要诱导部位。

2. 肠系膜淋巴结(MLN) MLN 也是二级淋巴器官,与 PP 结通过淋巴管道相连,又经胸导管外通血液,是黏膜与外周免疫系统的中转站。PP 结与 MLN 是免疫应答的传入淋巴区,又称诱导区,抗原由此进入 GALT,被抗原呈递细胞捕获、处理和呈递给免疫活性细胞,诱发免疫应答。同时,MLN 作为黏膜免疫诱导部位产生 IgA 抗体以利于肠黏膜吞噬细胞对共生菌的毁损。

3. 黏膜固有层(LP)和肠上皮中弥散的大量淋巴细胞 黏膜固有层(LP)和肠上皮中弥散的大量淋巴细胞是免疫应答的传出淋巴区,又称效应区,含有免疫系统的大多数成分:大量的 B 细胞、浆细胞、巨噬细胞(Mφ)、树突细胞(DC)和 T 细胞。LP 中的 T 细胞主要是 CD4$^+$ T 细胞(占 60%~70%),其中绝大多数(95%)表达 αβTCR。CD8$^+$ T 细胞占 30%~40%,是溶细胞效应细胞。另外 10% 的巨噬细胞、5% 的粒细胞、1%~3% 的黏膜肥大细胞也是黏膜固有层中主要细胞类型。浆细胞和致敏淋巴细胞通过归巢机制迁移至弥漫淋巴组织,抗体和致敏淋巴细胞在此发挥生物学功能。

4. 小肠黏膜上皮内淋巴细胞(IEL) 小肠黏膜上皮内淋巴细胞与 GALT 构成一个复杂的免疫体系。IEL 主要见于小肠黏膜绒毛上皮细胞之间,95.2% 位于上皮基底层,3.7% 在上皮核层,1.1% 在顶端。其上方为上皮细胞的紧密连接,下方为基底膜。肠道黏膜上皮为小肠黏膜内淋巴细胞的分化、成熟及功能的实施提供了一个良好的微环境。IEL 中主要是 CD8$^+$ T 细胞。在小鼠中大多数 IEL 是 γδTCR CD8$^+$ T 细胞,另外 20%~40% 的 IEL 表达 αβTCR,αβTCR 的表达取决于肠腔中抗原刺激水平,成年鼠的 αβTCR 表达可高达 75%。与小鼠不同,人绝大多数 IEL 是 αβTCR CD8$^+$ T 细胞,γδTCR CD8$^+$ T 细胞只占人类 IEL 的小部分(5%~30%)。这些淋巴细胞与相邻上皮细胞及基底膜之间未见桥粒和其他粘连形式。动物实验发现,经环磷酰胺等药物处理后,卵白蛋白能诱导 IEL 数目的增加、肠上皮细胞更新以及肠系膜淋巴结中 T 细胞致敏,提示食物抗原的局部致敏作用通常是处于抑制状态。其主要机制可能为正常 IEL 也具有抗原呈递功能,可将抗原呈递给 T 细胞。食物蛋白经肠道酶降解后,被消化的可溶性抗原主要通过肠上皮细胞吸收,具有呈递功能的 IEL 主要是选择性活化 Treg 细胞,从而导致对食物蛋白的特异性耐受。另一方面,IEL 对病毒感染有免疫监视作用,具有自然杀伤活性。其能以非 MHC 限制的方式直接识别未加工的抗原,产生溶细胞活性,能杀死和清除病毒感染或损伤的上皮细胞。

第二节　黏膜免疫系统功能特征

　　很多疾病是病原体通过黏膜侵入人体导致的,如肺结核、急性呼吸道疾病、麻疹、梅毒等传染性疾病。肠黏膜与肠腔内大量细菌及毒素广泛接触,是机体最重要的屏障,也是机体受威胁最大的部位,机体 95% 以上的感染发生于黏膜或从黏膜入侵。同时黏膜表面也是非病原体外来抗原的进入门户,最常见的是人们每日摄取的大量食物蛋白通过胃肠道黏膜吸收进入体内。肠道中还有大量的共生微生物(commensal microorganism),它们大多数并不导致疾病,并有益于宿主人体。肠道菌群间互相保持着共生或拮抗关系,它们以宿主摄取的食物以及分泌于消化道内的各种成分作为营养,从而不断地增殖和被排泄,它们与宿主的健康、疾病有着极其密切的联系。肠道正常菌群被破坏后,其他致病菌(如艰难梭菌)就可以入侵胃肠道(图 9-3)。作为外源性的食物蛋白和共生细菌是能够被人体的特异性免疫系统识别的,但实际上如果对这些无害的抗原都进行免疫反应,将是无效和不恰当的。这些异常的免疫反应常常与一些疾病相联系,如小麦蛋白导致的乳糜泻和炎性肠病克罗恩病(Crohn's disease)。

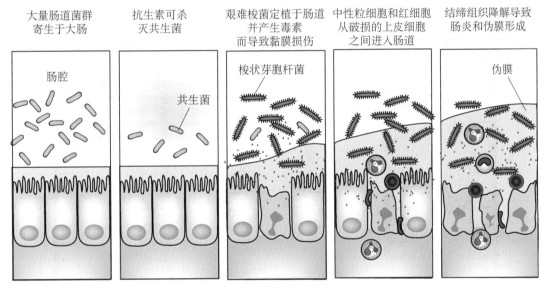

图 9-3　肠道正常菌群被破坏后,艰难梭菌入侵胃肠道

　　黏膜免疫系统的淋巴器官的基本特性:①接近抗原;②局部可诱导特异性免疫应答,诱导和效应位点的区域化;③无 MHC 限制性;④易诱导免疫耐受;⑤对正常菌群无应答。

一、黏膜免疫系统中的相关免疫细胞

　　肠道屏障功能是指正常肠道具有较为完善的功能隔离带,可将肠腔与机体内环境分隔开来,防止致病性抗原侵入的功能。肠道屏障包括机械、化学、生物及免疫屏障,这 4 个功能相对独立又密切联系,共同构成了一个复杂有序的屏障网络。免疫屏障包括肠相关淋巴组织和弥散免疫细胞,对于预防肠源性感染具有重要意义。但正是由于黏膜表面覆盖有一层上皮细胞,正常情况下抗原无法直接接触到肠黏膜下淋巴组织而诱导免疫反应,所以肠黏膜表面的抗原就需要黏膜免疫系统中的相关淋巴细胞进行摄取和转运来引发免疫反应。

肠相关淋巴组织主要指分布于肠道的集合淋巴小结(即 PP 结),是免疫应答的诱导和活化部位;弥散免疫细胞则是肠黏膜免疫的效应部位,这些免疫细胞如树突细胞(dendritic cell,DC)、巨噬细胞(macrophage)和免疫分子分散在黏膜上皮内或黏膜下固有层,或由单个或多个淋巴滤泡聚集成黏膜相关淋巴组织(MALT)(图 9 - 4)。包括:肠相关淋巴组织(GALT)、支气管相关淋巴组织(BALT)和鼻相关淋巴组织(NALT)等。机体 50% 以上的淋巴组织和 80% 以上的免疫细胞集中于黏膜免疫系统。小肠黏膜上皮内淋巴细胞在肠道免疫防御中起着重要作用,具有抑制黏膜超敏反应、中和外源细胞毒作用及分泌淋巴因子等多种功能。

黏膜免疫系统由固有层和上皮层两部分组成　　固有层的免疫细胞　　上皮层的免疫细胞

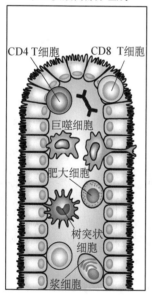
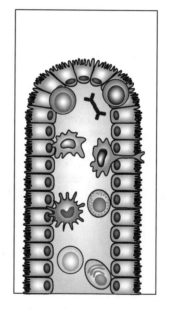
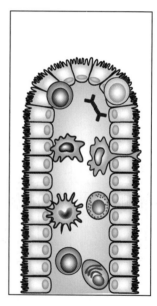

图 9 - 4　黏膜固有层和肠上皮层中的弥散免疫细胞

1. M 细胞　在 MALT 表面覆盖的滤泡相关上皮(FAE)内有一种特化上皮细胞,负责抗原的转运,因其有较短的微绒毛和较多的微皱折称为微皱折细胞(microfold cell,M 细胞)。M 细胞能从肠腔摄入抗原,跨上皮转运、传递给其下方的淋巴组织,在诱导黏膜和系统免疫反应中起重要作用。当黏膜表面抗原与 M 细胞膜结合后,M 细胞将其吞入,形成吞饮小泡并转至细胞胞外一侧与胞膜融合,将抗原释放到上皮下区域。M 细胞基底膜深陷形成一上皮内凹腔,腔内聚集着 B 细胞、T 细胞及少量的巨噬细胞。M 细胞顶部和周边胞质很薄,终末网不发达,有丰富的囊泡和较多的线粒体,缺乏溶酶体和酸性磷酸酶样结构。其基底膜通常是不连续的,可允许淋巴细胞自由通过,缩短了吞饮小泡跨越 M 细胞的距离,有利于抗原转运细胞的功能,使抗原快速进入上皮淋巴组织(图 9 - 5)。

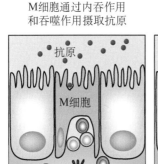
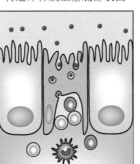
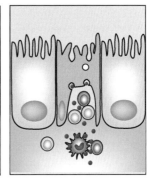

图 9 - 5 M 细胞从肠腔摄取抗原、跨上皮转运至 DC 而活化 T 细胞

2. 黏膜层淋巴细胞(LPL) LPL 是黏膜上皮固有层中的淋巴样细胞,为混合细胞群,富含 T 细胞、B 细胞、NK 细胞等。LPL 中的 B 细胞以 IgA 型为主,黏膜炎症性疾病时,各类型 B 细胞,尤其是 IgG 型 B 细胞数目增加,分泌细胞因子,中和外来抗原;肠 IgA$^+$ 浆细胞分别来源于肠 PP 结、孤立淋巴结的 B2 细胞和腹膜腔的 B1 细胞。肠黏膜固有层 T 细胞主要是 CD4$^+$ T 细胞(60%~70%),显示辅助细胞功能,并主要为 CD4$^+$ Th2 细胞。CD4$^+$ T 细胞中绝大多数(95%)表达 αβTCR;CD8$^+$ T 细胞占 30%~40%,是溶细胞效应细胞。另外 10% 的巨噬细胞、5% 的粒细胞、1%~3% 的黏膜肥大细胞也是黏膜固有层中的主要细胞类型。

3. 肠上皮细胞(IEC) IEC 除了起到天然防御屏障的作用,还是一种特殊的 APC。不同于经典的 APC,IEC 可表达 MHC Ⅰ、MHC Ⅱ 类分子抗原和 CD1 抗原,从而选择性地将抗原有效地呈递给 IEC 下面与之相邻的淋巴细胞,发挥抗原呈递功能;肠上皮细胞之间以紧密连接为主,其刷状缘表面的碱性磷酸酶与 sIgA、杯状上皮细胞分泌的黏液发挥机体与外界的屏障功能,阻止绝大部分外来致病原侵入。IEC 可摄取可溶性多肽抗原,并调节免疫细胞的发生、分化、增殖,产生大量参与黏膜免疫调节的细胞因子如 IL - 4、IL - 10;IEC 可通过产生分泌片并有效转运 sIgA 从黏膜固有层进入肠腔,参与 sIgA 的分泌;IEC 参与免疫耐受,其分泌的 TGF - β 等抑制性因子可介导免疫耐受的主动抑制。

4. 肠上皮内淋巴细胞(IEL) IEL 是位于黏膜上皮基膜上的一群淋巴样细胞,是免疫效应细胞,具有抗原特异性辅助功能和 NK 细胞的活性。IEL 主要为 CD8$^+$ T 细胞,具有细胞杀伤作用;IEL 可表达 CD69 和 αEβγ 整合素;能分泌 IFN - γ、IL - 2、IL - 5、IFN - α 等细胞因子;IEL 具有自然杀伤活性,能以非 MHC 限制的方式直接识别未加工的抗原,产生溶细胞活性,能杀死和清除病毒感染或损伤的上皮细胞,对病毒感染有免疫监视作用。

二、 黏膜免疫系统的淋巴器官接近抗原

黏膜免疫系统直接通过黏膜表面上皮细胞,尤其是 M 细胞接受抗原。肠腔抗原被 M 细胞摄取运送到 PP 结,经 APC 加工呈递给 T 细胞,淋巴滤泡被激活,产生高亲和力记忆型 B 细胞;致敏 T、B 细胞经 MLN 进入血液,通过血液循环大部分被带到 LP,少部分进入其他外分泌组织。IEL 总细胞数的 15% 是淋巴细胞,淋巴细胞的 90% 是 T 细胞,其中 80% 是 $CD8^+$ T 细胞。IEL 是离抗原最近的淋巴细胞群。

三、 黏膜免疫系统诱导局部特异性免疫应答

免疫应答由特异性 T 细胞和细胞因子调节,并导致浆细胞分化和外分泌中产生大量的 sIgA,其含量占 MALT 所产生的各种抗体的 80% 以上,从而导致局部免疫保护作用。如果说 PP 结和 MLN 是诱导位点,则 LP 和上皮中的淋巴细胞(IEL)就是局部免疫的效应位点。肠道感染寄生虫时,肠道黏膜免疫发挥着重要的防御作用(图 9-6)。

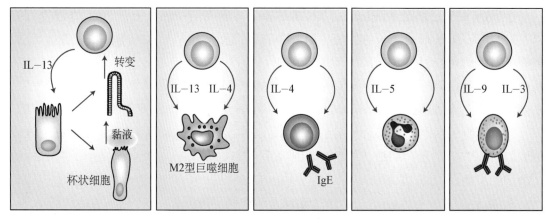

图 9-6 肠道黏膜免疫抗寄生虫感染机制

通过黏膜免疫后,黏膜局部的抗体比血清抗体出现得早,效价高,且维持的时间长。另外,通过研究发现通过黏膜途径免疫接种的抗原不仅可以在免疫局部及其邻近部位诱导免疫应答,还可以在其他部位的黏膜表面诱导免疫应答。如经直肠或阴道免疫的抗原主要在直肠或阴道局部诱导免疫应答;经口服免疫的抗原可以在小肠、升结肠、乳腺和唾液腺中产生特异性抗体;经鼻腔免疫的抗原可以在头部、呼吸系统及泌尿生殖系统诱导免疫应答。在诱导部位和效应部位间,主要通过淋巴细胞归巢发生联系(图 9-7)。即在一个诱导部位致敏的免疫细胞,经胸导管进入血循环,逐步分化成熟,在特异性归巢受体(homing receptor)的介导下,多数免疫细胞(约 80%)归巢到抗原致敏部位(即诱导部位的黏膜固有层或上皮内)发挥效应功能。由此使黏膜免疫相对独立于系统免疫,表现为局部性。另外,约 20% 的免疫

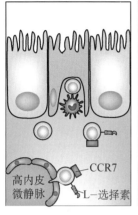
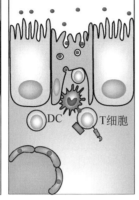
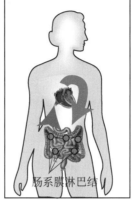
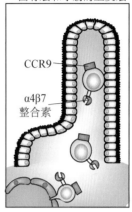

CCR7和L-选择素趋化T细胞到派氏结中

DC摄取M细胞捕获的抗原后激活派氏结中T细胞

激活的T细胞通过肠系膜淋巴结引流至胸导管并且经过血流回到肠

激活的T细胞通过α4β7整合素的趋化回到固有层和小肠的上皮层

CCR7

高内皮微静脉

L-选择素

DC

T细胞

肠系膜淋巴结

CCR9

α4β7整合素

图 9-7 T细胞从诱导部位归巢到效应部位

细胞进入其他黏膜部位发挥效应功能,使不同黏膜部位的免疫反应相关联。因此,有人把从黏膜诱导部位归巢到效应部位这一功能上相联的系统统称为共同黏膜免疫系统(common mucosal immune system)。

四、黏膜免疫系统易诱导免疫耐受

由调节细胞分泌的 TGF-β 是一种强的免疫抑制细胞因子,在肠道局部发挥重要作用,是旁观者效应的分子基础。另外从抗原呈递的角度出发,在正常情况下,肠上皮细胞并不表达共刺激分子 B7.1 和 B7.2 或细胞间黏附分子(ICAM-1),但能摄入可溶性肽抗原、活化 CD8$^+$ T 细胞和肠上皮细胞表达的 gp180 分子是一种新的免疫球蛋白超基因家族成员,是 T 细胞表面分子 CD8 的重要配体。所以肠腔抗原由黏膜处肠上皮细胞呈递给 CD8$^+$ T 细胞时缺乏共刺激信号,引起免疫抑制或耐受;而在感染的情况下,肠上皮细胞表达共刺激分子 ICAM-1,将抗原呈递给 CD4$^+$ T 细胞,触发黏膜免疫反应,免疫反应会被重新激活(图 9-8)。MIS 的膜部位有特异的、具有调节或效应功能的 T 细胞,包括能下调全身免疫应答的效应性 T 细胞。

五、黏膜免疫系统对正常菌群应答

在正常状态下,肠道菌群的组成、种类都是较为稳定的。肠道菌群不仅和肠黏膜共同构成一道保护屏障,阻止细菌、病毒和食物抗原的入侵,还可以刺激肠道免疫器官发挥更强的免疫功能。益生菌是肠道正常菌群的优势菌群,与肠黏膜紧密结合构成肠道的生物屏障,能通过占位效应、营养竞争及其分泌的各种代谢产物及细菌素等抑制条件致病菌的过度生长及外来致病菌的入侵,维持肠道的微生态平衡(图 9-9)。

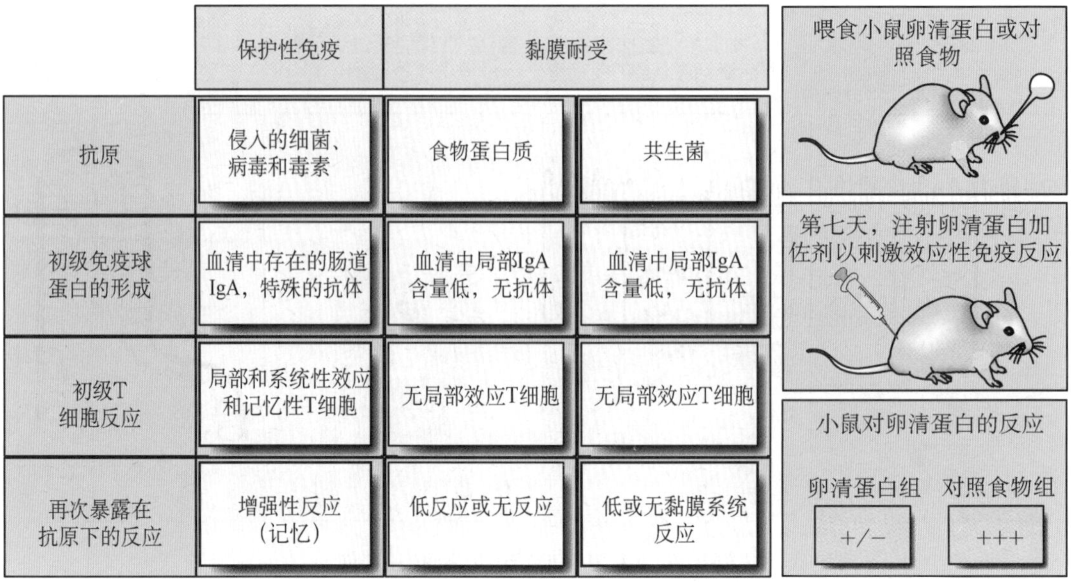

	保护性免疫	黏膜耐受	
抗原	侵入的细菌、病毒和毒素	食物蛋白质	共生菌
初级免疫球蛋白的形成	血清中存在的肠道IgA，特殊的抗体	血清中局部IgA含量低，无抗体	血清中局部IgA含量低，无抗体
初级T细胞反应	局部和系统性效应和记忆性T细胞	无局部效应T细胞	无局部效应T细胞
再次暴露在抗原下的反应	增强性反应（记忆）	低反应或无反应	低或无黏膜系统反应

喂食小鼠卵清蛋白或对照食物

第七天，注射卵清蛋白加佐剂以刺激效应性免疫反应

小鼠对卵清蛋白的反应

卵清蛋白组	对照食物组
+/−	+++

图9-8　胃肠道中不同的抗原诱导黏膜免疫反应或免疫耐受

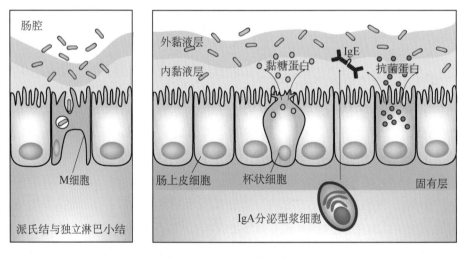

图9-9　黏膜免疫阻止机体对肠道正常菌群产生免疫应答

第三节　黏膜免疫应答及其调节

　　黏膜组织是动物抵抗病原微生物感染的重要屏障之一，一些病原体对机体的感染是从黏膜系统开始，如霍乱弧菌（*Vibrio cholerae*）、产肠毒素大肠埃希菌（enterotoxigenic *Escherichia coli*，ETEC）、禽流感病毒（avian influenza virus）、口蹄疫病毒（foot-and-mouth disease virus）等。因此，黏膜免疫应答的发生、发展与调节是一个十分复杂的生物学过程，有多种免疫细胞和免疫介质参加。它们之间组成一个复杂而精细的网络系统，相互制约，相互

调节,以维持机体内环境的稳定。同时仅靠免疫系统内部是不够的,神经-内分泌系统也参加了免疫调节。黏膜免疫应答需要多种因素共同调节才能更有效地发挥作用。为了预防局部黏膜疾病的发生,黏膜免疫系统构成有机体抵抗病原微生物入侵的第一道免疫屏障。黏膜免疫系统是区别于系统免疫的局部免疫,以体液免疫为主,发挥中和病毒和毒素的作用。通过黏膜免疫后,黏膜局部的抗体比血清抗体出现得早,效价高,且维持的时间长,是动物抵抗病原微生物感染的重要屏障之一。

　　肠道黏膜免疫反应主要依靠分泌至黏膜表面及肠腔中的免疫球蛋白(以 sIgA 为主)和肠道黏膜内以淋巴细胞为主体的免疫活性细胞,共同完成肠道的局部免疫功能。肠黏膜表面的抗原引发肠道中的黏膜反应,肠道黏膜中的淋巴结将捕获的抗原移到巨噬细胞,然后其对抗原进行加工,并转移给辅助性 T 细胞,然后激活 B 细胞,B 细胞分化增强,产生大量 sIgA。受 IL-10、TGF-β 和 IL-4 等细胞因子以及 PP 结中树突细胞(DC)和 T 细胞携带的细胞信号的影响,sIgA$^+$ B 细胞能合成 IgA 二聚体,穿过上皮细胞进入肠腔。在这过程中,IgA 二聚体和分泌成分结合形成可抵抗蛋白酶水解的 sIgA。slgA 是黏膜免疫反应中的主要效应因子,可与病原微生物、毒素和抗原物质结合,阻断细菌对黏膜的吸附,使其不能形成集落,从而达到排菌的目的。黏膜免疫使这些抗原游离于黏膜表面,不致进入机体,从而避免全身的免疫反应,不激活强烈的炎症反应和细胞毒反应。

一、黏膜免疫系统中的抗原呈递

　　黏膜组织的淋巴样器官(PP 结)和固有层内存在大量的 DC,其来源主要有骨髓前体细胞和外周循环系统中的单核细胞。除了经典的 APC(DC、活化的 B 细胞、巨噬细胞)外,表达 MHC Ⅱ类分子的小肠上皮细胞可能也有抗原呈递作用。

　　黏膜组织中的 DC 在表型和功能上与外周中的 DC 不同(图 9-10),这些细胞对抗原的加工呈递也许会导致不同寻常的免疫效果。黏膜组织中的 DC 在体外倾向性诱导 Th2 型反应,具有独特的选择性标记胃肠道归巢 T 细胞的能力,CD8$^+$ T 细胞被 PP 结 DC 预处理之后可以获得消化道趋向性。在稳态或未受侵扰状态下,黏膜 DC 以快速的更新率(2~4 天)不断地迁移至引流淋巴结。在黏膜感染或炎症的情况下,诱导产生的细胞因子可以极大增强 DC 的迁移和活化。

　　1. PP 结　PP 接受 M 细胞摄取的抗原。M 细胞没有表面微绒毛,却有许多褶皱和裂隙,适合微生物附着。M 细胞并不表达 MHC Ⅱ类分子,也不加工抗原,而 MHC Ⅱ类分子对 T 细胞与 APC 之间的相互作用必不可少。抗原被 M 细胞表面受体非特异性的介导胞吞方式几近完整地送到 PP 结中,因此 M 细胞不属于 APC。DC 能积极转运活的共生菌从肠腔到肠系膜淋巴结,肠 DC 能保持共生菌数天,这使得 DC 能选择性诱导 IgA 的产生,以帮助黏膜阻止共生菌的渗入。载有共生菌的 DC 被肠系膜淋巴结限制在黏膜淋巴组织,以确保针对共生菌特异的 IgA 免疫反应局限在肠黏膜,而不激发系统免疫反应。黏膜内有些抗原经细胞旁或直接穿过肠细胞与 LP 中的 APC 接触。LP 中有许多表达 MHC Ⅱ类分子的细胞,它们通常缺乏共刺激分子,除非受到炎性因子的刺激,没有刺激 T 细胞的能力。

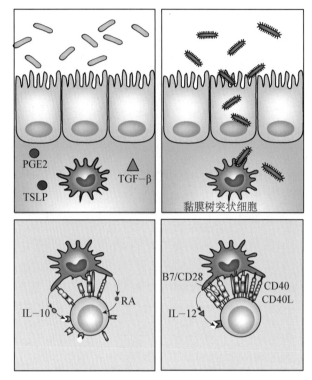

图 9-10　黏膜组织中 DC 的表型和功能

2. 小肠上皮细胞　肠黏膜上皮细胞除了是天然防御屏障,还具有抗原呈递功能(图 9-11)。肠上皮细胞并不表达共刺激分子 B7.1 和 B7.2 或细胞间黏附分子 1(ICAM-1),但能摄入可溶性肽抗原、活化 CD8$^+$ T 细胞。因此,缺乏共刺激信号刺激的肠上皮细胞将抗原呈递给 CD8$^+$ T 细胞,对局部反应起下调作用,引起免疫抑制或耐受。而在感染的情况下,肠上皮细胞表达共刺激分子 ICAM-1,将抗原呈递给 CD4$^+$ T 细胞,触发黏膜免疫反应。从数量上说,肠上皮细胞远远多于其他 APC,所以它们对抗原的加工呈递会影响全局。因此,炎症和共刺激的程度决定 LP 中 APC 呈递的结果,可溶性蛋白质会诱发耐受。

二、黏膜淋巴细胞归巢

循环中淋巴细胞选择性穿越毛细血管高内皮微小静脉(high endothelial venule,HEV),定向移动并进入外周器官或组织特定区域,称淋巴细胞归巢(lymphocyte homing)。黏膜淋巴细胞归巢由淋巴细胞表达的趋化因子受体与黏膜组织分泌的趋化因子启动,进一步黏附分子与黏膜血管内皮表达的组织特异性地址素相互作用。黏膜淋巴细胞从诱导部位归巢到效应部位,受到一系列表达于淋巴细胞和 HEV 上的受体与配体之间的相互作用的调控。在黏膜部位产生并发挥作用的趋化因子称为黏膜相关趋化因子,其在黏膜上皮细胞的分化发育、介导淋巴细胞在黏膜组织的移行和归巢、黏膜感染等生理病理过程中起重要作用(图 9-12)。在归巢受体介导下,PP 结中致敏的淋巴细胞移行到致敏部位的肠黏膜上皮和固有层,或移行到肠黏膜外效应部位。

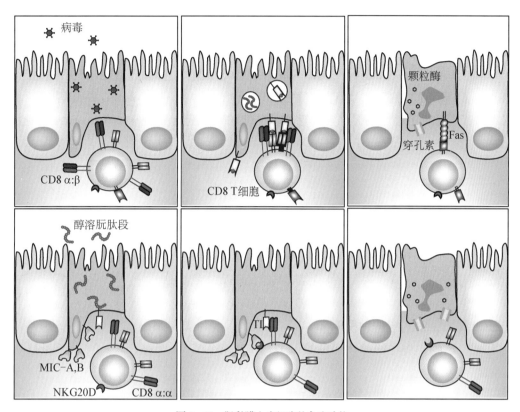

图 9 - 11　肠黏膜上皮细胞的免疫功能

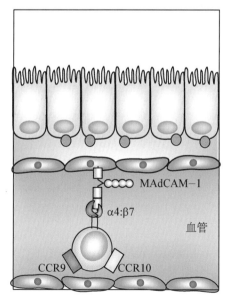

内皮层效应性T细胞归巢分子MAdCAM-1

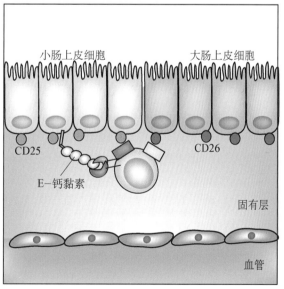

肠上皮细胞表达T细胞归巢的趋化因子

图 9 - 12　黏膜淋巴细胞归巢的分子调控机制

在黏膜免疫系统被活化的 T 细胞会选择性上调整合素 αEβ7，与表达在肠上皮细胞上的 E-钙依赖黏附素（E-cadherin）相互作用，介导致敏淋巴细胞移行并定位在肠黏膜上皮，同时获得对小肠黏膜上皮细胞的胸腺表达趋化因子（thymus-expressed chemokine，TECK/CCL25）的反应性。TECK 是 IgA 抗体分泌细胞（ASC）有力的、选择性的趋化因子，能高效从脾、PP 结、肠系膜淋巴结中招募表达 CCR9 的 IgA ASC 到小肠中，并介导外周血中 CCR9⁺αEβ7⁺ 记忆 T 细胞归巢到小肠黏膜。多种黏膜组织上皮表达黏膜相关上皮趋化因子（mucosa-associated epit-helial chemokine，MEC/CCL28），是表达 CCR10 的 IgA ASC 选择性趋化因子，可吸引嗜酸性粒细胞和记忆性淋巴细胞亚群至黏膜组织。MEC 吸引肠和非肠淋巴组织中包括肠、肺和引流支气管、口腔等部位淋巴结中的 IgA ASC，而不是 IgG 和 IgM ASC。IgA ASC 归巢至小肠由 MEC/CCL28 和 TECK/CCL25 引导，归巢至直肠则是通过 MEC/CCL28 和 SDF-1/CXCL12 引导，表明 MEC/CCL28 在肠道黏膜淋巴细胞归巢中起重要作用。MEC 吸引 IgA ASC 在不同黏膜组织中迁移，解释了在局部黏膜受到抗原刺激后出现弥散分布的黏膜 sIgA 免疫反应，是共同黏膜免疫反应的基础。

三、黏膜免疫系统的免疫调节
（一）黏膜免疫系统的体液免疫调节

体液免疫是黏膜免疫效应的主要过程，可溶性蛋白质或细菌、病毒、原虫等颗粒物质作为抗原接触黏膜淋巴组织的 M 细胞，首先抗原与 M 细胞表面尚未明确的部位结合，随后抗原被摄入 M 细胞的吞饮泡，被转送至细胞内，最后未经降解的抗原释放至上皮深区淋巴组织，由抗原呈递细胞呈递抗原，将黏膜结合淋巴组织内的 B 细胞和 T 细胞致敏。致敏的 B、T 细胞通过淋巴导管系统离开黏膜结合淋巴组织，随后通过胸导管进入血液循环，进而到达消化道、呼吸道等处的黏膜固有层和腺体。黏膜固有层是一个重要的黏膜效应部位，B 细胞在固有层定居下来，并在抗原、T 细胞和细胞因子的刺激下增殖变为成熟的 IgA 浆细胞，即产生 sIgA。sIgA 是参与黏膜免疫的主要抗体，可以阻止微生物在黏膜上皮层黏附和繁殖，阻止它们进入上皮层，另外 IgG、IgE、IgM 也参与保护性反应。据研究，人体每天分泌 sIgA 的量为 30～60 mg/kg，超过其他免疫球蛋白的量。IgA 在浆细胞内产生，由 J 链（含胱氨酸较多的酸性蛋白）连接成双聚体分泌出来。当 IgA 通过黏膜或浆膜上皮细胞向外分泌时，与上皮细胞产生的分泌片连接成完整的 sIgA，释放到分泌液中，与上皮细胞紧密结合在一起，分布在黏膜或浆膜表面发挥免疫作用。由于外分泌液中 sIgA 含量多，又不容易被蛋白酶破坏，故成为抗感染、抗过敏的一道主要屏障。其综合功能机制归纳如下：①阻抑黏附：sIgA 可阻止病原微生物黏附于黏膜上皮细胞表面。其作用可能是：sIgA 使病原微生物发生凝集，丧失活动能力而不能黏附于黏膜上皮细胞；sIgA 与微生物结合后，阻断了微生物表面的特异结合点，因而丧失结合能力；sIgA 与病原微生物抗原结合成复合物，从而刺激消化道、呼吸道等黏膜的杯状细胞分泌大量黏液，"冲洗"黏膜上皮，妨碍微生物黏附。②免疫排除作用：sIgA 对由食物摄入或空气吸入的某些抗原物质具有封闭作用，使这些抗原游离于分泌物，便于排除，或使抗原物质局限于黏膜表面，不致进入机体，从而避免某些过敏反应的发生（如食物过敏反应)。③溶解细菌:血清型 IgA 或 sIgA 均无直接杀菌作用,但可与溶菌酶、补体共同作用,引起细菌溶解。④中和病毒:存在于黏膜局部的特异性 sIgA 不需要补体的参与,即能中和消化道、呼吸道等部位的病毒,使其不能吸附于易感细胞上。⑤介导 ADCC 作用:小肠淋巴细胞表达 IgA 的 FcR,它们属于由 IgA 介导 ADCC 作用的淋巴细胞,但这种效应也可能导致上皮细胞损伤。

黏膜免疫应答发生的标志是 sIgA 的产生。由黏膜固有层 IgA$^+$ 浆细胞产生的 IgA 是由 J 链(含胱氨酸较多的酸性蛋白)连接的二聚体,与上皮细胞产生的分泌片(secretory component,SC)连接成完整的 sIgA,释放到分泌液中,与上皮细胞紧密结合在一起,派送到黏膜或浆膜表面形成黏膜保护层,是局部抗感染免疫的主要因素(图 9 - 13)。鼻黏膜的免疫也是产生 sIgA 的有效途径。sIgA 可阻止病原微生物黏附于黏膜上皮细胞表面,并封闭由食物摄入或空气吸入的某些抗原物质,使这些抗原游离于分泌物,便于排除。sIgA 能中和消化道、呼吸道等部位的病毒,使其不能吸附于易感细胞上,还可与溶菌酶、补体共同作用,引起细菌溶解。sIgA 也受一些细胞因子的影响,如 IL - 4 和 TGF - β 促进 B 细胞发生 IgA 类型转换,IFN - γ 通过拮抗 IL - 4 抑制 IgA 抗体的分泌。Th2 细胞因子 IL - 5、IL - 6 和 IL - 10 可以增强 IgA 分泌,促进 IgA 定向性 B 细胞的分裂。IL - 5 能促进 B1 细胞发育,IL - 6 促进 B2 细胞发育。

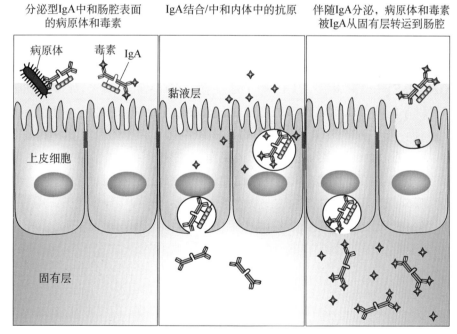

图 9 - 13 sIgA 局部抗感染的免疫的主要机制

(二) 黏膜免疫系统的细胞免疫调节

黏膜免疫系统的细胞免疫包括上皮淋巴细胞、T 细胞、B 细胞、NK 细胞和辅助细胞(如巨噬细胞、树突细胞),其他免疫细胞有粒细胞和肥大细胞等,固有层淋巴细胞中 40%～90%

为 T 细胞。

上皮内淋巴细胞(IEL)是体内最大的淋巴细胞群,也是异质性细胞群。由于其离肠腔很近而成为黏膜免疫系统中首先与细菌、食物抗原接触的部位。根据人、小鼠、大鼠资料,IEL 中 90% 以上是 T 细胞,约 6% 是 sIgA$^+$ B 细胞。IEL 的主要功能是宿主对病原体入侵及上皮细胞变性作出快速反应机制的溶细胞活动。根据对小鼠的研究,推测 IEL 具有特异的免疫效应功能,包括 NK 活性、特异细胞毒性、分泌 IFN - γ,使上皮细胞的 MHC Ⅱ 类抗原表达增加。IEL 可产生与 Th1、Th2 功能相关的因子,因此具有调节其他淋巴细胞和上皮细胞的功能。IEL 还具有对食物抗原耐受和刺激上皮细胞更新的功能。

(三) T 细胞的调节

黏膜免疫需要 T 细胞的参与,不论是炎症的发生、耐受的诱导、协助对疫苗产生特异性 sIgA 抗体或 CRL。T 细胞在免疫调节中起非常重要的作用,T 细胞各亚群之间以及 T 细胞与其他免疫细胞的相互作用通常受 MHC 的限制。当 APC 将抗原呈递给 T 细胞时,必须与 MHC 相匹配。通常首先激活辅助性 T 细胞(Th),活化并释放淋巴因子,进而激活 B 细胞产生抗体。APC 呈递的抗原还能诱导细胞毒性 T 细胞(CTL)并缓慢激活调节性 T 细胞。T 细胞可以区分为:①初始型,没有接触过抗原;②活化型,又称效应性;③记忆型,效应型和记忆型 T 细胞都积极参与免疫反应。胞内菌感染导致 Th1 细胞的形成,Th1 在活化的巨噬细胞分泌的 IL-12 作用下发育,黏膜微环境中的外源性抗原能够激发 CD4$^+$ T 细胞产生 IL-4,诱导 Th0 向 Th2 型分化。Th2 细胞也能够产生 IL-4,进一步扩大 Th2 细胞群。需要指出的是,每种细胞因子都是由不同的信号转导途径调控的。因此,无论 Th1 或 Th2 细胞都不会产生所有种类的细胞因子。小鼠的 Th2 型细胞因子能够促进 B 细胞同型转换,刺激 IgG1、IgG2b、IgE、IgA 的生成。Th1 与 Th2 细胞之间存在相互调节,如 Th1 细胞产生的 IL-2 和 IFN-γ 能够抑制 Th2 细胞的增殖,引起 IgM 向 IgG2a 的转换,并且抑制由 IL-4 诱导的同型转换。而 Th2 细胞通过其分泌的 IL-10 抑制 Th1 细胞分泌 IL-12 和 IFN-γ。肠黏膜来源的 T 细胞在体外增殖能力很差,外周血 T 细胞经大肠埃希菌外膜和细胞质蛋白刺激能够增殖,而肠黏膜 T 细胞只对这些蛋白纯化的抗原起反应,但对蛋白的复合物不起反应,说明肠黏膜来源的 T 细胞对蛋白的识别作用被下调。研究表明,黏膜 T 细胞对肠腔抗原的不反应性是由抗原特异性 CD4$^+$ T 细胞产生的抑制性细胞因子所介导的。

黏膜免疫需要 T 细胞的参与,不论是炎症的发生、耐受的诱导、协助对疫苗产生特异性 sIgA 抗体或 CRL。有两种不同的 Th 细胞影响 B 细胞的发育成熟:一种是可诱导 sIgM$^+$ B 细胞转换为 sIgA$^+$ B 细胞,主要是通过释放 TGF-β 和 IL-4 来实现;另一种是可促进转型后的 sIgA$^+$ B 细胞发育成抗体产生的浆细胞,这类细胞表达 IgA 的 FcR,产生 IL-5、IL-6。

(四) B 细胞的调节

B 细胞是一种产生免疫球蛋白的效应细胞,介导体液免疫,受抗原刺激后转化为浆细胞,分泌具有反馈抑制调节作用的抗体,同时还可通过抗原呈递作用和抑制作用直接参与免疫调节。在黏膜免疫中,B 细胞协助浆细胞分泌 sIgA 是黏膜免疫反应过程中的关键步骤。分泌型免疫依赖于黏膜 B 细胞和分泌片段 SC 的共同作用,在诱导部位和效应部位都存在分泌型免疫 B 细胞的调节。淋巴细胞的归巢就是通过小肠黏膜的 M 细胞后,激活固有层中 B 细胞致敏的 IgA$^+$ B 细胞前体,通过淋巴或血液再迁移到小肠黏膜组织及较远的黏膜组织和腺体,从而产生广泛的局部分泌 IgA 抗体反应。

黏膜表面对抗微生物侵害的过程包括免疫排除和炎性防护机制。机体分泌的抗体到达腔面通过抗原抗体结合起防护作用,它属于非炎性黏膜面保护。IgA 和 IgM 能够与穿过上皮层的抗原结合,然后将之排入肠腔,这样就避免了上皮细胞的损害。黏膜 B 细胞被活化后,经外周血循环归巢到全身各处的外分泌腺及黏膜部位,构成共同黏膜免疫系统。其中肠道固有层含有机体 80% 的免疫球蛋白分泌细胞(B 细胞及浆细胞)。研究发现骨髓来源 B 细胞与 PP 结 T 细胞和树突细胞共培养后分化为 IgA 分泌细胞;与脾 T 细胞和树突细胞共培养后则分化为 IgG 分泌细胞。在正常情况下,黏膜 T 细胞对 B 细胞的免疫调节倾向于下调免疫炎性反应,导致黏膜耐受。

(五) IEC 的调节

IEC 可表达 MHC Ⅰ、Ⅱ类分子抗原发挥抗原呈递作用,也可以通过产生分泌片有效转运 sIgA 从黏膜固有层进入肠腔,参与 sIgA 的分泌。IEC 作为一种特殊的 APC,其抗原呈递功能对非炎症状态下黏膜免疫抑制的维护及炎症状态下免疫系统的激活尤为重要,抗原呈递功能的改变将导致其免疫调节功能的病理改变。IEC 能选择性地激活 CD8$^+$ T 细胞,对 CD8 分子主要通过 CD1d 和 gp180 与 IEC 表面分子联系,两者是 T 细胞激活所必需的,缺一不可。

(六) 肠上皮淋巴细胞的调节

在正常成人中,每 100 个上皮细胞中就有 6～40 个 IEL,它能抑制黏膜发生超敏反应,分泌细胞因子。IEL 表面的特殊分子控制其在 IEC 间居留或迁移。IEL 以 CD3$^+$ T 细胞为主,能表达 CD69。IEC 表达的 IL-7 和 SCF 可促进 IEL 的生长、发育和增殖。5%～10% 的 IEL 携有 γδTCR,此类 IEL 具有调节 IgA 免疫应答的作用。

(七) 细胞因子水平的调节

IL-12 能够诱导黏膜 sIgA 抗体反应,是黏膜免疫有效的调节因子之一,其诱导的 Th1 型反应既可调节黏膜免疫反应又可调节系统免疫反应。IL-5 和 IL-6 是 sIgA$^+$ B 细胞分化为浆细胞所必需的细胞因子。IL-18 是强有力的诱生 IFN-γ 的调节性细胞因子,其与自身免疫性疾病和过敏性疾病密切相关。IL-1 与 IL-6 是黏膜免疫中介导炎症的细胞因子。IL-5 可协同其他细胞因子刺激 B 细胞分化增殖,促使活化的 B 细胞分化为 IgA$^+$ B 细胞。IL-6 对肠黏膜的体液免疫尤其是 IgA 的反应十分重要。IL-1α 和 IL-1β 可作为黏膜免疫的佐剂。

第四节 黏膜免疫的意义

黏膜广泛分布于机体的呼吸道、消化道及泌尿生殖道表面。黏膜表面的上皮细胞彼此之间紧密排列，形成一道天然屏障，与皮肤一起将机体内环境与外界环境隔离开来，使机体免受外界多种病原微生物的侵扰。例如，肠道黏膜免疫系统主要是指 GALT。根据形态、结构、分布和功能，可将 GALT 分类为两大部分，即有结构的组织黏膜滤泡和广泛分布于黏膜固有层中的弥漫淋巴组织。黏膜滤泡是免疫应答的传入淋巴区，又称诱导区；而弥漫淋巴组织是免疫应答的传出淋巴区，又称效应区。浆细胞和致敏淋巴细胞通过归巢机制迁移至弥漫淋巴组织，抗体和致敏淋巴细胞在此发挥生物学功能。正常的肠道黏膜既可吸收生理需要的各种营养素及分子，又可对肠腔有害大分子及微生物进行屏蔽，而肠道发挥其生理功能及维持其微环境平衡的重要物质基础就是肠黏膜屏障。肠黏膜屏障由肠上皮屏障、免疫屏障、生物屏障及化学屏障等组成。这 4 个功能相对独立又密切联系，共同构成了一个复杂有序的屏障网络。其中，肠上皮屏障由肠黏膜上皮细胞、细胞间连接等构成，能有效阻止细菌穿透黏膜进入深部组织，肠黏膜上皮的完整性及正常的再生能力是肠道黏膜屏障的结构基础。肠免疫屏障则是区别于系统性免疫的功能发达的局部黏膜免疫，由 GALT、PP 结和各种弥散的免疫细胞及其产物组成。而生物及化学屏障则分别指肠道正常微生物平衡和肠黏膜表面黏液中的各种糖脂、糖蛋白、溶菌酶等保护因子。因此，肠道不仅是消化、吸收和营养物质交换的重要场所，也是人体最大的免疫器官。另外，黏膜上皮细胞及其相关的分泌腺（如唾液腺等）可以分泌各种黏蛋白、杀菌蛋白等杀菌物质，辅助消灭病原体，与黏膜本身的物理屏障一同筑起一道"围墙"，构成机体抵御外界病原体入侵的第一道防线。此外，黏膜系统中存在大量的免疫细胞，它们是黏膜免疫系统中抵御外界病原体入侵的"士兵"，这些"士兵"广泛分布于黏膜下，或迁移游走，形成"哨兵"，或聚集成簇，形成火力较集中的"碉堡"，共同参与构建抵御外界病原体入侵的"统一战线"，这个"统一战线"即构成了机体黏膜相关淋巴组织。通过黏膜途径免疫接种的抗原不仅可以在免疫局部及其邻近部位诱导免疫应答，还可以在其他部位的黏膜表面诱导免疫应答。如经直肠或阴道免疫的抗原主要在直肠或阴道局部诱导免疫应答；经口服免疫的抗原可以在小肠、升结肠、乳腺和唾液腺中产生特异性抗体；经鼻腔免疫的抗原可以在头部、呼吸系统及泌尿生殖系统诱导免疫应答。黏膜免疫系统的这些重要特征给予人们很多提示，为抵御经呼吸道、消化道（如克罗恩病节段性回肠炎：一种因黏膜免疫系统在应答细菌来源腔内抗原时调节异常引起的疾病）、生殖道等传播的病毒（如流感病毒、HIV），研发新型病毒疫苗和免疫佐剂，研究肠道菌群等提供了更多的手段和途径。

（洪晓武）

第十章 抗感染免疫

抗感染免疫为机体免疫系统的主要生理功能之一,本章主要介绍机体免疫系统针对不同类型病原体的免疫应答及病原体抵抗机体免疫应答的逃逸机制。病原体进入机体后在组织内复制形成感染,同时也被机体免疫系统所识别并诱导固有免疫和适应性免疫应答清除病原体感染。病原体在进化过程中也发展了多种逃逸免疫应答的机制,其通过直接杀伤宿主细胞或释放毒素造成组织损伤和功能障碍,形成感染性疾病。在某些感染性疾病中,宿主的免疫反应甚至是引起机体损伤和疾病的主要原因。不同类型病原体的特点决定了它们的毒力、宿主的免疫应答特点和造成感染性疾病的不同病理损伤机制。

第一节 抗感染免疫的一般特征

抗感染免疫是宿主免疫系统识别病原体、产生免疫应答并清除病原体的生理性和病理性免疫应答的总和。不同类型病原体入侵机体后,诱导宿主产生各异的抗感染免疫应答,而不同宿主对病原体的易感性、免疫应答类型及效应也不尽相同,病原体与宿主复杂的相互作用造成千差万别的抗感染免疫结局。

一、病原体分类

引起机体感染的病原体,主要分为微生物和寄生虫两大类。

(一)微生物

微生物根据大小、结构、组成等的不同主要分为细菌、病毒、真菌以及其他微生物(包括放线菌、立克次体、支原体、衣原体和螺旋体等)。

1. **细菌** 细菌为原核细胞型微生物,根据致病菌与宿主细胞的关系,主要分为胞外感染菌和胞内感染菌,两者通过截然不同的机制感染机体,引起不同的免疫应答及效应。细菌具有细胞膜、细胞壁、不完整细胞器和环状裸 DNA 的基本结构以及荚膜、鞭毛、菌毛或芽孢等特殊结构,是常见的感染性病原体。导致人类疾病的细菌多为胞外菌,可寄居在宿主细胞外的体液和组织间隙中。感染致病的胞外菌包括金黄色葡萄球菌、化脓性链球菌、肺炎链球菌、大肠埃希菌、霍乱弧菌、脑膜炎球菌、破伤风梭菌、白喉杆菌等。胞内菌分为兼性胞内菌和专性胞内菌,前者在体内细胞内和体外无细胞环境中均可生存和繁殖,而专性胞内菌必须在细胞内寄居和繁殖。感染致病的兼性胞内菌包括结核分枝杆菌、麻风杆菌、产单核细胞李斯特菌、肺炎军团菌、伤寒杆菌和副伤寒杆菌等,多在单核-吞噬细胞中寄居,有的细菌可在神经鞘细胞、肝细胞或其他多种哺乳动物细胞内繁殖。专性胞内菌包括立克次体和衣原体等，主要寄居在宿主内皮细胞和上皮细胞中，有时亦可在单核-吞噬细胞内出现。细菌感染可引起人类多种常见感染性疾病，当前全球危害最为严重的感染性疾病如肺结核由结核分枝杆菌感染所导致。

2. 病毒 病毒为非细胞型微生物，包括通常概念的病毒、类病毒和朊病毒（prion）等亚病毒，感染机体后依赖宿主活细胞进行繁殖，无自主复制能力，是严格的胞内感染病原体。病毒由结构蛋白质包裹 DNA 或 RNA 核酸形成病毒颗粒，常见的病毒包括人类免疫缺陷病毒（human immunodeficiency virus，HIV）、乙型肝炎病毒（hepatitis B virus，HBV）、脊髓灰质炎病毒、流感病毒、狂犬病病毒、单纯疱疹病毒和 EB 病毒（Epstein-Barr virus）等。分别由 HIV 和 HBV 慢性感染导致的获得性免疫缺陷综合征（acquired immunodeficiency syndrome，AIDS）和慢性乙型肝炎是当前全球危害严重的感染性疾病。类病毒仅含单链环状 RNA，不编码蛋白质，主要感染植物引起植物病害。朊病毒则只有蛋白质，没有核酸，其感染机制尚未完全清晰，导致慢性进行性中枢神经系统海绵样病变，如人类疯牛病等。

3. 真菌 真菌为真核细胞型微生物，分为单细胞真菌和多细胞真菌（霉菌）。真菌有典型的细胞核和完整的细胞器。许多真菌对人类是有益的，而条件致病菌如白色念珠菌、烟曲霉等在患者免疫力低下时容易导致条件致病真菌感染。卡氏肺孢（囊）菌是 AIDS 患者常见并发肺炎的感染病原体。

4. 其他微生物 放线菌、立克次体、支原体、衣原体和螺旋体等为其他几种致感染微生物，其中梅毒是由梅毒螺旋体感染所导致的近年发病不断攀升的慢性系统性传染病。

（二）寄生虫

寄生虫体型通常较微生物大，大多属原生动物、线形动物、扁形动物、环节动物和节肢动物。寄生虫主要分原虫和蠕虫，习惯上把原生动物称为原虫类，把线形动物和扁形动物合称为蠕虫类。原虫为单细胞真核动物，引起感染性疾病的原虫包括疟原虫、利什曼原虫、锥虫、内阿米巴和弓形虫等。其中，由疟原虫感染导致的疟疾迄今仍是全球尚未能有效防治的重要感染性疾病之一。蠕虫为多细胞无脊椎动物，引起感染性疾病的蠕虫包括吸虫、丝虫和绦虫等。

二、抗感染免疫反应的类型

抗感染免疫是免疫系统识别和清除病原体的免疫防御应答的总和。根据抗感染免疫发生的时间及机制的不同，分为固有免疫和适应性免疫。固有免疫在抗感染免疫早期发挥防御作用，且可呈递病原体抗原以启动适应性免疫应答，而适应性免疫应答根据病原体的不同，产生不同类型和强度的特异性体液免疫、细胞免疫和黏膜免疫。

（一）固有免疫

在感染 0~4 小时，机体通过皮肤黏膜屏障作用、激活补体或活化感染局部的巨噬细胞和中性粒细胞等固有免疫细胞阻挡和抵御病原体入侵，形成即刻固有免疫应答。在感染 4~96 小时，病原体抗原如细菌脂多糖等诱导感染部位组织细胞或免疫细胞产生的趋化因子募集周围组织中的巨噬细胞、中性粒细胞、NK 细胞、NKT 细胞或 γδT 细胞等固有免疫细胞到达感染组织中并使之活化,产生更多的炎性介质、细胞因子和其他效应分子,进一步增强和扩大机体固有免疫应答,B1 细胞接受病原体刺激活化后可产生 IgM 抗体杀伤清除进入血液和组织中的病原体。在感染 96 小时后,未成熟树突细胞(DC)接受病原体刺激后从感染局部组织迁移到外周免疫器官发育成熟并呈递抗原给初始 T 细胞,有效激活特异性 T 细胞,启动适应性免疫应答(详见第二、三章)。固有免疫低下或缺失,会使早期感染无法得到有效控制而产生严重后果。

(二) 适应性免疫

多数病原体的彻底清除依赖于感染后期抗原特异性的适应性免疫应答。T、B 细胞经 TCR、BCR 识别抗原后活化并分化为各种效应性 CD4$^+$ T 细胞(Th1、Th2、Th17)、CD8$^+$ CTL 和浆细胞,通过不同类型和强度的特异性细胞免疫、体液免疫或黏膜免疫应答,清除病原体感染。抗感染适应性免疫应答具有特异性和记忆性,遇到相同病原体的再次感染可以诱导更有效的免疫防御。适应性免疫低下或缺失,可导致持续性感染的发生。

三、 抗感染免疫的结局

入侵病原体与机体免疫系统的相互作用和抗衡决定了抗病原体感染免疫的结局。病原体入侵机体后,病原体及其相关抗原作为外来抗原可以被机体免疫系统的抗原受体识别,机体通过各种效应机制清除病原体。然而,病原体特别是病毒和胞内菌在长期对抗免疫反应的进化过程中发展了多种逃逸抗感染免疫机制,导致持续性感染;不同个体也因易感性的不同和免疫状态等因素的影响,对同一病原体可产生不同的抗感染免疫结局。

四、 抗感染免疫的特点

虽然宿主抵抗病原体感染的免疫反应多种多样,但是抗感染免疫有以下一些共同的特点。

(1) 抗感染免疫由早期的固有免疫和晚期的适应性免疫共同介导。固有免疫应答不仅在早期抗感染免疫中发挥控制病原体感染和散播的主要作用,还可以启动和调节适应性免疫应答;而适应性免疫应答则可以提供持久和强烈的特异性免疫反应。当感染的病原体无法被物理化学屏障、固有免疫细胞和固有免疫分子等固有免疫效应机制清除或杀伤时,则需依赖适应性免疫应答提供重要的抗感染免疫保护作用。抗感染适应性免疫应答较固有免疫应答更特异,且可以诱导产生大量的效应性 T 细胞或者抗体清除微生物感染,同时还可以产生记忆细胞,在机体受到相同病原体再次感染时发挥更快速、强烈和持久的保护作用。

(2) 免疫系统针对不同的病原体感染产生不同类型和特异性的免疫反应,更有效地抵抗病原体,但某些抗感染免疫反应也可以引起组织损伤和疾病。病原体入侵机体以及在体内生长繁殖的方式各异,因此需要不同的机制清除病原体感染。适应性免疫应答的特异性可以保证宿主针对不同病原体产生有效的免疫反应,例如可以产生特异性的 Th1、Th2 和 Th17 细胞亚群或不同类别的特异性抗体。细胞免疫应答在抗胞内病原体感染中发挥主要作用,体液免疫应答产生的抗体则可以有效清除胞外菌感染。在某些感染性疾病中,宿主介导的抗感染免疫反应虽然是宿主生存所必需的,但是免疫反应本身也可以引起组织损伤和疾病。

(3) 病原体在宿主体内存活和致病主要依赖于病原体逃逸免疫反应的能力,如果免疫系统可以控制感染但不能清除病原体则会造成持续性感染。病原体和免疫系统在长期的相互作用过程中共同进化,病原体在对抗强大的免疫反应过程中发展了多种免疫逃逸机制。宿主的免疫反应与病原体逃逸免疫反应的平衡决定了抗感染免疫的结局。如果免疫系统可以控制感染但不能有效清除病原体,病原体就可能在机体内长期生存,从而建立持续性感染。潜伏感染是多种病毒感染的特征,特别是 DNA 病毒中的肝炎病毒和痘病毒。在潜伏性病毒感染阶段,病毒 DNA 可以被整合入感染细胞的 DNA 基因组但没有感染病毒的复制。在持续性细菌感染如结核分枝杆菌感染,细菌可以在被感染细胞的内体囊泡中生存。在上述持续性感染情况下,如果宿主免疫力低下(肿瘤、免疫抑制剂的使用或者 HIV 感染等情况下),潜伏感染的微生物可以被再次激活,出现明显临床症状的感染性疾病。

第二节 抗胞内病原体感染的免疫反应

胞内病原体主要包括病毒和胞内菌,其典型特征是可以在被感染细胞或者吞噬细胞内生存甚至繁殖。这类胞内病原体可以逃避体液免疫应答的攻击,因而清除病毒及胞内菌感染依赖于细胞免疫应答。

一、 抗病毒的免疫反应

病毒是专性胞内感染病原体,寄生于宿主细胞内,必须利用宿主细胞提供的原料和蛋白质合成系统来复制子代病毒。病毒利用宿主细胞表面分子作为病毒受体进入感染细胞,如 HIV 利用宿主 T 细胞表面 CD4 分子以及趋化因子受体(CXCR4、CCR5)作为病毒受体进入宿主细胞。进入细胞后,病毒在复制过程中通过多种机制引起组织损伤和功能障碍从而导致疾病。例如,病毒复制可以干扰正常细胞的蛋白合成及功能,引起感染细胞的损伤和最终死亡,这是病毒造成细胞病变的常见机制之一。病毒复制完成后主要以两种方式释放子代病毒,即细胞裂解方式或芽生方式。病毒也可以引起潜伏感染。病毒感染引起的人类疾病及其致病机制举例见表 10 - 1。

表 10 - 1　病毒感染引起的人类疾病及其致病机制举例

病毒	疾病	致病机制
乙型肝炎病毒(HBV)	病毒性肝炎	宿主针对被感染细胞的 CTL 免疫反应
人类免疫缺陷病毒(HIV)	获得性免疫缺陷综合征(AIDS)	有多种机制,包括杀伤 CD4$^+$ T 细胞、免疫细胞功能障碍等

病毒	疾病	致病机制
EB 病毒	传染性单核细胞增多症;B 细胞增殖和淋巴瘤	急性感染:胞溶作用(B 细胞); 慢性感染:刺激 B 细胞增殖
脊髓灰质炎病毒	小儿麻痹症	抑制宿主细胞蛋白合成,损害脊髓前角运动神经细胞
流感病毒	流感肺炎	在宿主细胞内复制,干扰宿主细胞蛋白合成和功能
狂犬病病毒	狂犬病脑炎	在神经细胞内复制,抑制细胞蛋白合成,并使神经细胞肿胀、变性和损伤
单纯疱疹病毒	单纯疱疹	抑制宿主细胞蛋白合成;免疫细胞功能损害

不同病毒诱导的抗感染固有免疫和适应性免疫不尽相同,抗病毒感染免疫应答的主要目的在于阻断病毒感染和清除被感染细胞。例如,固有免疫反应产生的Ⅰ型干扰素和适应性免疫应答产生的中和性抗体可以抑制病毒复制和阻断病毒感染。一旦病毒成功感染细胞,固有免疫反应中的 NK 细胞以及适应性免疫反应中的 CTL 均可杀伤病毒感染靶细胞(图10-1)。

1. 抗病毒固有免疫 Ⅰ型干扰素(IFN-α/β)抑制病毒感染和 NK 细胞杀伤病毒感染细胞是抗病毒固有免疫的主要机制。许多病毒感染的细胞可以产生Ⅰ型干扰素。病毒颗粒被吞噬细胞吞噬后形成胞内吞噬小体,进而裂解病毒释放出病毒核酸。病毒 RNA 和 DNA 被内体 TLR 受体识别或病毒 RNA 激活胞质 RIG 样受体后,经过不同的信号转导,活化 IRF 转录因子刺激干扰素基因的转录。产生的Ⅰ型干扰素主要诱导不同抗病毒蛋白的表达,进而通过不同的机制干扰病毒的复制,在病毒感染和非感染细胞中均可发挥抗病毒作用。Ⅰ型干扰素还可以增强 NK 细胞的杀伤能力。

NK 细胞可以杀伤多种病毒感染的靶细胞,是病毒感染早期适应性免疫应答启动之前的重要抗病毒免疫机制。在适应性免疫应答启动之后,NK 细胞也可以杀伤因病毒感染降低 MHC Ⅰ类分子表达而逃逸 CTL 杀伤的病毒感染靶细胞。其他固有免疫分子如细胞因子、趋化因子和补体以及其他固有免疫细胞如 NKT 细胞、γδT 细胞和 DC 等在病毒感染的早期也发挥重要的抗病毒作用。

2. 抗病毒适应性免疫 抗体阻断病毒结合和入侵宿主细胞以及 CTL 杀伤病毒感染细胞清除感染是抗病毒适应性免疫应答的主要机制。

(1)抗病毒体液免疫应答:病毒特异性抗体作为中和性抗体结合病毒衣壳蛋白阻止病毒入侵宿主细胞,同时还可通过其 Fc 段与巨噬细胞上 FcR 结合促进对病毒的调理吞噬作用,激活补体后也可促进吞噬或直接裂解病毒,因此可阻断病毒的早期感染和病毒在细胞之间感染扩散。分泌型抗体 sIgA 在呼吸道、尿道、生殖道和消化道等黏膜中发挥重要的中和病毒作用。针对脊髓灰质炎病毒的口服免疫可以通过诱导黏膜免疫发挥保护作用。

(2)抗病毒细胞免疫应答:体液免疫应答虽然可以阻断病毒感染和入侵,但并不能清除已经建立的病毒感染以及非裂解性病毒,这类病毒的清除主要依赖于 CTL 介导的细胞免疫应答。许多病毒特异的 CTL 主要为 CD8⁺ T 细胞,识别经过 MHC Ⅰ类分子呈递或者交叉途径呈递的病毒-抗原肽复合物后活化、增殖、分化为效应性 CTL。效应性 CTL 主要通过穿

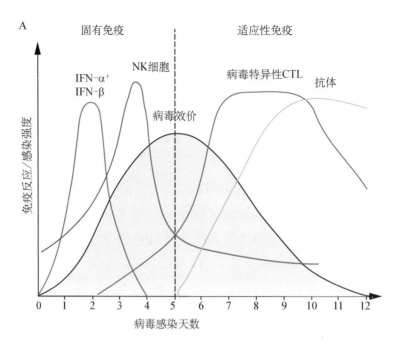

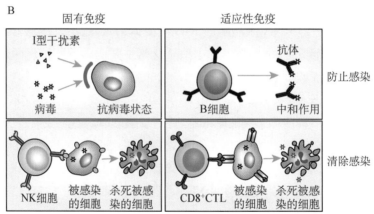

图 10-1 抗病毒的固有免疫和适应性免疫应答

A. 抗病毒固有免疫和适应性免疫应答的动态变化；B. 防止和清除病毒感染的固有免疫和适应性免疫应答机制。Ⅰ型干扰素和 NK 细胞介导的固有免疫应答分别防止病毒感染和杀伤被感染的细胞从而清除感染。抗体和 CTL 介导的适应性免疫应答也分别阻断病毒感染和杀伤被感染的细胞。

孔素-颗粒酶途径杀伤靶细胞、FasL-Fas 途径诱导靶细胞凋亡，特异性清除已经感染宿主细胞的病毒，也可通过激活病毒感染细胞内的核酸酶降解病毒核酸和分泌 TNF、IFN-γ 等细胞因子，激活吞噬细胞发挥抗病毒作用。某些 DNA 病毒如 EB 病毒和肝炎病毒感染时，常见病毒特异性 CTL 可以控制感染但不能彻底清除病毒，会导致病毒在被感染细胞内持续存在造成潜伏感染。

3. 抗病毒的免疫损伤 在某些病毒感染情况下，组织损伤可能是由 CTL 或者其他免疫反应介导的。例如,HBV 感染时 CTL 介导的免疫应答是彻底清除 HBV 并导致肝炎损伤的主要原因。在急性自限性乙型肝炎患者肝活检标本中,存在大量活化的肝炎病毒特异性、MHC Ⅰ类分子限制性的 CD8$^+$CTL;在慢性乙型肝炎患者体内,CTL 应答微弱且抗原谱狭窄,无法清除肝脏中 HBV 感染,反而导致肝炎及损伤;但是 HBV 感染的免疫缺陷患者一般不会出现肝炎等疾病症状,而是作为病毒携带者传染其他健康人群;提示 CTL 可能介导了 HBV 感染造成的肝脏组织损伤。此外,在 HBV 感染的患者体内还发现病毒抗原和特异性抗体形成的免疫复合物,可沉积在血管中导致全身性血管炎。另外,某些病毒感染时,病毒抗原可以通过分子模拟等作用,导致抗病毒的免疫应答对宿主自身抗原产生免疫反应,从而造成宿主组织损伤。

4. 病毒的免疫逃逸　病毒在进化过程中发展了多种免疫逃逸机制,而各种病毒往往综合利用多种机制抑制或破坏免疫系统从而逃逸免疫应答,造成持续性感染。

(1) 抗原变异:发生变异的病毒抗原主要是抗体结合的表面糖蛋白,而 T 细胞表位也可能发生变异。抗原变异的主要机制是由点突变和 RNA 基因组重组(RNA 病毒)造成的小幅度抗原变异即抗原漂移(antigenic drift)或大幅度抗原变异即抗原转换(antigenic shift)。流感病毒容易发生变异的两种主要病毒包膜蛋白是血凝素和神经氨酸酶,病毒编码这类蛋白的基因组发生点突变造成抗原漂移,逃逸已建立的抗体中和及阻断作用。流感病毒感染时其核酸需要整合进入宿主细胞的基因组内,通过不同方式重组后复制产生的病毒抗原结构发生较大变化即抗原转换,导致产生不同的流感病毒如禽流感或者猪流感病毒,因而可以抵抗宿主针对未变异病毒抗原产生的免疫反应。流感病毒通过多种抗原变异机制造成 1918年、1957 年、1968 年和 2009 年等多次世界范围内的流感大流行和不断的地区性小流行。引起 AIDS 的 HIV 包膜蛋白也高度变异。引起肝炎的 HBV 基因组经常发生若干点突变,使抗原变异,逃避宿主已建立的抗感染免疫的攻击。因此,预防性的病毒疫苗需要针对不易发生变异的病毒抗原产生保护性免疫防御反应。

(2) 干扰抗原肽的 MHC Ⅰ类呈递、抑制 CTL 功能:病毒感染可编码一系列蛋白干扰抗原的加工、转运和呈递,阻断 MHC Ⅰ类分子的组装和表达以及病毒抗原肽转运至内质网,导致病毒感染细胞不能被 CD8$^+$T 细胞识别和杀伤。例如,腺病毒感染后可编码病毒蛋白阻断 TAP 通道蛋白或抑制 MHC Ⅰ类分子转录,HCMV 编码病毒蛋白阻断 TAP 通道蛋白、降解 MHC Ⅰ类分子或竞争结合 β2 微球蛋白,阻断 MHC Ⅰ类抗原呈递途径,从而不能有效诱导抗病毒 CTL 应答。HIV 可以下调 MHC Ⅰ类分子表达,逃避特异性 CTL 的细胞毒性作用。

(3) 抑制 NK 细胞的抗病毒杀伤功能:NK 细胞是重要的抗病毒感染的固有免疫细胞,可以通过多种机制直接杀伤病毒感染细胞,也可以杀伤逃逸 CTL 细胞毒作用的低表达或不表达 MHC Ⅰ类分子的病毒感染靶细胞。但某些病毒在进化过程中可以编码一类蛋白作为配体,与 NK 细胞抑制性受体结合,抑制 NK 细胞的活化,从而逃逸 NK 细胞的杀伤。

(4) 杀伤或抑制免疫细胞活化:T 细胞是介导特异性细胞免疫应答的重要效应细胞。HIV 与 CD4 分子结合后入侵 CD4$^+$T 细胞并在靶细胞内复制,通过直接杀伤、间接杀伤及诱导细胞凋亡等机制损伤 CD4$^+$T 细胞及其功能。HIV 感染后还可以通过激活 T 细胞的抑制性信号通路如 PD-1 信号抑制 CTL 细胞应答。此外,HIV 可以感染单核-巨噬细胞,损伤其趋化、黏附、杀菌和抗原呈递等功能。

(5) 阻断补体激活途径:补体活化后可裂解病毒,而病毒可以产生与补体成分结合的蛋白,抑制补体活化。单纯疱疹病毒编码一种糖蛋白,可与 C3b 结合,抑制补体的经典和替代激活途径。痘病毒可以产生与 C4b 结合的蛋白,阻抑补体经典激活途径。

(6) 编码抑制免疫反应的分子:许多病毒可以产生抑制免疫反应的分子,从而抑制抗感染免疫效应。例如,痘病毒可以使感染细胞分泌产生细胞因子的分泌型受体,与 TNF、IFN-γ、IL-1、IL-6、IL-18 等细胞因子或者趋化因子结合,作为细胞因子的竞争性拮抗剂发挥作用,从而中和细胞因子的抗病毒及免疫调节作用。EB 病毒产生抑炎细胞因子 IL-10 的类似物,抑制巨噬细胞和 DC 的活化,也可抑制 Th1 细胞产生 IL-2、TNF-α 和 IFN-γ,因此抑制细胞免疫应答。EB 病毒、HSV、HBV 等可以编码 I 型 IFN 的类似物,阻断 IFN 的抗病毒作用。此外,病毒感染后产生内源性的抑制免疫反应的分子从而可以在宿主体内成功感染和扩散。

二、抗胞内菌的免疫反应

胞内菌具有在吞噬细胞内生存甚至复制的典型特征,且特异性抗体不能进入细胞中和胞内菌,因此清除这类细菌感染需要细胞介导的免疫应答,而多种胞内菌引起的宿主免疫反应也会引起组织损伤。胞内菌感染引起的人类疾病及其致病机制举例见表 10-2。

表 10-2　胞内菌感染引起的人类疾病及其致病机制举例

胞内菌	疾病	致病机制
结核分枝杆菌	结核病	巨噬细胞活化导致肉芽肿形成和组织破坏
麻风杆菌	麻风病	肉芽肿介导的炎症和损伤(结核样型);抑制巨噬细胞功能(瘤型)
产单核细胞李斯特菌	李斯特菌病	李斯特菌素破坏细胞膜
肺炎军团菌	军团病	细胞毒素溶解细胞以及肺损伤和炎症

1. 抗胞内菌固有免疫　抗胞内菌的固有免疫应答主要由吞噬细胞和 NK 细胞介导,但一般不足以清除胞内菌。致病胞内菌感染机体后,被中性粒细胞和巨噬细胞等吞噬细胞摄取,但难以清除。胞内菌通过诱导被感染细胞表达 NK 细胞激活性配体或者刺激 DC 和巨噬细胞产生 IL-12 诱导 NK 细胞活化。活化的 NK 细胞分泌 IFN-γ,可进一步激活巨噬细胞的杀菌功能。因此,NK 细胞是重要的早期抗胞内菌感染的固有免疫细胞,缺乏 T/B 细胞的严重免疫缺陷小鼠可以通过 NK 细胞活化后分泌的 IFN-γ 有效控制早期的产单核细胞李斯特菌感染。但是一般情况下,胞内菌如结核分枝杆菌多寄生于巨噬细胞内,具有逃逸杀伤的能力,所以固有免疫应答不足以清除胞内菌,需要适应性细胞免疫应答发挥更有效的清除胞内菌作用。

2. 抗胞内菌适应性免疫　特异性抗体不能中和胞内菌,因此抗胞内菌免疫防御主要依赖于细胞免疫应答,包括 CD4+T 细胞活化巨噬细胞和 CD8+CTL 介导的抗胞内菌免疫应答(图 10-2)。细胞免疫应答缺陷患者如 AIDS 患者对胞内菌(和病毒)高度易感。

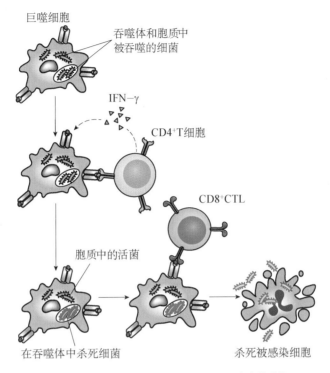

巨噬细胞

吞噬体和胞质中
被吞噬的细菌

IFN-γ

CD4⁺T细胞

CD8⁺CTL

胞质中的活菌

在吞噬体中杀死细菌

杀死被感染细胞

图 10 - 2　CD4⁺T 和 CD8⁺T 细胞共同抵抗胞内菌感染

胞内菌如产单核细胞李斯特菌被巨噬细胞吞噬后可以在吞噬体内存活,逃逸吞噬体的杀伤作用并可进入胞质。吞噬体内细菌抗原肽经 MHCⅡ类分子呈递途径激活 CD4⁺T 细胞,活化的 CD4⁺T 细胞产生 IFN-γ,激活巨噬细胞杀伤吞噬体中的细菌。CD8⁺T 细胞识别胞质中细菌抗原肽-MHCⅠ类分子复合物后活化,杀死被感染的细胞。

（1）抗胞内菌的 T 细胞免疫应答:被吞噬的胞内菌抗原经 MHCⅡ类分子呈递途径刺激 CD4⁺T 细胞活化后发生克隆增殖,在感染胞内菌的巨噬细胞产生的 IL - 12 作用下分化为 Th1。Th1 表达 CD40L 并分泌 IFN-γ 和 TNF 等细胞因子,可进一步刺激巨噬细胞产生活性氧中间物、活性氮中间物和溶酶体酶等直接杀伤胞内菌,是清除产单核细胞李斯特菌或结核分枝杆菌等胞内菌的关键机制。IFN-γ 也可诱导抗体类别转换（如在小鼠产生 IgG2a）通过经典途径激活补体和促进对胞内菌的免疫调理作用,辅助巨噬细胞发挥更有效的杀菌作用。IL - 12 和 IFN-γ 在抗胞内菌免疫反应中发挥重要作用,IL - 12 或 IFN-γ 因为受体突变或者发挥作用受到抑制的个体则对非典型分枝杆菌高度易感。

如果胞内菌抗原从吞噬体转移到胞质或者胞内菌逃逸吞噬体的杀伤作用而进入胞质,胞内菌就会对吞噬细胞的抗胞内菌免疫反应不敏感,而需要经 MHCⅠ类分子呈递途径激活 CD8⁺T 细胞,进一步在 Th1 细胞分泌细胞因子的辅助下充分活化并分化为 CTL 杀伤清除这类胞内菌。因此,机体往往需要 CD4⁺T 细胞活化巨噬细胞和 CD8⁺CTL 介导的抗胞内菌细胞免疫应答共同发挥作用才能更有效地抵抗胞内菌感染。

（2）抗胞内菌的 T 细胞应答类型对疾病的影响:抗胞内菌的 T 细胞应答类型是疾病进

展和临床发展结局的重要决定因素。例如,T 细胞应答类型决定了由麻风杆菌感染所致麻风病的疾病进展和发展结局。麻风病的分型有两个极端即结核样型和瘤型,免疫力较强的患者向结核样型麻风发展,免疫力低下或缺陷患者则向瘤型发展,当然很多麻风病患者属于不能明显划分的中间型。结核样型麻风患者有低水平的抗体和较强的 Th1 细胞免疫应答,产生大量 IFN - γ 和 IL - 2,激活巨噬细胞等,使麻风杆菌被局限于皮肤和神经,围绕神经形成肉芽肿,导致外周感觉神经障碍,继而引起外伤性皮肤损伤,但细菌很少直接导致组织破坏,且皮肤破损处细菌检测为阴性。而瘤型麻风患者产生高水平的特异性抗体和 Th2 细胞免疫应答,产生大量的 IL - 4 和 IL - 10 和很少 IFN - γ,诱导巨噬细胞发挥抑制作用,细菌在巨噬细胞内大量繁殖但不能有效激活巨噬细胞,导致大范围的严重皮肤和组织损伤,且损伤处可以检测到大量的麻风杆菌。Th1 和 Th2 型细胞免疫应答及其产生的细胞因子在决定麻风杆菌感染结局中发挥重要的作用。此外结核分枝杆菌感染后诱导机体 Th1/Th17 免疫应答的平衡性,也决定了抗结核分枝杆菌感染保护性免疫和炎症损伤的平衡。

3. 抗胞内菌的免疫损伤 针对胞内菌蛋白质抗原的迟发型超敏(DTH)反应可能是引起组织损伤的主要原因。胞内菌被吞噬细胞吞入后,可以抵抗吞噬细胞的杀伤而长期在细胞内生存,引起慢性抗原刺激以及 T 细胞和巨噬细胞活化,围绕胞内菌形成肉芽肿。这种类型的炎症反应可以局限并防止胞内菌感染扩散,但是由于肉芽肿炎症造成的组织坏死和纤维化形成,导致严重的功能障碍。

例如,结核分枝杆菌是典型的胞内菌,宿主体内抗结核分枝杆菌的保护性免疫反应和病理性迟发型超敏反应共同存在,迟发型超敏反应可导致严重的组织损伤。在结核分枝杆菌初次感染机体时,主要被肺泡巨噬细胞吞噬进入吞噬小体,细菌缓慢繁殖,在肺部只引起局部轻微的炎症,90% 以上的感染人群没有临床症状,但细菌可以在肺部巨噬细胞内生存。感染 6～8 周后,巨噬细胞迁移到引流淋巴结,CD4$^+$T 细胞被激活,随后 CD8$^+$T 细胞也可能被激活。这些活化的 T 细胞产生 IFN - γ,激活巨噬细胞并增强其杀伤胞内菌的能力。T 细胞和巨噬细胞产生的 TNF 也在局部炎症反应和巨噬细胞活化中发挥重要作用。T 细胞介导的免疫应答可以有效控制细菌扩散。但是结核分枝杆菌可以通过多种机制,包括抑制吞噬溶酶体融合、抑制巨噬细胞凋亡、破坏活性氧中间物等,逃避巨噬细胞的杀菌作用并干扰抗原释放,从而长期藏匿于巨噬细胞中,导致潜伏感染或者持续性感染。在潜伏感染情况下,结核分枝杆菌可以在机体内长期生存,而不会引起病理损伤和临床症状;当机体免疫力低下时,细菌会被再次激活,导致感染性疾病的发生。在结核分枝杆菌慢性感染中,Th1 激活并迁移至肺部结核分枝杆菌感染的巨噬细胞周围,介导迟发型超敏反应,控制病菌扩散并使炎症反应局限化。如果 Th1 免疫应答不足或炎症过度出现,就会导致形成中心是感染结核分枝杆菌的巨噬细胞,外围是 CD4$^+$T 细胞、CD8$^+$T 细胞、CD1 限制性 T 细胞、γδT 细胞和中性粒细胞,最外围是成纤维细胞的慢性肉芽肿,造成组织坏死和纤维化,引起功能障碍和临床疾病。如何采用有效策略,促进感染结核分枝杆菌的巨噬细胞凋亡,释放出的结核抗原被 DC 摄取后通过 MHC Ⅰ类、Ⅱ类分子或 CD1 分子呈递途径,诱导全面的 CD4$^+$ T 和 CD8$^+$ CTL 抗结核分枝杆菌的细胞免疫应答,或促进结核抗原从吞噬小体内释放后被 MHC Ⅰ类分子呈递进而激活 CD8$^+$CTL 应答,是清除结核分枝杆菌感染的重要策略。

4. **胞内菌的免疫逃逸** 胞内菌在进化过程中通过多种机制抵抗吞噬细胞的清除,包括抑制吞噬溶酶体融合或者逃离到胞质,而胞质不含杀菌物质,因此可以逃避溶酶体的杀菌作用、直接清除作用或者使活性氧中间物等杀菌物质失活从而逃避杀伤,造成潜伏感染或持续性感染。这类胞内菌造成的感染结局依赖于 T 细胞激活的巨噬细胞抗胞内菌的能力与细菌抵抗杀菌作用之间的平衡。抵抗吞噬细胞介导的清除是造成这类细菌持续多年慢性感染、明显治愈后再次复发并且难以彻底清除的重要原因。例如,产单核细胞李斯特菌被吞噬并隐匿于巨噬细胞内,通过产生李斯特菌溶素(listeriolysin)溶解破坏吞噬体膜并逸入胞质,逃避溶酶体的杀菌作用。结核分枝杆菌可通过抑制吞噬小体的形成、阻碍吞噬溶酶体的融合和破坏活性氧中间物等机制使细菌免于降解,也可通过抑制巨噬细胞凋亡减少细菌蛋白抗原的释放,逃避 T 细胞介导的免疫应答。

第三节 抗胞外病原体感染的免疫反应

人类致病细菌大多为胞外菌,它们可以在宿主细胞外的血液、组织和组织间隙中生长繁殖。多数真菌也是常见的胞外感染病原体,条件致病真菌在免疫低下患者中常造成严重疾病。多数寄生虫主要在胞外生存,通过中间宿主感染人体,目前仍威胁世界上 30% 以上人群的健康,其中血吸虫感染导致的血吸虫病至今仍是严重危害我国长江流域人群健康的感染性疾病。

一、抗胞外菌的免疫反应

胞外菌可以在宿主细胞外的血液、淋巴液、组织液等体液中以及器官内腔、气道、胃肠道等组织间隙中生存和繁殖。许多胞外菌是致病菌,通过两种主要机制引起疾病:①细菌引起炎症导致感染局部的组织损伤;②细菌胞壁的内毒素或分泌的外毒素发挥多种病理效应。革兰阴性菌的 LPS 是内毒素,其主要毒性组分是细菌胞壁的脂质 A,免疫原性较弱,但可强效激活巨噬细胞和 DC,也可引起发热、激活补体、凝血和激肽系统导致休克、DIC 等。外毒素是细菌分泌至菌体外的毒性蛋白,免疫原性强,可诱导中和抗体产生。多种外毒素具有很强的细胞毒性,可以通过各种机制杀伤细胞、干扰细胞功能或刺激产生细胞因子等引起疾病。机体抗胞外菌的感染,主要通过吞噬细胞和补体介导的固有免疫应答以及抗体介导的体液免疫应答发挥作用。胞外菌感染引起的人类疾病及其致病机制举例见表 10-3。

表 10-3 胞外菌感染引起的人类疾病及其致病机制举例

胞外菌	疾病	致病机制
革兰阴性		
白喉杆菌	白喉	白喉毒素抑制宿主细胞蛋白质合成

胞外菌	疾病	致病机制
破伤风梭菌	破伤风	破伤风梭菌外毒素结合到神经肌肉接头的运动终板,阻断神经元间正常抑制性神经冲动传递,导致不可逆转的肌肉收缩
脑膜炎球菌 革兰阳性	脑膜炎	强效的内毒素引起急性炎症和系统性疾病
霍乱弧菌	痢疾(霍乱)	霍乱弧菌肠毒素可激活肠黏膜腺苷环化酶,增高细胞内 cAMP 水平,使得肠上皮细胞膜上的离子通道打开,大量的离子和水分从细胞膜内流到细胞外,导致肠道功能紊乱
致病性大肠埃希菌	尿路感染,肠胃炎,感染性休克	毒素作用于肠上皮细胞致水、钠分泌;内毒素(LPS)刺激巨噬细胞分泌细胞因子
金黄色葡萄球菌	局部:皮肤和软组织感染,肺脓肿; 全身:中毒性休克综合征,食物中毒	局部感染:穿孔素导致细胞死亡;毒素引起急性炎症; 全身性疾病:肠毒素(超抗原)诱导 T 细胞产生大量细胞因子引起休克、皮肤坏死和腹泻等

1. 抗胞外菌固有免疫　抗胞外菌固有免疫应答的主要机制是补体活化、吞噬作用和炎症反应。

(1)补体活化:在细菌感染早期抗体尚未诱生时,革兰阳性菌的胞壁主要成分肽聚糖或革兰阴性菌的胞壁主要成分 LPS 均可通过替代途径激活补体;表面表达甘露糖受体的细菌可与 MBL 结合,通过 MBL 途径激活补体。补体激活后形成的攻膜复合物可以直接裂解细菌,补体激活过程中产生的 C3b 等补体成分能发挥调理作用增强吞噬杀菌效应,C5a、C3a 等补体成分可招募和活化中性粒细胞、巨噬细胞等参与炎症反应。

(2)激活吞噬细胞和炎症反应:少量、毒力低的胞外菌,可直接被吞噬细胞快速吞噬清除。吞噬细胞利用细胞表面的甘露糖受体和清道夫受体等识别并吞噬胞外菌,也可以分别通过 FcR 和补体受体的调理作用促进与抗体及补体结合的胞外菌被吞噬和清除,并活化吞噬细胞。此外,吞噬细胞还可通过 TLR 和其他 PRR 识别细菌抗原后激活吞噬细胞的杀菌能力。细菌的 LPS 可强效激活 DC 和吞噬细胞产生细胞因子及趋化因子,募集炎性细胞到达感染部位清除细菌,并诱发急性炎症反应;产生的细胞因子也可引起发热、诱导急性期蛋白合成,某些细胞因子如 IL-12 可以引起 Th1、CTL 及 NK 细胞的活化增强杀菌效应。

2. 抗胞外菌适应性免疫　胞外菌抗原可诱导特异性抗体产生和 CD4$^+$ T 活化,抗体介导的体液免疫是抗胞外菌感染的主要保护性免疫应答(图 10-3)。

(1)抗胞外菌的体液免疫应答:抗胞外菌胞壁抗原或者毒素抗体可以阻断胞外菌入侵,清除病原体和中和毒素。胞外菌的荚膜等多糖是 TI-Ag,能直接刺激 B1 细胞产生特异性 IgM;胞外菌多数蛋白抗原是 TD-Ag,需 APC 和 Th 细胞辅助,先形成 IgM 类抗体,后发生类别转换形成 IgG、sIgA 或 IgE。特异性抗外毒素的 IgG、IgM 和 sIgA 可直接中和细菌外毒素;sIgA 存在于各种分泌液中,可阻断病原菌的黏膜感染;IgM 和 IgG 结合细菌抗原后可激活补体,形成攻膜复合物裂解细菌;补体激活后产生的片段如 C3b 和 iC3b 可与巨噬细胞上的补体受体 CR1 和 CR3 结合促进调理吞噬;IgG 通过与巨噬细胞、中性粒细胞和单核细胞上的 FcγR 结合促进吞噬。

(2)抗胞外菌的 CD4$^+$ T 细胞介导的免疫应答:胞外菌的蛋白类抗原可激活 CD4$^+$ T,辅

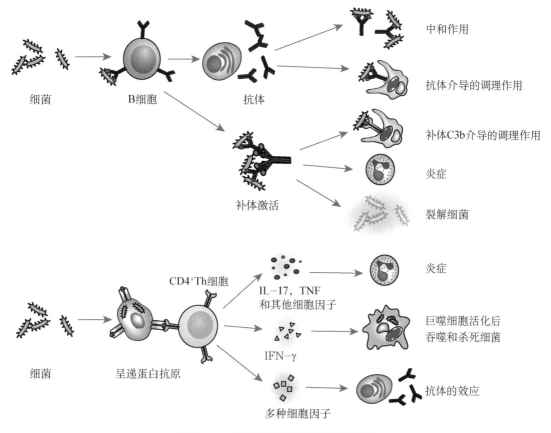

图 10 – 3 抗胞外菌感染的适应性免疫应答

抗胞外菌如细菌及其毒素的适应性免疫应答包括抗体产生（A）和激活 CD4+ Th 细胞（B）。抗体通过多种机制发挥中和作用和清除细菌及其毒素。Th 细胞产生细胞因子，介导炎症反应、巨噬细胞活化以及 B 细胞反应。DC：树突细胞。

助抗体产生，分泌细胞因子诱导局部炎症，增强巨噬细胞和中性粒细胞的吞噬和杀菌效应。参与抗胞外菌免疫的 T 细胞主要是 Th2 细胞，可辅助 B 细胞产生特异性抗体，还可分泌细胞因子促进巨噬细胞对细菌的吞噬和杀伤，并招募活化中性粒细胞等引起局部炎症。胞外菌也可诱导 Th1 细胞反应，产生的 IFN – γ 激活巨噬细胞促进对吞噬细菌的杀伤作用，刺激产生可介导调理作用和与补体结合的抗体如 IgG。胞外菌活化的 Th17 可以招募中性粒细胞和单核细胞到达感染部位促进局部炎症，Th17 反应缺陷患者对细菌和真菌的易感性增加。

3. 抗胞外菌的免疫损伤 宿主抗胞外菌的免疫反应诱导吞噬细胞和 T 细胞等免疫细胞产生大量的炎性介质和生物活性物质，可造成免疫损伤，导致炎症和败血症休克等疾病。中性粒细胞和巨噬细胞活化后产生的活性氧中间物、活性氮中间物和溶酶体酶等效应产物在清除胞外菌感染的同时也可引起组织损伤，这类炎症反应通常是自限性的和可控的。但细菌产物刺激免疫细胞产生的细胞因子可诱导机体产生大量的急性期蛋白，引发全身炎症综合征。败血症休克是由某些革兰阴性菌和革兰阳性菌感染扩散造成的严重病理结局。当机体免疫力低下时，侵入机体或体内正常寄居的病原体大量繁殖，释放其毒性产物，并激活体液和细胞免疫应答,产生各种炎性介质和生物活性物质,引起机体一系列病理生理变化,导致循环衰竭和广泛的血管内凝血。细菌组分包括 LPS 和肽聚糖激活巨噬细胞产生大量的细胞因子,引起的"细胞因子风暴",介导败血症休克的早期反应,其中 TNF、IL-6 和 IL-1 是介导败血症休克的主要细胞因子,IFN-γ 和 IL-12 也参与该病理过程。另外,有些细菌毒素如葡萄球菌的肠毒素、链球菌的致热外毒素等可以作为超抗原,非特异地激活具有相同 VβTCR 的 CD4⁺T 细胞活化,产生大量的细胞因子,介导细菌 LPS 样败血症性休克或全身炎症综合征。

有些胞外菌与人体组织存在交叉抗原,诱导的抗胞外菌抗体可能因交叉反应而致病。例如,咽部或皮肤感染溶血性链球菌数周后,可出现风湿热和肾小球肾炎。咽部或皮肤感染某些血清型的 β-溶血性链球菌后,机体产生的抗细菌胞壁 M 蛋白的抗体可以通过交叉反应与心肌蛋白结合并沉积在心脏,引发 Ⅱ 型超敏反应而导致心肌炎。β-溶血性链球菌抗原与其抗体结合形成的免疫复合物沉积在肾小球基底膜,则引发 Ⅲ 型超敏反应而导致肾小球肾炎。

4. 胞外菌的免疫逃逸 致病性胞外菌通过多种机制逃避抗胞外菌的固有免疫应答或适应性免疫应答。

(1)抵抗固有免疫应答:胞外菌可通过抵抗吞噬、抑制补体活化或者灭活补体等机制逃逸抗胞外菌感染的固有免疫应答。例如,胞外菌可通过形成荚膜逃逸免疫攻击。许多致病性革兰阴性和革兰阳性菌的荚膜含有唾液酸,可以抑制补体通过替代途径活化,也可编码蛋白抵抗吞噬,因此比没有荚膜的细菌具有更强的毒性。金黄色葡萄球菌可通过分泌凝固酶,使宿主血浆中纤维蛋白原转变为固态纤维蛋白,包绕在细菌菌体周围,从而抵抗宿主的吞噬作用;伤寒杆菌的 Vi 抗原和溶血性链球菌的 M 蛋白也可抵抗吞噬;弗氏志贺菌可诱导巨噬细胞凋亡,从而抵抗吞噬;铜绿假单胞菌可分泌弹性蛋白酶,从而灭活补体 C3a 和 C5a 等,逃逸对细菌的吞噬和清除。

(2)抵抗体液免疫应答:胞外菌逃逸体液免疫应答的主要机制是表面抗原的遗传变异。淋球菌和大肠埃希菌等细菌的表面抗原存在于菌毛中,主要的菌毛抗原称为菌毛蛋白。胞外菌可通过菌毛蛋白发生突变从而抵御特异性抗体的攻击,如编码淋球菌菌毛蛋白基因的高频突变,可产生多达 10⁶ 个不同的菌毛蛋白抗原,逃避特异性抗体的攻击。流感嗜血杆菌的糖基合成酶可通过突变阻断免疫识别,进而抵御特异性抗体的攻击。此外,流感杆菌和脑膜炎球菌产生的 IgA 蛋白酶可降解 sIgA,从而逃逸抗感染免疫。

二、抗真菌的免疫反应

真菌感染又称真菌病,是引起人类发病和死亡的重要原因之一。特别是近年来滥用广谱抗生素引起菌群失调和病原体感染或应用抗生素药物等导致免疫功能低下,使真菌感染的发病率和病死率有所上升。某些真菌感染可以引起地方性流行病,这些感染通常是由存在于环境中的二相性(dimorphic)真菌如粗球孢子菌等的孢子进入免疫功能低下个体后引起的疾病;另外一些真菌感染是由条件致病菌引起的,如念珠菌、曲霉、新生隐球菌等条件致病菌,对健康个体通常不致病,但可以导致免疫力低下者如 AIDS 患者、糖尿病患者以及放化疗患者等发生条件致病真菌感染。免疫力低下是临床严重真菌感染的重要易感因素,骨髓抑制或损伤导致的中性粒细胞缺陷是常见的引起这类真菌感染的原因。最近研究显示,HIV感染所致 AIDS 患者、肿瘤放化疗或者移植排斥治疗患者继发条件致病菌感染的病例显著增加。

不同的真菌均可感染人体,并且可以居住在细胞外组织或吞噬细胞内,因此抗真菌感染的免疫反应需要抗胞内真菌和抗胞外真菌的免疫反应一起发挥作用。但是与抗细菌和抗病毒免疫反应相比,人们目前对抗真菌的免疫反应知之甚少,这可能部分是因为缺乏真菌感染的动物模型或真菌感染常发生在不能产生有效免疫应答的患者。

1. 抗真菌固有免疫 抗真菌的固有免疫主要是由中性粒细胞和巨噬细胞介导的免疫反应。吞噬细胞和 DC 可以通过 TLR 和凝集素样受体识别真菌后诱导细胞活化,从而介导杀真菌的效应。中性粒细胞是最有效的杀真菌细胞,可通过呼吸爆发产生活性氧中间物(ROI)如 H_2O_2、HClO 等,或产生防御素、溶酶体酶和髓过氧化物酶等,吞噬真菌后在胞内杀灭真菌。中性粒细胞缺失或减少症患者对条件致病真菌高度易感,常播散性念球菌病和侵袭性烟曲霉病。巨噬细胞在抗真菌感染中的作用仅次于中性粒细胞,也常见于真菌侵入处,可吞噬真菌,但因缺乏髓过氧化物酶往往不能有效杀灭真菌。NK 细胞可抑制新生隐球菌和巴西副球孢子菌等真菌的生长,但对荚膜组织胞质菌感染无效。真菌组分可通过补体替代途径激活补体,补体活化过程中产生的 C5a、C3a 等可招募中性粒细胞和巨噬细胞等炎性细胞至感染部位发挥杀真菌的作用,但真菌能抵抗攻膜复合物的裂解作用。此外,完整皮肤分泌的脂肪酸具有杀真菌作用,因此皮肤黏膜屏障在抗真菌感染中发挥重要作用。

2. 抗真菌适应性免疫 细胞免疫是抵抗真菌感染适应性免疫应答的主要机制。例如荚膜组织胞质菌寄居在巨噬细胞内,需要诱导与抗胞内细菌感染一样的有效细胞免疫应答才能清除感染。某些真菌抗原可刺激特异的 $CD4^+$ Th1 细胞活化,分泌多种细胞因子如 IFN - γ 和 IL - 2 等,激活 $CD8^+$ T 细胞、巨噬细胞和 NK 细胞有效杀灭真菌。因此,Th1 细胞介导的免疫应答在抗胞内真菌如组织胞浆菌感染中发挥免疫保护,但是这类反应也可引起肉芽肿炎症导致宿主的组织损伤。新生隐球菌常定植在免疫低下患者的肺和脑,需激活的 $CD4^+$ 与 $CD8^+$ T 细胞合作才能有效清除感染。许多胞外真菌具有葡聚糖成分,可被 DC 的 dectin - 1 识别后诱导 DC 活化并分泌 IL - 6 和 IL - 23 等细胞因子,产生的细胞因子可诱导强的 Th17 细胞介导的免疫应答。活化的 Th17 细胞可以介导炎症反应,并募集中性粒细胞和巨噬细胞到达炎症部位杀灭真菌。白念珠菌感染常始于黏膜表面,抗真菌的细胞免疫可阻止其向组织内扩散。真菌也可以诱导特异性抗体产生,如黏膜组织的 sIgA 对真菌的黏膜感染有一定的保护作用,但抗体对于大多数真菌感染作用不大。

3. 真菌的免疫逃逸 具有荚膜的真菌如荚膜组织胞质菌可以逃逸 NK 细胞等的杀伤作用。具有较强毒性的新型隐球菌感染可以抑制巨噬细胞产生 TNF 和 IL - 12 等促炎细胞因子,但促进其产生 IL - 10 等抑炎细胞因子,抑制巨噬细胞的活化和杀真菌的效应。此外,真菌还能抵抗补体活化后产生的攻膜复合物的细胞裂解作用。

三、 抗寄生虫的免疫反应

据统计,世界上至少有 30% 的人群感染寄生虫。寄生虫感染比其他微生物感染引起人类更高的发病率和死亡率。多数寄生虫主要在胞外生存,在人体(或其他脊椎动物)或中间宿主(如蝇、蜱、螺)内有复杂的生命周期。人往往通过被寄生虫感染的中间宿主叮咬导致疟疾、锥虫病等寄生虫病;或与中间宿主共同生活导致寄生虫感染,如接触感染有血吸虫的钉螺的疫水可使人患上日本血吸虫病。多数寄生虫感染会导致慢性疾病,因为人体产生抗寄生虫的固有免疫应答往往较弱,不足以清除寄生虫,而寄生虫又可以通过多种机制逃逸适应性免疫应答对寄生虫的杀伤和清除,且目前多种抗寄生虫药物不能有效杀伤虫体。有寄生虫感染的环境需要反复和持续性的化学试剂或药物处理,才可能避免人长期暴露;但是由于价格昂贵或者其他方面因素的制约,这一治疗措施往往不可行。因此,发展抗寄生虫的预防性疫苗被认为是发展中国家抗寄生虫感染的重要措施。

1. 抗寄生虫固有免疫 不同类型的原虫和蠕虫虽然可以激活机体的固有免疫应答,但由于寄生虫与人类宿主在长期进化过程中能互相适应,因此寄生虫大多可以对抗宿主的固有免疫应答,从而在宿主体内生长繁殖。人类宿主抗原虫的主要固有免疫反应是吞噬,但多数原虫可以抵抗巨噬细胞的吞噬杀伤并在细胞内繁殖。多数蠕虫具有大且厚的表面结构,通常可以使其抵抗中性粒细胞和巨噬细胞的杀伤作用和吞噬降解作用。有些蠕虫可以通过替代途径激活补体,但多数蠕虫通过失去与补体结合的分子或者获得宿主的补体调节蛋白如 DAF,从而抵抗补体的裂解作用或抑制补体的活化。

2. 抗寄生虫适应性免疫 不同寄生虫的结构、生化特性、生活史和致病机制差异较大,因而其引起的特异性免疫应答不尽一致。一般而言,某些致病性原虫可以生存在宿主细胞内,因此抗原虫保护性免疫机制与抗胞内细菌和病毒免疫类似,需要细胞免疫应答才可以杀伤这类寄生虫。而蠕虫常常寄生在细胞外组织中,特异性抗体应答对于抗蠕虫保护性免疫更为重要。免疫系统抵抗巨噬细胞内生存的原虫主要依赖于细胞免疫应答,特别是 Th1 细胞来源的细胞因子诱导巨噬细胞活化以及 CTL 在抗原虫感染中发挥最为关键的作用。而抵抗细胞外组织生存的蠕虫主要依赖于 Th2 细胞的活化,后者可进一步诱导 IgE 的产生和嗜酸性粒细胞活化。

(1)抗原虫的适应性免疫应答:抗原虫的 T 细胞免疫应答主要包括两种类型,即 CD4$^+$ Th1 细胞产生细胞因子诱导巨噬细胞活化后杀伤吞噬的寄生虫;CD8$^+$ CTL 直接杀伤被寄生虫感染的细胞。利什曼原虫可以在巨噬细胞的内体中生存,诱导宿主 Th1 或者 Th2 应答类型可以决定对疾病抵抗或者易感。在利什曼原虫感染的小鼠模型中,利什曼原虫可以激活不易感小鼠品系(如 C57Bl/6J)CD4$^+$ Th1 细胞活化,产生 IFN - γ 并激活巨噬细胞,有效清除胞内利什曼原虫。而在 BALB/c 等易感小鼠品系,大量利什曼原虫感染诱导 Th2 细胞应答,产生大量的 IL - 4,抑制巨噬细胞的杀伤作用,可能会引起不可控制的感染甚至是小鼠死亡。因此,在易感小鼠品系,促进 Th1 应答或者抑制 Th2 应答均可以增强小鼠抵抗利什曼原虫感染的能力。

某些原虫可以在不同的宿主细胞内生长繁殖后裂解细胞,诱导产生特异性抗体和 CTL

活化,CTL 应答有利于清除在宿主细胞内繁殖并裂解细胞的原虫。以疟原虫感染为例,在疟原虫的生活史中,疟原虫主要寄生于红细胞或者肝细胞内,CD8$^+$ CTL 可直接裂解子孢子感染的肝细胞或通过分泌 IFN - γ 和活化肝细胞并使其产生 NO 等杀伤原虫,因此 CTL 介导的免疫应答是抑制寄生于肝细胞内的疟原虫感染扩散的主要保护性机制,在疟原虫感染的红细胞外期起重要防御作用。

(2) 抗蠕虫的适应性免疫应答:蠕虫寄生在细胞外组织,可以刺激初始 CD4$^+$ T 细胞分化为 Th2 细胞,分泌 IL - 4 和 IL - 5。IL - 4 诱生 IgE,IL - 5 促进嗜酸粒细胞的发育和活化。IgE 与嗜酸粒细胞和肥大细胞介导 ADCC 效应,发挥抗蠕虫免疫防御作用。IgE 可以结合蠕虫,经 FcεR 结合并激活嗜酸粒细胞和肥大细胞,激活的细胞脱颗粒释放主要碱性蛋白(MBP)从而杀死蠕虫。这种 ADCC 效应对蠕虫的成虫作用不显著,但对在宿主体内发育中的幼虫如旋毛虫早期幼虫、丝虫微丝蚴和血吸虫童虫等有显著的免疫防御作用。此外,特异性抗体与寄生虫抗原结合后可直接阻止寄生虫入侵靶细胞,或者经过经典途径激活补体介导寄生虫溶解,从而有效抵抗寄生虫感染。例如,抗体与疟原虫裂殖子结合后可阻断其入侵红细胞;锥虫病患者血清中特异性 IgM 或 IgG 可以与非洲锥虫抗原结合后激活补体,形成的攻膜复合物可裂解锥虫。

3. 抗寄生虫的免疫损伤 抗寄生虫的适应性免疫应答可以彻底清除寄生虫感染,也可导致组织损伤。某些寄生虫及其产物可以诱导肉芽肿形成伴随纤维化,导致严重的组织损伤和疾病。例如,在血吸虫病中,日本血吸虫的虫卵可沉积于宿主的肝脏,刺激 CD4$^+$ T 细胞活化分泌细胞因子,进而活化巨噬细胞诱导迟发型超敏反应。迟发型超敏反应导致围绕虫卵形成肉芽肿以及后期肝脏的严重纤维化,引起肝脏静脉回流障碍、门静脉高压和肝硬化。在淋巴系统的丝虫病中,丝虫长期寄生于淋巴管内,引起慢性细胞免疫应答并最终形成纤维化,导致淋巴管栓塞,进而引起腿部橡皮肿等严重疾病。血吸虫和疟原虫等寄生虫引起的慢性和持续性感染常伴有寄生虫抗原与特异性抗体形成免疫复合物。免疫复合物可沉积于血管或肾小球基底膜,导致血管炎或肾炎等 Ⅲ 型超敏反应性疾病。疟原虫和非洲锥虫还能诱导宿主产生与机体自身多种组织起反应的自身抗体,导致组织损伤。

4. 寄生虫的免疫逃逸 寄生虫通过减少自身的免疫原性和抑制宿主的免疫反应逃避免疫攻击。

(1) 寄生于胞内或形成包囊:某些原虫如疟原虫、弓形虫等可长期隐蔽于宿主细胞内生长繁殖,不接触免疫系统,从而使免疫系统忽视病原体的存在。某些原虫如内阿米巴可以自发地或者与抗体结合后使抗原脱落,也能形成包囊,抵御抗体介导的免疫攻击。而某些蠕虫生活在肠腔内,逃避细胞免疫应答介导的杀伤作用。血吸虫幼虫经皮肤进入肺时,在宿主内迁移过程中虫体形成特殊的结构抵抗补体和 CTL 的细胞毒作用。

(2) 抗原变异:寄生虫在脊椎动物宿主体内生活过程中会改变自身的表面抗原,目前已知有两种类型的抗原变异,一种是生活史特定阶段的特异性抗原表达变化,另一种是主要表面抗原的持续性变化。例如,疟原虫寄居于宿主体内造成慢性感染的裂殖子期的抗原不同于疟原虫感染期的子孢子期的抗原,因此疟原虫裂殖子可以逃逸宿主针对子孢子期抗原的免疫杀伤和清除作用。编码布氏锥虫和东非锥虫的主要表面糖蛋白抗原的基因持续发生变异,基因数量达 1 000 种以上,导致锥虫主要表面抗原的高度变异,从而逃逸已产生的针对变异前抗原的特异性抗体的清除作用。锥虫和血吸虫幼虫等寄生虫还可以与溶组织内阿米巴一样使表面抗原脱落,从而逃逸免疫清除作用。

(3) 模拟宿主免疫系统:某些寄生虫在宿主体内生活期间可以使虫体表面表达、组装或包裹宿主的抗原或者免疫系统组分,从而逃逸宿主免疫系统攻击。如曼氏血吸虫经皮肤迁移入肺的过程中,虫体外层可包装上宿主的 ABO 血型糖脂组分和 MHC 分子,从而使宿主不产生抗感染免疫应答。

(4) 抑制宿主固有免疫反应:大多数寄生虫可以通过抑制补体的细胞毒效应、抑制补体活化、抑制中性粒细胞和巨噬细胞的吞噬杀伤作用等机制对抗宿主的固有免疫应答。例如,利什曼原虫可以破坏补体攻膜复合物介导的细胞毒作用,逃避免疫杀伤;枯氏锥虫和肺内血吸虫能合成补体结合蛋白 DAF 样的糖蛋白,抑制补体活化;枯氏锥虫溶解吞噬体膜逃入胞质,逃避巨噬细胞的杀灭作用;刚地弓形虫抑制吞噬体与溶酶体的融合,抑制巨噬细胞的杀伤作用。

(5) 抑制宿主适应性免疫反应:寄生虫可以通过多种机制抑制宿主 T 细胞免疫和体液免疫应答。例如,在肝脏和脾脏严重血吸虫感染以及丝虫感染时,常见不明机制的 T 细胞对寄生虫抗原反应无能。血吸虫尾蚴可激活皮肤角朊细胞等分泌 IL - 10 进而抑制 Th1 发挥效应,还可诱导凋亡因子分泌并通过 FasL - Fas 途径诱导 CD4$^+$ T 细胞凋亡。尾蚴排泄分泌物的糖链被 APC 表面的糖受体识别后,促进 DC 分泌 IL - 10 和 IL - 1ra,进而抑制 Th1 细胞的分化和活化。利什曼原虫感染可以诱导 Treg,进一步抑制免疫反应。在淋巴系统的丝虫病中,淋巴结感染丝虫,继而引起结构破坏,可导致免疫缺陷。T 细胞活化产生抑炎细胞因子或者 T 细胞活化障碍,都会导致免疫缺陷。此外,某些蠕虫可分泌胞外酶,降解结合在虫体膜表面抗原的特异性抗体,使抗体中和及调理功能失效,导致寄生虫慢性和持续性感染病。

综上所述,针对病毒、细菌以及其他病原体如真菌、原虫、蠕虫等不同病原体的感染,机体通过诱导不尽相同的抗感染固有免疫和适应性免疫应答予以清除病原体;而不同的固有免疫细胞和效应分子、不同类别的抗体(IgM、IgG、sIgA 和 IgE)、CD4$^+$ T 和 CD8$^+$ CTL 等效应产物可针对不同病原体分别发挥不同的免疫防御作用,甚至造成免疫损伤,而病原体在长期与机体斗争过程中也发展了多种免疫逃逸机制,引起不同的抗感染免疫结局。

(张伟娟)

第十一章 超敏反应

超敏反应(hypersensitivity)是机体对抗原初次应答后,再次接受相同抗原刺激时所发生的一种以机体生理功能紊乱或者组织细胞损伤为主的特异性免疫应答。引起机体产生超敏反应的抗原称为变应原(allergen)或特应性抗原(atopic antigen),而机体对抗原的应答性则称为特应性体质。超敏反应主要是机体对抗原物质产生的异常、病理性的特异性免疫为主的特异性免疫应答,但非特异性免疫应答也参与超敏反应的发生和发展,并发挥重要作用。

第一节 超敏反应分类

1963年,Coombs和Gell根据超敏反应发生的速度、发病机制和临床特征将超敏反应分为4型,即Ⅰ、Ⅱ、Ⅲ和Ⅳ型,其中前3型均由体液免疫介导,可经血清被动转移;Ⅳ型由细胞免疫介导,可经淋巴细胞被动转移。

1. **Ⅰ型超敏反应** 又称速发型超敏反应(immediate hypersensitivity reaction)或变态反应(allergy)或过敏反应(anaphylaxis),主要是机体针对变应原产生IgE,吸附于肥大细胞与嗜碱性粒细胞表面,当机体再次接触该种抗原时,抗原与细胞上的IgE结合,活化细胞,导致多种活性物质释放,从而引起机体局部或全身的过敏反应。

2. **Ⅱ型超敏反应** 又称溶细胞型或细胞毒性超敏反应,是由特异性IgG或IgM类抗体与靶细胞膜上的抗原或半抗原结合后,通过激活补体途径、调理吞噬作用以及ADCC作用,引起的以靶细胞溶解或者组织损伤为主的病理性免疫反应。其中靶细胞抗原分为4类。①同种异型抗原,存在于血细胞,如常见的ABO血型抗原及HLA抗原等;②自身修饰的抗原,主要是在理化及生物因素作用下所改变的自身抗原;③异嗜性抗原,即外源性物质与正常组织之间具有的共同抗原,如链球菌胞壁的成分与心脏瓣膜、关节组织的共同抗原;④结合在自身组织细胞表面的药物抗原或者抗原-抗体复合物。Ⅱ型超敏反应的发生机制包括两部分。第一部分是细胞表面固有抗原或者吸附于细胞表面的抗原与半抗原,与相应的抗体(IgG、IgM)特异性结合;第二部分是抗原与相应抗体结合后,通过激活补体溶解靶细胞、协助吞噬细胞吞噬靶细胞、促进吞噬细胞和NK细胞ADCC作用,导致靶细胞损伤,其他刺激或阻断作用使靶细胞功能改变。临床上常见的自身免疫性溶血性贫血、肺出血肾炎综合征(Goodpasture syndrome)、甲状腺功能亢进症(Graves病)、重症肌无力等都属于Ⅱ型超敏反应疾病。另外,发生在罕见的"熊猫血"——Rh血型上的新生儿溶血症也属于Ⅱ型超敏反应疾病。

3. Ⅲ型超敏反应 又称免疫复合物型或者血管炎症变态反应,主要是抗原抗体特异性结合后形成中等大小的可溶性免疫复合物,沉积于全身或者局部血管基底膜或组织间隙内,激活补体,并在中性粒细胞、血小板、嗜碱性细胞等效应细胞的参与下,引起炎症反应和组织细胞损伤。免疫复合物的大小影响其在血管的沉积。抗原抗体特异结合所形成的小分子免疫复合物可以通过肾滤过作用除去,在体内清除的速度较慢,对机体一般无伤害性;大分子免疫复合物可以被吞噬细胞吞噬并降解,在体内清除的速度较快,对机体一般无伤害性;只有中等大小的免疫复合物会沉积在局部,在体内清除速度中等,容易发生免疫复合物疾病,产生炎性变化。临床上常见的Ⅲ型超敏反应分为两类。①局部免疫复合物病,如 Arthus 反应,是实验性局部Ⅲ型超敏反应,机体经抗原反复免疫之后,注射抗原的皮下出现局部红肿、出血和坏死等剧烈炎症反应。②全身性免疫复合物病,如血清病、类风湿关节炎、系统性红斑狼疮等疾病,其中血清病是指在初次注射抗毒素(马血清、大剂量青霉素和磺胺类药物等)后1~2周出现发热、皮疹、淋巴结肿大、关节肿痛和蛋白尿等症状;而类风湿关节炎和系统性红斑狼疮主要是自身抗体(以 IgM 为主,也有 IgA 和 IgG)与可溶性自身抗原形成免疫复合物,从而沉积于皮下、关节和肾小球基底膜等处而导致的疾病。

4. Ⅳ型超敏反应 是抗原特异性 T 细胞介导的一种免疫应答,以单个核细胞浸润与组织损伤为主要特征的炎症反应。由于此类反应需要经过效应分子的合成阶段,因而进程较为缓慢,又称迟发型超敏反应(delayed type hypersensitivity,DTH)。

4 种超敏反应的比较见表 11-1。

表 11-1　4 种超敏反应的比较

超敏反应类型	Ⅰ 型	Ⅱ性	Ⅲ型	Ⅳ型
抗原	可溶性抗原	细胞性抗原	可溶性抗原	可溶性抗原、细胞性抗原
参与的免疫分子与细胞	IgE、肥大细胞、嗜碱性粒细胞	IgG、IgM 补体、NK 细胞、吞噬细胞	IgG 中性粒细胞、嗜碱性细胞、血小板等	T 细胞(CD4$^+$ Th 和 CD8$^+$ CTL)
补体是否参与	不参与	参与	参与	不参与
主要效应机制	变应原与结合在肥大细胞或嗜碱性粒细胞上的 IgE 结合并交联,使细胞释放活性介质,作用于效应器官	抗原与相应抗体结合后,通过激活补体来溶解靶细胞、协助吞噬细胞吞噬靶细胞、促进吞噬细胞和 NK 细胞的 ADCC 作用,使靶细胞损伤以及其他刺激或阻断作用使靶细胞功能改变	抗原与抗体形成中等大小的可溶性免疫复合物,沉积于组织内,激活补体,并在多种效应细胞的参与下,引起炎症反应和组织细胞损伤	Th1、CD T 参与的Ⅳ型;CD4 T 细胞释放细胞因子等导致局部组织损伤;CTL 可通过释放穿孔素、颗粒酶等导致靶细胞的裂解或凋亡。Th2 参与的Ⅳ型;Th2 释放细胞因子和趋化因子,趋化和活化嗜酸性粒细胞,分泌细毒性分子和炎性介质等使组织发生炎症损伤
临床常见病例	过敏性哮喘、过敏性休克、湿疹、花粉症等	自身免疫性溶血性贫血、肺出血肾炎综合征、甲状腺功能亢进症、重症肌无力等	Arthus 反应、血清病、类风湿关节炎等	接触性皮炎、移植排斥反应等

第二节　Ⅰ型超敏反应及其介导的过敏性疾病

Ⅰ型超敏反应,亦称过敏反应(anaphylaxis)或变态反应(allergy)。主要由特异性 IgE 介导产生,可在局部和全身发生。Ⅰ型超敏反应所致疾病属于常见病、多发病,涉及儿科、耳鼻喉科、内科、外科等多个领域。2008 年有文献统计,在欧洲人群中,有 25％～35％的人发生Ⅰ型超敏反应,瑞典为 30％～40％,而北京约 37.7％。Ⅰ型超敏反应的主要特点是:①主要由 IgE 介导,肥大细胞和嗜碱性细胞参与释放血管活性胺等介质,同时白三烯、PGD2 等炎性脂质介质也参与其中,引起局部或者全身反应;②发生快,消失快;③毛细血管扩张、通透性增加、平滑肌收缩、腺体分泌增加,导致功能紊乱,但无严重的组织损伤;④有明显的个体差异和遗传背景;④补体不直接参与;⑤可经血清被动转移。其中,IgE(又称变应素)主要是在变应原侵入机体部位(尤其是黏膜组织和皮肤)后,由该部位的淋巴结等组织中的浆细胞所产生。IgE 与其他抗体亚型不同,它可以与肥大细胞等细胞表面的高亲和力 IgE Fc 受体(FcεR Ⅰ)紧密结合。

一、参与过敏反应的主要成分和细胞

(一)变应原

可以选择性激活 CD4$^+$ Th2 细胞及 B 细胞。主要包括四大类:①吸入性变应原,如花粉颗粒、尘螨排泄物、真菌菌丝及孢子、昆虫毒液、动物皮毛等;②食物变应原,主要是高蛋白食品、高淀粉食品、海产品、含添加剂或者防腐剂的食品,例如奶、蛋、鱼虾、蟹贝等食物蛋白等;③药物或者化学物质,包括口服、注射、吸入等方式获取的药物,例如青霉素、磺胺、普鲁卡因、有机碘化合物等;④酶类物质,例如尘螨中的半胱氨酸蛋白、枯草菌溶素等。

(二)变应素(即 IgE)

主要由鼻咽、扁桃体、气管和胃肠道黏膜下固有层淋巴组织中 B 细胞产生,这些部位也是变应原侵入机体引发超敏反应的常见部位。IgE 半衰期短,在多数人血清水平很低,但是在特应性个体中水平较高。IgE 对同种细胞具有特殊的亲和力,属于亲细胞性抗体,它可与肥大细胞和嗜碱性粒细胞表面 FcεR Ⅰ结合,延长半衰期,使细胞致敏。需要注意的是,IL-4 在诱导浆细胞产生 IgE 的过程中至关重要。

(三)肥大细胞和嗜碱性粒细胞及其 FcεR Ⅰ

肥大细胞主要分布于结缔组织和黏膜下层,嗜碱粒细胞主要分布于外周血液中,它们表面有大量的 FcεR Ⅰ,胞质内有含多种生物活性介质的大量嗜碱性颗粒,当 IgE 与 FcεR Ⅰ结合形成"桥联"后可导致细胞脱颗粒,从而释放生物活性介质引起过敏反应。FcεR 有两类,即 FcεR Ⅰ和 FcεR Ⅱ。FcεR-Ⅰ为高亲和力受体,在无抗原存在的情况下可结合 IgE,使机体处于致敏状态。FcεR Ⅱ(CD23)是低亲和力受体,主要分布在 B 细胞、单核-巨噬细胞、嗜酸粒细胞、DC、NK 细胞及活化的 T 细胞表面。FcεR Ⅱ可调节机体 IgE 产生:在血清 IgE 高水平情况下,发挥负调节作用;在低水平 IgE 情况下,发可挥正调节作用。

(四) 嗜酸性粒细胞

分布在呼吸道、消化道和泌尿生殖道黏膜上皮下结缔组织中,其活化后可以表达 IgE Fc 受体(FcεR Ⅰ),并释放两大类生物活性介质。①预先合成的炎症介质,如组胺、激肽原酶、嗜酸性粒细胞趋化因子等;②新合成的生物活性介质,如白三烯、前列腺素 D2(PGD2)、血小板活化因子(PAF)等。

二、 Ⅰ型超敏反应的发生机制

(一) 致敏阶段

主要指变应原进入机体后,诱导产生 IgE 抗体,在无抗原存在的情况下,肥大细胞和嗜碱粒细胞结合 IgE 使机体处于致敏状态的阶段。这种致敏状态可维持半年至数年,如果长期不接触相应变应原,致敏状态逐渐消失(图 11 - 1)。

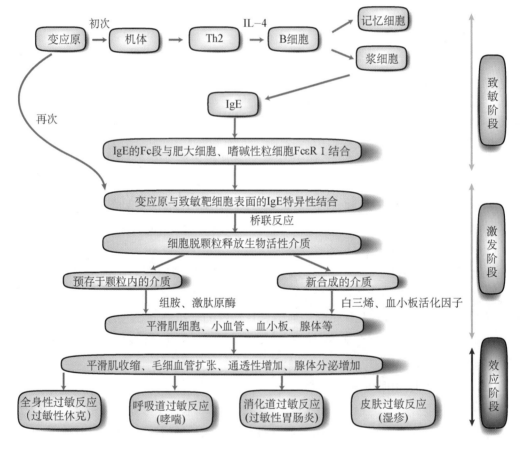

图 11 - 1　Ⅰ型超敏反应的发生机制

机体初次接触变应原后,B 细胞产生 IgE 类抗体应答。机体暴露在某一特定的变应原(又称过敏原)环境下,对其敏感,使机体产生 IgE 类抗体,产生过敏反应。发生过敏反应的人群可以分为两种：①特异性人群。IgE 在这类人群中水平较高，是健康人的 100～1 000 倍，这类人群一般有相关过敏反应的家族史，通常可以对多个过敏原产生多种类型的过敏反应。例如，特异性湿疹主要发生在对某些食物过敏的儿童中，而他们当中很大一部分会对空气中存在的过敏原敏感，产生过敏性鼻炎以及哮喘等。②非特异性人群。相比于特异性人群，一部分非特异性人群主要对某一个具体的过敏原（例如蜂毒或者青霉素等药物）产生过敏反应，而这种过敏反应不仅可以发生在儿童时期，还可以发生在任何时间段。需要注意的是，并不是所有的人群暴露在一个潜在的过敏原下就会产生过敏反应的，也不是所有的过敏反应会在机体（包括特异性群体）中产生明显症状。

机体接触到过敏原，产生免疫反应，从而产生 IgE。这一过程由两部分组成，第一部分是过敏原进入机体后，未分化的 T 细胞分化成 Th2 细胞；第二部分是 Th2 细胞分泌的细胞因子以及产生的共刺激信号途径可以刺激 B 细胞分化为浆细胞，从而产生 IgE 类抗体应答。未分化的 T 细胞接收到来自抗原呈递细胞（例如树突细胞）的刺激后，根据微环境中存在的不同类型的细胞因子朝不同的方向分化。在 IL - 4、IL - 5、IL - 8 以及 IL - 13 的细胞因子环境下，未分化的 T 细胞朝 Th2 细胞分化；而在 IL - 12 和 IFN - γ 为主的细胞因子环境下，未分化的 T 细胞朝 Th1 细胞分化。

针对多种寄生虫引起的过敏反应，机体首先在寄生虫易感部位启动免疫防御系统，尤其是皮肤以及呼吸道和肠道的黏膜组织部位，这些部位的特异性免疫和非特异性免疫相关细胞会分泌一些相关因子如 IL - 4，促进 Th2 细胞应答，从而防止寄生虫感染引起的过敏反应。如果免疫系统失效，机体发生寄生虫感染，该组织部位的树突细胞会携带此感染抗原到局部淋巴结，在局部淋巴结中，未分化的 T 细胞分化成 Th2 细胞，Th2 细胞分泌 IL - 4、IL - 5、IL - 9 以及 IL - 13 等细胞因子发挥相关抗感染作用。此外，被活化的肥大细胞分泌的 IL - 33 也有助于 Th2 细胞发挥抗寄生虫感染的作用。对于环境中存在的普通过敏原所引起的过敏反应，在外周耐受性树突细胞呈递的抗原作用下，可以诱发未分化的 T 细胞转化为抗原特异性 Treg 细胞，通过分泌抗炎症细胞因子从而发挥调节免疫应答和抗炎作用。

Th2 细胞产生的细胞因子以及趋化因子有助于 Th2 细胞应答，可刺激 B 细胞产生 IgE。B 细胞产生 IgE 抗体需要两个刺激信号：第一个刺激信号是 Th2 细胞分泌的 IL - 4 和 IL - 13，这两种细胞因子可以活化酪氨酸激酶 Jak1 和 Jak3，继而导致 T 细胞和 B 细胞中转录因子 STAT6 的磷酸化。已有文献报道缺乏 IL - 4、IL - 13 或者 STAT6 的小鼠中的 Th2 细胞应答受损，影响 IgE 的类别转化，从而证明这三者在过敏反应中的重要性。第二个刺激信号是 T 细胞表面的 CD40 配体（CD40L）与 B 细胞表面的 CD40 受体之间的共同作用。缺乏 CD40 配体的患者将不再产生 IgG、IgA 以及 IgE，而表现出高 IgM 综合征，这些都证明 CD40 与 CD40L 之间的相互作用对于所有的抗体类别转化是至关重要的。

肥大细胞和嗜碱性粒细胞也可以驱使 B 细胞产生 IgE。由于 B 细胞和嗜碱性粒细胞高表达 FcεR Ⅰ，当它们被抗原活化后，可以通过其表达的 FcεR Ⅰ 与 IgE 交联。它们与 Th2 细胞类似，表面表达 CD40L，分泌 IL - 4，因此可以促进 B 细胞抗体类别转化，产生 IgE。

（二）激发阶段

主要指机体再次接触相同的变应原后，变应原可迅速与结合在肥大或嗜碱性粒细胞表面 FcεR 上紧密相连的抗原特异性 IgE Fab 段形成特异性"桥联"结合，触发靶细胞的细胞膜变化，使肥大或嗜碱性粒细胞脱颗粒，释放出胞内的生物活性介质以及合成新的活性介质，引起过敏反应。

桥联反应是指双价或多价抗原分子与 2 个以上 IgE 分子靠近而发生的构型改变，引发FcεR 聚集，介导细胞脱颗粒。单个 IgE 结合 FcεR I 并不能刺激细胞活化，当已致敏机体再次遇到相同变应原时，特异性抗原与肥大细胞或者嗜碱性粒细胞表面 2 个以上 IgE 分子结合，即介导"桥联"反应。这一反应机制主要包括 3 点：①FcεR 聚集可激活甲基转移酶，使膜磷脂甲基化，从而激活钙通道；②FcεR 聚集可抑制腺苷酸环化酶，使 cAMP 减少，促进细胞内储存的 Ca^{2+} 释放入胞质；③FcεR 聚集可通过 G 蛋白的作用激活磷脂酶 C，后者水解二磷酸脂酰肌醇为 IP3 和 DG，使胞内储存的 Ca^{2+} 释放。这 3 种综合效应引起胞内游离 Ca^{2+} 升高，最终使胞质中微管聚集，微丝收缩，导致细胞内颗粒膜与胞质膜融合，将颗粒内容物释放至细胞外，即为脱颗粒反应。

肥大细胞和嗜碱粒细胞活化后释放的活性介质主要包括两种。①预存于颗粒内的介质。组胺（histamine）：引起即刻反应的主要介质，可扩张小静脉和毛细血管，增加通透性，引起平滑肌收缩，促进黏膜腺体分泌，该物质的作用时间短暂，主要作用于神经末梢致荨麻疹、过敏性鼻炎、哮喘和过敏性休克等；激肽原酶（kininogenase）：有助于血浆中激肽原转变成缓激肽（9 肽）和其他激肽类物质的转换和释放，是参与晚期反应的重要介质，它可吸引嗜酸性粒细胞、中性粒细胞向局部趋化，导致平滑肌（尤其是支气管平滑肌）收缩，毛细血管扩张、通透性增强，刺激痛觉神经产生疼痛等。②新合成的介质。白三烯（leukotriene，LT）——LTC4、LTD4 等，由细胞膜磷脂代谢产物花生四烯酸通过脂氧合酶作用衍生而成，可使平滑肌强烈而长久收缩、痉挛且不能被抗组胺药缓解，同时可以使毛细血管扩张、通透性增加，腺体分泌增强等；前列腺素 D2（prostaglandin D2，PGD2），是花生四烯酸经环氧合酶作用而产生，可以使平滑肌收缩，毛细血管扩张、通透性增加，并调节组胺的释放（主要表现为：高浓度时抑制组胺释放，低浓度时促进组胺产生）；血小板活化因子（platelet activating factor，PAF），也是花生四烯酸的代谢产物，可凝聚和活化血小板而使之释放组胺、5-羟色胺等物质，使毛细血管扩张、通透性增强等；此外还有一些细胞因子等活性介质也参与其中。

（三）效应阶段

主要指活化的肥大细胞和嗜碱性粒细胞释放的生物活性介质作用于效应组织和器官，引起局部或者全身性的过敏反应的阶段。

根据反应发生的快慢和持续时间的长短，该效应阶段可分为两种类型。①速发相反应（immediate reaction），又称即刻/早期反应，通常是接触变应原后数秒内发生，可持续数小时。主要由组胺、前列腺素等引起，表型为血管通透性增加、毛细血管扩张、平滑肌快速收缩以及腺体分泌增加等现象。②迟发相反应（latephase reaction），又称晚期反应，这是在速发型超敏反应后的一个比较长的反应过程，通常是机体接触变应原后 6～12 小时发生，持续数天或更长。主要由新合成的脂类介质和某些细胞因子引起,嗜酸性粒细胞及其酶类物质和脂类介质也起一定作用,主要表现为炎性淋巴细胞如中性粒细胞、嗜酸性粒细胞、嗜碱性粒细胞以及 Th2 细胞的聚集,通过多种炎性细胞的作用而引发过敏反应。

三、影响Ⅰ型超敏反应的因素

影响过敏反应的因素主要包括遗传和环境。近年研究表明,调节性 T 细胞在过敏反应中也发挥一定作用。

(一)遗传因素

在西方工业化国家的调查研究中发现,高达 40％以上的研究人群可以对常见的过敏原发生过敏反应,它有家族聚集性特点,受多个基因位点影响。相比非特异性个体,特异性个体中存在更多的 IgE 以及嗜酸性粒细胞,更容易发生多种过敏反应,例如过敏性哮喘、过敏性湿疹等。

全基因组关联扫描发现了在过敏性皮肤湿疹与过敏性哮喘之间的几个不同的敏感性基因,这两套基因几乎没有重叠,表明不同过敏性疾病的遗传倾向有所不同。此外,对于一个给定的过敏性疾病的相关基因还具有种族差异性。

目前已知的候选基因主要有:①位于染色体 11Q12-13 的编码高亲和性 FcεRⅠβ 亚单位的基因,与过敏性哮喘和过敏性湿疹密切相关。②其他与过敏性疾病相关的基因主要位于染色体 5Q31-33,至少包括 4 类易感基因。第一类是与细胞因子相关的基因群,可以促进 IgE 类别转化、嗜酸性粒细胞存活和肥大细胞增殖,它们都可以产生并且维持 IgE 介导的过敏反应,这类基因群主要编码 IL-3、IL-4、IL-5、IL-9、IL-13 以及粒-巨噬细胞集落刺激因子(GM-CSF)。第二类位于染色体 5 号的基因是 TIM 家族(主要针对 T 细胞、免疫球蛋白域和黏蛋白域),该基因主要编码 T 细胞表面蛋白。在小鼠中,Tim-3 主要表达在 Th1 细胞,负调节 Th1 反应;而 Tim-2 优先表达在 Th2 细胞,负调节 Th2 反应。在人类中,这些基因与气道高反应性相关。第三类在这段染色体区域的基因编码 p40,是 IL-12 的组成亚基之一,IL-12 可以促进 Th1 反应,p40 相关基因的改变可能会降级 IL-12 的表达,从而引起更严重的哮喘反应。第四类是编码 β-肾上腺素受体的基因,可能与平滑肌相关反应有关。

(二)环境因素

易感性因素研究表明,在疾病(如哮喘)发生原因中,遗传和环境因素各占 50％。一些流行性疾病的发病率,尤其是哮喘,在发达国家地区中正在逐渐增加,而这一现象主要受环境影响。

增加超敏反应发生率的环境因素主要是儿童早期接触感染性疾病、暴露于动物和土壤微生物,以及有重要免疫调节作用的肠道菌群改变等。1989 年提出的"卫生假说"(hygiene hypothesis)认为,不卫生的环境,尤其是儿童早期接触易于感染的环境有助于防止特应症和过敏性哮喘的产生。这一假说的机制主要是 Th1 细胞及相关细胞因子产生增多,Th2 细胞及相关因子产生减少,降低 IgE 的类别转化,从而降低 IgE 的产生水平。在委内瑞拉的一项关于寄生虫的研究结果表明,长期使用驱虫药的孩子比未处理的孩子更容易感染寄生虫,这主要是由于寄生虫引起强烈的 Th2 介导的 IgE 反应,这一结果似乎与"卫生假说"背道而驰。在此基础上修改的假说称为"反向调节学说",该假说认为所有类型的感染都可能通过产生相关细胞因子来防止特应症的产生,如产生负调节 Th1 和 Th2 反应的 IL-10 和转化生长因子 β(TGF-β)。

(三) 调节性 T 细胞

自然调节性 T 细胞(nTreg)来源于胸腺,表型为 CD4$^+$ CD25$^+$,主要存在于外周血液循环和淋巴组织中,行使发育和调节功能的主要调节成分是转录因子 Foxp3;另一类是适应性调节 T 细胞(aTreg),又称抗原特异性 T 细胞,在外周淋巴器官中由抗原诱导产生,主要依赖分泌抑制性细胞因子发挥作用,如 Tr1 细胞和 Th3 细胞。

研究表明,相比于来自非特异性个体的外周血单个核细胞(PBMC),来自于特异性个体的 PBMC 在接受非特异性抗原刺激后,更容易分泌 Th2 类细胞因子,从而说明调控机制在抑制变应原引起的 IgE 反应过程中具有重要作用。不同的调节性 T 细胞在过敏反应中有不同的作用:①来自特异性个体的 nTreg 比来自非特异性个体的 nTreg 更难抑制 Th2 类细胞因子产生,这一现象在花粉季节尤为明显。近年来的研究发现,转录因子 Foxp3 突变的小鼠更容易表现出过敏反应的症状,如嗜酸性粒细胞增多、血清中 IgE 水平升高等,这一现象可以随着具有抑制 Th2 反应的 STAT6 的缺失而部分逆转。说明 nTreg 缺失的个体更容易发生过敏反应。②抗炎相关酶——2,3-吲哚胺双加氧酶(IDO)可诱导产生调节性 T 细胞。在一些细胞因子(如 IFN-γ)或未甲基化的 CpG DNA 的刺激下,IDO 的表达会显著增加。已经有研究表明在肺部定居的树突细胞上表达的 IDO 可以改善小鼠的哮喘现象。

四、常见的 I 型超敏反应相关疾病

(一) 全身性过敏反应

是一种最严重的 I 型超敏反应性疾病,主要包括两种:①药物性过敏性休克:最常见为青霉素、链霉素、普鲁卡因等药物。青霉素本身无免疫原性,但其降解产物(如青霉噻唑醛酸、青霉烯酸等)可与组织蛋白质结合并产生 IgE,从而使机体致敏,当再次接触青霉素或使用抗毒素血清时即可触发过敏性休克。②血清过敏性休克:临床上用动物免疫血清(如破伤风抗血清、白喉抗毒素等)进行治疗或紧急预防时,可能会发生过敏性休克。

(二) 呼吸道过敏反应

可因吸入植物花粉、细菌、动物皮毛和尘螨等抗原物质后引起,主要表现为过敏性哮喘和过敏性鼻炎等。过敏性鼻炎是以鼻痒、喷嚏、鼻分泌亢进、鼻黏膜肿胀等为主要特点的过敏反应,它分为常年性变应性鼻炎和季节性变应性鼻炎。后者又称为"花粉症",主要是由于机体在初次吸入花粉时,刺激机体产生特异性 IgE,IgE 吸附于肥大细胞表面,使机体处于致敏状态,再次吸入花粉时,花粉变应原与肥大细胞表面 IgE 结合,引起肥大细胞活化并释放生物活性介质,从而引起花粉症。而过敏性哮喘是由多种细胞特别是肥大细胞、嗜酸性粒细胞和 T 细胞参与的慢性气道炎症,可引起反复发作的喘息、气促、胸闷或咳嗽等症状。根据哮喘的发生过程分为速发相和迟发相两种类型,临床上常用的沙丁胺醇、福米特罗等药物在一

定程度有助于缓解哮喘。近期研究表明,葡聚糖-凝胶多糖类物质可以诱发 CD4$^+$ T 细胞产生 IL-10,从而抑制过敏性气道炎症。

（三）消化道过敏反应

有些人摄入鱼、虾、蟹、蛋、奶等食物或服用某些药物后,可产生肠道过敏症,主要表现为恶心、呕吐、腹痛、腹泻等症状。

（四）皮肤过敏反应

主要包括荨麻疹、湿疹、血管性水肿等。多因食物、药物、花粉、羽毛及冷热刺激等引起。

五、Ⅰ型超敏反应的防治原则

（一）预防原则

可以从 3 方面入手:①通过询问家族过敏史以及临床检测等方法来查明变应原并避免与变应原接触;②特异性变应原脱敏疗法,主要是针对已查明而难以避免接触的变应原如花粉、尘螨等,将该变应原制成变应原提取液并配制成各种不同浓度的制剂,经反复注射或通过其他给药途径与患者反复接触,剂量由小到大,浓度由低到高,从而提高患者对该种变应原的耐受性,当再次接触此种变应原时不再产生过敏现象或过敏现象得以减轻;③异种免疫血清脱敏疗法,主要采用多次、小剂量、短时间间隔注射抗毒素血清来进行脱敏治疗。

（二）药物治疗方法

主要包括 4 类:①抑制活性介质释放的药物,例如阿司匹林、肾上腺素、异丙肾上腺素、前列腺素 E 以及色苷酸二钠等;②生物活性介质拮抗药,例如苯海拉明、扑尔敏、异丙嗪等抗组胺药物;③改善效应器官反应性的药物,例如肾上腺素、氢化可地松、葡萄糖酸钙及维生素 C 等药物可减低毛细血管通透性,减少渗出;④某些调节免疫反应的中药等。

（三）免疫抑制疗法

主要包括 4 类:①IL-12 与变应原协同使用可以使 Th2 型免疫应答向 Th1 型转换;②将变应原制成 DNA 疫苗,可诱导 Th1 型免疫应答;③制备针对 IgE 的人源化单抗,可以抑制肥大细胞和嗜碱性粒细胞释放介质;④重组可溶型 IL-4 受体,阻断 IL-4 生物学效应,可以降低 Th2 型免疫应答。

第三节　Ⅳ型超敏反应及其介导的过敏性疾病

Ⅳ型超敏反应是指致敏 T 细胞再次接触相应抗原后所导致的以单个核细胞浸润为主的炎症反应,该反应发生迟缓,一般在 48~72 小时后才出现炎症反应,因此又称迟发型超敏反应(delayed type hypersensitivity,DTH)。该过敏反应的主要特点:①反应比较迟缓,一般在 48~72 小时达到高峰,其过程与细胞免疫过程一致;②是 T 细胞介导的反应,抗体与补体不参与其中;③致敏 T 细胞与相应的抗原作用,诱导以单核细胞和淋巴细胞浸润为主的炎性反应。

一、参与Ⅳ型超敏反应的主要成分和细胞

（一）抗原

主要包括 3 种类型：①微生物与寄生虫类，例如胞内寄生菌、病毒等；②细胞或组织抗原，例如肿瘤抗原、移植抗原等；③某些化学物质，例如镍、铬酸盐等小金属离子。

（二）免疫细胞

主要是 T 细胞，包括 CD4$^+$ 和 CD8$^+$ T 细胞。Ⅳ型超敏反应主要是由 CD4$^+$ T 细胞启动，它与相应的抗原结合，释放多种淋巴因子。但是直接的组织损伤由 CD8$^+$ CTL 介导，它们可以直接杀伤靶细胞。除 T 细胞起主导作用之外，活化的中性粒细胞和巨噬细胞也参与介导Ⅳ型超敏反应中组织的免疫损伤（图 11 - 2）。

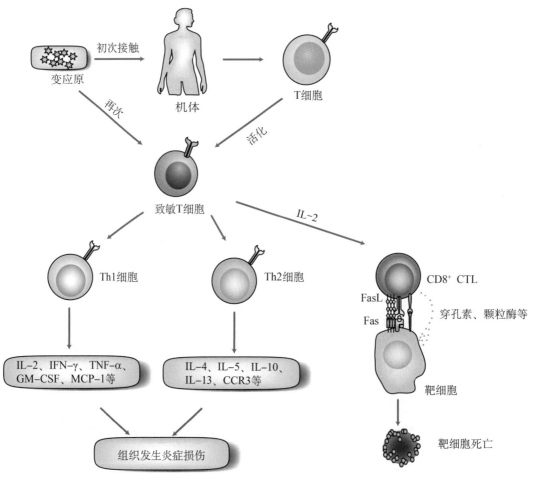

图 11 - 2　Ⅳ型超敏反应的发生机制

二、Ⅳ型超敏反应的发生机制

（一）T 细胞致敏阶段

机体在初次接触引起Ⅳ型超敏反应的抗原时，该类抗原经抗原呈递细胞（APC）处理后，

加工成抗原肽-MHC 分子复合物,呈递给 T 细胞,使 T 细胞活化、增殖成为致敏淋巴细胞。

（二）致敏 T 细胞的效应阶段

机体再次接触到相同抗原时,机体内该特异性抗原记忆 T 细胞可迅速增殖分化为效应 T 细胞,即 CD4$^+$ Th 细胞和 CD8$^+$CTL,继而发挥不同的效应:CD4$^+$ Th 细胞活化后,主要通过分泌 IL-2、IFN-γ、TNF-α、GM-CSF、MCP-1 等细胞因子或趋化因子吸引单核-巨噬细胞迁移到抗原存在部位,产生以单核细胞和淋巴细胞浸润的免疫损伤效应;CD8$^+$CTL 主要介导细胞毒作用,效应 CTL 与靶细胞表面相应抗原结合被激活后,主要通过脱颗粒、释放穿孔素和颗粒酶等介质,直接破坏靶细胞或通过 FasL/Fas 途径,导致靶细胞的凋亡。

最近研究报道,Ⅳ型超敏反应不仅包括常见的 Th1 细胞和 CTL 介导的超敏反应,Th2 细胞也参与介导Ⅳ型超敏反应的发生,如临床上常见的慢性哮喘（又称非控制性哮喘）。其主要机制为:当致敏的 T 细胞再次受到相同抗原刺激时,T 细胞分化为 Th1 细胞和 Th2 细胞,其中 Th2 细胞释放 IL-4、IL-5、IL-10、IL-13 等细胞因子以及 CCR3 等趋化因子,从而趋化和活化嗜酸性粒细胞,使其分泌细胞毒性分子和炎性介质等,使组织发生炎症损伤。

三、临床常见的Ⅳ型超敏反应性疾病

（一）传染性迟发型超敏反应

主要是机体对胞内寄生虫、病毒和真菌等病原体的感染而产生的细胞免疫应答反应。最典型的是结核菌素(OT)试验,该试验是应用结核菌素进行皮肤试验来测定结核分枝杆菌是否能引起机体迟发型超敏反应的一种试验。结核菌素是结核分枝杆菌的菌体成分,进入机体皮内后,若受试者前已接受过结核分枝杆菌感染,致敏淋巴细胞则特异性识别结核菌素,受到活化,在局部释放淋巴因子,在注射部位形成变态反应性炎症,出现红肿、破损。若受试者未受过结核分枝杆菌感染,则无局部变态反应发生。这一试验可以为接种卡介苗及测定免疫效果提供依据(结核菌素反应阴性者接种卡介苗,接种后,如反应阳转,即表明接种产生免疫效果),可以对婴幼儿作诊断结核病之用,还可以用于测定肿瘤患者的细胞免疫功能等。

（二）接触性迟发型超敏反应

主要是接触性皮炎。某些人皮肤接触油漆、染料、农药、化妆品、药物或某些化学物质后可发生接触性皮炎,这是由于这些小分子半抗原可与表皮细胞内的角蛋白结合成为完全抗原,刺激 T 细胞分化增殖成致敏淋巴细胞,当再次接触此类物质时,便会诱发迟发型超敏反应,多在 24 小时后局部出现红斑、丘疹、水疱等皮肤损害,甚至发生剥脱性皮炎。

（三）移植排斥反应

迟发型超敏反应的一个显著临床表现是移植排斥反应。在典型同种异体间的移植排斥反应中,受者的免疫系统首先被供体的组织抗原所致敏,克隆增殖后,T 细胞到达靶器官,识别移植的异体抗原,从而启动一系列变化,导致淋巴细胞和单个核细胞局部浸润等炎症反应甚至移植器官的坏死。

（刘光伟）

第十二章　自身免疫性疾病

正常情况下,免疫系统具有区别"自己"和"非己"的能力,可以发现和清除体内出现的"非己"成分,对自身组织细胞则不产生免疫应答,称为免疫耐受(immunological tolerance)。在免疫耐受状态下,正常机体内普遍存在一定量的天然自身抗体(autoantibody)和自身反应性 T 细胞(autoreactive T lymphocyte),有助于清除衰老、凋亡细胞和抑制肿瘤的发生,从而维持免疫系统的自身稳定,称为自身免疫(autoimmunity)。但在某些内因和外因诱发下,自身免疫耐受状态被打破,免疫系统会对自身抗原产生免疫应答,造成自身组织和器官的损伤或功能异常,导致自身免疫性疾病(autoimmune disease,AID)。

第一节　自身耐受的形成和打破

自身耐受的形成有赖于免疫系统区别自身反应性和非自身反应性淋巴细胞。一般情况下,免疫系统能够识别并清除潜在的自身反应性淋巴细胞。然而,在一定条件下由于某些自身反应性淋巴细胞逃避免疫系统的清除并进入外周,或者病原微生物抗原与自身组织存在交叉抗原,自身反应性淋巴细胞被活化,进而引起自身免疫耐受的打破和自身免疫性疾病。

一、自身耐受的形成

区分"自己"与"非己"是免疫系统的一个重要功能。免疫系统能够通过有效的免疫应答清除各种病原体,同时保护自身组织不受免疫细胞的攻击,即自身耐受。未成熟淋巴细胞在遇到自身抗原、持续高浓度自身抗原刺激以及缺乏活化信号刺激的情况下,结合自身抗原,都会使淋巴细胞对自身抗原耐受。根据自身耐受形成时期的不同,分为中枢免疫耐受和外周免疫耐受。

1. 未成熟淋巴细胞遇到自身抗原　T、B 细胞在胸腺和骨髓发育过程中,未成熟的淋巴细胞表达抗原识别受体后,如果能够识别自身抗原则会引起淋巴细胞凋亡或失能,这个阶段形成的免疫耐受称为中枢免疫耐受。发育成熟的淋巴细胞进入外周再遇到自身抗原则会不应答或者不易应答。

2. 持续高浓度自身抗原刺激　许多自身抗原蛋白在多种组织器官中高表达,因此能够为淋巴细胞提供持续的强大信号刺激,导致未成熟淋巴细胞甚至是成熟淋巴细胞的免疫耐受。相反,在感染早期,病原体在体内复制时使免疫系统突然接触快速增长的大量病原体抗原或者外来抗原,初始淋巴细胞可以被这类突然快速增加的抗原-受体刺激信号活化。

3. **缺乏活化分子或信号刺激** 固有免疫系统不仅是人类防御病原体感染的第一道防线，也能为抗感染适应性免疫细胞的活化提供重要信号。在未发生感染时，抗原呈递细胞不会产生共刺激分子或者促炎细胞因子等活化分子或信号。在这种情况下，如果初始淋巴细胞识别自身抗原，则不产生活化信号、产生抑制性信号或者分化为调节性淋巴细胞，从而抑制免疫反应。该免疫耐受过程发生于胸腺和骨髓外，是成熟淋巴细胞离开中枢免疫器官后诱导的免疫耐受，因此被称为外周免疫耐受。

除了以上机制，免疫系统还可以通过其他多种机制抑制自身免疫应答的发生，从而避免引起自身免疫性疾病。例如，中枢免疫耐受机制能够清除自身反应性强的新生淋巴细胞，自身反应性弱的淋巴细胞进入外周后则通过克隆清除和克隆失能等机制促进外周免疫耐受的形成。低水平的自身抗原通过免疫忽视等机制形成外周免疫耐受。免疫调节细胞包括Treg、调节性 B 细胞、调节性 DC、髓源性抑制细胞等也可能在外周免疫耐受的维持中发挥一定作用。此外，许多自身抗原位于免疫豁免部位，正常情况下诱导免疫耐受或非破坏性免疫反应，因此避免了自身免疫反应的发生。

二、自身耐受的打破

在某些内因和外因诱发下，免疫系统可对自身抗原产生免疫应答，即自身免疫耐受状态被打破，发生的自身免疫反应会导致自身免疫性疾病。这种自身免疫耐受状态被打破可通过以下几种机制。

1. **中枢耐受不全** 正常机体内高度自身反应性 T 细胞和 B 细胞通过中枢免疫耐受而引起克隆清除或克隆失能，是维持自身耐受的关键。少数逃避了"克隆清除"的自身反应性 T 细胞和 B 细胞，进入外周受自身抗原刺激后，通过活化诱导的细胞死亡（activation-induced cell death，AICD）机制继续被"克隆清除"，维持外周免疫耐受。中枢和外周免疫耐受异常均可导致自身免疫性疾病。如果胸腺或骨髓微环境异常，导致自身反应性 T、B 细胞阴性选择发生障碍，则会引起自身免疫性疾病。大多外周组织特异性抗原如胰岛素，在胸腺中 DC 表面表达，因此自身外周组织特异性抗原的免疫耐受可在中枢免疫器官形成。自身免疫调节因子（auto-immune regulator，AIRE）这一转录因子可调控外周组织特异性抗原的表达，因此 AIRE 基因突变或缺失可引起外周组织特异性抗原不在胸腺中表达，导致自身反应性 T 细胞逃避阴性选择而进入外周，引起自身免疫性多腺体综合征 1（autoimmune polyglandular syndronme type 1，APS - 1），导致甲状腺、胰腺等多个内分泌组织出现病理性改变。

2. **免疫调节紊乱** 调节性 T 细胞（regulatory T cell，Treg）可通过细胞间直接接触或分泌 IL - 10 和 TGF - β 等细胞因子抑制免疫反应，在维持外周免疫耐受中发挥重要作用。Treg 异常与许多自身免疫性疾病的发生相关。Treg 功能缺陷小鼠易发生 1 型糖尿病、甲状腺炎和胃炎等自身免疫性疾病，将正常小鼠的 Treg 过继转输给缺陷小鼠可抑制其自身免疫性疾病的发生。Treg 的转录因子 Foxp3 基因敲除，则小鼠的 Treg 异常，易导致自身免疫性疾病。此外，AIRE 基因缺陷也抑制天然调节 T 细胞（natural Treg，nTreg）在胸腺的发育，可破坏外周免疫耐受。

3. 淋巴细胞多克隆激活 非特异性免疫激活剂如某些病原微生物成分、超抗原或药物等可多克隆激活自身反应性 T、B 细胞，导致自身免疫性疾病的发生。如某些细菌或病毒的超抗原能非特异性使 T 细胞多克隆激活；某些药物如细胞因子 IL-2 是 T 细胞生长因子，长期使用 IL-2 作为药物治疗的肿瘤患者体内出现 T 细胞的多克隆激活并介导自身免疫反应。革兰阴性菌的 LPS 及多种病毒如 EB 病毒、HIV、巨细胞病毒等均是 B 细胞的多克隆刺激剂。EB 病毒感染可刺激免疫系统产生多种自身抗体如抗 T 细胞抗体、抗 B 细胞抗体、抗核抗体和类风湿因子；HIV 感染可导致 AIDS 患者体内出现高水平的抗红细胞抗体和抗血小板抗体等自身抗体。

4. 淋巴细胞凋亡障碍 凋亡诱导基因缺陷或凋亡抑制基因表达水平增加等均可使细胞凋亡障碍，导致自身反应性淋巴细胞克隆清除障碍，引起自身免疫反应或出现自身免疫性疾病。正常情况下，效应淋巴细胞在行使功能后，大部分通过 AICD 机制被清除，另外机体也可通过 AICD 机制清除可能由于交叉反应而产生的自身反应性淋巴细胞克隆，从而维持自身免疫耐受。如活化的 T 细胞高表达 Fas，与多种细胞表达的 FasL 结合，启动凋亡信号诱导活化的 T 细胞凋亡。在 Fas 基因突变的小鼠中，出现 Fas 蛋白胞质区无凋亡信号转导功能，故不能诱导活化的细胞凋亡，从而出现大量 T 细胞增殖和自身抗体产生，可发生临床表现与系统性红斑狼疮（systemic lupus erythematosus，SLE）相似的系统性自身免疫综合征（systemic autoimmunity syndrome）。此外，凋亡抑制基因表达水平增加也可诱导自身免疫反应，如将 Bcl-2 这一凋亡抑制基因导入小鼠的 Ig 启动子下游制备的转基因小鼠体内，出现 B 细胞过度增殖，产生高效价的抗核抗体等自身抗体，伴有免疫复合物肾脏沉积，引起肾炎症状表现。

5. 免疫忽视打破 大多数循环淋巴细胞对低亲和力抗原或低水平抗原不发生免疫应答的现象称为免疫忽视（immunological ignorance）。在胚胎发育过程中，相应的淋巴细胞克隆由于免疫忽视，未被及时清除从而进入外周免疫系统，成为潜在的对自身抗原反应的淋巴细胞克隆。如果在感染等情况下，DC 被激活并表达高水平的共刺激分子或促炎细胞因子，则可呈递被免疫忽视的自身抗原，进而激活自身反应性 T 细胞克隆，引起自身免疫性疾病。

某些情况下，当自身抗原被 TLR 所识别时，处于免疫忽视状态的淋巴细胞也可以被激活。例如，TLR-9 可以识别低甲基化 CpG DNA。低甲基化 CpG DNA 在细菌中较常见，而在真核生物细胞不多见。真核生物细胞凋亡后，DNA 的甲基化水平显著降低。当细胞凋亡过度而自身清除能力不足时，凋亡细胞来源的自身低甲基化 CpG DNA 被 B 细胞识别并内化。内化的 DNA 被 TLR-9 识别后激活共刺激信号，与 BCR 识别抗原介导的信号共同激活处于免疫忽视状态下的自身反应性 B 细胞，产生抗自身 DNA 的抗体，进而引发自身免疫性疾病。

处于免疫忽视状态的淋巴细胞能被激活的另外一个机制是自身抗原的释放。一些自身抗原处于细胞内，并不与淋巴细胞接触。在某种情况下（如炎症、组织坏死等），这些自身抗原可被释放出来，激活自身反应性淋巴细胞，导致自身免疫性疾病的发生。例如，心肌梗死数天后，体内抗自身心肌成分抗体的产生与心肌抗原的释放有密切关系。这种自身免疫应答持续时间较短，在自身抗原被清除后就会消失。但机体清除能力不足或者基因缺陷时，释放的自身抗原持续存在则会引起临床的自身免疫性疾病。

6. 免疫豁免部位的抗原成为被攻击的靶抗原　组织移植物在机体的某些部位不会引起排斥免疫反应，例如脑和眼前房等，因此被称为免疫豁免部位。最初认为由于抗原不能离开免疫豁免部位，不会引起免疫反应而导致免疫豁免。最近研究表明，这些抗原可以离开免疫豁免部位并与 T 细胞接触，由于生理屏障使豁免部位的细胞不进入淋巴循环而免疫效应细胞也不能进入这些隔离部位、抗原与豁免部位分泌的 TGF-β 等共同诱导调节性 T 细胞的生成、豁免组织表达 Fas 配体通过 Fas 途径诱导表达 Fas 的淋巴细胞发生凋亡等原因，抗原一般不会引起病理性的免疫反应，但是针对免疫豁免部位自身抗原的淋巴细胞仍然存在。当豁免组织发生外伤或感染时，活化的效应性 T 细胞可以进入豁免部位，这些自身抗原就成为自身免疫应答攻击的靶点。自身抗原的识别、大量促炎细胞因子的产生和周围组织屏障的破坏进而引起效应 T 细胞在该部位聚集，导致自身免疫反应。例如，交感性眼炎的发病是因为当外伤等因素引起一只眼破裂后，导致隔离的眼内蛋白抗原进入血液和淋巴液，刺激免疫系统产生效应性 T 细胞，引起针对创伤眼和另外一只未受伤眼蛋白的自身免疫应答，患者双眼都会遭受免疫损伤（图 12-1）。为了保护未受伤眼，患者需要接受免疫抑制治疗或者摘除受伤眼。因此，一般情况下虽然隔离部位抗原自身不引起免疫反应，但可以作为其他部位免疫反应的攻击靶标。

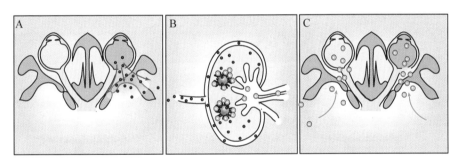

图 12-1　自身免疫性交感性眼炎的发病机制

A. 一只眼的创伤导致隔离的眼内蛋白抗原释放；B. 释放的眼内抗原被带至淋巴结并激活 T 细胞；C. 效应性 T 细胞经血液循环返回至双侧眼睛并遭遇抗原

事实上，处于豁免部位的抗原常成为自身免疫应答攻击的靶抗原。例如，多发性硬化症（multiple sclerosis，MS）是一种慢性炎症性中枢神经脱髓鞘的自身免疫性疾病，该病攻击的自身靶抗原是脑脊液髓鞘碱性蛋白，显然正常人体对该抗原呈免疫耐受并不是因为针对该抗原的自身反应性 T 细胞克隆被清除。在 MS 的小鼠模型即实验性自身免疫性脑脊髓炎（experimental autoimmune encephalomyelitis，EAE）中，直接注射脑脊液髓鞘碱性蛋白，可以引起抗原特异性 Th17 和 Th1 细胞进入脑组织并引起局部炎症反应损伤神经组织，导致小鼠出现多发性硬化样症状。

7. 表位扩展促进慢性自身免疫性疾病的形成　正常机体的免疫应答能够通过病原体的快速清除下调免疫反应的强度。然而，在自身免疫应答过程中，由于自身抗原清除障碍，持续存在的自身抗原能够引起慢性炎症,而慢性炎症又造成更多自身抗原的释放,最终打破自身耐受状态。此外,慢性炎症的产生还能够招募巨噬细胞、中性粒细胞等效应细胞,加重组织损伤和自身抗原的释放。在自身抗原介导的免疫反应向慢性状态演变的过程中,针对新表位的自身免疫反应也会随之出现,这种现象称为表位扩展(epitope spreading)。表位扩展在自身免疫性疾病的发生与发展中发挥着重要作用。作为一种专职抗原呈递细胞,B 细胞能够通过抗原受体介导同源抗原的内化,将相应的抗原表位呈递给 T 细胞。在此过程中,一些新的隐蔽抗原也会暴露出来。自身反应性 T 细胞对这些新表位产生免疫应答,进一步促进表位扩展,从而引起自身反应性 B 细胞克隆的形成和自身抗体的大量产生。此外,通过 BCR 介导抗原的识别与吞噬,B 细胞还可内化靶抗原相连的分子,从而呈递一些与靶抗原完全不同的表位。

SLE 患者体内自身抗体的应答启动了表位扩展(图 12-2)。DNA 与核小体的组蛋白是染色质的重要组分,两者形成复合物共同存在于细胞核中。在 SLE 疾病中,患者体内常产生抗 DNA 和组蛋白的自身抗体,或者抗其他自身核抗原的抗体。可能的机制是:不同的自身反应性 B 细胞克隆可能被核小体中某一蛋白特异的单一克隆的自身反应性 T 细胞激活。B 细胞通过 BCR 与核小体任何组分结合后可以内化该复合物,加工处理后呈递组蛋白抗原肽-MHC Ⅱ类分子复合物至细胞表面,并激活组蛋白特异性 T 细胞,活化的 T 细胞反过来辅助 B 细胞活化。因此,核小体中组蛋白特异 T 细胞既可以激活组蛋白特异 B 细胞克隆(图 12-2A),也可以激活双链 DNA 特异 B 细胞克隆(图 12-2B)。例如,在介导 DNA 内化的过程中,自身反应性 B 细胞将整个复合物吞入细胞内并加工处理,然后将组蛋白来源的抗原肽-

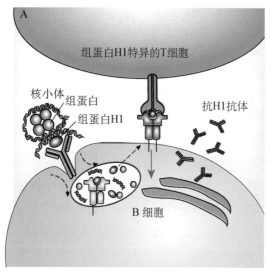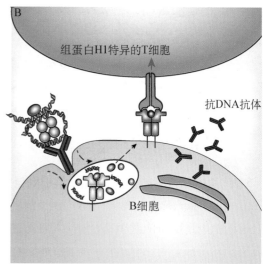

图 12-2　SLE 疾病中的表位扩展

A. B 细胞通过 BCR 与核小体中组蛋白 H1 结合后可以内化该核小体,加工处理后呈递组蛋白 H1 抗原肽-MHC Ⅱ类分子复合物至细胞表面,并激活组蛋白 H1 特异性 T 细胞。活化的 T 细胞反过来辅助组蛋白 H1 特异性 B 细胞克隆活化,产生抗组蛋白 H1 的抗体。B. B 细胞通过 BCR 与核小体中 DNA 结合后可以内化该核小体,加工处理后呈递组蛋白 H1 抗原肽-MHC Ⅱ类分子复合物至细胞表面,并激活组蛋白 H1 特异性 T 细胞。活化的 T 细胞反过来辅助 DNA 特异性 B 细胞克隆活化,产生抗 DNA 的抗体

MHCⅡ类分子复合物呈递到 B 细胞表面供组蛋白特异性 Th 细胞识别并活化 Th 细胞,活化的 Th 细胞反过来辅助 B 细胞活化。核小体组蛋白特异性 Th 细胞既可以活化组蛋白特异性 B 细胞克隆,也可以活化双链 DNA 特异性 B 细胞克隆,引起抗组蛋白和抗双链 DNA 两种自身抗体的产生。B 细胞以上述方式呈递多种核小体来源的其他抗原肽- MHC 分子复合物给相应抗原肽特异性 T 细胞,因此可以产生抗相应抗原肽的自身抗体,从而促进自身免疫应答和 SLE 疾病的发展。

寻常型天疱疮是一种以皮肤黏膜的严重水疱病变为主要表现的自身免疫性疾病,疾病的进展与表位扩展紧密相关。该疾病由抗自身抗原桥粒芯蛋白(desmoglein, Dsg)的抗体所介导。桥粒芯蛋白是一种出现在细胞连接处(桥粒)的钙黏蛋白,负责将表皮细胞连接在一起。自身抗体与桥粒芯蛋白的细胞外结构域结合,引起表皮细胞连接处分离和靶组织降解,进而引起皮肤受损。口腔黏膜和生殖器黏膜是寻常型天疱疮较早出现病损的部位,此后皮肤黏膜成为自身抗体攻击的又一个靶点。在黏膜损伤阶段,起初自身抗体只攻击桥粒芯蛋白 Dsg - 3,然而这些自身抗体并不引起皮肤水疱。随着表位扩展的进行,机体内又出现针对桥粒芯蛋白 Dsg - 1 的自身抗体,从而引起黏膜水疱的形成。此外,Dsg - 1 还是落叶型天疱疮患者体内的一种自身抗原。然而,在落叶型天疱疮中,早期抗 Dsg - 1 抗体的形成不会引起组织损伤,只有在抗表皮细胞粘连相关蛋白的自身抗体出现后,落叶型天疱疮患者才会出现相应的临床症状。

第二节　自身免疫性疾病和病理损伤机制

最近几十年来,随着对自身免疫性疾病研究的深入,发现以前许多原因不明的疾病都与自身免疫有关。目前,自身免疫性疾病的总发病率占世界人口的 6% 左右。

一、自身免疫性疾病的概念

由于在生理和病理状态下均可见到自身免疫现象,在确定自身免疫性疾病的诊断前必须明确该自身免疫反应的病理特征。

（一）自身免疫性疾病的定义

将一种原因不明的疾病定义为自身免疫性疾病至少满足如下条件：①患者体内可检测到高效价自身抗体和(或)自身反应性 T 细胞；②发现自身抗体和(或)自身反应性 T 细胞所识别的靶抗原,有自身抗体或自身反应性淋巴细胞组织浸润；③用发现的自身抗原免疫动物能诱发类似的自身免疫现象及疾病；④在动物实验中可复制出相似的病理模型,并通过转输病理动物的血清或淋巴细胞使疾病被动转移；⑤病情严重程度及转归与自身免疫反应强度密切相关,并可被免疫抑制剂抑制。

（二）自身免疫性疾病的特点

自身免疫性疾病有下述基本特点：①多数自身免疫性疾病好发于女性；②老年人中自

身免疫性疾病较普遍,但多初发于育龄阶段;③疾病的发生有明显的家族性和一定的遗传倾向;④多数自身免疫性疾病呈慢性发作和反复迁延;⑤疾病表现形式复杂多样,某些症状容易与其他疾病混淆,但自身免疫性疾病患者的血清可检测到与自身组织成分起反应的高效价自身抗体和(或)自身反应性 T 细胞;⑥多数自身免疫性疾病发病原因不明,但有各种不同的诱因,如感染、外伤或者精神因素等。

(三) 自身免疫性疾病的分类

按照累及的范围和器官,自身免疫性疾病可分为系统性和器官特异性自身免疫性疾病。系统性自身免疫性疾病(systemic autoimmune disease)又称为全身性自身免疫性疾病,由针对多种器官和组织的靶抗原的自身免疫反应所引起,病变可涉及皮肤、肾脏和关节等全身多种器官和组织,表现出各种相关临床症状和疾病。SLE 和原发性干燥综合征是最常见的两种系统性自身免疫性疾病。例如,SLE 的靶抗原是人体各种器官和组织中广泛存在的双链DNA、染色质、组蛋白和 RNA 等,常引起皮肤、肾脏和脑等多个器官的损伤。器官特异性自身免疫性疾病(organ specific autoimmune disease)由针对特定器官的靶抗原的自身免疫反应所引起,病变一般局限于某一特定的器官。桥本甲状腺炎、突眼性甲状腺肿(Graves 病)和1 型糖尿病等是常见的器官特异性自身免疫性疾病。TSH 受体和甲状腺过氧化物酶仅局限于甲状腺,是 Graves 病和桥本甲状腺炎中自身抗体所针对的靶抗原;而在 1 型糖尿病中,引起该病的自身抗体则主要针对胰岛素。例如,Graves 病是 TSH 受体的特异性自身抗体介导的甲状腺功能异常导致的自身免疫性疾病。

此外,有一类常见的特殊性自身免疫性疾病即炎症性肠病(inflammatory bowel disease,IBD),包括克罗恩病(Crohn's disease, CD)和溃疡性结肠炎(ulcerative colitis, UC),是一组病因未明的慢性非特异性肠道炎症疾病,具有自身免疫性疾病的许多特征。与桥本甲状腺炎和 SLE 等自身免疫性疾病不同,诱导 IBD 的抗原来源于肠道定居的微生物。因此,严格意义上讲,IBD 是自身免疫性疾病中的一种特殊病例。虽然自身抗原并不是引起 IBD 的因素,但是与自身免疫性疾病相似,肠稳态和自身耐受状态的打破是 IBD 的一个主要特征。IBD的病变主要局限于肠道,其发病情况与器官特异性自身免疫性疾病相似。

值得注意的是,自身免疫性疾病的分类并非绝对的,多数自身免疫性疾病介于两个极端,以某个器官为主,同时不同程度地影响其他器官。

二、 自身免疫性疾病的病理损伤机制

自身免疫性疾病病理损伤的主要机制是由自身抗体和(或)自身反应性 T 细胞所介导的自身组织损伤,与Ⅱ、Ⅲ和Ⅳ型超敏反应的发生机制相同。在多数自身免疫性疾病中,组织损伤并不是由单一免疫因素所介导。病理性自身抗体的产生需要 Th 细胞的参与,而 B 细胞在 T 细胞活化和抗体产生过程中则发挥着重要的作用。机体常通过下述一种或几种方式共同作用导致自身免疫损伤、功能障碍和疾病的发生。

(一) 免疫组分共同参与促进自身免疫性疾病的形成

免疫紊乱是引起自身免疫性疾病发病的一个关键因素,但造成免疫紊乱的机制较为复

杂,因此成为研究者争论的焦点。在重症肌无力患者中,自身抗体的产生被认为是该病的关键因素。自身抗体能够抑制神经肌肉接头处乙酰胆碱受体的功能,进而造成肌无力症状。此外,自身抗体还能够与抗原结合形成免疫复合物沉积于器官组织中,通过激活补体和Fc受体引起组织损伤。

自身免疫性疾病的本质是机体启动了针对自身抗原的病理性免疫应答,新自身抗原的持续暴露则有效促进该过程的形成。然而,并不是所有的自身免疫性疾病都遵循这个规律。作为引起1型糖尿病主要自身抗原的胰岛素,由于胰岛β细胞的大量破坏,胰岛素的水平却是降低的。

依据超敏反应的类型,可将自身免疫损伤分为4类(详见第十一章),T细胞和B细胞在这4种超敏反应的形成中都发挥着很重要的作用。自身抗原的暴露和自身耐受的打破共同决定自身免疫性疾病的病理过程和临床表现。Ⅰ型超敏反应较为常见,但不会引起免疫损伤。相反,Ⅱ型超敏反应常常造成组织损伤。在此过程中,自身抗体(IgG或IgM)与自身细胞或者组织抗原直接形成复合物,进而造成组织损伤。而在一些自身免疫性疾病中,免疫损伤则由循环免疫复合物沉积于组织表面(Ⅲ型超敏反应)所引起。Ⅲ型超敏反应介导的自身免疫性疾病呈系统性,常伴随血管炎症的发生。在SLE中,Ⅱ型超敏反应和Ⅲ型超敏反应共同参与自身抗体介导的免疫损伤。此外,许多器官特异性自身免疫性疾病由Ⅳ型超敏反应所介导。

然而,在多数自身免疫性疾病中,组织损伤往往由多种免疫因素所介导。1型糖尿病和类风湿关节炎常被认为是一种主要由T细胞介导的自身免疫性疾病。实际上,在这两种疾病中,T细胞和抗体共同参与组织损伤的形成。SLE被认为是一种主要由自身抗体和免疫复合物介导的自身免疫性疾病,但是现代的观点认为T细胞也是介导SLE发病的关键因素之一。

(二) 自身抗体介导的自身免疫性疾病

1. 自身抗体介导的细胞毒作用　自身抗体(主要是IgG)与细胞膜表面自身抗原结合后,通过补体受体或Fc受体触发补体系统、巨噬细胞、中性粒细胞和NK细胞等,通过Ⅱ型超敏反应机制介导对自身组织细胞的溶解破坏或清除。自身免疫性溶血性贫血、血小板减少性紫癜、中性粒细胞减少症等自身免疫性血细胞减少症是典型的抗血细胞自身抗体介导的自身免疫性疾病。

自身免疫性溶血性贫血是一种由抗红细胞的自身IgG或IgM抗体介导的以红细胞破坏为主要临床表现的自身免疫性疾病,根据发病部位的不同,可分为血管外溶血和血管内溶血两类。脾脏内的单核吞噬细胞通过Fc受体或补体受体快速清除与自身抗体结合的致敏红细胞是血管外溶血的主要机制;抗红细胞抗体结合红细胞后引起的补体活化则是引起血管内溶血的关键原因。此外,自身抗体结合血小板表面抗原(如GpⅡb:Ⅲa受体)引起血小板破坏,最终导致特发性血小板减少性紫癜。抗中性粒细胞抗体引起的中性粒细胞减少症就是由脾脏等器官对中性粒细胞的清除增加所引起。与抗血细胞自身抗体结合的致敏细胞的清除是引起上述疾病的关键,因此临床上主要采用脾切除或者阻断性抗体输入等手段来治疗这些疾病。

2. 自身抗体的中和作用　自身抗体可通过直接结合体内具有重要生理活性的自身抗原,使其灭活或阻断其生物学作用,从而出现相应病症。例如,内因子(intrinsic factor)是一种胃壁细胞产生的小肠吸收维生素 B_{12} 的蛋白。抗内因子的自身抗体与内因子结合后,维生素 B_{12} 吸收受阻,造成维生素 B_{12} 缺乏,进而使红细胞生成障碍,发生恶性贫血。抗凝血物质的抗体使抗凝物质失活;1 型糖尿病抗胰岛素受体的抗体使相应细胞受体的生物学效应丧失而造成胰岛素抵抗型糖尿病。

3. 自身抗体介导的细胞功能异常　某些抗细胞表面受体的自身抗体与受体结合后,可通过竞争性阻断配体的效应或模拟配体的作用等,引发细胞功能紊乱,导致自身免疫性疾病。例如,针对促甲状腺激素(thyroid stimulating hormone, TSH)受体的自身抗体能够刺激甲状腺素过量分泌,进而引起以甲状腺功能亢进为主要表现的 Graves 病。因为甲状腺素的产生受内分泌激素的调节,高水平的甲状腺素能够抑制 TSH 的分泌。而在 Graves 病中,由于抗 TSH 受体抗体的存在,甲状腺素的这种反馈效应不再发挥作用。因此,该自身抗体被称为长效甲状腺刺激素(long activating thyroid stimulator)。

针对乙酰胆碱受体(acetylcholine receptor,AChR)的自身抗体与神经肌肉接头处 AChR 结合后,竞争抑制乙酰胆碱与 AChR 结合,阻断乙酰胆碱的生物学效应,同时加速 AChR 的内化和降解,致使肌肉细胞对运动神经元释放的乙酰胆碱的反应性进行性降低而引发重症肌无力(myasthenia gravis,MG)。MG 患者往往因为重要器官(如膈肌等)的功能丧失而死亡。

4. 自身抗体与自身抗原形成免疫复合物介导组织损伤　自身抗体与细胞外基质抗原或者游离抗原结合形成免疫复合物后,可通过Ⅱ型和Ⅲ型超敏反应机制,引起组织损伤。

针对细胞外基质抗原的自身免疫应答较为罕见,一旦触发就会引起严重的组织损伤和疾病。在肺出血肾炎综合征患者体内,抗基底膜自身抗体(抗Ⅳ型胶原蛋白抗体)与肾小球或者肺基底膜的自身抗原结合后,通过Ⅱ型超敏反应机制,激活单核细胞、中性粒细胞、嗜碱性粒细胞和肥大细胞等免疫细胞,并分泌大量的炎症介质介导组织损伤。此外,这些自身抗体还可激活补体系统,进一步加重组织损伤。

正常情况下,红细胞和单核吞噬系统能通过表面的受体(补体受体、Fc 受体等)快速清除游离抗原和抗体形成的免疫复合物,在清除机制障碍或者免疫复合物的形成超过机体的清除能力时(如细胞内抗原大量释放、抗原大量输入、慢性感染等),未被清除的免疫复合物会在组织沉积,通过Ⅲ型超敏反应机制引起严重的疾病。血清病是由血清蛋白的输注或者药物的服用导致大量免疫复合物未被及时清除而引起的,但该疾病呈自限性,当机体清除免疫复合物后就会恢复。病原体的慢性感染会引起抗原的持续释放与免疫复合物的大量形成,进而造成小血管的严重损伤。在 SLE 患者体内,凋亡细胞清除障碍,释放出 DNA 和组蛋白等自身核抗原,多种抗 DNA 和抗组蛋白的自身抗体与相应抗原形成大量的免疫复合物,沉积在皮肤、关节、肾小球和脑等部位的小血管壁,激活补体,造成组织细胞损伤。损伤细胞释放的核抗原物质可进一步刺激机体产生更多的自身抗体,形成更多的免疫复合物沉积,加重病理损伤。在免疫复合物的形成过程中,T 细胞也发挥着重要作用,除了能以 T 细胞依赖的方式诱导 B 细胞产生抗核抗体外,还可以直接浸润组织,或通过分泌炎症介质等方式加重组织损伤。

（三）自身反应性 T 细胞介导的自身免疫性疾病

一些自身抗原特异性 T 细胞克隆长期潜伏在健康个体内,在某些条件下,自身反应性 T 细胞被激活,造成致敏 T 细胞组织局部浸润,并直接参与自身免疫性疾病的发病过程。自身反应性 CD4$^+$T 和 CD8$^+$T 细胞通过 IV 型超敏反应机制造成组织损伤和自身免疫性疾病。

1. 自身反应性 CD4$^+$ T 介导的自身免疫性疾病　MHC II 类分子结合的自身抗原肽或超抗原被 TCR 识别后,激活自身反应性 T 细胞,增殖分化为 Th1、Th2 和 Th17 等效应细胞,活化的 Th1 释放多种细胞因子如 IFN - γ,引起淋巴细胞、单核-巨噬细胞活化和浸润为主的炎症反应;活化的 Th2 产生 IL - 4 等细胞因子,辅助和调节体液免疫应答;活化的 Th17 产生 IL - 17、IL - 6 和 TNF - α 等细胞因子,参与炎症反应。例如,MS 是由髓鞘碱性蛋白(MBP)特异性 CD4$^+$ Th1 和 Th17 细胞介导的慢性进行性中枢神经脱髓鞘性疾病,引起中枢神经系统典型的炎症损伤。

2. 自身反应性 CD8$^+$ T 介导的自身免疫性疾病　活化的自身反应性 CD8$^+$CTL 对局部表达 MHC - 自身抗原肽复合物的靶细胞有直接杀伤作用,导致自身免疫性疾病。例如,在 1 型糖尿病患者体内,CTL 能够靶向杀伤和破坏胰岛 β 细胞,导致胰岛 β 细胞明显减少,胰岛素分泌严重不足,从而引起糖尿病。

第三节　自身免疫性疾病的遗传和环境因素

机体通过多种复杂的机制建立自身免疫耐受,抑制自身免疫反应的发生;而遗传和环境等多种因素共同打破自身免疫耐受,导致自身免疫性疾病的发生。通常遗传因素单独不足以引起自身免疫性疾病,环境因素如毒素、药物和感染等与遗传因素共同作用导致自身免疫性疾病的发生。

一、遗传和环境因素影响自身免疫性疾病的发生

虽然自身免疫性疾病的具体致病机制还不清楚,但是诸多现象表明遗传背景是疾病易感性的重要决定因素。例如,与其他类型小鼠相比,NOD 小鼠更易于患糖尿病,且雌性 NOD 小鼠比雄性小鼠更快发生糖尿病。在人群中也可见女性较男性更容易发生自身免疫性疾病的现象。此外,一些自身免疫性疾病常呈家族聚集性,同卵双胞胎比异卵双胞胎更易于患病。

环境因素也可以影响自身免疫性疾病。例如,NOD 小鼠多数会发生糖尿病,但是个体间的发病年龄、发病情况等有所不同。饲养条件的不同也会造成 NOD 小鼠产生不同的临床表现。除糖尿病外,IBD 的发生也受环境因素的影响。肠道菌群参与小鼠 IBD 的形成,给予广谱抗生素治疗或者清洁级饲养则会有效缓解 IBD 的发生。与动物实验一致,由于肠道菌群

的不同,同卵双胞胎发生克罗恩病的概率也有所不同。因此,遗传和环境因素往往共同参与自身免疫性疾病的发生。

二、遗传因素

自身免疫性疾病的发生有明显的家族聚集倾向,疾病易感性与遗传因素密切相关,同卵双胞胎比异卵双胞胎更易于患病。自身免疫性疾病患者的直系亲属患同一种疾病的概率即同病率(concordant rate)为5%～10%,同卵双生子的同病率约为20%,而异卵双生子的同病率仅为5%。随着基因敲除技术的出现,许多免疫基因缺陷小鼠被研发出来。在这些模型中,有些小鼠出现了自身免疫性疾病的临床症状,揭示了免疫基因与自身免疫性疾病之间的相关性。

1. 与自身免疫性疾病相关的 HLA 基因 多数自身免疫性疾病与一种或数种 HLA 等位基因相关(表12-1),HLA 基因是决定自身免疫性疾病易感性的主要基因。

表 12-1 HLA 与自身免疫性疾病的相关性

疾病	相关 HLA 基因	危险系数
强直性脊柱炎	B27	87.4
急性眼葡萄膜炎	B27	10
多发性硬化症	DR2	4.8
系统性红斑狼疮	DR3	5.8
Graves 病(突眼性甲状腺肿)	DR3	3.7
重症肌无力	DR3	2.5
1 型糖尿病(胰岛素依赖性糖尿病)	DR3/DR4	～25
寻常型天疱疮	DR4	14.4
类风湿关节炎	DR4	4.2
桥本甲状腺炎	DR5	3.2

MHC 基因型与自身免疫性疾病之间产生关联的可能原因如下。

(1)淋巴细胞在中枢免疫器官发育过程中,机体通过阴性选择机制清除能以高亲和力与 MHC Ⅱ类分子-自身肽结合的自身反应性 T 细胞。如果某些特定 MHC 分子的抗原肽结合槽不能有效结合自身抗原肽,则会导致相应自身反应性 T 细胞不能被清除。在某些情况下,这些自身反应性 T 细胞异常活化打破免疫耐受,将会引起自身免疫性疾病。例如,与正常 MHC 分子相比,I-A^{g7}转录的 MHC Ⅱ类分子与胰岛相关性自身肽的结合力低,导致携带 I-A^{g7}的 NOD 小鼠对自身反应性淋巴细胞的阴性选择不充分,因此很容易发生免疫紊乱和诱发糖尿病。

(2)在免疫应答过程中,MHC 分子通过呈递抗原使效应 T 细胞活化。MHC 分子的功能发生异常,会影响 T 细胞介导的免疫反应。另外,某些 MHC 分子能与类似自身抗原的病原体抗原肽更有效地结合,通过分子模拟的方式产生交叉反应,引发自身免疫性疾病。例如,HLA-B27 与强直性脊柱炎密切相关是因为 HLA-B27 结合及呈递类似自身抗原的病毒抗原肽的能力较强,在病毒感染后更容易使自身反应性 CTL 活化,引发强直性脊柱炎。

2. 与自身免疫性疾病相关的其他易感基因 根据调控内容的不同,可将自身免疫的易感基因分为 6 类:影响自身抗原清除的基因、调控凋亡的基因、影响信号转导阈值的基因、调节细胞因子分泌的基因、改变共刺激分子表达的基因和介导 Treg 形成的基因。

(1) 影响自身抗原清除的基因:补体成分 Clq、C2 和 C4 基因缺陷个体清除免疫复合物的能力明显减弱,体内免疫复合物的含量增加,易发生 SLE 疾病。DNA 酶基因缺陷的个体,清除凋亡颗粒的功能发生障碍,可能通过表位扩展的机制等引发 SLE 疾病。

(2) 调控凋亡的基因:Fas 基因突变会引起细胞凋亡障碍,导致一种以系统性自身免疫综合征为主要临床表现的疾病,即自身免疫性淋巴增生综合征(autoimmune lymphoproliferative syndrome,ALPS)。Fas 基因的突变是引起 MRL - lpr/lpr 小鼠发生 SLE 样疾病的一个关键因素。

(3) 影响信号转导阈值的基因:这类基因缺陷包括 SHP - 1 基因缺陷、抑制性 Fc 受体(FcγR Ⅱ B)基因缺陷、Lyn 基因缺陷、抑制性细胞表面受体(如 CD22)等基因缺陷以及 CD45 E613R 基因突变,可引发狼疮样疾病。

(4) 调节细胞因子分泌的基因:过表达 STAT4 导致 IBD;大量 TNF - α 促进 IBD,关节炎等发病;IL - 2、IL - 7、IL - 2R 等过表达促进 IBD 发病。IL - 1ra 低表达促进关节炎发病;IL - 10、IL - 10R 和 STAT3 低表达引发 IBD。

(5) 改变共刺激分子表达的基因:该群基因包括 CTLA - 4 基因缺陷、PD - 1 基因缺陷或者 BAFF 基因过表达。不同 CTLA - 4 基因的转录活性有所不同,其发挥的功能也存在差异。其中 CTLA - 4 基因的 B10 型具有抑制自身免疫性疾病的作用,突变的个体易诱导淋巴细胞组织浸润,引发糖尿病、甲状腺疾病和原发性胆管硬化等。PD - 1 基因缺陷或者 BAFF 基因过表达可导致狼疮样疾病。

(6) 介导 Treg 形成的基因:FoxP3 基因缺陷的个体可引起 Treg 数量减少或功能障碍,导致 X 连锁多内分泌腺病肠病伴免疫失调综合征(immune dysregulation, polyendocrinopathy, enteropathy, X-linked disease,IPEX)以及与 IPEX 相似的 X 连锁自身免疫性过敏性失调综合征(X-linked autoimmunity-allergic dysregulation syndrome,XLAAD)。CD25 基因突变或者缺陷也可引起 Treg 缺陷,导致自身免疫性疾病。

三、环境因素

疾病易感基因与环境因素的相互作用共同导致疾病的发生。寒冷、潮湿、日晒、药物和感染等环境可能与自身免疫性疾病的发生相关。

1. 病原体感染通过促进淋巴细胞活化导致自身免疫性疾病 病原体感染后,活化的抗原呈递细胞与淋巴细胞分泌的炎性介质以及增强表达的共刺激分子,不仅作用于病原体抗原特异性淋巴细胞,还可以活化自身反应性淋巴细胞;如果感染导致组织损伤,会释放出更多的自身抗原,进一步增强自身反应性淋巴细胞的活化。而且,IL - 1 和 IL - 6 等促炎细胞因子可以损伤 Treg 的功能,导致自身反应性 T 细胞活化并分化为效应性 T 细胞,启动自身免疫反应。例如,柯萨奇病毒 B4 感染可以加重 NOD 小鼠的 1 型糖尿病,因为该感染可以导致炎症、组织损伤和隐蔽的胰岛抗原的释放以及自身免疫性 T 细胞的产生。此外,在感染情况下,自身凋亡细胞来源的低甲基化 CpG DNA 和 RNA 等被 TLR 识别后,直接激活处于免疫忽视状态的自身反应性 B 细胞,打破免疫耐受。病原体成分被 TLR 识别后通过刺激 DC 和巨噬细胞产生大量的细胞因子引起局部炎症,促进活化和维持已经活化的自身反应性 T 细胞和 B 细胞。

2. 病原体和自身组织存在交叉抗原,通过交叉反应引起自身免疫性疾病 有些微生物抗原与人体自身细胞或细胞外成分的自身抗原有相同或类似的抗原表位,在感染人体后激活针对微生物抗原表位的淋巴细胞,也能识别和攻击含有相同或类似表位的人体自身抗原,引起交叉反应,产生自身抗体或者致敏淋巴细胞,这种现象称为分子模拟(molecular mimicry)。分子模拟可引发多种自身免疫性疾病。例如,A 型溶血性链球菌感染诱导产生的抗细胞壁 M 蛋白抗原的特异性抗体,可以与人肾小球基底膜、心肌间质和心瓣膜的相似表位发生交叉反应,引发急性肾小球肾炎和风湿性心脏病;EB 病毒感染诱导产生的特异性抗体可以与人的髓磷脂碱性蛋白(MBP)的相似表位发生交叉反应,引发多发性硬化症;结核分枝杆菌和 EB 病毒等感染诱导产生的特异性抗体可以与人的 II 型胶原蛋白、软骨糖蛋白等的相似表位发生交叉反应,引发类风湿关节炎(rheumatoid arthritis,RA)。实际上,病毒或者细菌蛋白与人体蛋白分子存在相似抗原表位的例子不胜枚举。

3. 药物和毒物等可使自身抗原发生改变引起自身免疫反应 药物、生物、物理以及化学等因素可以使自身抗原发生改变,从而产生针对改变的自身抗原的自身抗体和 T 细胞,引起自身免疫性疾病。某些药物在一小部分人群中的不良反应就是引起自身免疫反应。一些小分子药物如青霉素、头孢菌素等,可吸附到红细胞表面,使其获得免疫原性,刺激机体产生抗体,引起药物相关的溶血性贫血。环境中的某些毒物也可以引起自身免疫反应。例如,黄金和水银等重金属注入遗传易感品系的小鼠可以检测到明显的自身免疫反应症状,包括产生自身抗体。此外,如果皮肤暴露于紫外线,可使其胸腺嘧啶二聚体增加,使自身 DNA 成为自身免疫应答的靶抗原,诱发 SLE 疾病;紫外线还可促进角质细胞产生 IL-1、TNF-α 等细胞因子,诱发自身免疫应答。

可能不止一种遗传因素或者可检测到的环境因素参与多种自身免疫性疾病的发病。环境中的随机事件可能在某些自身免疫性疾病的触发中发挥重要作用。

第四节　常见自身免疫性疾病

已经发现的人类自身免疫性疾病共有近百种。自身免疫性疾病的治疗主要是控制诱发因素、免疫抑制和调节、重建免疫和对症处理等。

一、 常见自身免疫性疾病举例

比较常见的自身免疫性疾病包括系统性红斑狼疮、多发性硬化症、类风湿关节炎、桥本甲状腺炎、胰岛素依赖性糖尿病、强直性脊柱炎、重症肌无力和炎症性肠病等,研究较为深入的常见自身免疫性疾病及其动物模型举例如下。

1. 系统性红斑狼疮　系统性红斑狼疮(SLE)是一种好发于青年女性的累及多脏器的自身免疫性疾病的研究原型(prototype),以产生大量抗双链DNA(double stranded DNA, ds-DNA)抗体为其典型的血清学特征,临床表现为面部蝶形红斑、发热、皮肤和黏膜损害、关节肿痛、胸膜炎、心包炎、血小板减少性紫癜、溶血性贫血、雷诺现象和肾脏损害等,半数患者还表现狼疮肺炎、精神障碍等,最终因器官功能衰竭而死亡。SLE的病因尚不明确,多种遗传和环境因素参与或者影响SLE发病,如激素、药物、病毒感染、紫外辐射以及其他尚未发现的环境因素和遗传因素共同作用,打破自身免疫耐受诱发SLE疾病。目前认为,SLE发病的主要机制是持续的外源性刺激、免疫清除功能障碍和(或)免疫调节功能缺陷等因素使凋亡细胞清除障碍,大量自身核抗原释放并诱导B细胞过度活化,产生多种自身抗核抗体(antinuclear antibody, ANA),从而导致免疫复合物沉积或原位形成,激活补体,造成组织细胞损伤。损伤细胞释放的核抗原物质可进一步刺激机体产生更多的自身抗体,形成更多的免疫复合物沉积,加重病理损伤,最终引起全身多器官系统的慢性炎症和T/B细胞共同介导的组织损伤。SLE的血液检查异常主要是检测出高水平的抗核抗体以及抗原-抗体复合物,抗dsDNA抗体和抗Sm抗体对SLE的诊断特异性最高。免疫病理学检查包括皮肤狼疮带试验和肾脏免疫荧光检查。皮肤狼疮带试验可见表真皮交界处有免疫球蛋白(IgG、IgM、IgA等)和补体(C3c、Clq等)沉积,肾脏免疫荧光往往呈现多种免疫球蛋白和补体成分沉积。

常用的SLE小鼠模型是NZB小鼠与NZW小鼠的子一代(NZB×NZW)Fl小鼠,其自发产生的自身免疫现象与人SLE疾病十分相似。雌鼠的发病率为80%,而雄鼠为20%。血清中可检测到高水平的抗核抗体和抗dsDNA抗体并伴有自身免疫性贫血等现象,晚期出现肾小球肾炎症状。此外,MRL-lpr/lpr和BXSB小鼠与(NZB×NZW)Fl鼠略有不同,但都有SLE疾病的主要特点:B细胞增生、高免疫球蛋白血症、多种抗自身核抗体和肾小球肾炎等,因此也是常用的SLE小鼠模型。

2. 多发性硬化症　多发性硬化症(MS)是一种好发于20~40岁青年人群的主要由针对髓鞘碱性蛋白、髓鞘少突胶质细胞糖蛋白等脑部自身抗原的特异性T细胞介导的慢性进行性中枢神经脱髓鞘性疾病,男女患病之比约为1:2。临床上以缓解和复发交替的中枢神经系统功能障碍的多样化表现为特征,最终可导致全身瘫痪和多数中枢神经功能的丧失。MS的病因至今未明,有证据表明,MS的发生可能与潜伏性病毒(尤其是麻疹病毒)感染有关。因为许多MS患者血清中抗麻疹病毒抗体偏高,而且来自MS患者的T细胞克隆能够在体外识别麻疹病毒抗原。目前认为MS的发病机制主要是:正常情况下免疫细胞并不能透过血-脑屏障,但脑部组织发生病毒等感染导致炎症时,血-脑屏障被破坏。脑部抗原活化的自身反应性CD4$^+$ T细胞表达整合素,与活化的血管内皮细胞上表达的黏附分子结合后迁移出血管,在这里可再次遇到小胶质细胞通过MHC Ⅱ类分子呈递的特异性自身抗原,CD4$^+$ T进一步活化增殖分化为Th1和Th17效应细胞。炎症可以使血管通透性增加,并使大量的Th1和Th17组织浸润并产生IFN-γ和IL-17等细胞因子。细胞因子可募集髓系细胞加重炎症反应,导致 T、B 细胞和固有免疫细胞进一步浸润损伤部位,从而形成围绕血管的白斑。此外,在活化 T 细胞的辅助下,自身反应性 B 细胞还能产生大量的抗髓鞘抗原的自身抗体。这些因素相互协作,共同促进神经组织脱髓鞘和神经系统功能障碍。组织病理学表现为中枢神经系统白质内有播散的脱髓鞘而围绕血管形成含有巨噬细胞、T 细胞和 B 细胞的白斑,伴少突胶质细胞的破坏和血管周围的炎症,髓磷脂的脂质与蛋白质的化学成分都有改变。大部分病例中脑脊液琼脂凝胶电泳出现 IgG 寡克隆带。

常用的 MS 动物模型即小鼠、大鼠、豚鼠实验性变态反应性脑脊髓炎(EAE)是用大脑匀浆或者髓鞘碱性蛋白(MBP)配以佐剂免疫猴、某些品系的大鼠或小鼠,诱导产生针对 MBP 等自身抗原特异性 T 细胞介导的器官特异性自身免疫性疾病模型,其主要症状与人 MS 相似。把 EAE 小鼠的 T 细胞过继转输给健康的同系动物也可引发同样的病症,但过继转输血清则无此作用。用致 EAE 的 T 细胞克隆或其 TCR 抗原肽免疫大鼠或小鼠,可以获得明显的预防和治疗 EAE 的效果。

3. 类风湿关节炎 类风湿关节炎(RA)是好发于中年女性的不明原因引起的以慢性进行性关节滑膜以及关节软骨损坏为特征的炎症性疾病,几乎影响全世界人口的 1%。慢性疼痛、关节功能障碍是其常见的临床症状,典型关节表现为晨僵、对称性小关节疼痛、肿胀及压痛,在易受摩擦的骨突起部位可见类风湿结节,最终发展为关节破坏和畸形。最初认为引起 RA 的关键致病因子是患者血液中高水平的针对自身 IgG 的 IgM 抗体,即类风湿因子(rheumatoid factor, RF)。最新研究表明,与多发性硬化症患者一样,T 细胞和 B 细胞均参与 RA 的发病。RA 患者的自身反应性 CD4$^+$ 细胞可被 DC 或者巨噬细胞分泌的促炎细胞因子活化后,进而辅助 B 细胞活化并分化为浆细胞,产生致关节炎的自身抗体,包括传统的类风湿因子,还有抗 II 型胶原抗体、抗核周因子、抗瓜氨酸多肽抗体、抗 RA33/36 抗体及抗角蛋白抗体等多种自身抗体。II 型胶原、蛋白聚糖、聚集蛋白聚糖、软骨连接蛋白等被认为是可能引起 RA 的自身抗原,因为上述抗原在小鼠模型中可以诱导关节炎,但在人体内的致病作用尚有待确定。活化的自身反应性 CD4$^+$ T 细胞可产生细胞因子,进而刺激单核-巨噬细胞、内皮细胞和成纤维细胞,产生更多的促炎细胞因子(如 TNF-α、IL-1 和 IFN-γ)、趋化因子(如 CXCL8 和 CCL2)和金属蛋白酶,导致组织损伤和炎症。关节滑膜炎症使其变得肥厚、皱褶,滑膜的血管增生和多种炎性细胞浸润形成血管翳(pannus),后者进一步导致滑膜、软骨乃至软骨下骨组织的破坏。抗 TNF-α 的治疗性抗体可以成功缓解 RA 的症状。

常用的关节炎动物模型是用加热变性的胶原蛋白免疫小鼠或者大鼠而诱导慢性关节炎,即为胶原诱导的关节炎(collagen-induced arthritis, CIA)。CIA 的主要特征为增生性滑膜炎、关节软骨损伤,甚至造成关节强直甚至完全失去功能。在模型小鼠体内可检测到胶原蛋白特异性 T 细胞和体液免疫应答。用完全弗氏佐剂(CFA)皮下免疫某些品系的大鼠,则可诱导与人 RA 非常类似的全身关节的炎症性病变,包括关节滑膜的中性粒细胞和单核细胞等浸润、关节软骨损伤,最终导致关节变形甚至完全失去功能。

4. 桥本甲状腺炎 日本九州大学 Hashimoto 首先(1912 年)在德国医学杂志上报道了 4 例该疾病,故被命名为 Hashimoto(桥本)甲状腺炎(Hashimoto's thyroiditis, HT),又称慢性淋巴细胞性甲状腺炎或自身免疫性甲状腺炎。HT是一种好发于中年女性,以自身甲状腺组织为抗原诱导自身抗体产生所引起的器官特异性的、慢性自身免疫性疾病。甲状腺过氧化物酶(thyroid peroxidase,TPO)可能是主要的自身抗原,此外甲状腺球蛋白(thyroglobulin,TG)也可作为自身抗原诱导抗甲状腺球蛋白抗体(thyroglobulin antibody,TGAb)的产生。临床常见无痛性甲状腺肿、甲状腺功能减退和全身乏力等症状,男女比例为1:8。该病为多基因遗传,环境因素如感染和高碘饮食可诱导发病。目前认为,该病的发病机制主要是甲状腺组织中的TPO等自身抗原诱导机体产生抗TPO自身抗体(TPOAb),通过免疫复合物激活补体、ADCC作用和致敏T细胞杀伤作用等机制引起甲状腺滤泡细胞损伤,导致甲状腺功能减退。随着甲状腺组织逐步被破坏,甲状腺可逐步缩小。许多患者可伴有恶性贫血、RA、SLE、干燥综合征等其他自身免疫性疾病及胰岛素依赖型糖尿病、甲状旁腺功能减退和Addison病等其他自身免疫内分泌病。组织学研究发现甲状腺广泛淋巴细胞浸润,伴有淋巴滤泡及腺泡细胞的损伤。早期实验室检查可见正常T3、T4和TPOAb效价增高,部分患者血清中TGAb及抗微粒体抗体(TMAb)阳性,甲状腺放射性碘吸收可以增高。疾病后期发展成甲状腺功能减退伴有T4降低,甲状腺放射性碘吸收降低和TSH增高。

常用的自身免疫性甲状腺炎动物模型是实验性自身免疫性甲状腺炎(experimental autoimmune thyroiditis,EAT)动物模型,该模型是给予8周龄NOD.H2^{h4}小鼠含有NaI的饮用水,7天后可检测到血清中出现高效价的TGAb和TPOAb,甲状腺组织可见淋巴细胞浸润,出现类似人自身免疫性甲状腺炎的症状。此外,用人TG的肽段免疫CBA小鼠、用TG致敏的DC诱导BIOBR小鼠或在饮用水中加碘饲养BB/W小鼠等均可诱导EAT动物模型。

5. 胰岛素依赖性糖尿病　胰岛素依赖性糖尿病(insulin-dependent diabetes mellitus,IDDM)又称1型糖尿病,好发于儿童和青少年,主要是由自身反应性CD8$^+$CTL靶向杀伤和破坏胰岛β细胞,导致胰岛β细胞明显减少,胰岛素分泌严重不足,血中胰岛素降低,从而引起的器官特异性自身免疫性疾病。该病易出现酮症,起病急、病情重、发展快,以口渴、多饮、多尿、多食以及乏力消瘦、体重急剧下降等为典型的临床症状,治疗依赖胰岛素。目前认为,该病是在遗传易感性基础上由病毒感染(如引起流行性腮腺炎和风疹的病毒,以及能引起脊髓灰质炎的柯萨奇病毒家族)等诱发的针对胰岛β细胞的一种自身免疫性疾病。自身免疫性T细胞识别的靶抗原包括胰岛素、谷氨酸脱羧酶和胰岛β细胞膜蛋白等。患者胰岛内有大量淋巴细胞浸润,胰岛β细胞表面表达HLAⅡ类分子。患者体内也可测到抗胰岛素和抗胰岛β细胞的自身抗体。

常用的1型糖尿病动物模型是NOD小鼠,该品系小鼠是自发胰岛素依赖性糖尿病的小鼠品系,发病的主要原因是胰岛炎引起的胰岛素分泌减少。病理学观察发现NOD小鼠的自身免疫性胰岛炎最早出现于4周龄,发病后小鼠出现尿频、多饮和高血糖等典型症状。血清学检测发现抗胰岛β细胞的自身抗体最早在小鼠出生后3~6周便可检测到,随着年龄的增长,该抗体效价逐渐升高。至6~7个月时,约80%的雌性和20%的雄性小鼠发生糖尿病。过继转输疾病鼠的T细胞可以诱导健康小鼠提前发病。

6. 炎症性肠病 炎症性肠病(IBD)是一类常见的器官特异性自身免疫性疾病,包括克罗恩病(CD)和溃疡性结肠炎(UC)。IBD是一组病因未明的慢性非特异性肠道炎症疾病,具有自身免疫性疾病的许多特征,临床主要表现为腹痛、黏液血便和体重下降,全身症状有发热、乏力和贫血等,病情呈反复发作,儿童IBD患者除常见的胃肠道表现外,还有明显的肠外表现如关节炎、生长迟缓、体重不增、营养不良、贫血、神经性厌食等,其中生长迟缓是生长期儿童最独特的症状。诱导IBD发病的抗原来源于肠道定居的微生物,因此严格意义上讲,IBD是自身免疫性疾病中的一种特殊病例。虽然自身抗原并不是引起IBD的因素,但是与自身免疫性疾病相似,肠稳态和自身耐受状态的打破是IBD的一个主要特征。血液学检查常见血红蛋白与血浆蛋白下降,白细胞计数正常,血小板计数可以升高。粪便检查和肉眼观察以糊状黏液脓血便为最常见,病原学检查可排除感染性结肠炎。

常用的IBD动物模型为自发性IBD小鼠模型,如TCRα$^{-/-}$小鼠和IL-10$^{-/-}$小鼠等,这些小鼠由于缺乏调节性免疫基因TCRα或IL-10,从而缺乏TCRα高表达的调节性T细胞亚群或IL-10细胞因子,进一步导致肠病的发生。4周龄以上的小鼠可以观察到体重下降、腹泻和便血等症状。病理学观察可以发现IBD小鼠肠上皮破损,肠固有层淋巴细胞浸润,有大量炎症病灶。此外,还有用化学试剂葡聚糖硫酸钠(DSS)或三硝基苯磺酸(TNBS)等诱导的小鼠炎症性肠病模型。

二、 自身免疫性疾病的防治原则

虽然不同自身免疫性疾病临床表现各异,但该类疾病是环境等因素诱导易感小鼠免疫耐受异常所引起的对自身抗原的免疫应答,因此治疗原则有一些共性。目前的免疫治疗策略是:控制发病诱因,用免疫抑制和调节药物打断病理性自身免疫应答或重建免疫耐受。由于恢复(诱导)免疫耐受的方法尚不成熟,因而自身免疫性疾病也缺乏理想的治疗手段。目前常用的治疗方案如下。

1. 控制发病诱因 多种微生物感染和药物可引发自身免疫性疾病,因此用疫苗或抗生素控制病原体感染、谨慎使用容易诱发自身免疫反应的药物,可降低某些自身免疫性疾病的发生。

2. 抑制或调节自身免疫

(1) 免疫抑制剂:环孢素A(cyclosporin A)、甲氨蝶呤、霉酚酸酯、硫唑嘌呤、来氟米特及FK506等常用的免疫抑制剂可抑制细胞及体液免疫反应,减轻组织损伤。

(2) 糖皮质激素:是最强的抗炎药物,可控制患者的炎症反应,是治疗自身免疫性疾病的常用药。

(3) 细胞因子及其受体的免疫制剂:利用促炎细胞因子受体的单抗或重组的细胞因子受体抑制促炎细胞因子(如TNF-α、IL-2、IL-1)发挥作用,或者利用具有抑炎作用的细胞因子(如IL-10、IL-4)治疗自身免疫性疾病。例如,阻断TNF-α的受体或者中和TNF-α可治疗关节炎。

(4) 免疫细胞表面分子的抗体:用抗体特异性结合免疫细胞表面分子后可阻断相应免疫

细胞的活化,或清除自身反应性 T、B 细胞克隆从而抑制自身免疫应答。如用抗 CD3 和抗 CD4 的单抗可抑制自身反应性 T 细胞活化。

(5) 替代治疗:例如,用胰岛素治疗 1 型糖尿病患者控制其血糖是有效的治疗方法。补充维生素 B_{12} 可治疗由自身抗内因子抗体引起的恶性贫血。

(张伟娟)

第十三章 肿 瘤 免 疫

肿瘤已成为严重危害人类健康的重要疾病,其发生是一个复杂且多步骤的过程,致病性主要取决于肿瘤逃避机体免疫监视,从而导致肿瘤细胞分化增殖并远程转移。治疗肿瘤的方法有手术、放化疗及免疫治疗。在免疫治疗中,免疫监视是首要的防御手段,抗肿瘤免疫应答发挥着必要和关键作用。

肿瘤免疫学(tumor immunology)主要研究肿瘤抗原、抗肿瘤免疫应答、肿瘤免疫逃逸和肿瘤免疫治疗,是肿瘤研究的一个重要组成。特别是 2013 年 *Science* 报道的肿瘤免疫治疗取得突破性进展,位列年度十大进展首位,更加推动了肿瘤免疫治疗的研究和应用。

第一节 肿 瘤 抗 原

既然肿瘤非自体正常组织,那么就应该存在"非己"抗原,诱导机体对其产生免疫应答。因此,早在 20 世纪初,科学家们就以各种方法寻找肿瘤抗原,直到 50 年代,才以化学物质甲基胆蒽(MCA)成功诱导肿瘤表达特异性抗原(图 13-1)。目前,科学家们已经在自发性和实验性肿瘤动物模型和人类肿瘤组织中发现了数千种肿瘤抗原,为肿瘤诊断和诱导肿瘤免疫应答奠定了基础。

一、肿瘤抗原的分类

肿瘤抗原(tumor antigen)泛指在肿瘤发生、发展过程中出现的新抗原(neoantigen)或肿瘤细胞异常或过度表达的抗原。根据其诱生方式或特异性等有不同的分类方法。

(一)根据肿瘤抗原特异性的分类法

最早的肿瘤抗原分类,主要基于其表达方式。肿瘤特异性抗原(tumor specific antigen,TSA)是指仅在肿瘤细胞表达而正常细胞所没有的抗原。包括突变细胞基因编码的肿瘤抗原、未知基因编码的肿瘤个体特异性抗原。肿瘤相关抗原(tumor associated antigen,TAA)是指在正常细胞中表达,但在肿瘤细胞中表达存在量的差异或是异位表达。包括正常细胞基因编码的肿瘤抗原和病毒基因编码的肿瘤抗原。例如,Her-2/neu 在正常细胞中表达,但在大多数肿瘤细胞中高表达。又如,有一类抗原出生后仅在睾丸或卵巢等生殖母细胞表达,但是在很多类型的肿瘤中高表达,称为肿瘤睾丸抗原(cancer testis antigen,CTA),并且属于异位表达。肿瘤排斥抗原(tumor rejection antigen,TRA),既可以是 TSA,也可以是TAA,其特点是表达于肿瘤细胞表面,易被识别并可作为免疫细胞攻击的靶抗原。

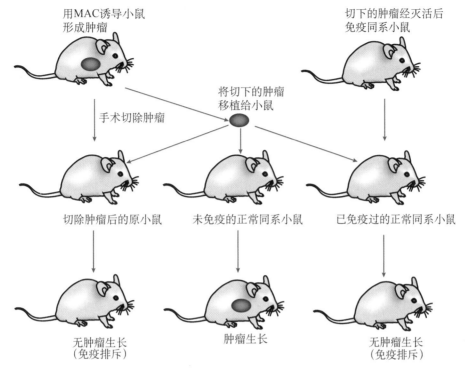

用MAC诱导小鼠
形成肿瘤

切下的肿瘤经灭活后
免疫同系小鼠

将切下的肿瘤
移植给小鼠

手术切除肿瘤

切除肿瘤后的原小鼠　　　未免疫的正常同系小鼠　　　已免疫过的正常同系小鼠

无肿瘤生长
（免疫排斥）

肿瘤生长

无肿瘤生长
（免疫排斥）

图 13-1　通过移植排斥实验证实存在肿瘤抗原

（二）根据肿瘤诱发和发生情况的分类法

1. 化学致癌剂　早在 18 世纪科学家们就注意到排烟管道清洁工易患阴囊癌,推测煤烟和焦油中的多环芳香烃类是致癌物质;皮革厂的制鞋工易患血液肿瘤,怀疑制硝工艺中的苯、二甲苯芳香族类具有致癌作用。化学致癌剂诱发细胞恶性转化的机制主要在于其致基因突变作用,其抗原为细胞突变产生的物质。

2. 物理致癌剂　19 世纪末学者们发现放射学家由于经常接触 X 线和其他放射性物质而易患皮肤癌。第二次世界大战期间,日本广岛受到原子弹的核辐射,血液肿瘤的发生率急剧升高,其主要原因是离子辐射导致组织细胞的 DNA 损伤、基因突变、染色体断裂和异常基因重组等。同时,大面积暴露在紫外线下也易患皮肤癌,其主要原因是 DNA 损伤后修复功能缺陷。这些肿瘤的抗原为上述机制导致的组织细胞癌变中的物质。

3. 病毒致癌　现已证实某些病毒诱发肿瘤,如人乳头瘤病毒(human papillomavirus, HPV)与宫颈癌的发生直接相关,其中 HPV16 和 HPV18 型已经作为抗原疫苗用于预防宫颈癌。EB 病毒(Epstein Barr virus,EBV)与 B 细胞瘤和鼻咽癌的发生密切相关。病毒转化的肿瘤细胞可检测到病毒基因组编码的肿瘤抗原,主要是 DNA 或 RNA 病毒整合到宿主细胞发生恶性转化。因为病毒是与人类种属差异较大的物质,它们易于被宿主的免疫系统识别,引起免疫应答。随着分子生物学技术的发展,从正常细胞基因组中已经发现大量与细胞生长、活化和分化相关的病毒癌基因(oncogene),它们的异常分化是导致正常细胞恶性转化的关键。

（三）根据基因编码产生的肿瘤抗原分类法

1. 正常基因表达异常 ①沉默基因（silent gene）是指在正常细胞中不表达，但在细胞恶变时表达的宿主基因。例如，MAGE 抗原是宿主的基因表达产物，在正常情况下一般不表达，但是在黑素瘤发生时高表达，因此可以作为黑素瘤相关的肿瘤抗原。最近的研究发现，MAGE 在生理状态下可以在睾丸表达，因此若采用 MAGE 作为治疗黑素瘤的靶抗原，就要注意对睾丸造成的损害。②胚胎抗原（fetal antigen）是指在胚胎发育阶段由胚胎组织产生的正常成分，出生后消失或极微量表达。当细胞癌变时，此类抗原可重新被合成，表达在肿瘤细胞表面或分泌到血清中。甲胎蛋白（alphafetoprotein，AFP）、癌胚抗原（carcinoembryonic antigen，CEA）和胚胎性硫糖蛋白（fetal sulfooslycoprotein antigen，FSA）等就是典型的胚胎抗原。由于这类抗原已经在胚胎期出现过，因此免疫原性低，机体亦已经对它们产生免疫耐受，难以诱导特异性免疫应答，但这类抗原的检出是诊断肿瘤发生或复发的很有说服力的指标。③分化抗原（differentiation antigen）是指正常细胞在其分化过程中某一阶段所表达或消失的特定抗原，以糖蛋白和糖脂为主，常常具有组织特异性。例如，CD20 分子仅在 B 细胞表达，但在非霍奇金淋巴瘤中，CD20 分子在肿瘤细胞中的表达比正常 B 细胞高出 10～100 倍。因此，以 CD20 特异性基因工程抗体靶向治疗非霍奇金淋巴瘤效果良好，并且对正常细胞的影响不大。但是，也有一些应该出现的组织特异性分化抗原在肿瘤发生发展过程中丢失了，也可以被认为是重要的诊断指标。④独特性抗原是指适应性免疫细胞 TCR 或 BCR 可表达在 T 或 B 来源的肿瘤细胞表面，用抗 TCR 或 BCR 的抗独特型抗体可以靶向这些肿瘤细胞并清除。⑤过表达抗原，细胞癌变发生后，细胞内一些正常蛋白的表达量远高于正常水平，其过度表达可能具有抗凋亡作用，使肿瘤细胞长期存活，如 ras、c-myc、Her-2/neu 等。

2. 突变的基因产物 癌基因或突变的抑癌基因所表达的蛋白分子，如 Ras 原癌基因经常容易在第 12 或 61 位氨基酸发生点突变而成为肿瘤抗原；抑癌基因 P53 突变导致该分子空间构象改变而成为肿瘤抗原。另外，内部缺失突变或染色体易位可产生融合基因编码融合蛋白（fusion protein）。在恶性胶质瘤中，约有 40% 的患者表皮生长因子受体（epidermal growth factor receptor，EGFR）基因出现内部缺失，且大多在相同位点，提示肿瘤抗原的可能性。还有，人体细胞第 9 号染色体上的 ABI 原癌基因与第 22 号染色体上的 Bcr 基因相互易位形成的 BCR/ABI 融合基因，可以引起蛋白激酶持续性激活，使白细胞过分增殖而引起慢性粒细胞性白血病。该染色体首先在美国费城发现，所以又称费城 1 号染色体 ph1。

二、 肿瘤抗原及其主要特点

肿瘤抗原及其主要特点：①大多数肿瘤特异性抗原属于某些肿瘤的共有抗原。②大多数肿瘤抗原来源于正常细胞基因、突变基因和病毒基因的产物。③表达在细胞膜表面的肿瘤抗原具有较强的抗原性，胞内表达则抗原性较弱。④表达协同刺激分子或凋亡分子的肿瘤抗原容易被免疫系统识别并诱导免疫应答；反之，则相反。⑤肿瘤抗原的检测对诊断和治疗肿瘤、判断预后具有很强的参考性。表 13-1 列举了常见的肿瘤抗原及其特点。

表 13-1 常见的肿瘤抗原及其特点

种类	型别	举例	可能机制	识别	排斥抗原 T 细胞	排斥抗原 B 细胞
正常细胞基因编码的产物	黑素瘤	MAGE	"沉默基因"激活	+	?	?
	肥大细胞肿瘤抗原	P815A	"沉默基因"激活	+	—	—
	癌胚抗原	CEA	再生细胞扩增	—	+	弱
	克隆性抗原	独特型	克隆扩增	—	+	弱
	癌基因产物	Her-2/neu	过度表达	—	+	—
	黏附分子	CD44	剪切突变产物	—	+	—
突变细胞基因编码的产物	癌基因突变产物	Mut. P21^{ras}	点突变	+	—	?
	抑癌基因突变产物	Mut. P53	点突变	?	+	?
	内部融合蛋白	Mut. EGFR	内部缺失	?	+	?
	嵌合蛋白	bcr-abl	基因易位	+	+	?
病毒基因产物	转化基因产物	SV$_{40}$T	外源基因表达	+	+	+
未知基因起源产物	移植抗原			+	+	+
	胆蒽诱发的肿瘤	紫外线或甲基	?	+	—	+

第二节　机体抗肿瘤免疫应答

肿瘤的异质性是恶性肿瘤的重要特征,同一类肿瘤中可以存在很多不同基因型或者亚型的肿瘤细胞。它不仅在不同个体中表现不同,在同一个体中的肿瘤细胞也存在差异,这就为寻找肿瘤抗原并诱导抗肿瘤免疫应答带来了困难。但是,正常机体可以通过免疫监视、固有免疫和适应性免疫应答对肿瘤进行监视、抑制和杀伤。

一、免疫监视

免疫监视是免疫系统三大功能之一。免疫监视的主要任务是识别体内不断发生突变或畸变的恶性细胞,并通过免疫应答对其清除。健康人体内每天约有 10^{11} 个细胞处于分裂中,在经历 DNA 复制过程中,有至少 10^{7} 个细胞可能发生突变,但机体可以通过免疫应答对其清除。临床上发现的肿瘤自发性消退支持免疫监视学说,长期使用免疫抑制剂的患者易诱发肿瘤也是免疫监视发挥抗肿瘤作用的一个佐证。

二、固有免疫应答

固有免疫应答是抗肿瘤免疫的第一道防线,当免疫监视失效,肿瘤发生后,固有免疫系统通过 NK 细胞、巨噬细胞、NKT 细胞、γδT 细胞、B1 细胞和中性粒细胞及其分泌的细胞因子等发挥先行效应。

（一）NK 细胞

20 世纪 70 年代,免疫学家发现人和小鼠体内存在可以天然杀伤某些肿瘤细胞的大颗粒淋巴细胞,由于这群细胞无需预先免疫或致敏即可发挥杀伤功能,被命名为自然杀伤细胞

（NK 细胞）。NK 细胞的发现一度为治疗肿瘤带来巨大希望，但由于其表面标记及杀伤机制的未知，使其体外扩增和体内应用受到限制。随着免疫学基础理论的不断突破，以及新型生物学技术的涌现，人们认识到 NK 细胞是表型和功能多样化的异质性淋巴细胞群体。NK 细胞除具有对肿瘤细胞的杀伤功能，还能分泌多种细胞因子及趋化因子，拓展了其抗肿瘤效应。①NK 细胞杀伤肿瘤不需要 MHC 的限制，且能选择性杀伤 MHC Ⅰ 类分子低表达或缺失的肿瘤细胞。②在组织脏器内的 NK 细胞可以抵抗肿瘤向该脏器的转移；相反，肿瘤局部的细胞因子，如 IL-37 可通过招募 CD57[+] NK 细胞到肿瘤局部发挥抗肿瘤作用。③NK 细胞可以通过 ADCC 效应、Fas/FasL 途径、穿孔素-颗粒酶途径以及黏附分子结合靶细胞后被 NK 细胞释放的 TNF 杀伤等机制发挥抗肿瘤效应。

（二）巨噬细胞

巨噬细胞的重要功能是吞噬，因此在吞噬肿瘤细胞方面发挥重要作用。同时，巨噬细胞又是专职性抗原呈递细胞，通过抗原呈递给 T 细胞，启动特异性的免疫应答。巨噬细胞还可以通过 ADCC 作用杀伤肿瘤细胞，通过抗体发挥免疫调理作用。巨噬细胞被活化后，通过释放溶酶体产物、超氧化物、一氧化氮、神经蛋白酶等发挥作用。巨噬细胞还分泌 TNF、IL-12 等正向细胞因子杀伤肿瘤。因此，巨噬细胞在固有免疫和启动适应性免疫两方面发挥抗肿瘤效应。

（三）其他固有免疫细胞

有研究发现 NKT 细胞、γδT 细胞等也具有杀伤肿瘤细胞效应。NKT 细胞是一类具有 NK 细胞标记的 T 细胞亚群，一旦被活化，既可直接发挥对肿瘤细胞的杀伤作用，又能通过激活其他免疫效应细胞如 NK 细胞，间接实现抗肿瘤作用。类似 NK 细胞，NKT 主要通过 Fas/FasL 途径、穿孔素途径以及 TNF-α 途径发挥其细胞毒作用，其中穿孔素途径最为关键（图 13-2）。NKT 细胞也可以通过分泌细胞因子，如 IFN-γ，激活在固有免疫中起重要作用的 NK 细胞、DC 以及适应性免疫细胞 CD4[+] Th1 细胞、CD8[+] T 细胞及其他效应细胞，间接发挥抗肿瘤效应。γδT 细胞的抗肿瘤效应机制与 NKT 类似，但是新近研究发现 γδT 细胞抗原受体的 CDR3 区是决定肿瘤抗原识别的关键部位，因此具有诊断早期肿瘤发生的潜能。此外，也有研究发现中性粒细胞具有吞噬肿瘤细胞的功能。

三、适应性免疫应答

适应性免疫应答被认为是抗肿瘤免疫效应机制发挥的主战场，其中尤以 CD8[+] T 细胞最为重要。

（一）T 细胞介导的特异性抗肿瘤免疫应答

1. CTL 介导的抗肿瘤效应　杀伤性 T 细胞以 CD8[+] T 细胞为主。它通过识别 MHC Ⅰ 类分子呈递的肿瘤抗原多肽，在协同刺激分子的第二信号作用下，以及 CD4[+] T 细胞分泌的 IL-2 等细胞因子辅助下，迅速活化、增殖，通过与肿瘤靶细胞直接接触方式，将细胞内颗粒酶极化至细胞接触面，然后通过穿孔素在肿瘤细胞上穿孔，使释放的颗粒酶进入靶细胞，从而达到直接杀死靶细胞的目的。CD8[+] T 细胞还可以通过 Fas/FasL、TNF-α 途径杀死

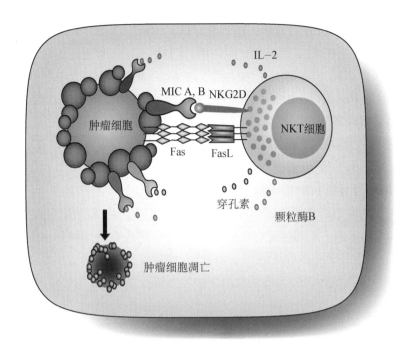

图 13 - 2　NKT 细胞对肿瘤细胞的杀伤

靶细胞。当杀死一个肿瘤细胞后，CTL 可以靶向到下一个肿瘤细胞，以同样的方式进行杀伤，直至消灭肿瘤。所以，CTL 是最有效的杀伤肿瘤的免疫细胞(图 13 - 3)。

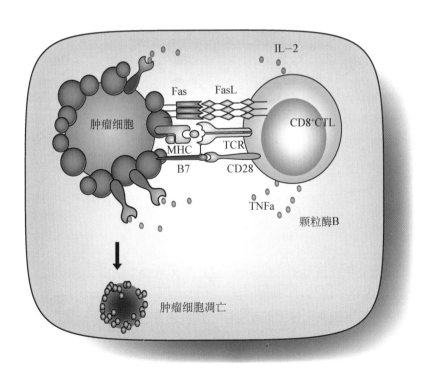

图 13 - 3　CD8⁺T 细胞对肿瘤细胞的杀伤

2. CD4$^+$ Th 细胞的抗肿瘤效应   相较于 CTL，CD4$^+$ Th 细胞的抗肿瘤效应主要通过分泌细胞因子、营造正向的免疫微环境发挥作用。CD4$^+$ Th 细胞通过识别 MHC Ⅱ类分子呈递的肿瘤抗原多肽，在协同刺激分子的作用下，被激活、增殖，分泌大量细胞因子，如 IL-2 可以与 CTL 表面的 IL-2R 结合激活 CTL；IFN-γ 可以激活巨噬细胞，增强对肿瘤的吞噬作用；TNF 可以直接诱导肿瘤细胞凋亡。CD4$^+$ Th 细胞还可以分泌趋化因子，招募固有免疫和适应性免疫细胞至肿瘤局部，有利于直接杀伤肿瘤。此外，部分 CD4$^+$ Th 细胞也有类似CTL 的作用，直接杀伤肿瘤细胞。

（二）B 细胞介导的抗肿瘤效应

B 细胞的主要功能是产生抗体，可以通过抗体的 Fc 段与 NK 细胞或巨噬细胞上的 Fc 受体结合，介导 ADCC 效应。B 细胞还具有抗原呈递作用，可以在诱导特异性的免疫应答中发挥效应。此外，B 细胞还分泌多种细胞因子，对抗肿瘤免疫微环境起到积极作用。以肿瘤抗原为靶标制备的单克隆抗体在肿瘤的生物治疗中起到重要作用（图 13-4）。

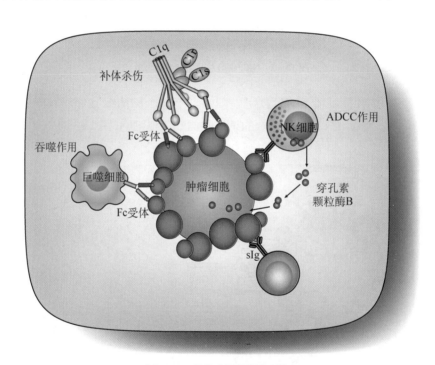

图 13-4 抗体介导的抗肿瘤效应

总之，无论是固有免疫还是适应性免疫，无论是体液免疫还是细胞免疫，无论是免疫效应细胞还是免疫效应分子，它们作为免疫系统的组成部分和行使功能，在监视肿瘤发生、抵抗肿瘤增殖、促进肿瘤细胞凋亡等方面都显示出积极的效应。

第三节 肿瘤的免疫逃逸机制

根据免疫监视的理论,任何非己物质都能被识别,并被清除。但是肿瘤作为基因突变产物、畸变的恶性细胞,机体免疫细胞难以发现肿瘤抗原,使其逃避免疫监视,导致宿主对肿瘤耐受,任由它快速增殖并发生转移,最终摧毁人类健康。图13-5形象描述了肿瘤的3个"E"阶段。①消灭(elimination),肿瘤一旦出现,免疫监视首先发现,以 NK、CD8$^+$ CTL 为主的效应细胞将肿瘤细胞包围并消灭。②平衡(equilibrium),若肿瘤没有被完全消灭,那么肿瘤细胞在免疫细胞的监视下还在逐渐发生发展,与免疫效应细胞呈现对峙局面。③逃逸(escape),对峙局面形成拉锯战后,肿瘤微环境朝向不利于免疫细胞发挥效应的局面发展,使得肿瘤细胞占据优势,免疫效应细胞被屏蔽或驯化,免疫调节或抑制细胞比例和数量增速,最终肿瘤不可控制地生长,逃逸免疫监控,形成免疫耐受。这个发现也称为肿瘤免疫编辑(cancer immunoediting),即免疫系统不但具有排除肿瘤细胞的能力,还具有促进肿瘤生长的作用,肿瘤细胞在机体内发生、发展是一个免疫系统与癌细胞相互作用的动态过程。在这个过程中,免疫系统在清除一些肿瘤细胞的同时,也对另一些肿瘤细胞的生物学特性(如肿瘤的抗原性)进行重塑(reshape),即"免疫编辑"。在3个"E"的演变过程中,有许多因素参与,以下选择重要的进行阐述。

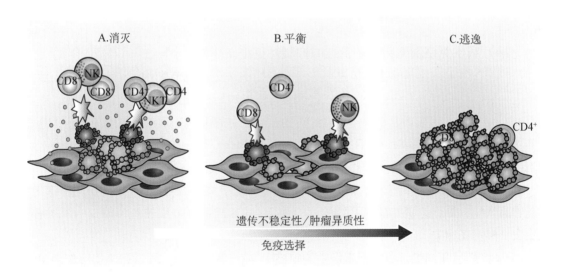

图13-5 肿瘤的免疫逃逸机制

(一)肿瘤细胞的抗原表达低下、缺失或调变

肿瘤细胞是一个异质性群体,抗原众多,但真正具有抗原两个特性(免疫原性和免疫反应性)的肿瘤抗原很少。在实验性肿瘤动物模型中,肿瘤细胞抗原大多以物理或化学致癌剂等诱导,具有较强的免疫原性。而在人类数千种肿瘤抗原中,由于大部分是肿瘤相关抗

原,如正常分子在肿瘤组织的高表达,所以机体还是把它认为自身抗原,或者肿瘤抗原表达在细胞内部,免疫原性弱,不足以诱导抗肿瘤免疫应答。另外,大多数肿瘤细胞会糖化,肿瘤细胞表面的糖蛋白或脂类覆盖于表面,影响了肿瘤抗原的暴露,使得机体不能有效识别肿瘤抗原。例如,MUCIN 分子是分布在多种肿瘤细胞表面的糖蛋白,它遮盖了真正的肿瘤抗原,如果对该分子进行"帽化",就可以暴露出肿瘤抗原,诱导产生增强的抗肿瘤免疫应答。抗原调变(antigenic modulation)是机体在抗肿瘤免疫应答的压力下,肿瘤细胞表面的抗原会减少或丢失,由此造成其逃避免疫应答。动物模型验证,这种调变是可逆的,若将该肿瘤细胞输入到无免疫功能的动物体内,该抗原又可重新表达在肿瘤细胞表面。

(二) 肿瘤细胞 MHC I 类分子或协同刺激分子表达低下或缺失

肿瘤细胞为逃避免疫监视,其 MHC I 类分子的表达低下或缺失,尽管有 NK 细胞的杀伤,但仍不能诱导在抗肿瘤特异性免疫应答中起关键作用的 CD8$^+$ CTL 效应。此外,抗原特异性免疫应答需要协同刺激分子作为第二信号,而在肿瘤细胞表面,CD80 或 CD86 等主要协同刺激分子表达低下或无能,使得免疫应答无能。

(三) 肿瘤细胞表达或分泌抑制性分子

肿瘤细胞能表达或分泌具有免疫抑制功能的细胞因子,如 TGF - β(膜型或分泌型)、IL - 10 等,抑制正向免疫应答,或激活负性免疫效应。一些因子,如表皮生长因子也具有促进肿瘤细胞生长的作用。

(四) 肿瘤细胞的抗凋亡作用

肿瘤细胞高表达 Bcl - 2 等抗凋亡分子,低表达 Fas 等凋亡分子,以达到增生或长期存活的目的。

(五) 宿主免疫细胞和分子营造的抑制性免疫微环境

(1)调节性 T 细胞是健康机体进行免疫自稳的一群免疫调节细胞,具有负向调控效应,在健康人外周血 CD4$^+$ T 细胞中的所占比例为 5%～10%;但是在肿瘤发生或发展过程中,调节性 T 细胞的比例显著升高,一些肿瘤细胞还可以诱导 CD4$^+$ T 初始或效应细胞转化为调节性 T 细胞,它们在体内通过直接接触或分泌 TGF - β、IL - 10 等细胞因子抑制效应性 T 细胞或 B 细胞或巨噬细胞等发挥正向的抗肿瘤免疫效应(图 13 - 6)。

(2)调节性 B 细胞,传统观念认为 B 细胞通过分泌抗体和细胞因子,参与抗原呈递等发挥抗肿瘤效应。最近的研究发现 B 细胞具有调节功能,而且其分泌的免疫球蛋白与肿瘤的发生发展密切正相关。

(3)M2 型巨噬细胞。血液或组织中的单核-巨噬细胞在肿瘤抗原或微环境的作用下,可以朝向具有免疫抑制作用的 M2 型巨噬细胞(M2 细胞)分化,又称肿瘤相关巨噬细胞(tumor associated macrophage,TAM)极化,它通过分泌 I 型精氨酸酶、IL - 10 等起到抑制肿瘤免疫效应。

(4)髓样分化抑制细胞(myeloid derived suppressor cell,MDSC)是一类含早期骨髓祖细胞、幼稚粒细胞、巨噬细胞和各分化阶段树突细胞的异质性细胞群体,它们在肿瘤原性或抑制性因素的作用下,分化受阻,具有未成熟、异质性和可塑性等特征。它们在健康状态下

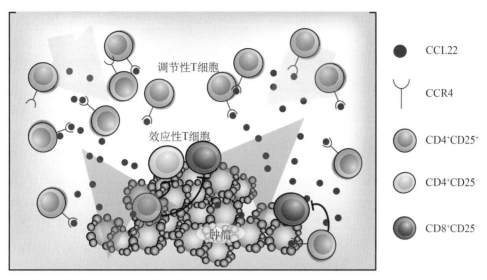

图 13-6 调节性 T 细胞在肿瘤免疫中的调节作用

比例极低,但是在肿瘤发生发展中显著升高,其作用是通过表达高水平的 ARG1、iNOS 和 ROS 等抑制 NK 细胞和 NKT 细胞的细胞毒性,抑制 CD4$^+$ T 或 CD8$^+$ T 效应细胞,营造负性免疫微环境,下调抗肿瘤免疫应答。此外,MDSC 可以表达多种促血管形成因子,如 VEGF、碱性成纤维细胞生长因子(basic fibroblast growth factor,bFGF)和 MMP,这些因子能够直接促进肿瘤血管的形成,促进肿瘤发生、发展。

(5) 免疫负性调控分子与协同刺激分子相对应,一些负性调控分子如 PD-1/PD-L1、CTLA-4 等与免疫细胞表面的 CD28 分子等相互作用后,促使免疫细胞传递抑制信号通路,分泌抑制性细胞因子,抑制抗肿瘤免疫应答。

（六） 宿主免疫功能低下

机体自身免疫功能受损或低下是影响抗肿瘤免疫应答的重要因素。例如,长期慢性感染性疾病导致免疫细胞耗竭,免疫功能下降;器官移植患者长期服用免疫抑制药物,导致机体免疫细胞被抑制,免疫耐受;肿瘤患者的放化疗使得免疫细胞凋亡或功能下降;晚期肿瘤患者体内积聚的大部分免疫细胞为调节性 T 细胞、髓样分化抑制细胞等负性调节细胞,抑制机体的抗肿瘤免疫功能。

第四节 肿瘤的免疫诊断和治疗

受人口和生活方式等因素影响,全球新增肿瘤患者激增。我国是世界上人口最多的国家,也是肿瘤患者数量最多的国家,肿瘤已经超过心血管疾病成为影响我国居民健康的头号杀手,其发病率和死亡率呈持续增长趋势,尤其是死亡率较 20 世纪 70 年代中期增加了 83.1%,较 90 年代初期增加了 22.5%。其中,肺癌和乳腺癌分列男性和女性肿瘤的第一位,因此肿瘤的治疗刻不容缓。

肿瘤的治疗有针对实体肿瘤的手术治疗、针对所有类型肿瘤的放化疗以及手术和放化疗联合的综合治疗。这些治疗方法针对的是肿瘤细胞或组织以及受累的器官,也就是中医学中的"祛邪"。但是,免疫系统作为机体重要的监视和防御系统,同样在肿瘤的治疗中发挥着重要的作用,在肿瘤治疗中起"扶正"作用,只有"扶正祛邪",才有可能治愈肿瘤。

肿瘤的免疫治疗尝试可以追溯到 1890 年,William B. Coley 医师调配了一种含有已死的脓性链球菌和黏质沙雷菌的液体,注入肿瘤,通过使患者产生炎症反应治愈了一名在腹壁、膀胱和骨盆长有恶性肉瘤的患者。这种液体后来被称作"Coley 毒素"或"Coley 疫苗"。1977 年,科学家 Ralph M. Steinman 发现了树突细胞,并以此制备抗原特异性的肿瘤疫苗。2010 年,美国批准了第一个用于治疗前列腺癌的肿瘤疫苗。1983 年,Steven A Rosernberg 医师以细胞因子 IL - 2 体外扩增 T 细胞后过继转输治疗黑素瘤肺转移取得成功。2013 年,Carl June 医师报道用嵌合抗原受体编辑的 T 细胞(chemric antigen receptor T cell,CAR - T)治疗顽固性白血病获得成功。近年来,针对 PD - 1、PD - L1 和 CTLA4 等免疫抑制分子的抗体治疗取得了显著的成效,将免疫治疗推向了新的高度,并在精准医学和个体化治疗中体现出新的高度。

一、 肿瘤的免疫诊断

肿瘤的免疫诊断有两个方面:①通过生化和分子生物学等方法检测肿瘤抗原或肿瘤标记,以对肿瘤作出诊断与鉴别诊断,或用于判断肿瘤复发转移或预后。例如,血清中 AFP 的显著升高对诊断原发性肝癌具有重要的价值;CEA 是检测结直肠癌的复发或转移的一项重要判断指标。另外,以免疫组化或流式细胞分析等方法对病理活检或组织局部的肿瘤抗原检测是重要的辅助手段。例如,对细胞表面的 CD 抗原分子检测可以提供组织类型及预后。②通过在外周血或组织内淋巴细胞及其相关分子及其功能的检测,可以评估肿瘤患者的免疫状态,判断局部免疫微环境对抗肿瘤免疫应答的利弊,以及推测预后。

二、 肿瘤的免疫治疗

肿瘤的免疫治疗是利用免疫系统,以肿瘤抗原激发抗肿瘤免疫应答,改善肿瘤微环境,最终消灭肿瘤,可以分为:①主动免疫治疗(active immunotherapy),包括肿瘤疫苗、抗原多肽与佐剂等。②被动(过继)免疫治疗(adoptive immunotherapy)。包括抗体靶向、过继转输免疫效应细胞等。③综合治疗,包括与手术、放化疗、中西医等的联合治疗。其中,免疫分子和免疫细胞是治疗中的主力军。

(一) 主动免疫治疗

1. 肿瘤治疗性疫苗 针对的是已经发病的患者,通过基因疫苗、蛋白质疫苗、细胞疫苗等诱导或增强机体的免疫应答,达到治疗肿瘤的目的。美国食品药品监督管理局(FDA)于 2010 年正式批准前列腺癌疫苗 Provenge (sipuleucel-T)的应用。该疫苗以患者的自体树突细胞荷载前列腺癌相关抗原,致敏后转输机体,用于诱导增强的细胞免疫应答,攻击体内肿瘤。与安慰剂组比较,Provenge 能延长平均 4.1 个月的存活时间,并将 3 年生存率提高

38%。图 13-7 示人前列腺癌疫苗的制备流程。

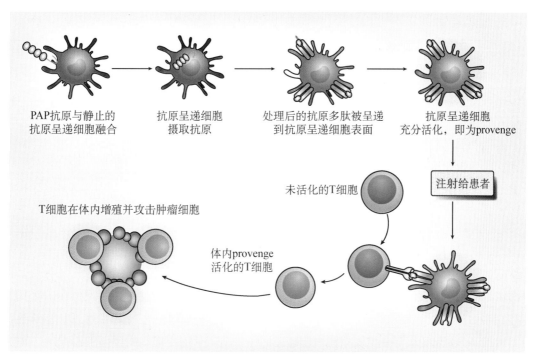

图 13-7 人前列腺癌肿瘤疫苗的制备

2. 免疫增强剂 非特异性免疫激活剂也是免疫治疗的研究方向之一,前述 Coley 毒素即是最早的尝试。这类制剂中,目前仅有卡介苗被批准上市,适应证为膀胱癌,并成为膀胱癌的标准治疗药物,尤其是膀胱灌注卡介苗能够减少肿瘤的复发风险、降低肿瘤远处转移发生率和患者死亡率。TLR 激动剂是近年来免疫治疗各类疾病的研究热点,如将 TLR9 激动剂肿瘤内注射能够诱导产生系统的抗肿瘤免疫应答,并能达到肿瘤消退的效果。

（二）被动免疫治疗

1. 靶向肿瘤抗原的抗体治疗 抗原在激活免疫系统、产生免疫应答中起关键作用,针对肿瘤抗原的单克隆抗体药物被证明是目前较为成功的抗肿瘤免疫治疗形式,其作用机制主要针对特定的抗原表达分子进行特异性中和或抑制,以清除或削弱该分子的作用;它还通过若干其他机制发挥效应,包括空间位阻和中和反应、补体活化以及 ADCC 效应,干扰细胞内信号等。表 13-2 列举了若干在肿瘤中应用的抗体药物。

表 13-2 美国 FDA 已批准生产和临床使用的单克隆抗体药物(截至 2013 年)

治疗性抗体名称(括号内为商品名)	适应证
抗 CD20(Rituxan、Zevalin、Bexxar、Arzerra、Gazyva)	肿瘤 非霍奇金淋巴瘤 与苯丁酸氮芥联合用药,治疗慢性淋巴细胞性白血病
抗 HER2(Herceptin、Perjeta)	HER-2 阳性转移性乳腺癌

续　表

治疗性抗体名称(括号内为商品名)	适应证
抗 CD33(Mylotarg)	急性髓样细胞白血病
抗 CD52(Campath)	B 细胞白血病、T 细胞白血病和 T 细胞淋巴瘤
抗 EGFR(Erbitux、Vectibix)	转移性结直肠癌和头颈部肿瘤
抗 RANKL(Prolia、Xgeva)	预防及治疗已经转移并损害骨质的肿瘤患者的骨骼相关事件、绝经后妇女的骨质疏松症
抗 VEGF - A(Avastin、Zaltrap)	非小细胞肺癌、转移性结直肠癌、转移性乳腺癌、胶质母细胞瘤、转移性肾细胞癌
抗 CTLA4(Yervoy)	转移性黑素瘤
抗 HER2(Perjeta)	HER - 2 阳性晚期(转移性)乳腺癌
抗 TNFRSF8(Adcetris)	间变型大细胞淋巴瘤、霍奇金淋巴瘤

2. 靶向细胞因子的抗体治疗　①输入细胞因子的免疫疗法:将具有生物学活性的细胞因子通过各种途径直接注入人体内,如 IFN - α 对毛细胞白血病有一定疗效;IL - 2 可用于治疗肾细胞癌、黑素瘤等;IL - 2、IFN - α 和化疗药物联合应用对恶性肿瘤的疗效显著。②阻断和拮抗细胞因子的免疫疗法:该方法是通过抑制细胞因子产生、阻断细胞因子与其受体结合或阻断细胞因子受配体结合后的信号转导过程,阻止细胞因子发挥其病理作用。如重组可溶性 Ⅱ 型 TGF - β 在抗肿瘤和抗纤维化实验中疗效显著;CTLA - 4、PD - 1、PD - L1 在晚期黑素瘤、肺癌等实体瘤中效果明显。③趋化因子的免疫疗法:将不同类型的趋化因子导入肿瘤细胞,可增强宿主机体抗肿瘤免疫应答,如将趋化因子 CCL20 腺病毒注射入肿瘤模型中可明显抑制肿瘤生长。④细胞因子的综合使用:如联合 IL - 12、IL - 15、IL - 18 细胞因子刺激的 NK 细胞具有持久的抗肿瘤功能,有效提高抗肿瘤免疫疗效。

3. 抗原特异性免疫细胞过继转输治疗　免疫细胞过继转输治疗是将自体/同种异体免疫细胞进行体外激活和扩增,然后再将其重新输回患者体内,并辅以合适的生长因子,促使其在体内发挥杀伤有害细胞的作用。1985 年,Rosenberg 首次报道了 LAK 细胞联合 IL - 2 治疗恶性黑素瘤的临床研究结果。之后,在此基础上相继演化了多种方案,如肿瘤浸润淋巴细胞(tumor infiltrating lymphocyte, TIL)、细胞因子诱导的杀伤细胞(cytokine induced killer cell, CIK)、DC - CIK、细胞毒性 T 细胞(cytotoxic T lymphocyte)、肿瘤抗原特异性 TCR 转基因 T 细胞、嵌合抗原受体 T 细胞(chimeric antigen receptors-modified T cell, CAR - T)等多种过继转输细胞治疗,其中对急性和慢性淋巴瘤具有治愈效应。图 13 - 8 和图 13 - 9 示过继免疫转输治疗的动物模型和人过继免疫细胞转输治疗抗肿瘤。

依据肿瘤免疫理论,依托日新月异的抗肿瘤新技术的发展,肿瘤免疫诊断和治疗通过克服免疫抑制,改善免疫微环境,诱导增强的免疫应答已经获得了很大成功,并成为生物治疗肿瘤的重要支柱。随着个体化医疗和精准医学的发展,治疗或治愈肿瘤有望取得突破性的进展。

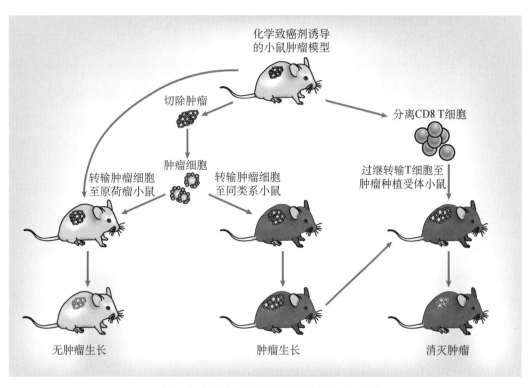

图 13 - 8 过继免疫细胞转输治疗肿瘤的动物模型

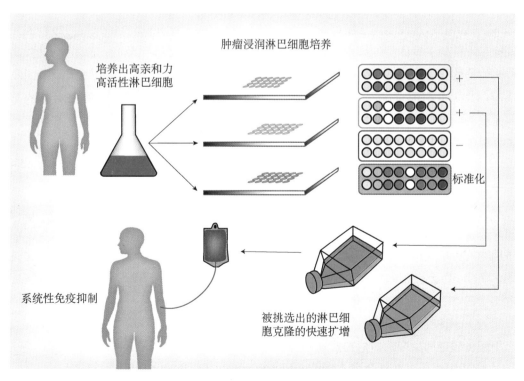

图 13 - 9 人过继转输特异性细胞抗肿瘤治疗

（储以微）

第十四章　移　植　免　疫

移植(transplantation)是指将自体或异体的细胞、组织和器官,用手术或介入等方法,移植到身体的某一部位,用以替代或补偿所丧失的结构和(或)功能的治疗方法。被移植的细胞、组织和器官称为移植物(graft),提供移植物的个体称为供者(donor),接受移植物的个体称为受者(recipient)。1954 年,Murray 等在同卵孪生兄弟间进行了第一例实体器官移植——肾移植。1960 年,吴阶平等在北京开展了国内第一例同种异体肾移植手术,并获得成功。近年来,由于移植手术及相关技术的成熟、免疫抑制药物的应用等,移植术已经成为治疗终末期疾病的一种重要手段,且移植数量逐年增加。目前,移植数量最多的为肾脏,其次为肝脏、心脏和肺脏。

按移植物的来源分类,移植可分为尸体供移植和活体供移植。按植入部位的不同,移植可分为原位移植和异位移植。

从免疫学的角度讲,最常用的分类方法是根据供者与受者间的关系进行分类,分为以下 4 种类型:①自身移植(autologous transplantation):将同一组织从一部位移植到自身另一部位,如烧伤后植皮,不发生排斥反应;②同系移植(syngeneic transplantation):遗传基因完全相同或基本相似的异体间的移植,如同卵双生间的移植,不发生排斥反应;③同种移植,又称同种异体移植(allogeneic transplantation):同种属不同个体间的移植,移植后一般会引发排斥反应;④异种移植(xenogeneic transplantation):不同种属个体之间的移植,虽会解决器官来源紧缺的问题,但移植后会引起强烈的排斥反应(图 14-1)。同种异体移植是临床上最常见的移植类型,也是移植免疫学的研究重点。

一、同种异体器官移植排斥反应

对受者而言,移植物作为一种"异己成分",会被受体免疫系统识别、攻击、破坏和清除,导致移植物功能的丧失,是同种异体移植成功最大的障碍。其本质是受体的免疫系统对供体移植物的免疫反应,包括 T 细胞介导的细胞免疫和抗体介导的体液免疫反应,前者起关键作用。然而,若受者免疫功能低下或无能,而移植物中又含有过多的 T 细胞,则供者移植物会攻击受者,也会引起排斥。

(一) 同种异体抗原
引起移植排斥反应的移植物抗原称为移植抗原,主要包括以下几种。

1. 主要组织相容性复合物 (major histocompatibility complex， MHC)

在移植抗原中,起主要作用的是 MHC,定位于 6 号染色体的特定区域,呈现高度多态性和多基因性,在人类编码 HLA 分子,参与免疫反应。HLA 分子分 3 类,其中Ⅰ类和Ⅱ类分

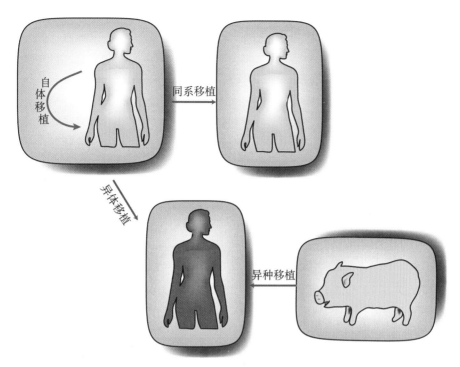

图 14 - 1　移植的 4 种类型

子可参与抗原呈递,激活 T 细胞,与移植免疫的关系最为密切。在移植领域,MHC 分子与 HLA 分子互为通用。因为 MHC 分子几乎表达于任何组织中,且其高度多态性,同种异体间的移植一般均会发生排斥反应。

2. 次要组织相容性抗原(minor histocompatibility antigen, mH 抗原)

在同种异体移植时,即使受者与供者的 HLA 分子完全相同,受者在不服用免疫抑制药物时,仍会对移植物产生程度较轻且较缓慢的排斥反应,这是因为受者与供者的 mH 抗原不同。mH 抗原是一种蛋白质,经抗原呈递细胞呈递后,以 MHC 限制性的方式激活 T 细胞。mH 抗原主要包括两类:①性染色体相关抗原,即男性 Y 染色相关基因编码的抗原,称为 H - Y 抗原,女性体内不存在 H - Y 抗原,所以女性受者可针对男性供者 H - Y 抗原产生排斥反应,这也是同性别个体之间的器官移植危险性低于不同性别间移植的一个原因。②常染色体编码的抗原,尽管越来越多的 mH 抗原被识别,但性质仍不清楚,仍需进一步的研究。mH 抗原在骨髓移植中移植物抗宿主反应中发挥着重要作用,因此骨髓移植时应在 HLA 型相配的基础上兼顾 mH 抗原。

3. ABO 血型抗原　ABO 血型抗原主要分布在红细胞表面,也可表达于血管内皮细胞和肝、肾等组织细胞表面。当供者 ABO 血型抗原与受者不合时,一方面,红细胞表面抗原与预存于受者血清中的抗体结合后,激活补体,引起溶血反应,释放血红蛋白,导致肾小管细胞坏死和急性肾衰竭,严重者可发生休克等,威胁生命;另一方面,血管内皮细胞表面抗原与预存抗体结合,激活补体途径,引起血管内皮损伤和血管内凝血,导致超急性排斥反应的发生,移植失败。

（二）T 细胞识别同种异体抗原机制

移植抗原识别根据抗原呈递细胞来源的不同，分为直接识别（direct recognition）和间接识别（indirect recognition）两种机制（图 14-2）。

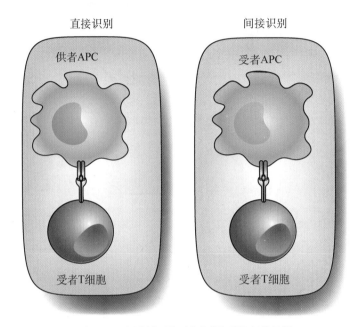

图 14-2 同种异型抗原的直接识别和间接识别

1. 直接识别 直接识别是指受者的淋巴细胞直接识别供者来源的抗原呈递细胞表面的 MHC 分子或者抗原肽-MHC 分子复合物，不需要受者抗原呈递细胞的参与，而产生针对移植物的免疫应答。移植物内预存的抗原呈递细胞，包括树突细胞和巨噬细胞等，有时也称过路细胞，经血液循环，由移植物局部到脾脏、淋巴结等淋巴器官，以其表面的 MHC 分子或 MHC-抗原肽复合物激活受者大量 T 细胞，包括 CD4$^+$ T 细胞和 CD8$^+$ T 细胞，活化后的 T 细胞再通过血液循环回到移植物局部，发生免疫反应，在急性排斥反应的早期起着重要的作用。需要说明的是，抗原呈递细胞表面的抗原肽-MHC 分子复合物中的抗原肽，可以是移植物内的外来抗原，也可以是供者的自身抗原，而不是来自受者体内的抗原。

2. 间接识别 间接识别是指供体移植物的脱落细胞或者抗原经受体抗原呈递细胞摄取、加工和处理，以供体抗原肽-MHC Ⅱ 类分子复合物的形式呈递给受体 T 细胞，并使之活化。如果移植物经中和抗体或者孵育等方法去除抗原呈递细胞后，经过一段时间仍会发生排斥反应。该反应便是由间接识别所介导的，即间接识别所介导的排斥反应在急性排斥反应的晚期或者慢性排斥反应中发挥着重要作用。

（三）同种异体移植排斥反应的效应机制

1. 针对移植物的细胞免疫应答效应 T 细胞介导的细胞免疫在移植排斥反应中发挥着关键作用。经过直接识别或间接识别后，T 细胞活化，在 IL-2、IL-12 等细胞因子的作用下,T 细胞不断增殖并分化为 Th1 细胞。Th1 细胞是细胞免疫所介导的移植排斥反应过程中最重要的效应细胞。在移植物所产生的趋化因子作用下,Th1 细胞和巨噬细胞等单个核细胞聚集到移植物周围,诱发迟发型超敏反应,导致移植物变性坏死。同时,通过直接识别途径激活的 CD8$^+$ CTL,通过其表面的 FasL 与移植物组织细胞表面的 Fas 结合,导致移植物溶解、凋亡;而被间接途径激活的 CD8$^+$ CTL,释放穿孔素、颗粒酶等介质,对移植物造成损伤。因为 CD8$^+$ T 细胞反应更为迅速,所以 CD8$^+$ CTL 所介导的免疫反应在急性排斥中更为重要,而 CD4$^+$ 细胞在慢性排斥中更为重要。

2. **针对移植物的体液免疫应答效应** 抗体介导的体液免疫在移植排斥反应中也发挥着重要作用。受者体内预存的针对 ABO 血型抗原和 MHC 抗原的同种异体抗体,以补体依赖的方式介导移植排斥反应。受者体内预存的抗体,可以是本身存在的,也可以是经过多次移植或输血后产生的。抗体与抗原结合后,激活补体,损伤血管内皮细胞,启动血管内凝血途径,参与排斥反应的发生。

除受者体内预存的抗体外,移植后受者体内的 B 细胞识别移植物细胞表面的 MHC 分子为"异己抗原",并进行加工、处理,形成抗原肽- MHC 复合物呈递到细胞表面,并在 Th2 细胞的辅助下,分化为浆细胞,产生针对移植物 MHC 分子的特异性抗体,从而产生排斥反应。

二、 移植排斥反应类型

CD4$^+$ T 细胞、CD8$^+$ T 细胞和抗体在移植排斥反应中都发挥着一定的作用。根据免疫攻击方向的不同,移植排斥反应可分为宿主抗移植物反应(host versus graft reaction,HVGR)和移植物抗宿主反应(graft versus host reaction,GVHR)。

（一） 宿主抗移植物反应

受者体内致敏的免疫效应细胞和抗体对移植物进行攻击,使移植物被排斥,即受者对移植物产生排斥反应,称为宿主抗移植物反应。根据移植排斥反应的时间和组织学表现等,HVGR 又可分为超急性排斥反应、急性排斥反应和慢性排斥反应。

1. **超急性排斥反应（hyperacute rejection，HAR）** 超急性排斥反应较为罕见,一般发生在移植后的数分钟或数小时,通常是因为受者体内存在针对移植物的预存抗体,由体液免疫所介导的一类排斥反应。一般说来,由于受者与供者 ABO 血型不匹配出现的超急性排斥反应已极为罕见,介导这类排斥反应的多是天然抗体——IgM 类。现在发生的超急性排斥多是由于受者曾多次输血或妊娠或曾接受过器官移植等,而使得体内存在针对移植物的 HLA 抗体等,这些抗体多为 IgG 类。在这种情况下,移植物接受受者血液灌注后,预存的抗体便立即与移植物血管内皮细胞上的抗原结合,激活补体,损伤血管内皮细胞,引起血小板聚集、黏附等,启动血管内凝血途径,形成广泛血栓,使移植物发生不可逆的缺血、变性和坏死。病理学可见毛细血管壁有粒细胞浸润、血栓形成和管壁纤维素样坏死。

一旦发生该类排斥反应,免疫抑制剂治疗效果不佳,必须切除移植物,需要再次移植。因此,移植前务必要进行 ABO 血型及 HLA 配型等配型试验,筛除不合适的器官供体,以预防超急排斥的发生。

2. 急性排斥反应（acute rejection, AR） 急性排斥反应是同种异体移植中最常见的一类排斥反应,可见于移植后的任何阶段,多数发生于移植后数天至几周内,病理上主要表现为移植物有明显的淋巴细胞浸润。

该类排斥反应主要由细胞免疫所介导的,$CD8^+$ CTL 起着重要作用。活化的 $CD8^+$ CTL 通过其表面的 FasL 与移植物细胞表面的 Fas 结合,或者释放穿孔素、颗粒酶 B 等,对移植物造成损伤,导致移植物溶解、凋亡。因此,可以通过检测 $CD8^+$ CTL 穿孔素、颗粒酶 B 的 mRNA 水平,为急性排斥反应的诊断提供线索。同时,活化的 $CD4^+$ T 细胞与 $CD8^+$ CTL 也可以分泌细胞因子,募集、活化其他炎性细胞,损伤移植物血管内皮细胞,引起血管炎,对移植物造成损伤。

体液免疫在急性排斥反应的发生中也起着重要作用,主要由抗 HLA 抗体所介导。该抗体与血管内皮细胞上的 HLA 分子结合,激活补体,导致血管内皮细胞溶解,招募并活化中性粒细胞,导致血管内炎症和血栓形成。同时,抗 HLA 抗体与血管内皮细胞上的 HLA 分子结合后,上调血管内细胞表达促炎分子和促凝血分子,促进或加速排斥反应的发生。

急性排斥反应出现的早晚和反应的轻重与供受者 HLA 相容程度有直接关系。相容性高则反应发生晚、症状轻,排斥反应程度轻微时临床上一般无特征性表现,如发生排斥反应未加控制,移植物功能会逐渐丧失。因此,一旦确诊,及早给予免疫抑制治疗,急性排斥反应多可缓解。

3. 慢性排斥反应（chronic rejection, CR） 慢性排斥反应多发生在移植术后数月或数年内,通常会导致移植物功能逐渐减退,甚至完全丧失,是目前器官移植最大的障碍之一。在不同的器官移植中有不同的病理表现,如在肾移植中表现为血管闭塞、间质纤维化;在肝移植中则表现为胆管消失综合征等。而且,慢性排斥反应进展缓慢,临床上不易察觉,一旦发生,免疫抑制治疗多效果不佳,需再次移植。

目前研究显示,移植器官供血血管的动脉硬化是导致慢性排斥反应的主要因素。供血血管的动脉硬化导致移植物血流灌注不足,发生纤维化,最终萎缩,功能逐渐丧失。导致移植物血管发生病变有诸多因素,包括急性排斥反应反复发作、针对血管内皮细胞表面抗原的抗原-抗体反应,以及某些免疫抑制药物的不良反应等。

另外,术中的缺血-再灌注损伤、免疫抑制药物诱发的病毒感染,以及原发疾病的复发等,也可以促进慢性排斥反应的发生、发展。

（二）移植物抗宿主反应

骨髓移植是治疗血液性疾病(如白血病、地中海贫血等)、免疫缺陷性疾病等的一种常用治疗手段,其常见并发症之一是移植物抗宿主反应,即移植物中的免疫细胞对宿主的组织抗原产生免疫应答并引起组织损伤的一种反应。

移植物抗宿主反应的发生与以下因素有关:①移植物中有足够数量的成熟 T 细胞;②受者处于免疫无能或者极度低下的状态;③供者与受者的 HLA 抗原配型不符。当移植物中的成熟 T 细胞进入受者体内血液循环时,被受者组织这种"异己抗原"激活,触发一系列的炎性反应,包括皮疹、腹泻和黄疸等。在受者与供者 HLA 抗原配型不符的情况下,该排斥反应更加剧烈,引起的后果更加严重。因此,在进行骨髓移植前,要对移植物进行预处理,剔除其中的成熟 T 细胞。如果剔除了移植物内过多的 T 细胞,受者移植前又经过放疗或化疗去除自身的 T 细胞,这样则会导致受者的免疫缺陷,诱发一系列的机会性感染。然而,轻度的移植物抗宿主反应有利于白血病等血液性疾病的治疗,这是因为白血病细胞表面可以表达肿瘤特异性抗原或者 mH 抗原,激活、活化供者成熟的 T 细胞,进而被特异性杀伤。这样,为了保证利用轻度移植物抗宿主所产生的对宿主有利的影响而避免其不良反应,研究者发现,可以选择剔除受者体内的抗原呈递细胞,如树突细胞等。

另外,移植物抗宿主反应也可见于胸腺、小肠和肝移植以及免疫缺陷个体接受大量输血时。

三、 移植排斥反应防治原则

除同卵双生外,其他同种异体的组织、器官移植均会发生排斥反应。为提高移植成功率,主要措施是严格筛选供者、进行组织配型,移植前后进行免疫抑制疗法以及进行各项免疫学与组织学指标的检测等。

（一） 供者的选择

在进行移植手术时,要从免疫学因素和非免疫学因素两方面对供者进行选择。

1. 免疫学选择　通过免疫学的方法,以确保选取与受者组织相容性抗原相适应的受者。

（1）红细胞的 ABO 抗原系统:理论上,在器官移植时供者与受者的血型必须相符或者符合输血原则,否则会发生超急性排斥反应。然而,在肝移植时,如果血型不符,被移植的肝脏仍是可以耐受的,具体原因还不清楚。其可能的机制推测是,肝脏作为免疫特惠器官,有较好的免疫耐受能力,同时具有产生 ABO 抗原的能力,可以诱发产生阻断性抗体。

（2）白细胞的 HLA 抗原系统:首先,HLA 型匹配程度是决定器官移植是否成功的关键因素。前面已经提及,与移植关系最为密切的 HLA 抗原是 HLA Ⅰ类分子和 HLA Ⅱ类分子。在器官移植时,应尽量选择 HLA 匹配程度高的供体。一般而言,供者与受者的 HLA - DR 分子必须匹配,其次为 HLA - B 和 HLA - A 分子。另外,要取供者淋巴细胞与受者血清进行淋巴细胞毒交叉配合试验,结果低于 10％时方可进行器官移植,否则会发生超急性排斥反应。

（3）mH 抗原:在骨髓移植时,常因 mH 抗原的不同发生移植物抗宿主反应。因此,骨髓移植时,必须要兼顾受者与供者 mH 抗原的匹配程度。

2. 非免疫学选择　根据供体来源,选取符合移植要求的器官。年龄较轻捐献者的器官是最佳选择,由于器官的短缺,供体年龄可适当放宽,极少采用年龄大于 70 岁供体的器官用于移植。

（二） 受者和移植物的预处理

1. 受者的预处理　实质脏器移植中,供、受者间 ABO 血型不符会导致超急性移植排斥反应的发生,使移植失败。某些情况下,为逾越 ABO 屏障而进行实质脏器移植,有必要对受者进行预处理。预处理方法包括:术前给受者输注供者特异性血小板、借助血浆置换术去除受者体内天然抗 A 或抗 B 凝集素、受者脾切除、免疫抑制疗法等。

骨髓移植时,术前常使用化学药物或大剂量放射线照射淋巴结、脾脏及胸腺,摧毁受者造血组织及淋巴组织。此时受者的免疫状态,不易对移植的骨髓产生排斥反应,而且容易诱导免疫耐受。

2. 移植物预处理　实质器官移植时,要尽可能清除移植物内的过路淋巴细胞,以防止激活受者体内的 T 细胞,发生排斥反应。

骨髓移植时,要清除骨髓内的成熟 T 细胞,防止发生移植物抗宿主反应,而过度清除成熟 T 细胞,也会使轻度移植物抗宿主反应所导致的抗白血病效应消失,白血病复发率增高,影响预后。因此,可以选择保留骨髓内的初始 T 细胞,这样成熟的 T 细胞对受者相对耐受。

（三）移植后的免疫检测

临床上,移植后的免疫检测极为重要。早期发现和诊断排斥反应,对及时采取防治措施具有重要指导意义。

1. 体液免疫水平检测　相关的免疫指标主要有血型抗体、HLA 抗体、抗供者组织细胞抗体以及血管内皮细胞抗体等,抗体的存在预示着排斥反应的可能性。

2. 细胞免疫水平检测　包括参与细胞免疫的有关细胞数量、功能和细胞因子水平的检测。包括:①NK 细胞活性测定。移植后免疫抑制药物的应用,NK 细胞的活性受到抑制,但在急性排斥前会明显增加;②外周血 T 细胞及其亚类的计数。在急性排斥反应的临床症状出现前 1～5 天,T 细胞总数和 CD4/CD8 比值升高,当比值＞1.2 时预示急性排斥反应即将发生,而当比值＜1.08 则病毒感染的可能性很大;③血清细胞因子的测定。如 T 细胞活化后可以分泌IL-2,在急性排斥反应和病毒感染时 IL-2 的含量均升高。因此,细胞免疫水平的动态检测,对急性排斥的早期发现以及与病毒感染的鉴别诊断,具有重要价值。

3. 补体水平检测　补体的数量及活性与急性排斥反应的发生有密切关系。若发生急性排斥反应,因补体的消耗,会出现补体数量的下降。

需要注意的是,这些指标特异性与敏感性均不高,只是为排斥反应的早期发现与诊断提供一定的参考价值。

（四）免疫抑制剂的应用

同种异体移植一般均会发生移植排斥反应,因此移植术后必须服用免疫抑制药物,以预防排斥反应的发生。

1. 免疫抑制药物的应用　临床上常用的免疫抑制药物如下。①环孢素:属钙调素抑制剂,能够有效和特异性地抑制淋巴细胞反应和增生,尤其是对 Th 细胞有较好的选择性抑制作用,而对其他免疫细胞的抑制作用相对较弱。②他克莫司:也属钙调素抑制剂,具有较强的免疫抑制特性,预防排斥反应的效果优于环孢菌素。③雷帕霉素:结构与他克莫司相似,但作用机制不同。雷帕霉素与西罗莫司靶分子结合后抑制其活性,从而阻止细胞因子驱动的 T 细胞增殖,是一种疗效好、低毒、无肾毒性的新型免疫抑制剂。④霉酚酸酯:活性成分为霉酚酸,它是高效、选择性、非竞争性、可逆性的次黄嘌呤单核苷酸脱氢酶抑制剂,可抑制鸟嘌呤核苷酸的经典合成途径。淋巴细胞完全依赖鸟嘌呤核苷酸的经典合成途径,因此霉酚酸对淋巴细胞具有高度选择作用。由于这些免疫抑制药物的广泛应用,移植物的一年生存率明显增加。

2. 中药的应用 某些中药具有明显的免疫抑制作用,又因其来源广泛、价格低廉、低毒性等优点,现已逐步应用于移植术后排斥反应的防治。例如,雷公藤的有效成分雷公藤多苷,不仅可以明显抑制活化的 T 细胞,对静止的 T 细胞作用较弱,还能通过抑制多种细胞因子和趋化因子的分泌来抑制炎性细胞向移植物局部聚集,从而有效抑制移植排斥反应的发生。

3. 生物制剂的应用 在移植后,某些生物制剂的应用可以降低受者对移植物抗原的免疫原性,包括抗胸腺细胞球蛋白,抗淋巴细胞球蛋白,抗 CD3、CD4、CD8 单抗,抗高亲和力 ID2R 单抗,抗 TCR 单抗,抗黏附分子(ICAM‐1、LAF‐1)抗体,CD25 单抗(巴利昔单抗)等,目前临床上应用最为广泛的是抗胸腺细胞球蛋白和巴利昔单抗。如抗胸腺细胞球蛋白通过与胸腺细胞表面抗原结合,通过补体依赖的细胞毒作用,清除体内的胸腺细胞,进而减少 T 细胞的生成,从而减缓排斥反应的发生。

(刘光伟)

第十五章　免疫系统疾病防治

第一节　自身免疫性疾病和移植排斥的免疫治疗

目前认为,治疗自身免疫性疾病无公认有效的方法,主要是通过免疫抑制剂来减轻疾病症状,使患者的病情得到缓解(表 15-1)。大多数情况下,这些治疗方式是通过非特异性抑制免疫系统,使其既不能识别病理性的自身免疫应答也不能识别保护性的免疫应答。免疫抑制剂药物通过抑制炎性反应,如糖皮质类固醇抑制巨噬细胞活性、咪唑硫嘌呤通过干扰淋巴细胞 DNA 合成抑制免疫应答、雷帕霉素通过降低淋巴细胞增殖,从而抑制免疫应答来缓解自身免疫性疾病症状。应用免疫抑制剂虽然可以缓解病情,但也给患者增加感染和肿瘤的风险。目前大多通过免疫抑制剂如环孢菌素 A 和 FK506 治疗,这两种药物可以阻断 T 细胞受体信号通路的转导,进而抑制效应性 T 细胞的功能。最近新上市的 FTY720 抑制剂可以有效干扰鞘氨醇信号通路,抑制淋巴细胞从淋巴组织迁出,有效治疗复发的多发性硬化症。另一种非特异性治疗方法是通过摘除胸腺来治疗重症肌无力症。重症肌无力患者的胸腺通常表现为畸形,摘除胸腺可以改善病情。另外对于甲状腺功能亢进、重症肌无力、类风湿关节炎和系统性红斑狼疮患者,还可以通过血浆去除抗原-抗体复合物获得短期的缓解。该治疗方法的主要原理是:患者血液中含有抗原-抗体复合物,致使自身免疫性疾病加重,而通过去除血浆中的这些复合物后再将血细胞回输给患者,可以获得短期的缓解。

表 15-1　临床上常用的免疫抑制药物

免疫抑制药物	作用机制
糖皮质类固醇	抑制炎症;抑制巨噬细胞产生细胞因子
咪唑硫嘌呤	
环磷酰胺	通过干扰 DNA 合成抑制淋巴细胞增殖
霉酚酸酯	
环孢素 AFK506	抑制依赖钙离子通道激活的 NFAT,阻断 IL-2 产生和 T 细胞增殖
雷帕霉素	阻断依赖 Rictor 的 mTOR 激活从而抑制效应性 T 细胞增殖
FTY720	通过干扰鞘氨醇信号通路抑制淋巴细胞从淋巴组织迁移

一、单克隆抗体疗法

由于许多化学免疫抑制药物在治疗自身免疫性疾病时都有一定的不良反应,长期使用会增加感染或肿瘤机会。为了降低这些不良反应,科学家开发出了能够中和炎性因子和阻断免疫激活为主的抗体药物。抗体药物在临床治疗中主要发挥以下 3 方面的作用(图 15 - 1):①抗体的 Fab 区段与靶分子结合,发挥增强或抑制免疫应答;②抗体 Fc 段与细胞表面受体结合诱导免疫调节,包括抗体依赖细胞介导的细胞毒作用(antibody-dependent cell-mediated cytotoxicity,ADCC)、补体介导的细胞毒作用(complement-dependent cytotoxicity,CDC)或者抗体依赖的吞噬作用(antibody-dependent phagocytosis,ADP);③抗体与靶分子形成多聚免疫复合物,激起补体依赖的细胞毒作用。

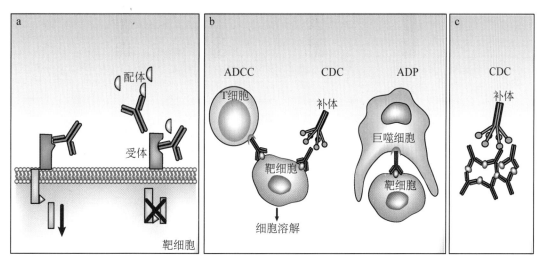

图 15 - 1　抗体药物发挥作用的方式

1975 年,Köhler 和 Milstein 两位科学家从杂交瘤细胞系中获得特异性单克隆抗体。第一个针对人类的单克隆抗体是 muromonab,是一个小鼠抗 CD3 的 IgG2a 抗体。但是由于人类与小鼠的免疫系统存在差异,用此单克隆抗体治疗的患者在体内几乎都产生了人抗鼠的抗体(human anti-mouse antibody,HAMA),导致该单克隆抗体很快被免疫系统清除。为了减少单克隆抗体药物的免疫原性,通过基因重组技术先后开发出了嵌合型和人源化单克隆抗体。嵌合型单克隆抗体包括鼠源抗原结合的可变区和人源的保守区,人源化单克隆抗体的 Fab 段部分是鼠源,部分是人源,但其 Fc 段是人源。比较这 3 种单克隆抗体,目前人源单克隆抗体药物的比例不断增加,因此 HAMA 产生越来越少。最近全人源的单克隆抗体已面市,这种抗体比前面 3 种抗体的免疫原性大大降低(图 15 - 2)。该技术包括两种方法:一是在噬菌体系统中将人源 Fab 段表达出来,随后基于抗原结合能力筛选亲和力较高的单克隆抗体。二是利用转基因小鼠将人的抗体球蛋白基因转入到鼠类基因组里,转基因小鼠被免疫特异性抗原刺激而分泌人源单克隆抗体,随后在进行体外克隆。在体内选择抗体比在体外选择抗体具有天然优势,这是由于抗体必须经过体内加工、有效表达才能具备结合抗原的能力。

相对小分子化合物而言,机体对单克隆抗体具有更好的耐受性。如单克隆抗体与靶分子特异性结合,不与细胞色素 P450 或者其他转运蛋白结合,减少药物与药物间的相互作用。

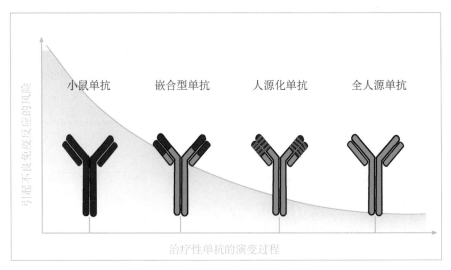

图 15 - 2　治疗性单克隆抗体的演变过程

相对而言,单克隆抗体的毒性主要有 3 个方面:①由于与靶分子结合而产生的毒理作用。②失去靶分子,没有特异性毒性。③非人源序列突变频率较高,造成机体将单克隆抗体识别为外源物而激活机体免疫反应。从人源化的单克隆抗体到全人源的单克隆抗体,虽然大大降低了不良反应的风险,但是这个风险仍然不能避免。主要原因是单克隆抗体的聚集、糖基化和在生产过程中产生的杂质,包括培养系统、贮藏条件等都是产生免疫原性的潜在因素。

(一) 抗炎症因子抗体

抗炎症治疗方案可以用于治疗自主性免疫应答。利用免疫抑制剂或者单克隆抗体可以有效减少免疫应答对组织的损伤,称为免疫调节治疗。传统的抗炎药物主要是阿司匹林,近年来 FDA 批准了抗 TNF - α、IL - 1 和 IL - 6 抗体作为单克隆抗体治疗药物。抗 TNF - α 抗体是第一个进入临床的特异性治疗方案,其可以降低类风湿关节炎的发病,减少胃肠炎疾病。第一代抗 TNF - α 抗体如 infliximal 和 adalimumab 与 TNF - α 结合可阻断它的活性,第二代重组人 TNF - α 受体亚单位 p75fc 融合蛋白 etanercept 可中和 TNF - α 的活性。但是,目前临床上应用 TNF - α 治疗类风湿关节炎的效果并不显著,而且有严重的不良反应,如造成感染性疾病,包括结核分枝杆菌感染。因此,TNF - α 抗体治疗并不是对所有自身免疫性疾病都有良好的效果。临床研究结果显示,应用前炎症细胞因子 IL - 1 和 IL - 1 受体的抗体的治疗效果并不与抗 TNF - α 抗体对类风湿关节炎的治疗效果一致,但是在临床前动物模型中有很好的作用。抗 IL - 1β 受体的重组蛋白 analinra 可以有效控制自身免疫性疾病的症状。另一个抗前炎症因子 IL - 6 受体的抗体可以阻断 IL - 6 引起的"细胞因子风暴"。另一个细胞因子 IFN - β 一般用于治疗病毒传染性疾病,具有增强免疫的作用,但是它也具有能够治疗多发性硬化症的作用,目前对于 IFN - β 如何降低而不是增强免疫应答还不清楚。IFN - β 可以减少 IL - 1 细胞因子的表达,抑制 NALP3 和 NLRP1 炎性小体,从而减少 IL - 1 前蛋白的表达,减少 caspase - 1 的激活。因此,IFN - β 可以抑制前炎症因子的产生,从而缓解多发性硬化症的症状。

（二）抗共刺激分子抗体

阻断共刺激分子的信号通路可以预防移植排斥反应。例如，CTLA4‐Ig 可以阻断抗原特异性细胞表面的 B7 分子，而 B7 分子与 T 细胞 CD28 结合从而刺激 T 细胞激活。这个药物用于治疗多发性硬化症和牛皮癣。另一个共刺激分子信号通路的靶点是黏附分子 CD2 和 CD58，重组的抗 CD58 IgG1 抗体具有抑制牛皮癣的作用（表 15‐2）。

表 15‐2　被 FDA 批准的单克隆抗体和相关适应证

靶点	抗体	类型	FDA 批准时间	适应证
血小板糖蛋白 IIb/IIa	Abciximab	嵌合型	1994	预防经皮冠状动脉缺血性心脏并发症的干预和不稳定心绞痛
TNF‐α	Adalimumab	全人源	2002	类风湿关节炎
	Certolizumab	人源化	2008	强直性脊柱炎
	Infliximab	嵌合型	1998	牛皮癣
				银屑病
				关节炎
				节段性回肠炎
				溃疡性结肠炎
成熟 B 细胞、T 细胞和 NK 细胞上的 CD52	Alemtuzumab	人源化	2001	淋巴细胞白血病
				移植物抗宿主病
				多发性硬化
				血管炎
激化的淋巴细胞的 IL‐2 受体a	Basiliximab	嵌和体	1998	预防肾移植同种异体排斥反应
	Daclizumab	人源化	1997	
血管内皮生长因子	Bevacizumab	人源化	2007	转移性结直肠癌
	Ranibizumab	人源化	2006	非小细胞肺癌
				转移性乳腺癌
				转移性肾癌
				新生血管性年龄相关性黄斑变性
C5 补体	Eculizumab	人源化	2007	血红蛋白尿
T 细胞表面 CD3	Muromonab‐CD3	鼠源	1986	抗急性同种异体排斥反应在肾脏、心脏和肝移植
α4 整合素	Natalizumab	人源化	2004	高度活跃的复发缓和多发性硬化
B 细胞表面 CD20	Rituximab	嵌合型	1997	自身免疫血液病
IgE	Omalizumab	人源化	2003	严重的过敏哮喘对常规治疗和急性发作
RSV 的融合蛋白	Palivizumab	人源化	1998	对于 RSV 高危婴幼儿食用
EGFR	Panitumumab	全人源	2006	直肠癌
	Cetuximab	嵌合型	2004	细胞癌
	Trastuzumab	人源化	1998	ERBB2 阳性的乳腺癌
IL‐6 受体	Tocilizumab	人源化	2009	类风湿关节炎

由于抗体中和或阻断的分子大多为细胞因子等重要炎性因子，其抗原特异性不高，所以抗体治疗过程仍然是抗原非特异性的，长期使用会有不良反应。如治疗抗类风湿关节炎抗体 Adalimumab，经过 10 年使用后的患者出现了肺结核高发。因此，尽管抗体药物治疗这类疾病疗效大幅度提高，但不良反应很大，其主要原因仍然是抗体无法做到抗原特异性治疗。

二、自身抗原疗法

目前普遍的治疗手段还是免疫抑制药物和抗体,但是这些药物除了抑制正常的免疫应答外,还具有一定的不良反应,长期治疗效果不佳并可增加感染和肿瘤的风险。因此,现在提出一种新的治疗思路,就是利用自身抗原特异性治疗,这种治疗手段既可以阻断免疫细胞对自身抗原的应答,又可以保持免疫系统对非自身抗原的识别和应答。T细胞具有识别自身和非自身抗原的能力,这主要是CD4$^+$ T细胞在胸腺选择时,具有高亲和力识别自身抗原的T细胞克隆会被清除。但是胸腺的阴性选择程序并不完美,识别自身抗原的CD4$^+$ T细胞可以在健康人的外周血存在。例如,识别人脑髓鞘碱性蛋白(myelin basic protein,MBP)特异性的CD4$^+$ T细胞在健康人和多发性硬化症患者的外周血中都有存在,不同的是患者中MBP特异性的CD4$^+$ T细胞是被激活的。严格控制外周识别自身抗原的T细胞激活是避免自身免疫性疾病的重要步骤。识别自身抗原的CD4$^+$ T细胞逃离胸腺的负选择,但是必须被外周的免疫调节机制所控制。

抗原的特异性治疗方法的优点:①不会激活新陈代谢;②限制在特异性抗原表位的激活而不增强自身抗原T细胞过度激活。T细胞介导的自身免疫性疾病,如多发性硬化症(MS)和Ⅰ型糖尿病(TID)都是自身抗原被T细胞识别而激活机体免疫系统对组织器官的攻击。CD4$^+$ T细胞激活需要两条信号通路(图15-3):TCR-MHC Ⅱ-抗原肽和共刺激分子,要实现外周自身免疫耐受可以通过调节APC细胞的共刺激分子表达水平和前炎症细胞因子水平来实现,每一种诱导抗原特异性耐受的疗法都要考虑到特异性抗原肽被呈递给CD4$^+$ T细胞应该在非炎性环境下。根据以上所述,目前有4种不同的给药方法可以诱导抗原特异性

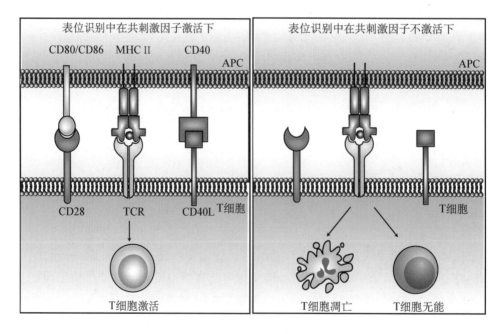

图15-3 T细胞激活和耐受的策略

的免疫耐受,其中包括多肽＋DNA 疫苗同时给药、反复口服或滴鼻抗原给药、免疫调节剂＋抗原和 APL(altered-peptide ligand)诱导。

1. 多肽＋DNA 疫苗给药 同时同部位注射可溶性多肽及其编码多肽的 DNA 疫苗,可以诱导产生调节性 T 细胞(Treg),从而抑制 T 细胞激活和增殖,导致 T 细胞耐受。其重要的特点是抑制反应是抗原特异性的,主要通过 Treg 细胞的 TGF-β 和 IL-10 起到 T 细胞抑制作用。

2. 口服滴鼻多肽 黏膜通路诱导耐受有着广泛的生物学基础,如食物中包含外源抗原,但是食物摄取不引起免疫应答。因此,根据这个理论,抗原在黏膜通道中诱导免疫耐受存在一定的可行性。口服作用依赖多种因素,如治疗剂量,高剂量口服治疗可以使抗原通过肠道壁迅速扩散到系统环境中,诱导 T 细胞的无应答。而低剂量口服抗原抑制旁分泌,诱导 Treg 细胞迁移到靶目标。低剂量抗原被专职 APC 摄取,激活调节性 Th3 细胞分泌抑制性细胞因子,如 TGF-β、IL-4 和 IL-10。

3. 免疫调节剂＋抗原 近年来发现,免疫耐受反应可以通过干扰 APC 呈递抗原影响初始 T 细胞分化。如减弱呈递效果,干扰共刺激分子或炎性因子的表达,可以诱导 T 细胞耐受反应,达到免疫抑制的作用。

4. APL APL 可以与野生型(wild type)TCR 结合。APL 包括一个或更多的氨基酸突变,它们以低亲和力与 TCR 结合方式对其他抗原肽形成拮抗作用,从而使 T 细胞无能化或诱导不完全激活的 T 细胞。局部激活可以诱导细胞因子的产生,在不促进细胞增殖的情况下诱导免疫平衡从 Th1 和 Th17 细胞向 Th2 和 Th3 细胞分化,诱导旁分泌抑制作用,导致调节 T 细胞激活(表 15-3)。

表 15-3 诱导免疫耐受用于治疗自身免疫性疾病的方法

抗原特异性的治疗	自身性疾病	临床研究进展
DNA＋多肽共免疫	TID	临床前
口服耐受	TID	临床Ⅱ期
	MS	临床Ⅰ期
	RA	
口服 APL	MS	临床Ⅲ期
胃肠道 APL	MS	
	TID	临床Ⅱ期
TCR 疫苗	MS	临床Ⅱ期
PBL	MS	临床Ⅱ期

三、常用药物对免疫调节的作用

目前一些用于治疗心血管疾病的药物也可以用于调节免疫应答。降低胆固醇药物可以阻断 HMG-CoA,减少一些自身免疫性疾病淋巴细胞上 MHC Ⅱ类分子的表达。维生素 D 也具有非常重要的免疫调节作用,可以降低 IL-12 和干扰素在 CD4 细胞上的表达。

第二节　肿瘤的免疫治疗

肿瘤免疫疗法是19世纪末 William B. Coley 发现在肿瘤组织内注射细菌产物后肿瘤发生减小和消失的现象后开始应用的。肿瘤免疫疗法的发展经历了低谷和面临许多挑战。首先,相比于经典的治疗手段,免疫疗法的剂量和免疫策略难于控制,科研工作者对药物的最大耐受剂量与最大有效剂量的相关性没有充分了解。其次,利用经典的肿瘤大小评价标准来评估免疫治疗的疗效产生了很多问题,因为免疫治疗有延迟性,肿瘤大小的评价体系应该转化为生存时间长短作为评估标准。

优化免疫剂量和免疫策略可以解决免疫治疗效果不佳的问题。例如,NKT 细胞的激活剂 KRN7000 在小鼠肿瘤模型中有治疗效果,但在临床 I 期实体瘤患者中剂量范围可达 $0.01\ \mu g/kg$ 到 $100\ \mu g/kg$,通过增加药物剂量这些患者并没有展现出与剂量相关的细胞毒性和预期的免疫应答。另外,对于大多数免疫治疗方法,缺乏合理的评价体系来评估最终临床效果。例如,IL-2 的临床 III 期开展稍迟而 DC 疫苗的临床 III 期开展得太早。近期一些重大突破在临床免疫治疗中被发现,使临床免疫治疗重新受到关注。目前,一些药物单独使用或者与其他药物联合使用都有良好的疗效。

一、肿瘤疫苗

2006 年 FDA 批准了第一支人乳头瘤病毒(HPV)疫苗。HPV 可通过性接触来传播。在性交或口交过程中,HPV 可进入生殖器、口腔或咽喉从而导致传染。可通过性传播的 HPV 有 40 种以上,某些类型的 HPV 引起生殖器疣,同时某些 HPV 类型还可使细胞癌变引起子宫颈癌。接种 HPV 疫苗是女性预防子宫颈癌的重要途径之一。目前已研制成功的宫颈癌疫苗分别是默沙东的 Cervarix 和葛兰素史克的 Gardasil,默沙东的四价疫苗含有 HPV-6、HPV-11、HPV-16 和 HPV-18 的 VLP。这种疫苗诱导体液免疫,产生针对 HPV 的抗体,从而预防子宫颈癌等病变。另一项研究表明,不完全弗氏佐剂与 HPV-16 的 E6 和 E7 抗原共同免疫感染了 HPV 并伴有外阴上皮内瘤 III 级的妇女,接近 50% 的妇女对 HPV-16 完全应答。类似 HPV 感染引发肿瘤的还有 HBV 和 HCV 引发肝细胞癌,EBV 感染引发鼻咽癌。目前研究者都在研究利用疫苗策略预防肿瘤发生。在临床治疗中,BCG 用于治疗中期和晚期尿路上皮肿瘤是一个标准治疗方法。治疗结果明确表明 BCG 可以减少局部的肿瘤募集,有效提高肿瘤患者的存活率。

第一个被 FDA 批准的肿瘤治疗性疫苗是 Provenge(sipuleucel-T),用于治疗前列腺癌。它是一种细胞疫苗,由患者自身的外周血单核细胞制成。它的制备方法是利用前列腺酸性磷酸酶 PA2024 和 GM-CSF,同时在体外刺激患者的外周血单核细胞,然后将这些细胞回输到患者体内。该疫苗治疗患者的总存活率比安慰剂组多 4.1 个月,由于 3 次治疗费用高达 93 000 美元,使得该疫苗和该公司(Dendreon)面临着巨大的挑战。

二、溶瘤病毒

有数据表明,大约15％的肿瘤患者是由病毒感染导致的。一些病毒通过表达蛋白或携带遗传调控元件干扰正常细胞生长周期从而导致肿瘤发生,但是病毒与肿瘤还有另一种关系,许多病毒可以特异性地杀伤肿瘤细胞,这类病毒是溶瘤病毒。有些病毒例如细小病毒、副黏病毒,还有水疱性口炎病毒,天然具有感染肿瘤细胞的偏向性,这主要是由于肿瘤细胞生长迅速,肿瘤微环境是免疫耐受环境,易于病毒侵入而不被免疫系统清除,另外由于肿瘤细胞表达干扰素受到抑制使得病毒复制更快。另一些病毒野生型具有致病性,病毒基因突变后致病性丧失,但是仍然具有感染肿瘤细胞的能力。这些突变体病毒是具有很好肿瘤治疗效果的溶瘤病毒。其中,单纯疱疹病毒1型(HSV-1)正在开展临床Ⅲ期研究,减毒活HSV-1可以调节GM-CSF产生,将溶瘤病毒注射肿瘤,可以治疗黑素瘤和头颈部鳞状细胞癌。HSV可以感染正常和肿瘤细胞,选择性地在肿瘤细胞中扩增,促使肿瘤细胞凋亡。释放出肿瘤抗原可以被专职APC识别,诱导系统性的抗肿瘤免疫应答。溶瘤病毒的疗法正在成为一种重要的治疗肿瘤方案。2015年4月,美国FDA两个专家委员会投票通过了Amgen公司此类抗肿瘤疫苗(T-Vec)用于晚期黑素瘤治疗的临床。一旦今年10月FDA正式通过,它将是全世界第一个此类疫苗上市。

三、抗靶分子单克隆抗体

CTLA4是T细胞上的一种跨膜受体,与CD28共用B7分子配体。CTLA-4与B7分子结合后诱导T细胞无反应性,参与免疫反应的负调节。CTLA-4在CD8$^+$ T细胞、CD4$^+$ T细胞和Foxp3$^+$ Treg细胞上均有表达。在自身免疫性疾病和移植排斥反应中,CTLA-4Ig在体内外特异地抑制细胞和体液免疫反应,可以作为一类免疫抑制药物。但是阻断CTLA-4信号通路,效应性T细胞将被激活。设计抗CTLA-4抗体,用来打破免疫耐受,可激活抗肿瘤的T细胞。在临床前研究中发现,使用抗CTLA-4的单克隆抗体可以缓解动物模型的肿瘤,临床上抗CTLA-4抗体主要用于黑素瘤患者,目前有两种单克隆抗体tremelimumab和ipilimumab,在早期临床研究中应答率达到10％,而且发现这种免疫激活作用可以持续很多年。CTLA-4抗体的不良反应主要是结肠炎、皮肤病、肝病和内分泌疾病,从一个侧面说明CTLA-4主要打破外周免疫耐受。Ipilimumab做过大量的安慰剂对照组随机试验,显示具有很好的存活率,Ipilimumab治疗后2～3年的患者大约20％的存活率比对照组的10％有很大提高。基于以上的临床研究,FDA批准了这个药物用于晚期黑素瘤。

除了CTLA-4以外,还有CD28 B7家族成员细胞程序性死亡受体1(PD1),其对B细胞和T细胞具有抑制作用。在一些肿瘤细胞中PD1的表达升高,PD1还表达在肿瘤特异性T细胞表面,使得这些淋巴细胞不能激活。在临床中,抗PD1抗体可以激活肿瘤特异性T细胞针对肿瘤的应答。正向共刺激因子的激动剂有Celldex。在研的CD27激动剂CDX1127初步临床显示疗效显著,与PD1单克隆抗体联合治疗潜力巨大。但是免疫检验点单克隆抗体也存在一些问题:①会出现治疗的延迟性,不像细胞毒性药物疗效快速显现,患者在用药后一段时间后才出现缓解,因此对其评价标准需要作一些创新。②由于抑制了负调节信号T

细胞过度激活,导致器官损伤和自身免疫性疾病。最后,此疗法对于一些患者并不能激起免疫应答,主要原因是它能激活肿瘤边缘的 T 细胞,但是不能促使 T 细胞攻击肿瘤。

Treg 细胞是控制肿瘤微环境的免疫细胞,研究表明结肠癌患者体内存在 Treg 细胞影响了临床结果。针对性地清除 Treg 细胞可以有效治疗肿瘤,但是 Treg 细胞目前没有明确的细胞表面标记。抗 IL - 2 受体(CD25)的单克隆抗体 daclizumab 靶分子是 IL - 2 受体的 α链,但是 IL - 2 受体不仅在 Treg 细胞上表达,在激活的 T 效应细胞上也有表达。因此,抗IL - 2 受体(CD25)的单克隆抗体并没有获得很好的疗效。

CD47 分子几乎在所有的细胞上均有表达,相比于正常细胞在肿瘤细胞中 CD47 高表达。研究显示,高表达 CD47 的肿瘤患者比低表达 CD47 的患者平均存活时间要短,说明了 CD47在肿瘤治疗中的重要作用。目前研究的抗 CD47 抗体可以阻断 CD47 向巨噬细胞传递"不吃我"的信号而抑制实体瘤的生长。

四、过继转移 T 细胞疗法

疫苗策略和单克隆抗体都是调动内源性的 T 细胞抗肿瘤,而过继转移 T 细胞疗法是利用大量来源于肿瘤微环境的肿瘤特异性 T 细胞(肿瘤浸润淋巴细胞 TIL),通过外周血或基因改造的方式表达高亲和力的抗肿瘤 TCR 来产生抗肿瘤的 T 细胞,这个疗法的可行性第一次体现在 EBV 感染引发的 B 细胞淋巴癌中,回输 EBV 特异性的 T 细胞消除淋巴癌,使得针对 EBV 的免疫能力恢复。从黑素瘤里获得的 TIL 在体外用高剂量的 IL - 2 刺激,可以使 T细胞打破免疫无能。从肿瘤组织中分离出其中的肿瘤抗原特异性 T 细胞并加入 IL - 2 后扩增 T 细胞,然后回输体内可以增强免疫应答。联合化疗治疗转移性黑素瘤患者中有效率达40%。转移性黑素瘤抗肿瘤淋巴细胞会进入肿瘤组织内,因此比较容易分离。在过继转移 T细胞疗法中,从血液中获取其他非实体瘤的抗肿瘤 T 细胞比较困难,同时还有其他问题,如体外培养 TIL 需要比较长的周期,一般患者需要等待 4~6 周才能开始治疗。另外,还存在着特异性抗肿瘤 T 细胞体外培养扩增不太容易、治疗费用昂贵、扩增的抗癌 T 细胞也会被内源免疫系统抑制等一系列问题。

第三节　感染性疾病的预防和治疗

一、感染性疾病预防的历史和现状

爱德华·詹纳和路易·巴斯德最早将免疫学原理应用在疫苗临床研究上。基于这些开拓性的努力,疫苗已经预防了许多疾病发生。例如,白喉、麻疹、腮腺炎、百日咳、风疹、小儿麻痹症、破伤风等疾病由于疫苗的接种使得发病率大大降低。目前疫苗接种已经变得极其普遍,且疫苗接种是一种经济有效预防疾病的武器,针对天花这一人类长期的最可怕灾难,除了接种疫苗可能没有任何一种方法可以完全根除。自 1977 年 10 月以来,世界上没有一个自然获得天花病例的报道。同样令人鼓舞的是,由于疫苗接种将根除小儿麻痹症,目前最后一个记录的自然获得脊髓灰质炎发生在西半球国家秘鲁。1991年世界卫生组织（WHO）预测，在世界各地麻痹性脊髓灰质炎将得到根除。

即使如此，世界各国仍然迫切需要针对其他各种传染性疾病的疫苗。全球每年数百万人死于疟疾、肺结核和艾滋病等疾病，这些疾病目前依然没有有效疫苗预防或治疗。更为紧迫的是，世界卫生组织（WHO）统计，每天有16 000人或者每年580万人感染HIV。针对严重的现状，除了研制针对这些疾病的新型疫苗，还需要改进现有疫苗的安全性和有效性以及降低疫苗成本，让其有效地为所有需要的人服务，尤其是发展中国家。

二、 预防性疫苗的研制

疫苗的发展之路是昂贵而漫长的，必须经历一系列的检验，被批准用于临床，以合理的成本生产并有效地给高危人群接种。按GMP生产的样品可以在人体内测试，测试的方法、临床试验都有密切监管。即使如此，最初通过审查和批准用于人体试验的候选疫苗也不能保证最后可以进入临床。经验表明，不是所有在实验室和动物实验证明成功的候选疫苗一定能够预防人类疾病。一些有潜力的疫苗可能导致不可接受的不良反应，甚至疾病恶化。活病毒疫苗，特别是对于那些原发性或获得性免疫缺陷人群，严格的临床试验是绝对必要的，因为疫苗将在大量人群中使用，疫苗的保护作用必须与不良反应甚至那些发生率非常低的不良反应相权衡，确保疫苗接种的风险降至最低。

疫苗研发始于基础研究，免疫学和分子生物学的新进展帮助研究人员寻找到有效的新疫苗和有前途的新候选疫苗。对于T细胞和B细胞在识别位点上区别的认识，使研发者在设计疫苗时最大化地同时激活T细胞和B细胞。对于抗原呈递信号的认识使得研发者设计疫苗和使用佐剂时将MHC Ⅰ类分子和MHC Ⅱ类分子的呈递最大化。基因工程技术可用于开发疫苗，选择抗原表位和简化疫苗的呈递过程。病原微生物感染后机体主动或被动获得免疫能力，免疫能力的获得可以通过自然过程（通常从母亲到婴儿或是从以前感染的器官转移到血液）或通过人工手段如注射抗体或疫苗。

对于某些疾病如RSV感染造成的小儿急性呼吸道感染，灭活RSV疫苗并没有获得预想的保护效果，反而加重了病情。在临床试验阶段有2例因疫苗接种后感染RSV死亡的婴幼儿病例，至此灭活RSV疫苗临床研究被迫暂停。60多年过去，能够预防RSV的疫苗依然没有上市，目前许多疫苗仍然处于临床前或临床试验阶段。预防高危人群感染RSV的最有效方法是利用抗RSV抗体的被动免疫，虽然被动免疫可以有效治疗，但是抗体的使用要很谨慎。如果抗体产生的种属与接受者不一致，容易导致很强的免疫排斥反应。对于那些个别能产生IgE反应的人，这种抗同型异源的应答可能产生严重的后果。

主动免疫的目标是诱导保护性的免疫和免疫记忆。一旦成功激活免疫应答，病原体就会持续性地被识别，激活先天和后天免疫细胞，从而控制疾病的发生。主动免疫可以通过病原体感染途径实现，也可以通过人类设计的疫苗获得。在主动免疫中免疫系统被激活，抗原特异性T和B细胞增殖形成抗原特异性的记忆性细胞。现阶段不同种类的疫苗在预防疫病发生中均起到非常重要的作用。婴幼儿从2个月开始接种疫苗，在儿童阶段主要接种的疫苗有：乙型肝炎疫苗、白喉-百白破-破伤风疫苗、灭活脊髓灰质炎疫苗、麻风腮腺炎风疹三价联合疫苗、b型流感嗜血杆菌（Hib）疫苗、水痘带状疱疹（Var）水痘疫苗、肺炎球菌结合疫苗（PCV）。此外甲型肝炎疫苗在18个月、流感疫苗在6个月时须要提醒高危婴儿接种。

普及疫苗在婴幼儿时期接种使得许多疾病发生率大大降低。但是疫苗接种的不良反应也随之而来，疫苗接种造成的癫痫、脑炎、脑损伤甚至死亡也有发生，所以疫苗的安全性问题也摆在了人们面前。由于婴幼儿需要在适当的时间间隔里实现有效的免疫，而在第一个月中由于母亲的抗体还存留在婴儿体内，抗体就会影响主动免疫的获得，如麻疹疫苗（MMR）。因此，MMR疫苗不给12～15个月以下的婴幼儿使用。但是在一些发展中国家，流行病学研究表明，30％～50％的婴幼儿疾病通常在15个月前发生，因此在这些国家婴幼儿从9月龄时开始接种MMR疫苗。另外，脊髓灰质炎疫苗需要多次免疫接种，每次免疫的疫苗包括3种病毒毒株，这样可以保证有较好的保护免疫应答。有疾病风险的成年人也需要接种疫苗，例如集体住宿的军人或者是免疫力降低的老人，他们通常接种脑膜炎疫苗、肺炎疫苗和流感疫苗。需要去有流行病传播疫情的地区旅行出差的人，也需要接种相应的疫苗，包括霍乱、黄热病、瘟疫、伤寒、肝炎、脑膜炎、伤寒和小儿麻痹症。

三、预防性疫苗的免疫策略

疫苗的接种不是100％有效，任何疫苗都有小部分人低应答或者无应答，但是这不是个严重的问题，如果大多数人都免疫疫苗并具有免疫保护效果，那么这小群低应答或者无应答人群被感染的概率也大大降低，这个现象称为群体免疫力。

疫苗的设计思路总体是这样的：①要明确疫苗激活了哪个免疫系统，区别体液免疫与细胞免疫激活的意义；②要设计可以生产记忆性免疫疫苗，一种疫苗若不能激起记忆性免疫细胞，那么它的保护效果很快会消失。记忆性免疫细胞对不同潜伏期的病毒有不同作用，对于潜伏期较短的病毒如流感病毒（1或2天），有效防治主要通过重复免疫获得中和抗体；对于潜伏期较长的病毒如脊髓灰质炎病毒，需要3天多开始感染中枢神经系统，这个潜伏时间给了记忆性B细胞反应时间，可以产生高水平的抗体。在疫苗免疫后，血清中抗体在2周内水平最高，然后下降，但是记忆性免疫细胞的反应不断攀升，在第6个月达到最高水平和可持续多年（表15-4）。

表15-4　人用疫苗列表

疾病或病原体	疫苗类型
细菌	
炭疽	灭活疫苗
霍乱	灭活疫苗
百日咳	灭活疫苗
鼠疫	灭活疫苗
结核	减毒活疫苗
伤寒	减毒活疫苗

续 表

疾病或病原体	疫苗类型
病毒	
甲型肝炎	灭活疫苗
流感	灭活
麻疹	减毒活
腮腺炎	减毒活
脊髓灰质炎病毒（口服）	减毒活
脊髓灰质炎病毒（salk）	灭活
狂犬病病毒	灭活
轮状病毒	减毒活
风疹	灭活
水痘带状疱疹	减毒活
黄热病	减毒活
毒素	
白喉	灭活外毒素
破伤风	灭活外毒素
荚膜多糖体	
b 型流感嗜血杆菌	多聚糖＋蛋白载体
Neissera 菌	多聚糖
肺炎双球菌	23 个不同的荚膜多糖
类病毒颗粒(VLP)	
乙型肝炎	重组乙型肝炎病毒表面抗原
HPV	重组 VLP 结构多价疫苗

预防性疫苗的分类见图 15 - 4。

（一）**灭活疫苗**

制备疫苗的一个常见方法是失活病原体，用热或化学手段使它不再有在宿主中复制的能力但保持表面抗原的结构。热失活一般不理想，因为它会导致大量变性蛋白质；甲醛或各种烷基化灭活剂的化学失活已非常有效应用于人体。索尔克脊髓灰质炎疫苗是由甲醛失活生产的。减毒活疫苗一般只需要一次接种减毒就可以产生持久的免疫力，而灭活疫苗往往需要多次接种维护机体的免疫力。此外，灭活疫苗主要诱导体液免疫应答，它们很少像减毒活疫苗一样能有效诱导细胞免疫应答和使细胞分泌 IgA。即使是灭活疫苗也存在风险，如甲醇灭活不彻底的沙克灭活疫苗引发严重并发症，导致小儿麻痹的比例大大增加。

（二）**减毒活疫苗**

在某些情况下微生物可以减毒，使其失去致病性但保留其接种后刺激机体免疫细胞增殖的能力。减毒通常可以通过改变致病细菌或病毒的培养条件，使它们在不正常的条件下生产，长时间在不正常条件下生长的病原体将会发生突变而不适合在正常的人体环境中生长。例如，减毒株卡介苗（BCG）通过将牛分枝杆菌在含有不断增加胆汁浓度的培养基中生长，13 年后这一毒株已经适应高浓度的胆汁，毒力已经衰减到适合作为结核病疫苗。萨宾脊

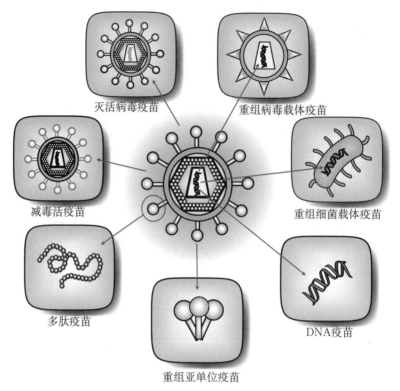

图 15 - 4　预防性疫苗的分类

髓灰质炎疫苗(OPV)和麻疹疫苗都包含减毒病毒株,萨宾疫苗中使用的减毒脊髓灰质炎病毒毒株通过在猴肾上皮细胞中的生长而获得,减毒麻疹风疹病毒疫苗在鸭胚细胞和后来人类细胞系中生长获得。

　　减毒疫苗的优点是有复制能力,使这些病原体的抗原表位长时间暴露于免疫系统,从而增强机体的免疫力并促进记忆性细胞的增殖。因此,这些疫苗通常只需要一次免疫,这一点在不发达地区具有很重要意义。萨宾脊髓灰质炎疫苗是幼儿口服糖丸或糖液,它包括 3 个减毒脊髓灰质炎病毒株。减毒病毒在肠道细胞复制扩增,诱导针对 3 个脊髓灰质炎病毒的保护性免疫。萨宾疫苗激发肠道细胞分泌 IgA,这是对脊髓灰质炎病毒的一个重要防御机制。该疫苗也引发 IgM 和 IgG。不像大多数其他减毒疫苗仅需要免疫一次,萨宾脊髓灰质炎疫苗需要多次免疫。因为这 3 个菌株的减毒脊髓灰质炎病毒疫苗在肠道内干扰彼此的复制。第一次免疫一个应将占主导地位生长优先诱导免疫应答,第二次免疫之前生成的免疫应答将限制之前主要增长的毒株,使剩下的两个之一的毒株占主导地位诱导免疫。最后第三次免疫使所有 3 个毒株获得免疫应答。

　　减毒疫苗的一个主要缺点是毒力恢复。萨宾脊髓灰质炎疫苗的毒力恢复而致小儿麻痹症率达到 1/240 万。毒力恢复意味着这些病毒可以感染那些已经接种过疫苗的人。这些病毒通过水源、空气传播,特别是在卫生标准不严格的地区或废水必须回收利用的地区。基于这一点,一些国家仍然使用灭活脊髓灰质炎疫苗。

减毒活疫苗的复杂性类似于自然感染的疾病,很低比例的麻疹疫苗接受者会产生疫苗引起的脑炎或其他并发症。然而疫苗引发的风险低于感染病毒引发的风险。一个独立研究表明,1970～1993 年 7 500 万麻疹疫苗接种者中有 48 例由疫苗引起脑炎。非常小概率的不良反应对比感染造成的死亡率说明了疫苗的有效性。基因工程技术可以提供方法来减弱病毒毒力,选择性地去除基因病毒不可逆转毒力的必要条件。类似的基因工程技术有可能消除脊髓灰质炎减毒疫苗的风险。

(三) 亚单位疫苗

当前肺炎链球菌疫苗包括 23 个抗原上不同的荚膜多糖,疫苗能够诱发抗体的形成,是目前对所有婴儿推荐使用的疫苗。此外,细菌性脑膜炎疫苗也包括纯化的荚膜多糖。多糖疫苗的一个劣势是无法高效激活细胞免疫,但可以充分激活 B 细胞产生 IgM,但是不能转化成具有高亲和力的抗体。在这种情况下,疫苗可以通过细菌抗原激活黏膜表面 IgA 特异性的记忆性 B 细胞。因为这些细菌包括多糖和蛋白质抗原,能够激活 Th 细胞,进而介导抗原类型转化和记忆性细胞的形成。另一个方法是将多糖与抗原蛋白结合,直接激活 Th 细胞应答。例如,嗜血杆菌疫苗中多糖与蛋白的结合比单一多糖具有更强的免疫原性,可以激活 Th 细胞,增强 IgM 向 IgG 的转化。虽然这种类型的疫苗可以诱导记忆性 B 细胞,但是不能诱导记忆性 T 细胞。但对于嗜血杆菌疫苗来说,其能够通过 B 细胞激活一定程度的记忆性 Th 细胞,说明了疫苗的有效性。

(四) 毒素疫苗

一些细菌病原如白喉杆菌和破伤风梭菌可以产生外毒素导致疾病。白喉和破伤风疫苗是通过纯化细菌外毒素后通过甲醛灭活产生的疫苗。接种疫苗后机体产生类毒素抗体,该抗体可以结合在毒素上从而起到中和毒素的作用。类毒素疫苗的生产必须密切控制解毒程度,不能过度修改表位结构。

(五) 基因重组疫苗

利用 DNA 重组技术可以将任何编码免疫原性蛋白的基因克隆并表达于细菌、酵母、哺乳动物细胞系统中,表达的抗原蛋白产物可以用于疫苗开发。第一个批准的重组抗原疫苗是乙型肝炎疫苗,这种疫苗是由乙型肝炎病毒表面抗原(HBsAg)基因克隆后在酵母细胞表达产生后制备。主要过程是将重组质粒转入酵母后大规模发酵,使得表面抗原蛋白在细胞中累积。收获表达后的酵母细胞并利用高压处理从而释放重组 HBsAg,然后利用纯化技术获得所需的抗原蛋白。这种重组乙型肝炎疫苗在机体内能够诱导保护性抗体的产生。

(六) DNA 疫苗

DNA 疫苗早在 20 世纪 90 年代初由 Tang 和 Johnston 首先提出。他们在用人类生长素基因进行基因治疗时,用基因枪将 DNA 导入皮肤,发现这技术能对转入的抗原蛋白产生特异抗体。在 1992 年疫苗年会上,3 名冷泉港实验室成员报告 DNA 重组载体在体内能促进对病原体和肿瘤抗原的体液和细胞免疫应答。Margeret Liu 及其同事发现,肌内注射裸露的质粒抗原能产生抗流感病毒的免疫反应。同时 Robinson 也发现 DNA 质粒激起抗流感病毒的免疫反应。Wang 和 Weiner 发现携带 HIV 或肿瘤抗原在小鼠体内能产生免疫反应和保护作用。这些研究使用不同的传递方法和重组质粒，为疫苗的可开发性提供了实验证据。

在过去的 10 多年里，DNA 疫苗已经应用在抵御各种病原体和肿瘤中。这种疫苗已充分证明了安全性，不仅方法独特，技术简单，还能激活特异性免疫反应。更重要的是，DNA 疫苗不仅激起体液免疫，还能影响细胞免疫，DNA 疫苗可诱导细胞毒性 T 细胞(CTL)，在新型疫苗研发领域是一个重要进步。DNA 疫苗克服了灭活疫苗的生物安全问题，如在灵长类动物中接种减毒活猴免疫缺陷病毒(SIV)疫苗会造成一定比例的感染。此外它也避免了灭活疫苗生产过程中的风险，如脊髓灰质炎病毒灭活后仍然存在活病毒的污染。

近年研究表明，虽然 DNA 疫苗具有广泛的优越性，但在大动物和人体中的免疫效力还不及减毒活疫苗有效，并未达到人们的期望。研究者开始考虑如何使得表达的抗原更有效地被 APC 加工呈递或增强与 APC 的相互作用从而提高其免疫原性。

建立在报告基因基础上的研究显示，DNA 疫苗进入机体的方式不同，其引发免疫反应的起点差别很大。如用质粒电击表皮则倾向于直接转染表皮角化细胞和郎格罕斯细胞，质粒能快速迁移到局部淋巴结。此时抗原呈递的地点和共刺激分子的来源很明显，就是被转染的郎格罕斯细胞，因为郎格罕斯细胞是专职的 APC，抗原可以在 APC 内表达并被加工、呈递，同时上调共刺激分子；而如果是用肌内注射的方式传递 DNA 疫苗，此时主要是肌细胞被转染。由于肌细胞不产生共刺激分子，其表达的抗原或质粒必须被专职 APC 所摄取，专职 APC 对此途径传递的质粒摄取量也较少。研究表明，骨髓嵌合体鼠中骨髓来源的 APC 对 DNA 疫苗诱导 MHC Ⅰ 类 CTL 是绝对必需的；将稳定转染流感核蛋白基因的肌原细胞进行移植同样可以产生 MHC Ⅰ 类 CTL，骨髓嵌合体鼠的研究也显示限制因素是骨髓 APC 的 MHC 而不是肌细胞本身。移植的肌细胞可以向 $CD8^+$ T 细胞以交叉呈递的方式呈递抗原，但确切机制有待进一步研究。专职 APC 对凋亡细胞的摄取，加工后肽的转运(单独或与热休克蛋白一起)是可以发生的。在凋亡小体中的 EB 病毒或 HIV DNA 能被转运至 APC，而且病毒表位能够被 MHC Ⅰ 类分子有效呈递。蛋白以及与热休克蛋白形成复合物的肽可以被 APC 再呈递。抗原与热休克蛋白或单纯疱疹病毒 VP22 蛋白的融合可促进 APC 分泌型蛋白的内化，报道表明这种融合能提高肌内注射 DNA 疫苗的免疫效果。流感病毒核蛋白能够形成病毒样颗粒，也能高效地从感染细胞中释放出来，MHC Ⅰ 类分子能够在体内加工和呈递的外源性抗原包括病毒样颗粒。因此，肌肉 DNA 免疫能够引起常规的免疫激活以及交叉免疫呈递(见图 15-5)，这种呈递可以发生在蛋白水平，也可以发生在核酸水平。最近的一些旨在提高 DNA 疫苗免疫效果的研究主要集中在提高专职 APC 对质粒的摄取和表达，以及加强传统的 MHC Ⅰ 类分子激活途径等方面。

对质粒 DNA 本身免疫特性的研究发现，含有非甲基化 CpG 序列的细菌 DNA 被发现在体外能起 B 细胞多克隆激活的作用，在体内能起佐剂的作用。进一步的研究显示，含非甲基化 CpG 序列的寡核苷酸是通过 TLR9 激活靶细胞的。为了在体内显示对蛋白抗原的佐剂效果，要用到微克剂量的 CpG 寡核苷酸。更进一步的研究发现，质粒 DNA 疫苗在正常和 TLR9 基因敲除小鼠中都有免疫原性。在一系列动物实验中，通过混合编码和非编码质粒来

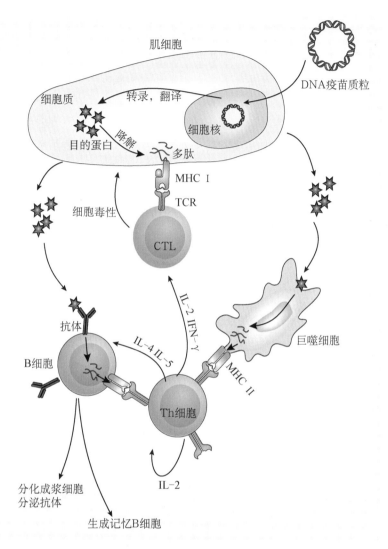

图 15-5 DNA 疫苗机理图

提高肌内注射质粒的总量,可以明显提高后续的免疫反应,提高质粒用量对 TLR9 没有影响,但对 DNA 的加工或摄取会有影响,但机制还不清楚。

细胞因子或趋化因子以质粒或蛋白的形式与 DNA 疫苗同时免疫能够提高免疫效果。实验显示,白细胞介素 12(IL-12)的 DNA 与 HIV 的 DNA 质粒同时应用可提高 Th1 免疫并降低 Th2 反应;IL-2 与粒细胞、巨噬细胞、集落刺激因子(GM-CSF)联合应用可增强体液和细胞免疫反应;GM-CSF 在几个 HIV DNA 疫苗的初免实验中取得了成功并可扩大初免效果;Letvin 等在研究中发现用编码 HIV 抗原和 IL-2 的 DNA 免疫猴可提高细胞免疫反应并能抵抗致病剂量的猴-人免疫缺陷病毒的攻击。因为重组细胞因子与细胞因子基因产物的药物动力学和生物分布的详细研究通常没有与免疫反应研究同步进行,所以还很难将这些不同种系、不同动物模型的实验进行整合,需要更多的研究。

四、 感染性疾病的免疫治疗

感染性疾病的免疫治疗历史可以追溯到 18 世纪。从 1850 年开始由法国医师 Auzias-Tureenme 报道利用梅毒患者的软下疳接种患者可以治疗梅毒,到 20 世纪初期免疫治疗经历了逐步发展(图 15‑6)。然而随着抗生素和抗体治疗的发现和大范围应用,免疫治疗的受关注度越来越低,科学家们把大量的精力用来研究非特异性的治疗方案。虽然这个过程获得了较大的成果,但是研究者逐渐发现抗生素产生的耐药性,以及一些持续性感染造成的疾病负担还是需要特异性的治疗性疫苗来解决。20 世纪末治疗性疫苗获得了大力发展,截至 2011 年共有 399 项研发治疗性疫苗的项目,其中 34 项正在开展Ⅲ期临床研究、140 项Ⅱ期临床研究、76 项Ⅰ期临床研究。来自 Oliver Wyman 的治疗性疫苗市场分析统计数据显示,2009 年该市场已经达到 3 亿美元,预计到 2018 年可以达到 130 亿美元。这是一个巨大的市场,各大公司主要在 3 个领域开展激烈的争夺:肿瘤、感染性疾病和非感染慢性疾病。其中肿瘤领域最多,其次是感染性疾病,而感染性疾病中以 HIV、HBV 和 HCV 为主。

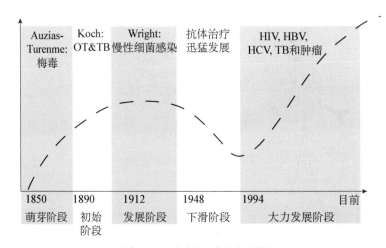

图 15‑6 治疗性疫苗的发展阶段

感染性疾病的治疗性疫苗主要理论基础是为了打破病原体给机体免疫系统的损伤,改变 APC 长期被病原体抗原包围而耗竭的情况,提高 Th 细胞的应答水平,特异性地激活针对病原体的杀伤性 T 细胞以调动免疫反应清除病原体。主要分为以下 5 类。①基于病毒的疫苗:减毒活疫苗和病毒载体疫苗。②基于蛋白的疫苗:亚单位疫苗和病毒样颗粒疫苗。③DNA 疫苗。④DC 疫苗。⑤抗原抗体复合物疫苗(图 15‑7)。

(一) 乙型肝炎治疗性疫苗

HBV 是嗜肝 DNA 病毒科病毒,HBV 主要在肝脏中复制造成机体免疫应答的异常,从而形成持续性感染,使机体对病毒的免疫耐受。大量的文献报道 HBV 对固有免疫的影响是抑制了 TLR 信号通路和 IFN‑α 表达。其次,对获得性免疫的影响是机体里存在大量病毒抗原,APC 被包围在其中,产生对这些抗原的耐受,从而无法激活 T 细胞和 B 细胞,使得这两种免疫细胞对病毒无能化。第三,对 CD8$^+$ T 细胞的杀伤和 B 细胞应答产生针对 HBsAg 的抗体都有抑制作用。目前在研制的疫苗主要是多肽类、蛋白类和 DNA 类疫苗。多肽类主

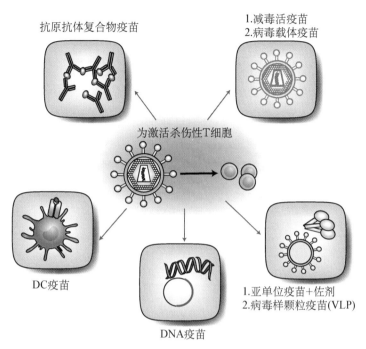

图 15 - 7　治疗性疫苗的分类

要是利用具有可以激活细胞免疫的抗原表位激活 T 细胞的免疫应答,特别是 CTL 的应答。蛋白类利用病毒的膜蛋白结构激活 B 细胞应答产生抗体。DNA 疫苗在乙型肝炎治疗性疫苗中研究最广泛,将编码 S 抗原的基因导入机体里,产生机体针对抗原的特异性杀伤免疫起到治疗效果。还有一类是复合型疫苗,例如复旦大学自主研发的乙克,它主要是由 HBsAg 与抗 HBs 抗体的复合物构成,抗体与抗原结合后暴露出 Fc 段,容易被 APC 将抗原识别,从而促进获得性免疫应答,特别是激活了 CTL 反应。

（二）丙型肝炎治疗性疫苗

HCV 是单正链 RNA 病毒,与 HBV 类似易导致慢性肝炎、肝硬化,甚至发展成原发性肝癌。目前主要治疗的药物是干扰素和抗病毒药物,但是治疗效果不佳,目前没有有效治疗 HCV 的疫苗。HCV 对于免疫系统也是一个耐受的作用,其能抑制干扰素的产生,促进 pDC 的凋亡,逃避免疫系统的识别,抑制 T 细胞的活化。治疗性 HCV 疫苗主要是诱导机体针对 HCV 的免疫应答,诱导高效价的中和抗体和细胞免疫水平。近年来多项研究有了较大突破。例如,Chronvac-c 是一种基于 HCV 非结构蛋白的 DNA 疫苗,研究发现可以降低病毒载量,促进 T 细胞激活。重组包膜蛋白 E1 的疫苗、酵母为载体的疫苗和 T 细胞诱导型疫苗都具有提高细胞免疫和体液免疫的作用。

（三）艾滋病治疗性疫苗

HIV 是引起全身性免疫缺陷性疾病的病毒,在世界范围内广泛传播,死亡率高,给公共卫生带来巨大挑战。HIV 特异性感染 $CD4^+$ T 细胞,病毒变异性强,因此,能够逃逸免疫识别。另外,病毒能够整合到宿主的基因组中,不利于病毒的清除。因此,HIV 治疗性疫苗的研发成为世界性的难题,至今还无有效的治疗性疫苗。主要疫苗种类包括病毒疫苗、蛋白疫苗和 DNA 疫苗等。$CD8^+$ T 细胞是主要的杀伤性武器,目前 $CD8^+$ T 细胞识别位点、与 HIV 的相互关系是研发治疗性疫苗的重点。

五、佐剂

佐剂的概念出现在 20 世纪 20 年代,在给马接种白喉毒素的部位发现生成了一个脓肿,此处的特异性抗体效价较高。随后发现脓肿是由注射了不相关的物质所产生的,此物质增加了抗类毒素的免疫反应。1926 年 Glenny 等证明吸附在明矾上的白喉毒素疫苗具有佐剂活性的物质是铝化合物。直至今日,以铝为基础的化合物(主要是磷酸铝或氢氧化铝)仍然是主要的人用佐剂。1936 年,Freund 研制了含分枝杆菌的水和矿物油乳剂,从而创造一个很有潜力的佐剂——完全弗氏佐剂即 FCA,被公认是佐剂的金标准。但是 FCA 导致严重的局部反应,对人的不良反应太大。不完全弗氏佐剂即 FIA,是不含分枝杆菌的水包油乳化液,对人体的毒性较小,曾经在人用疫苗里使用。20 世纪 50 年代,Johnson 等发现革兰阴性菌的脂多糖即 LPS 表现出佐剂活性,减毒的 LPS 或 LPS 类似化合物如 lipid A 等也被用于人用疫苗佐剂的研究。1974 年 Ellouz 等证明完全弗氏佐剂里的分枝杆菌的一个组分——胞壁酰二肽即 MDP 具有佐剂活性。此外,细菌的组分通常具有潜在的免疫激活作用,但是普遍有毒性。例如,细菌 DNA 包含免疫激活序列——CpG,CpG 是甲基化胞嘧啶-鸟嘌呤二核苷酸,其不存在于哺乳动物 DNA 里。总体而言,目前有几百个天然和合成的化合物被证明具有佐剂活性,并且效果比铝化物好,但是对大多数候选佐剂来说,毒性是一个最重要的障碍。

近年来佐剂研究已从凭经验反复试验转向更为理性,并涉及免疫学、生物化学、药学、物理化学多个学科领域的研究。目前,按照来源不同,主要将佐剂划分为化学合成佐剂与生物来源佐剂两大类,其中化学佐剂又可以细分为油佐剂、水溶性佐剂、无机盐佐剂以及脂类佐剂。铝佐剂(铝盐)与 MF59 均为化学佐剂,分别为无机盐佐剂与油佐剂。另外,更多的水溶性有机化合物被逐渐证明具有佐剂功效,如以前临床上治疗胃酸的药物西咪替丁。而生物类佐剂根据目前的研究状况可细化为细胞因子佐剂,主要通过各类淋巴细胞亚群所特有的细胞因子作为佐剂定向加强免疫效果。模式识别受体即 PRR 或与炎症小体激活有关的佐剂,通过刺激机体先天细胞内这些分子从而激活机体固有免疫反应,增强疫苗免疫效果。事实上,近期研究认为大多数佐剂应是这两类佐剂的组合。美国 FDA 在 2009 年批准上市的疫苗 Cervarix®包含佐剂 AS04——这是由氢氧化铝和一个 TLR4 配体即 MPL®组成的混合物,铝盐在其中可能作为运送 MPL 或疫苗抗原的载体发挥作用(表 15 - 5)。

表 15 - 5　几种国际上已经获得认证的或正在临床评价中的佐剂

名称	类型	用途	现状
铝盐	无机盐佐剂	广泛用于人用和兽用疫苗	美国 FDA 批准用于人类;被认为是最安全的佐剂
MF59	水包油乳剂	Chiron 公司开发,作为季节性流感疫苗佐剂	在欧洲国家已认证用于人类

名称	类型	用途	现状
AS03	水包油乳剂	GSK 公司开发，作为 H1N1 和 H5N1 疫苗佐剂	在欧洲国家认证用于人类
AS04	TLR4 激动剂（MPL）＋ 铝盐	GSK 公司开发，作为 HBV 和 HPV 疫苗佐剂	在美国和欧洲国家认可用于人类
1018 ISS	TLR9 激动剂（CpG）	Dynavax 公司开发，作为新型成人乙型肝炎疫苗 HEPLISAV 佐剂	已完成Ⅲ期临床，2012 年 11 月 FDA 出于安全考虑拒绝批准上市
CAF01	脂类佐剂	作为 TB 疫苗的佐剂	Ⅰ期临床

佐剂增强免疫应答的机制尚未完全阐明，不同佐剂的作用也各不相同。简而言之，佐剂的作用机制有以下 3 种：①佐剂与抗原同时注入机体，可以改变抗原的物理性状，有利于抗原缓慢释放，延长抗原在体内滞留时间。②被佐剂吸附的抗原易被 APC 吞噬。此外，某些佐剂还可以增强先天免疫反应，促进对抗原的处理，在局部形成炎症反应。③刺激淋巴细胞增殖与分化，从而增强和扩大免疫应答的效应，延长免疫的记忆性。因此，在疫苗筛选佐剂的过程中，要充分考虑所用抗原的特性以及针对感染性疾病特征来选用相应类型的佐剂，从而增强其免疫反应。

（一）铝佐剂

自 1926 年 Glenny 首次报道将白喉类毒素与明矾即 $KAl(SO_4)_2 \cdot 12H_2O$ 混匀后免疫，比单独免疫可诱导机体产生较高的抗体水平，此后铝佐剂逐渐被广泛应用于人类及动物疫苗的制备。铝佐剂主要有氢氧化铝、磷酸铝和明矾 3 种，通常使用的铝佐剂是氢氧化铝佐剂。铝佐剂已沿用多年，但其作用机制尚不清楚。近年来对于铝佐剂的研究探索，尤其是铝佐剂与先天免疫的研究，为阐明铝佐剂作用机制提供了许多新的理论知识。虽然铝佐剂一直被用于人类疫苗的制备中，但是铝佐剂仍存在以下问题：①提高细胞免疫的功能较弱。铝佐剂与其他佐剂的联合运用已成为佐剂研发的趋势，与铝佐剂联合运用可以同时提高体液免疫和细胞免疫。②诱导 IgE 反应、过敏反应和神经毒性。尽管铝佐剂在动物实验中显示无肾毒性，但是随着疫苗免疫次数增多，体内铝富集，可能造成肾功能损伤、脑组织和骨骼肌细胞损害。因此，人们也在尝试寻找其他无机盐佐剂，如钙、铁和锆。

（二）MF59

MF59 作为流感疫苗的研究已有很长历史。MF59 可激活偏向 Th2 的强烈免疫应答，但不诱导 Th1 型免疫反应，因此更适合应用于诱导抗体疫苗而不适合用于介导细胞免疫的疫苗。MF59 具有一系列的作用，包括增加抗原摄取、释放趋化因子和促进细胞分化。

（三）AS03

AS03 是由葛兰素史克公司研制的水包油乳剂。AS03 在欧洲已被批准应用于流感疫苗并被批准应用于人类。Sandra Morel 等研究发现，AS03 作为流感疫苗佐剂，可以增强 CCL2、CCL3、IL－6 等趋化因子和细胞因子的表达，调节固有免疫并增强适应性免疫。作为 H1N1 和 H5N1 疫苗佐剂，AS03 可以减少 HA 的用量并增强疫苗的免疫原性。然而 Hanna Nohynek 等发现，在 2009～2010 年芬兰流感暴发期间，AS03 作为 H1N1 流感疫苗的应用导致青少年和儿童发作性嗜睡病的发病率增加。因此,对于该佐剂的安全性还需要进一步研究。

(四) 佐剂的安全性问题

人用佐剂必须要保证安全性,佐剂的不良反应分为局部或全身。重要的局部反应包括疼痛、局部炎症、肿胀、注射部位坏死、淋巴结肿大、肉芽肿、溃疡和无菌脓肿。全身反应包括佐剂性关节炎、眼色素层炎、嗜酸性粒细胞增多、过敏、恶心、发热、过敏性休克、器官特异性毒性和免疫毒性。不幸的是,有效力的免疫激活作用经常与毒性增加并存,因此佐剂研究的主要挑战之一是在获得效力的同时最大限度地减少毒性。直到今日依然使用铝佐剂这个事实反映出实现这一目标的难度。铝佐剂被发现于 80 多年前,但在今天依然是占主导地位的人类佐剂。最近一个重要的例子是 Dynavax 公司开发的新型成人乙型肝类疫苗 HEP-LISAV,已完成了临床Ⅲ期的研究,但是 FDA 专家认为疫苗安全性证据不充分,在 2012 年 11 月拒绝批准其上市,原因是有大量患者接受 HEPLISAV 后发生自身免疫性疾病,包括甲状腺疾病。HEPLISAV 与目前批准的乙型肝炎疫苗不同之处在于其佐剂,是一种 TLR9 激动剂即 1018 ISS,目前没有充足证据证明 1018 ISS 的安全性。因此,未来的工作重点之一是深入研究佐剂的作用机制,全面推测其对免疫系统的影响,寻找并建立合理可靠的动物模型,预测免疫毒性发生的可能性。

(王　宾)

附　　录

附录 I　CD 抗原

CD 抗原	别名	分子量($\times 10^3$)和结构	表达细胞	主要功能	配体/受体	胞内作用分子
CD1a	R4，T6，HTA1	49(IgSF)	皮质胸腺细胞,树突细胞,朗格汉斯细胞	脂抗原呈递	CD1 限制性 TCR	β2m，CD8
CD1b	R1，T6	45(IgSF)	皮质胸腺细胞,树突细胞,朗格汉斯细胞	脂抗原呈递	CD1 限制性 TCR	β2m，CD8
CD1c	BDCA‑1，R7，T6	43(IgSF)	皮质胸腺细胞,树突细胞,朗格汉斯细胞,B细胞亚群	脂抗原呈递	CD1 限制性 TCR	β2m，CD8
CD1d	R3	43~49(IgSF)	肠上皮细胞,B细胞亚群,树突细胞	脂抗原呈递	CD1 限制性 TCR	β2m
CD1e	R4	28(IgSF)	树突细胞	脂抗原呈递		β2m
CD2	T11，LFA‑2，SRBC‑R	50(IgSF)	T 细胞,胸腺细胞,NK细胞,B细胞亚群,单核细胞亚群	黏附,T 细胞活化	CD58，CD59，CD15	Fyn，Lck，SH3KBP1，Sp1，MAD，PTPR‑C
CD3γ	T3	26(IgSF)	成熟 T 细胞,胸腺细胞	T 细胞活化信号,调节TCR 表达		CD3/TCR 复合体
CD3δ	T3，OKT3，Leu‑4	21(IgSF)	成熟 T 细胞,胸腺细胞	T 细胞活化信号,调节TCR 表达		CD3/TCR 复合体
CD3ε	T3	20(IgSF)	成熟 T 细胞,胸腺细胞	T 细胞活化信号,调节TCR 表达		CD3/TCR 复合体,Syk，ZAP‑70，Lck，SHC，Grb4，PI3Kα，NCK1
CD4	T4，Leu‑3，OKT4	55(IgSF)	Th 细胞,调节性 T 细胞,胸腺细胞亚群,单核-巨噬细胞	T 细胞活化,胸腺细胞分化,HIV 受体	MHC Ⅱ，HIV gp120，IL‑16	TCR，Lck
CD5	T1，Tp67，Leu‑1，Ly‑1	67(清道夫受体)	T 细胞,胸腺细胞,B细胞亚群,慢性 B 细胞白血病	调节 T‑B 细胞相互作用,T 细胞活化	CD72	TCR or BCR，Fyn，Lck，ZAP‑70，PKCα，PKCβ1，PKCγ，PI3Kα，SHP1

CD 抗原	别名	分子量(×10³)和结构	表达细胞	主要功能	配体/受体	胞内作用分子
CD6	T12	105～130(清道夫受体)	胸腺细胞,T 细胞,B 细胞亚群,神经元	胸腺细胞发育,T 细胞活化	CD116	
CD7	gp40	40(IgSF)	胸腺细胞,T 细胞,NK 细胞,髓样前体细胞	T 细胞活化	CD7 配体(K-12)	PI3Kα, PI4Kα
CD8a	T8, CD8, Leu-2, OKT8	32～34(IgSF)	胸腺细胞亚群,细胞毒性 T 细胞,NK 细胞	MHC Ⅰ 共受体	MHC Ⅰ	TCR, Lck, KAT
CD8b	CD8, Lyt3	30～32(IgSF)	胸腺细胞亚群,细胞毒性 T 细胞	MHC Ⅰ 共受体	MHC Ⅰ	
CD9	p24, MRP-1, DRAP-27	22～27(TM4-SF)	血小板,前 B 细胞,嗜酸性粒细胞,嗜碱性粒细胞,活化的 T 细胞,内皮细胞	黏附和迁移,血小板活化	PSG17	CD63, CD81, CD82, CD315, and CD316, PKCα
CD10	CALLA, NEP, gp100	100(Ⅱ型膜分子)	B 前体细胞,T 前体细胞,成纤维细胞,中性粒细胞	肽酶,调节 B 细胞生长		Lyn, SHC, PI3Kα, PI3Kβ
CD11a	LFA-1,整合素 αL	180(整合素 α)	所有白细胞	黏附,共刺激	CD54, CD102, CD50, CD242	CD18, RANBP9
CD11b	Mac-1,整合素 αM	170(整合素 α)	粒细胞,单核-巨噬细胞,NK 细胞,T 细胞亚群,B 细胞亚群,树突细胞	黏附,趋化,凋亡	CD54, iC3b, ECM, CD242	CD18, IRAK1
CD11c	p150, p95, CR4,整合素 αX	150(整合素 α)	树突细胞,单核-巨噬细胞,NK 细胞,粒细胞,T 细胞亚群,B 细胞亚群	黏附	iC3b, ECM	CD18
CDw12		90～120	单核细胞,粒细胞,血小板,NK 细胞			
CD13	APN, gp150	150～170(Ⅱ型膜分子)	粒细胞,单核细胞及其前体细胞,内皮细胞,上皮细胞,树突细胞,成纤维细胞	氨肽酶 N,黏附,冠状病毒受体	冠状病毒,巨细胞病毒	TM4SF1
CD14	LPSR	53～55(GPI 连接)	单核细胞,巨噬细胞,朗格汉斯细胞	LPS 和 LBP 复合物的受体,固有免疫应答	LPS	LTF, TLR2, TLR3, TLR4, LBP
CD15	Lewis X (Lex), SSEA-1, 3-FAL		粒细胞	黏附,粒细胞活化	CD62E	
CD15s	Sialyl Lewis X		粒细胞,单核细胞,内皮细胞,记忆性 Th 细胞,活化的 T 细胞和 B 细胞,NK 细胞	黏附	CD62E	
CD15u	3'-sulfated Lewis X		粒细胞,单核细胞,T 细胞亚群,B 细胞亚群,内皮细胞,NK 细胞	黏附	CD62P	

CD 抗原	别名	分子量(×10³)和结构	表达细胞	主要功能	配体/受体	胞内作用分子
CD15su	6′- sulfated Lewis X		粒细胞,单核细胞,T 细胞亚群,B 细胞亚群,内皮细胞,NK 细胞	黏附	CD62L	
CD16	FcγRⅢA, CD16a	50～65(IgSF)	NK 细胞,中性粒细胞,活化的单核细胞,巨噬细胞,树突细胞	低亲和力 Fcγ 受体,介导吞噬作用和 ADCC,脱颗粒	聚集的 IgG, IgG - Ag 复合物	Lck, ZAP - 70, SHC
CD16b	FcγRⅢAB	48(IgSF)	中性粒细胞	吞噬作用, ADCC	IgG	SAP
CD17	LacCer,乳糖神经酰胺	乳糖基酰鞘氨醇	单核细胞,血小板,B 细胞亚群,粒细胞,树突细胞,T 细胞	代谢,血管生成,凋亡	糖脂	
CD18	β2 整合素	95(整合素 β)	白细胞	黏附	ICAM, ECM	CD11a, b, c, Syk, FAK, ILK, RACK1, RANBP9, PKCα, PKCδ, PKCε, PYK2
CD19	B4	95(IgSF)	B 细胞,滤泡树突细胞	BCR 共受体,信号转导		CD21, CD81, CD225, BCR, Fyn, Lyn, Syk, BTK, VAV 1, VAV 2, PLCγ2, Grb2
CD20	B1, Bp35, Ly - 44	33～37(TM4 - SF)	B 细胞,T 细胞亚群	B 细胞活化和增殖		Fyn, CK2A1, CK2A2
CD21	CR2, EBV - R, C3dR	130～145(补体调控蛋白)	成熟 B 细胞,滤泡树突细胞,T 细胞亚群	信号转导,B 细胞活化	C3d, EBV, CD23	CD19, CD81, CD225, BCRp53
CD22	BL - CAM, Siglec - 2	130(IgSF)	B 细胞	黏附,信号转导	CD22, IgM, CD45RO, sialoglyco- conjugate NeuGcα2 - 6Galβ1 - 4GlcNAc, CD75	Lyn, Syk, SHIP1, SLP76, Grb2, PI3Kα, PLCγ2, SHP1
CD23	FcεRⅡ, BLAST - 2	45(C 型凝集素)	B 细胞,活化的巨噬细胞,滤泡树突细胞,嗜酸性粒细胞,血小板,肠上皮细胞	IgE 低亲和力受体,超敏反应	IgE, CD21, CD11b, CD11c	Fyn
CD24	BA - 1, HAS	35～45	B 细胞,粒细胞,上皮细胞,单核细胞,T 细胞亚群	细胞增殖和分化	CD62P, CD24	Fgr, Lyn
CD25	Tac, p55, IL - 2Rα	55(补体调控蛋白)	活化的 T 细胞,B 细胞,单核细胞,树突细胞亚群,调节性 T 细胞	IL - 2 受体 α 链	IL - 2	CD122, CD132, STAT3, NFκB1, STAT5b

CD 抗原	别名	分子量(×10³)和结构	表达细胞	主要功能	配体/受体	胞内作用分子
CD26	二肽酰酶Ⅳ(DPP Ⅳ)	110(Ⅱ型膜分子)	成熟的胸腺细胞,T 细胞,B 细胞亚群,NK 细胞,巨噬细胞,上皮细胞	二肽酰酶Ⅳ,参与 T 细胞活化,腺苷脱氨酶结合蛋白	腺苷脱氨酶,胶原蛋白	ADA, CD4, FAP
CD27	T14, S152, TNFRSF7	50~55(TNFR-SF)	T 细胞,髓质胸腺细胞,B 细胞亚群,NK 细胞	共刺激分子	CD70	TRAF2, TRAF3, TRAF5, Siva
CD28	Tp44, T44	44(IgSF)	T 细胞,胸腺细胞,NK 细胞	共刺激分子	CD80(B7-1), CD86(B7-2)	ITK, Grb2, PI3Kα, PI3Kβ, PI3Kγ, PLC-γ1
CD29	整合素 β1, gpⅡa	130(整合素 β)	T 细胞,B 细胞,粒细胞,血小板,成纤维细胞,内皮细胞,NK 细胞	黏附,活化,胚胎发育	VCAM-1, MAdCAM-1, ECM	整合素 α 链, PKCα, PKCε, RACK1, FAK, 14-3-3b, ILK, RhoGAP5, PIK4α
CD30	Ki-1, Ber-H2, TNFRSF8	105(TNFR-SF)	活化的 T 细胞,活化的 B 细胞,单核细胞,活化的 NK 细胞	淋巴细胞增殖和死亡	CD153	ALK, TRAF1, TRAF2, TRAF3, TRAF5
CD31	PECAM-1, endocam	130~140(IgSF)	单核细胞,血小板,粒细胞,内皮细胞,淋巴细胞亚群	黏附	CD31, CD38	Lck, Fyn, c-Src, Hck, c-Yes, Csk, PI3Kα, PLC-γ1
CD32	FcγRⅡ	40(IgSF)	B 细胞,单核-巨噬细胞,粒细胞,树突细胞,血小板,内皮细胞	B 细胞发育及活化,吞噬,ADCC	聚合的 IgG,磷酸酶	Fyn, Hck, Lyn, Syk, LAT, BLK, SHC
CD33	p67, Siglec-3	67(IgSF)	单核细胞,粒细胞,髓样祖细胞,肥大细胞		某些唾液酸连接的糖类	c-Src, SHP1, SHP2
CD34	gp105-120, Mucosialin	105~120(黏蛋白)	造血干细胞及祖细胞,内皮细胞	黏附	L-选择素	PKCδ, CRKL
CD35	CR1, C3b/C4b-R	160~250(补体调控蛋白)	红细胞,B 细胞,单核细胞,中性粒细胞,嗜酸性粒细胞,滤泡样树突细胞,T 细胞亚群	黏附,吞噬	C3b, C4b, iC3, iC4	CD55
CD36	GPIV, gpⅢb	85(TM2)	血小板,单核-巨噬细胞,内皮细胞,红细胞前体细胞	清道夫受体,黏附和吞噬	氧化的低密度脂蛋白,血小板反应蛋白,胶原蛋白	Fyn, Lyn, c-Yes, c-Src
CD37	Gp52-40	40~52(TM4-SF)	成熟的 B 细胞,粒细胞,单核细胞,树突细胞	黏附,信号转导	CD53, CD81, CD82, MHC Ⅱ	
CD38	T10, ADP-核糖基环化酶	42(Ⅱ型膜分子)	浆细胞,胸腺细胞,活化的 T 细胞,活化的 B 细胞	细胞活化,增殖,黏附	CD31	Lck

CD抗原	别名	分子量(×10³)和结构	表达细胞	主要功能	配体/受体	胞内作用分子
CD39	Entpd1, NTPDase-1	78(TM3)	巨噬细胞,朗格汉斯细胞,树突细胞,活化的B细胞,NK细胞,小胶质细胞,内皮细胞	ATP和ADP降解,调节血小板活化	ADP/ATP	
CD40	Bp50, TNFRSF5	45～48(TNFR-SF)	B细胞,单核-巨噬细胞,树突细胞,内皮细胞,成纤维细胞,胶质细胞	B细胞生长分化,抗体类别转换	CD154	JAK3, PI3Kα, TRAF1-3, TRAF5-6, Ku80
CD41	gpⅡb,αⅡb整合素	120/23二聚体(整合素α)	血小板,巨核细胞	血小板活化和聚集	纤维蛋白原,纤连蛋白,威勒布兰德因子,血小板反应蛋白	CD61
CD42a	gpⅠX	17～22(富含亮氨酸重复序列)	血小板,巨核细胞	血小板黏附和活化	威勒布兰德因子,凝血酶	CD42b, c, d
CD42b	gpⅠbα	145(富含亮氨酸重复序列)	血小板,巨核细胞	血小板黏附和活化	威勒布兰德因子,凝血酶	CD42a, c,d, Grb2
CD42c	gpⅠbβ	24(富含亮氨酸重复序列)	血小板,巨核细胞	血小板黏附和活化	威勒布兰德因子,凝血酶	CD42a, b, d, 14-3-3 ζ, PKACA
CD42d	gpγ	82	血小板,巨核细胞	血小板黏附和活化	威勒布兰德因子,凝血酶	CD42a, b,c, 14-3-3 ζ
CD43	gpL115	115～135(黏蛋白)	除静息B细胞外的白细胞,血小板(低)	黏附和抗黏附	CD54, CD62E, CD169	Fyn
CD44	H-CAM, Pgp-1, CD44s, CD44H, EMCR Ⅲ	85(连接蛋白)	除血小板外的造血及非造血细胞	白细胞滚动、归巢、聚集	透明质酸	Csk, Fyn, Lck, Rho, PKN
CD44R	CD44v	85-250	内皮细胞,单核细胞,活化的白细胞	白细胞滚动、归巢、聚集	透明质酸	
CD45	LCA, T200	180～240(Ⅲ型纤连蛋白)	除红细胞及血小板外的血细胞	活化,信号转导	乳糖凝集素-1	CD2, CD3, CD4, CD45AP, Fyn, Lck, Lyn, RasGAP, SHP-1, SLP76, Grb2
CD45RA		205～220(Ⅱ型纤连蛋白)	B细胞,T细胞亚群(初始T细胞),单核细胞,胸腺髓质细胞	活化,信号转导	含A外显子的CD45异型产物	
CD45RB		190～220(Ⅱ型纤连蛋白)	T细胞亚群,B细胞,单核细胞,巨噬细胞,粒细胞,树突细胞,NK细胞	活化,信号转导	含B外显子的CD45异型产物	
CD45RC		220	B细胞,NK细胞,CD8⁺T细胞,CD4⁺T细胞,胸腺髓质细胞,单核细胞,树突细胞	活化,信号转导	含C外显子的CD45异型产物	

CD 抗原	别名	分子量(×10³)和结构	表达细胞	主要功能	配体/受体	胞内作用分子
CD45RO	UCHL-1	180(Ⅱ型纤连蛋白)	活化的 T 细胞,记忆性 T 细胞,B 细胞亚群,活化的单核细胞,巨噬细胞,粒细胞,胸腺皮质细胞,树突细胞亚群	活化,信号转导	不含 A、B、C 外显子的 CD45 异型产物,CD22	
CD46	MCP	64~68(补体调控蛋白)	白细胞,血小板,内皮细胞,上皮细胞,胎盘滋养层细胞,精子,肿瘤细胞	I 因子的辅助因子,补体活化,受精,风疹病毒受体	C3b, C4b,风疹病毒,I 因子	c-Yes, c-Src
CD47	IAP	50~55(IgSF, TM5)	血细胞,上皮细胞,内皮细胞,成纤维细胞,脑,间充质细胞	黏附,活化,凋亡	CD172a, CD172g	FAK, BNIP3
CD48	Blast-1, BCM1, Sgp-60, SLAMF2	45(IgSF)	白细胞	黏附,共刺激	CD244, CD2(低)	Lck
CD49a	VLA-1α, α1 整合素	200(整合素 α)	活化的 T 细胞,单核细胞,黑素瘤细胞,内皮细胞	黏附,胚胎发育	胶原蛋白,层粘连蛋白-1	CD29,踝蛋白
CD49b	VLA-2α, gpⅠa, α2 整合素	160(整合素 α)	血小板,NK 细胞亚群,B 细胞,单核细胞,活化的 T 细胞,内皮细胞,上皮细胞,巨核细胞	黏附,血小板聚集,艾柯病毒-1受体	胶原蛋白,艾柯病毒-1	CD29, CD9,基底膜聚糖
CD49c	VLA-3α, α3 整合素	125(整合素 α)	大多数黏附细胞,B 细胞和 T 细胞(低)	黏附,信号转导	胶原蛋白,层粘连蛋白-5,纤连蛋白	CD29, CD9,半乳凝素 8
CD49d	VLA-4α, α4 整合素	150(整合素 α)	B 细胞,T 细胞,胸腺细胞,单核细胞,嗜酸性粒细胞,嗜碱性粒细胞,NK 细胞,肥大细胞,树突细胞	黏附,细胞迁移,归巢和活化	VCAM-1, MAdCAM-1,纤连蛋白,CD242	CD29, β7 整合素,PRKACA, HIC5
CD49e	VLA-5α, α5 整合素	135, 25(整合素 α)	胸腺细胞,T 细胞,单核细胞,血小板,活化的 B 细胞,内皮细胞,上皮细胞	黏附,细胞存活和凋亡	纤连蛋白,侵袭素	CD29, RhoGAP5
CD49f	VLA-6α, α6 整合素	125(整合素 α)	记忆性 T 细胞,胸腺细胞,单核细胞,血小板,巨核细胞,内皮细胞,上皮细胞,滋养层细胞	黏附,细胞迁移,胚胎发育	层粘连蛋白,侵袭素,CD104	CD29, Fyn, SHC, PKCδ, Grb2
CD50	ICAM-3	110~140 (IgSF)	白细胞,胸腺细胞,朗格汉斯细胞,内皮细胞	黏附,共刺激	CD11a/CD18	PKCθ
CD51	玻连蛋白受体,整合素 αV	125, 24 二聚体(整合素 α)	血小板,活化的 T 细胞,内皮细胞,成骨细胞,黑素瘤细胞,巨核细胞,内皮细胞	黏附,信号转导	纤维蛋白原,血小板反应蛋白,威勒布兰德因子,CD242	整合素 β1, β3, β5, β6 or β8, Fyn, FAK

CD抗原	别名	分子量(×10³)和结构	表达细胞	主要功能	配体/受体	胞内作用分子
CD52	CAMPATH-1,HE5	25~29	胸腺细胞,淋巴细胞,单核-巨噬细胞,上皮细胞,精子,肥大细胞	共刺激,补体介导溶解作用的靶分子		
CD53	OX-44	32~42(TM4)	白细胞,树突细胞,成骨细胞,破骨细胞	信号转导	VLA-4,MHC II	CD9,CD81,CD82
CD54	ICAM-1	90~95(IgSF)	内皮细胞,上皮细胞,单核细胞,低表达于静息淋巴细胞(活化后上调表达)	介导白细胞从血管渗出,调节T细胞活化	CD11a/CD18,CD11b/CD18,鼻病毒,CD43	膜突蛋白,埃兹蛋白
CD55	DAF	60~70(补体调控蛋白)	血细胞和非血细胞	补体活化,信号转导	C3b,C4b,CD97,柯萨奇病毒,艾柯病毒	Fyn,Lck
CD56	NCAM,Leu-19,NKH-1	175~220(IgSF)	神经组织,NK细胞,NKT细胞,T细胞,小细胞肺癌	黏附,诱导杀伤	NCAM,硫酸肝素	Fyn,FAK
CD57	HNK-1,Leu-7	110	NK细胞亚群,NKT细胞,T细胞亚群,B细胞	黏附	CD62L,CD62P	
CD58	LFA-3	55~70(IgSF)	白细胞,红细胞,上皮细胞,内皮细胞,成纤维细胞	黏附,共刺激	CD2	
CD59	保护素,H19,1F-5Ag	19~25(Ly-6)	血细胞和非血细胞	抑制MAC,抑制补体介导的溶细胞作用	C8a,C9	c-Src,lck,fyn
CD60a	GD3	(糖类结构)	T细胞亚群,胸腺细胞,黑色素细胞,胶质细胞,血小板,粒细胞	凋亡,共刺激		
CD60b	9-O-sialyl GD3	(糖类结构)	T细胞亚群,活化的B细胞,黑素瘤	共刺激		
CD60c	CD60c 7-O-sialyl GD3	(糖类结构)	T细胞亚群	T细胞活化,增殖		
CD61	gpIIIa,β3整合素	110	内皮细胞,血小板,成纤维细胞,破骨细胞,肥大细胞	介导细胞黏附于不同基质蛋白	纤维蛋白原,玻连蛋白,纤连蛋白,威勒布兰德因子	CD41,CD51,c-Src,SHC1,AKT1,踝蛋白,FAK,桩蛋白
CD62E	E-选择素,ELAM-1,LECAM-2	97~115	活化的内皮细胞	白细胞滚动,肿瘤细胞黏附,血管生成	CD15s,ESL-1,CD162,CD43,CD65,CD66a、e,CD147	PLC-γ1,SHP2,FAK,桩蛋白
CD62L	L-选择素,LECAM-1,LAM-1	74~95	B细胞,T细胞亚群,单核细胞,粒细胞,NK细胞,胸腺细胞	白细胞滚动及归巢	CD34,MAdCAM-1,GlyCAM-CD57,CD15su	Grb2

CD 抗原	别名	分子量(×10³)和结构	表达细胞	主要功能	配体/受体	胞内作用分子
CD62P	P-选择素, GMP-140, PADGEM	140	活化的血小板,内皮细胞	白细胞滚动	CD162, CD24, CD57, CD15u	AP47, SNX17
CD63	LIMP, MLA1, LAMP-3	40~60	活化的血小板,单核细胞,巨噬细胞,脱颗粒的中性粒细胞,成纤维细胞,破骨细胞	调节细胞运动性	VLA-3, VLA-4, CD9, CD81	PI4Kα
CD64	FcγRⅠ, FcR Ⅰ	72(IgSF)	单核细胞,巨噬细胞,树突细胞,活化的粒细胞	IgG 高亲和力受体,介导吞噬,抗原捕获,ADCC	IgG	Hck, Syk, CRKL, LAT
CD65	岩藻糖基神经节苷脂		粒细胞,单核细胞,髓细胞白血病		CD62E	
CD65s	Sialylated-CD65		粒细胞,单核细胞,髓细胞白血病	吞噬		
CD66a	BGP, NCA-160, CEACAM1	140~180 (IgSF)	粒细胞,上皮细胞,结肠,肝,血液	同嗜性和异嗜性黏附,中性粒细胞活化	CD66a、c、e, CD62E, Opa	c-Src, SHP2, SHP1, MAP3K10, SHC, 桩蛋白
CD66b	CD67, CGM6, NCA-95, CEACAM8	95~100(IgSF)	粒细胞	黏附,中性粒细胞活化	CD66c	
CD66c	NCA, CEACAM6	90(IgSF)	中性粒细胞,上皮细胞,结肠癌	黏附,中性粒细胞活化	CD66a、b、c、e	
CD66d	CGM1, CEACAM3	35(IgSF)	中性粒细胞	中性粒细胞活化,吞噬	Opal	c-Src, CKI-alpha-like
CD66e	CEA, CEACAM5	180~200 (IgSF)	成熟结肠上皮细胞,结肠癌	同嗜性和异嗜性黏附	CD66a、c、e, Opa, CD62E	
CD66f	PSG1	54~72(IgSF)	上皮细胞,胎盘合胞体滋养层	免疫调节,保护胎儿免受母体免疫系统损害		
CD68	巨噬唾液酸蛋白,gp110	94~110(黏蛋白)	巨噬细胞,中性粒细胞,嗜碱性粒细胞,树突细胞,髓系祖细胞,活化的单核细胞	吞噬	氧化低密度脂蛋白	
CD69	AIM, VEA	28, 32(C型凝集素)	活化的白细胞,NK细胞,胸腺细胞亚群,血小板,朗格汉斯细胞	信号转导,共刺激		
CD70	Ki-24, CD27L, TNFSF7	50(TNF)	活化的B细胞,活化的T细胞	共刺激	CD27	
CD71	TfR, T9	95	增殖细胞,网状细胞,红细胞前体	转铁蛋白受体,铁摄取	转铁蛋白	Rab5B, TCRζ
CD72	Lyb-2	39(C型凝集素)	B细胞,巨噬细胞,滤泡样树突细胞,T细胞亚群	B细胞活化和增殖	CD5, CD100	Grb2, SHP1, BLNK

CD 抗原	别名	分子量(×10³)和结构	表达细胞	主要功能	配体/受体	胞内作用分子
CD73	5′-外切核酸酶	70	T 细胞亚群,B 细胞亚群,滤泡样树突样细胞,上皮细胞,内皮细胞	去磷酸化,共刺激,黏附	AMP	β-肌纤蛋白,纤连蛋白1,层粘连蛋白 A
CD74	Ii,恒定链	33,35,41	B 细胞,活化的 T 细胞,巨噬细胞,朗格汉斯细胞,树突细胞,活化的内皮细胞,上皮细胞	细胞内选择MHC Ⅱ,B细胞活化	CD44,MHC Ⅱ,MIF	组织蛋白酶 L,CD1d
CD75			B 细胞亚群,T 细胞亚群,红细胞	黏附	CD22	
CD75s	CDw76	34,37,43,200(糖类结构)	多数 B 细胞,T 细胞亚群,内皮细胞,上皮细胞亚群	黏附	CD22	
CD77	Pk Ag,BLA,CTH,Gb3		生发中心 B 细胞,高表达于 Burkitt's 淋巴瘤	诱导凋亡	痢疾杆菌外毒素,VT1	
CD79a	Igα,MB1	33,45(IgSF)	B 细胞	BCR 复合物的亚基,信号转导		Ig/CD5/CD19/CD22/CD79b,Lck,Fyn,Lyn,Syk,SHP1,BLK
CD79b	Igβ,B29	36～40(IgSF)	B 细胞	BCR 复合物的亚基,信号转导		Ig/CD5/CD19/CD22/CD79a,Lck,Fyn,Lyn,FAK,Syk,ZAP70,SHP1,BLK
CD80	B7,B7-1,BB1	60(IgSF)	活化的 B 细胞,活化的 T 细胞,巨噬细胞,树突细胞	共刺激	CD28,CD152	
CD81	TAPA-1	26(TM4)	T 细胞,B 细胞,NK 细胞,单核细胞,胸腺细胞,树突细胞,内皮细胞,成纤维细胞	活化、共刺激、分化		CD19,CD21,CD225,CD315,CD316,SHC
CD82	R2,4F9,C33,Kai1	45～90(TM4)	白细胞,血小板,上皮细胞,内皮细胞,成纤维细胞	信号转导,黏附,肿瘤转移,抑制	KITENIN	MHC 分子,CD53,CD37,CD81,整合素,EGFR 1,层粘连蛋白 A
CD83	HB15	43(IgSF)	成熟的树突细胞,活化的 T 细胞,活化的 B 细胞,朗格汉斯细胞	共刺激	CD83L	
CD84	GR6	72～86(IgSF)	成熟的 B 细胞,T 细胞亚群,单核-巨噬细胞,血小板,胸腺细胞	黏附,活化	CD84	EAT2,SAP
CD85a	LIR-3,ILT5,LILRB3	110(IgSF)	单核-巨噬细胞,粒细胞,树突细胞,T 细胞亚群	抑制 NK 细胞的细胞毒性	CD28,CD152	MHC Ⅰ

CD抗原	别名	分子量(×10³)和结构	表达细胞	主要功能	配体/受体	胞内作用分子
CD85b	ILT8	(IgSF)	单核细胞,树突细胞,B细胞,NK细胞,T细胞亚群	激活 NK 细胞的细胞毒性		FcεR I γ
CD85c	LIR-8,LILRB5	(IgSF)	单核细胞,树突细胞,B细胞,NK细胞,T细胞亚群	激活 NK 细胞的细胞毒性	KITENIN	FcεR I γ
CD85d	LIR-2,ILT4,LILRB2	(IgSF)	单核细胞,树突细胞	抑制 NK 细胞的细胞毒性		MHC I , SHP1
CD85e	LIR-4,ILT6,LILRA3	(IgSF)	单核细胞,树突细胞,B细胞,NK细胞,T细胞亚群	激活 NK 细胞的细胞毒性		FcεR I γ
CD85f	LIT11	(IgSF)	单核细胞,树突细胞,B细胞,NK细胞,T细胞亚群	激活 NK 细胞的细胞毒性		
CD85g	ILT7	55(IgSF)	浆细胞样树突细胞	抑制浆细胞样树突细胞功能	CD317	FcεR I γ
CD85h	LIR-7,ILT1,LILRA2	69(IgSF)	单核细胞,树突细胞,B细胞,NK细胞,T细胞亚群,粒细胞	激活 NK 细胞的细胞毒性		FcεR I γ
CD85i	LIR-6,LILRA1	(IgSF)	单核细胞,树突细胞,T细胞亚群	激活 NK 细胞的细胞毒性		FcεR I γ
CD85j	LIR-1,ILT2,LILRB1	110(IgSF)	淋巴细胞,单核-巨噬细胞,树突细胞,NK细胞亚群	抑制 NK 细胞的细胞毒性		MHC I
CD85k	LIR-5,ILT3,LILRB4	60(IgSF)	单核-巨噬细胞,树突细胞	抑制固有免疫反应		MHC I , SHP1,SHP2
CD85l	ILT9	(IgSF)	NK细胞,T细胞亚群,单核-巨噬细胞,树突细胞,B细胞			FcεR I γ
CD85m	ILT10	(IgSF)	T细胞亚群,单核-巨噬细胞,树突细胞,B细胞			FcεR I γ
CD86	B70,B7-2	80(IgSF)	单核细胞,活化的 B 细胞,活化的 T 细胞,树突细胞,内皮细胞	共刺激,T 细胞活化、增殖	CD28,CD152	
CD87	uPAR	32~66(Ly-6)	粒细胞,单核细胞,NK细胞,T细胞,内皮细胞,成纤维细胞,肝细胞	细胞趋化、黏附	uPA,玻连蛋白	Fyn,Hck,JAK1,TYK2
CD88	C5aR	43(G 蛋白偶联受体)	粒细胞,单核细胞,树突细胞,星形胶质细胞	粒细胞活化	C5a	β-抑制蛋白,C5L2
CD89	FcαR,IgAR	45~100(IgSF)	单核-巨噬细胞,粒细胞	吞噬、脱颗粒、呼吸爆发	IgA1,IgA2	Lyn
CD90	Thy-1	25~35(IgSF)	造血干细胞,神经元,成纤维细胞,骨髓基质细胞,HEV 内皮细胞,胸腺细胞	黏附,信号转导	CD51/CD61,Mac-1	Fyn,Lck

CD抗原	别名	分子量(×10³)和结构	表达细胞	主要功能	配体/受体	胞内作用分子
CD91	α2M-R, LRP	600(EGF,低密度脂蛋白受体)	单核细胞,巨噬细胞,神经元,成纤维细胞	代谢,吞噬,抗原呈递	α2M, LDL, HSP96,脂蛋白	c-Src, Rap, JIP, SHC, PRKACA
CD92	CDw92, CTL1	70	中性粒细胞,单核细胞,淋巴细胞,内皮细胞,上皮细胞,成纤维细胞,树突细胞	胆碱运输	胆碱	
CD93	CDw93, C1qRp	120	单核细胞,粒细胞,内皮细胞,血小板,树突细胞	吞噬,黏附	C1q	RANBP1, ARHGAP15
CD94	Kp43	43, 39, 70(C型凝集素)	NK细胞,NK细胞,T细胞亚群	CD94/NKG2A抑制NK细胞功能,CD94/NKG2C活化NK细胞功能	HLA-E	NKG-2, DAP12
CD95	Fas, APO-1	45(TNFR)	单核细胞,中性粒细胞,淋巴细胞(活化后上调表达),成纤维细胞	诱导凋亡	Fas配体(CD95L, CD178)	Fyn, Lck, FADD, Daxx, RIP, FAF1, PKCα, SHP1
CD96	TACTILE	160(IgSF)	NK细胞,T细胞(活化后上调表达)	黏附	CD155	
CD97	EMR1	28, 74~85(G蛋白偶联受体)	粒细胞,单核细胞,树突细胞,巨噬细胞,低表达于淋巴细胞(活化后上调表达)	中性粒细胞迁移,黏附	硫酸锡	
CD98	4F2, FRP-1, RL-388	80, 45	单核细胞,淋巴细胞,NK细胞,粒细胞	活化,黏附	CD29, CD147,原肌球蛋白,肌动蛋白	actin, EGFR
CD99	MIC2, E2	32	单核细胞,淋巴细胞,NK细胞,粒细胞,内皮细胞,上皮细胞,一些肿瘤细胞	白细胞迁移、活化、黏附	亲环蛋白A	
CD99R	E2	32	T细胞,NK细胞,髓系细胞	CD99同种型		
CD100	SEMA4D	150	白细胞,寡突胶质细胞	单核细胞迁移,T、B细胞活化,血管生成,抗凋亡	CD45, CD72,丛状蛋白B	
CD101	V7, p126, IGSF2	120(IgSF)	单核细胞,粒细胞,树突细胞,活化的T细胞,朗格汉斯细胞	T细胞活化和增殖	CD45, CD72,丛状蛋白B	
CD102	ICAM-2	55~65(IgSF)	淋巴细胞,单核细胞,血小板,内皮细胞	黏附,共刺激,淋巴细胞再循环	LFA-1, Mac-1	膜突蛋白

CD 抗原	别名	分子量(×10³)和结构	表达细胞	主要功能	配体/受体	胞内作用分子
CD103	HML-1，αE整合素，Aiel	150，25(整合素 α)	上皮内淋巴细胞，某些外周血淋巴细胞，活化的淋巴细胞	淋巴细胞保留，活化	E-钙黏蛋白	β7 整合素
CD104	β4 整合素，TSP-180	205(整合素 β)	上皮细胞，内皮细胞，许旺细胞，胶质细胞	细胞黏附，迁移，肿瘤转移	层粘连蛋白，网蛋白	CD49f，Fyn，c-Yes，FAK，Grb2，PKCα，PKCδ，14-3-3β，14-3-3τ
CD105	内皮因子	90	内皮细胞，骨髓间充质干细胞，红细胞前体细胞，活化的单核细胞，巨噬细胞	黏附，血管生成，调节细胞对 TGF-β1 的反应	TGF-β1，TGF-β3	TGF-β RⅠ，TGF-β RⅡ
CD106	VCAM-1，INCAM-110，V-CAM	110(IgSF)	活化的内皮细胞，滤泡样树突细胞，骨髓间充质干细胞，基质细胞	白细胞黏附，迁移和共刺激	CD49d/CD29，α9/β1 整合素	Moesin，Ezrin
CD107a	LAMP-1	100～120	活化的血小板，活化的 T 细胞，活化的内皮细胞，活化的粒细胞	可能在细胞黏附中发挥作用		
CD107b	LAMP-2	100～120	活化的血小板，活化的 T 细胞，活化的内皮细胞	可能在细胞黏附中发挥作用		
CD108	SEMA7A，JMH	80	活化的 T 细胞，红细胞	负性调控 T 细胞功能，轴突生长	CD232	丛状蛋白 Cl
CD109	8A3，7D1，E123	170	活化的 T 细胞，活化的血小板，造血干细胞，骨髓间充质干细胞，内皮细胞	负性调控	TGF-β	TGF-β RⅠ，TGF-β RⅡ
CD110	MPL，TPO-R	85～92	造血干细胞和祖细胞，巨核细胞，血小板，内皮细胞亚群	血小板生成素受体，巨噬细胞分化、增殖，造血	促血小板生成素	IRS2，SHC，SHP2，SOCS1，JAK2
CD111	PRR1，粘连蛋白-1，PVRL1	75	干细胞亚群，神经元，内皮细胞，上皮细胞，成纤维细胞	细胞间黏附，人合胞体病毒受体	粘连蛋白-3，Afadin，HSVgD	AF6，PARD3
CD112	PRR2，粘连蛋白-2，HveB	72，64	单核细胞，中性粒细胞，CD34⁺细胞亚群，内皮细胞，上皮细胞	黏附	CD226，粘连蛋白-3，Afadin	AF6
CD113	PVRL3，粘连蛋白-3，PRR3，CDw113	83	上皮细胞，睾丸，胎盘，肝	黏附	粘连蛋白-1，粘连蛋白-2，PVR	AF6
CD114	G-CSFR，CSF-3R	130/100(IgSF，Ⅲ型纤连蛋白)	髓系祖细胞，内皮细胞，滋养层细胞	髓系细胞分化	G-CSF	Lck，Lyn，Hck，Syk，Grb2，SHIP1，Jak1，Jak2

CD 抗原	别名	分子量(×10³)和结构	表达细胞	主要功能	配体/受体	胞内作用分子
CD115	M－CSFR, c－fms, CSF－1R, FMS	150(IgSF,酪氨酸激酶)	单核细胞,巨噬细胞,单核细胞系祖细胞,神经元,破骨细胞	髓系细胞存活,增殖和分化	M－CSF	Fyn, c－Yes, Lyn,Cbl, Grb2, RasGAP, SHIP1, SHIP2
CD116	GM－CSFRα	80(细胞因子受体,Ⅲ型纤连蛋白)	单核-巨噬细胞,粒细胞,树突细胞,内皮细胞,成纤维细胞	髓系细胞和树突细胞分化	GM－CSF	CDw131, Lyn, IKKα, IKKβ
CD117	c－kit, SCFR	145(IgSF,酪氨酸激酶)	造血干细胞和祖细胞,肥大细胞,黑色素细胞,肝细胞	干细胞因子受体,肥大细胞生长,增强其他细胞因子信号传递	干细胞因子(c－kit 配体)	Lck, Fyn, Lyn, c－Src,c－Yes, HCK, Tec, BTK
CD118	LIFR, gp190	190	单核细胞,成纤维细胞,胚胎干细胞,肝,胎盘	IFN－α、IFN－β 受体,细胞分化增殖	LIF, OSM, CNTF, CT1	CD130, PLC－γ1,SHP1, SHP2, ERK2
CD119	IFNγR, IFNγRα, CDw119	90～100(Ⅲ型纤连蛋白)	淋巴细胞,NK 细胞,单核-巨噬细胞,粒细胞,内皮细胞,上皮细胞,成纤维细胞	与 IFN－γRⅡ形成 IFN－γ 受体,巨噬细胞细胞活化,MHC抗原表达,参与宿主防御和免疫病理过程	IFN－γ	Jak1, Jak2, SOCS1, STAT1, SHP2
CD120a	TNFR－Ⅰ, p55	50～60 (TNFR)	低表达于白细胞和大多数非造血细胞	细胞分化、凋亡、坏死、抗细菌、滤过性毒菌、寄生虫感染	TNF－α 和 TNF－β	FAK, Jak1, Jak2,SHP1, SHP2, STAT 1, TRAF1, TRAF2,
CD120b	TNFR－Ⅱ, p80	75(TNFR)～85	白细胞和非造血细胞	细胞分化、凋亡、坏死、抗细菌、滤过性毒菌、寄生虫感染	TNF－α 和 TNF－β	CK1, STAT1, TRAF1-3
CD121a	IL－1R type Ⅰ, IL－1RⅠ	80(IgSF)	成纤维细胞低表达,淋巴细胞,单核-巨噬细胞,粒细胞,树突细胞,上皮细胞,神经细胞	介导 IL－1 信号,IL－1受体	IL－1α, IL－1β, IL－1RA	MyD88, IRAK2
CD121b	IL－1R type Ⅱ, IL－1RⅡ	60～70(IgSF)	B细胞,单核-巨噬细胞,某些 T 细胞,角质细胞	介导负性信号	IL－1α, IL－1β, IL－1RA	
CD122	IL－2Rβ	75(细胞因子受体,Ⅲ型纤连蛋白)	NK 细胞,T 细胞,B 细胞,单核细胞	IL－2 和 IL－15 受体 β链,信号转导	IL－2, IL－15	CD25, CD132, Lck, JAK1, JAK3, STAT 1, STAT3, STAT5A, STAT5B, SOCS1

CD 抗原	别名	分子量(×10³)和结构	表达细胞	主要功能	配体/受体	胞内作用分子
CD123	IL-3Rα	70(细胞因子受体,Ⅲ型纤连蛋白)	嗜碱性粒细胞,嗜酸性粒细胞,造血祖细胞,巨噬细胞,树突细胞,内皮细胞,淋巴细胞亚群,肥大细胞,巨核细胞	IL-3受体α链	IL-3	CD131, Vav1, Tec, CISH
CD124	IL-4Rα	140(细胞因子受体,Ⅲ型纤连蛋白)	低表达于淋巴细胞和其他祖细胞,单核细胞,内皮细胞,上皮细胞,成纤维细胞	与CD132组成IL-4受体,T细胞生长,B细胞活化,Th2分化	IL-4, IL-13	CD132, CD213a, SHC,SHP1, SHP2, RACK1, SHIP, JAK1, IRS1, IRS2
CD125	IL-5Rα, CDw125	60(细胞因子受体,Ⅲ型纤连蛋白)	嗜酸性粒细胞,嗜碱性粒细胞,活化的B细胞,肥大细胞	IL-5受体,介导信号转导	IL-5	CD131, JAK1, JAK2
CD126	IL-6Rα	80(IgSF,细胞因子受体,Ⅲ型纤连蛋白)	活化的B细胞和浆细胞,T细胞,单核细胞,粒细胞,上皮细胞,成纤维细胞	与CD130组成高亲和力IL-6受体,细胞生长分化	IL-6	CD130, c-Src, STAT3, WWP1, WWP2
CD127	IL-7R, IL-7Rα	65～90(Ⅲ型纤连蛋白)	前体B细胞,大多数T细胞,胸腺细胞	与CD132组成IL-7受体,细胞生长分化	IL-7	CD132, Fyn, Lyn,JAK1, PTK2B
CD129	IL-9R	57	肥大细胞,巨噬细胞,活化的粒细胞,胸腺细胞,红系和髓系前体细胞	与CD132组成IL-9受体,调节T细胞生长	IL-9	CD132, 14-3-3ζ, JAK1
CD130	gp130	130～140(IgSF,细胞因子受体,Ⅲ型纤连蛋白)	T细胞,活化的B细胞,浆细胞,单核细胞,内皮细胞,肥大细胞,上皮细胞	IL-6, IL-11, LIF, CNF受体信号转导		CD126, IL-11R, LIF-R, OSMRb, TYK2, Vav1, SHP1, SHP2, JAK1, JAK3, SOCS3, STAT3
CD131	IL-3Rβ, common β chain, CDw131	120～140(细胞因子受体,Ⅲ型纤连蛋白)	单核细胞,粒细胞,早期B细胞,造血干细胞,内皮细胞,成纤维细胞	IL-3, IL-5和GM-CSF受体的信号转导,细胞活化和生长		CD123, CD125, CD116, Lck, Syk, Lyn, Fyn, JAK1, JAK2, STAT1, STAT3
CD132	common γ chain, IL-2Rγ	64～70(细胞因子受体)	T细胞,B细胞,NK细胞,单核-巨噬细胞,粒细胞,树突细胞	信号转导		CD25, CD122, CD124, CD127, CD129, IL15Rα, JAK1, JAK3, SHB, SHC, STAT 1, STAT5A

CD 抗原	别名	分子量($\times 10^3$)和结构	表达细胞	主要功能	配体/受体	胞内作用分子
CD133	AC133，Prominin-1	120	造血干细胞亚群,上皮细胞和内皮细胞前体细胞,神经前体细胞			
CD134	OX-40，TNFRSF4	48~50（TNFR）	活化的 T 细胞,调节性 T 细胞	T 细胞活化、增殖、分化,凋亡细胞黏附	CD134 配体	TRAF1-5，Siva
CD135	Flt3/Flk2，STK-1	155，160（IgSF,酪氨酸激酶）	造血干细胞,髓单核细胞,原始 B 祖细胞,胸腺细胞亚群	受体酪氨酸激酶,造血祖细胞生长	fl3 配体	SHC, NICK1, Grb2, SHP1, FLT3, SOCS1
CD136	MSP-R，RON，CDw136	150，40(酪氨酸激酶)	巨噬细胞,上皮细胞,某些造血细胞和癌细胞	诱导迁移、形态学的变化和增殖,抗凋亡	MSP, HGFI	c-Src, c-Yes, PI3Kα, PLCγ1, Grb2, 14-3-3 proteins (β, ε, σ, ζ, θ, η), JAK2
CD137	4-1BB，TNFRSF9	39(TNFR)	活化的 T 细胞,滤泡样树突细胞,单核细胞,活化的 B 细胞,上皮细胞	共刺激,T 细胞活化、存活,树突细胞发育	4-1BB 配体	TRAF 1-3
CD138	syndecan-1	85~110	浆细胞,前 B 细胞,上皮细胞,神经细胞,乳腺癌细胞	黏附,细胞生长	细胞外基质,FGF	CASK
CD139		209，228	B 细胞,单核细胞,粒细胞,树突细胞,红细胞			
CD140a	PDGF-Rα	180	成纤维细胞,间充质细胞,血小板,胶质细胞和软骨细胞	细胞增殖、分化和存活	PDGF-A, PDGF-B, PDGF-C	PLCg1, CRK, Grb2, STAT 1, STAT3, STAT5A, STAT5B, JAK1, CD140b
CD140b	PDGF-Rβ	180	成纤维细胞,间充质细胞,血小板,胶质细胞和软骨细胞	细胞增殖、分化和存活	PDGF-B, PDGF-D	CD140a
CD141	血栓调节蛋白,BDCA-3	105(C 型凝集素，EGF)	单核细胞,中性粒细胞,血小板,内皮细胞,髓系树突细胞亚群	启动蛋白 C 抗凝通路	凝血酶	
CD142	组织因子(TF)，因子Ⅲ	45~47(Ⅲ型纤连蛋白)	单核细胞,上皮细胞,星形胶质细胞,许旺细胞,内皮细胞,平滑肌	启动凝血		factor Ⅶa
CD143	ACE	90，170	内皮细胞,上皮细胞,树突细胞,神经元,成纤维细胞,活化的巨噬细胞	血管紧张素转化酶,控制血压	血管紧张素Ⅰ,缓激肽	
CD144	VE-钙黏蛋白,钙黏蛋白-5	130(钙黏素)	内皮细胞,干细胞亚群	黏附	CD144,β连环蛋白	c-Src, Csk, SHC, SHP2
CDw145		90，110	内皮细胞,某些基质细胞			

CD 抗原	别名	分子量($\times 10^3$)和结构	表达细胞	主要功能	配体/受体	胞内作用分子
CD146	MUC18，S-endo，MCAM，Mel-CAM，	130(IgSF)	内皮细胞，黑素瘤细胞，滤泡样树突细胞，活化的 T 细胞，成纤维细胞，骨髓基质细胞	同型和异型黏附		Fyn
CD147	Neurothelin，基础免疫球蛋白，EMMPRIN	55～65(IgSF)	广泛表达于造血及非造血细胞	黏附，T 细胞活化，胚胎发育	CD62E	
CD148	HPTP-eta，p260，DEP-1	200～260(Ⅲ型纤连蛋白，蛋白酪氨酸磷酸酶)	内皮细胞，上皮细胞，粒细胞，单核细胞，树突细胞，血小板，B 细胞，活化的 T 细胞，成纤维细胞	酪氨酸磷酸盐，黏附作用，血管生成，T 细胞活化	p120(ctn)	LAT，PLC-γ1，SRC
CD150	SLAM，IPO-3	75～95(IgSF)	T 细胞(活化后上调表达)，调节性 T 细胞，B 细胞，树突细胞，内皮细胞，造血干细胞	黏附，共刺激，信号转导，麻疹病毒感染	CD150，麻疹病毒，酪氨酸磷酸酶CD45	Fyn，Fgr，SHP2，SLAM，EAT2，SH2D1A，PTPN11
CD151	PETA-3	32(TM4)	内皮细胞，巨核细胞，血小板，上皮细胞	黏附，信号转导		α3β1，α6β1，和α6β4
CD152	CTLA-4	33(IgSF)	活化的 T 细胞，活化的 B 细胞	负调控 T 细胞活化	CD86，CD80	Fyn，Lck，Lyn，STAT5A，STAT5B，Jak2，PI3Ka，SHP2
CD153	CD30L，TNFSF8	40(TNF)	活化的 T 细胞，活化的巨噬细胞，活化的中性粒细胞，活化的 B 细胞	T 细胞活化共刺激	CD30	
CD154	CD40L，T-BAM，gp39，TRAP，TNFSF5	32～39（TNFR）	活化的 T 细胞，活化的血小板，活化的单核细胞	共刺激	CD40	αⅡbβ3，α5β1 整合素，CD80，CD86，NFATC2，AICDA，p53
CD155	PVR，Necl-5	60～90(IgSF)	单核细胞，巨噬细胞，某些肿瘤细胞	细胞迁移和黏附，脊髓灰质炎病毒感染	脊髓灰质炎病毒，玻璃体结合蛋白，CD226，CD96，αVβ3，CD111，CD112	CD113，AP1M2
CD156a	ADAM8，MS2，CD156	69	单核细胞，粒细胞，神经元，少突胶质细胞	黏附，金属蛋白酶	α9β1 整合素	
CD156b	TACE，ADAM 17	100～120	淋巴细胞，单核细胞，粒细胞，树突细胞，内皮细胞，上皮细胞	TNF-α，TGF-α，NgR，p75NTR 的剪切	TNF-α，TGF-α，NgR，p75NTR	SH3，TIMP-3

CD 抗原	别名	分子量(×10³)和结构	表达细胞	主要功能	配体/受体	胞内作用分子
CD156c	ADAM10	98，85，58，56	关节软骨细胞,白细胞,脑,肿瘤细胞	金属蛋白酶,细胞间、细胞-基质间连接	pro-TNF-α,APP,Notch	Notch, Ephrin A1, A2, A3
CD157	BST-1，Bp3	42～45	粒细胞,单核细胞,B细胞前体细胞,内皮细胞,T细胞亚群	ADP-核糖基-环状 ADP-核糖水解酶活性,前 B 细胞的生长,信号转导		CD38, Caveolin
CD158a	KIR2DL1，p58.1	58/50(IgSF)	大多数 NK 细胞,T细胞亚群	抑制 NK 细胞的细胞毒性	HLA-Cw2, Cw4, Cw5, Cw6	CD159a, CD159c
CD158b1	KIR2DL2，p58.2	58/50(IgSF)	大多数 NK 细胞,T细胞亚群	抑制 NK 细胞的细胞毒性	HLA-Cw1, Cw3, Cw7, Cw8	
CD158b2	KIR2DL3，p58	58/50(IgSF)	大多数 NK 细胞,T细胞亚群	抑制 NK 细胞的细胞毒性	HLA-Cw1, Cw3, Cw7, Cw8	Lck
CD158c	KIR3DP1，KIR2DS6，KIRX	(IgSF)	大多数 NK 细胞,T细胞亚群			
CD158d	KIR2DL4，KIR103AS	41(IgSF)	NK 细胞,某些 T 细胞	激活 NK 细胞的细胞毒性	HLA-G	CD159a, PTPN6, PTPN11
CD158e1	KIR3DL1，NKB1，NKB1B，p70	70(IgSF)	NK 细胞,某些 T 细胞	抑制 NK 细胞的细胞毒性	HLA-Bw4	CDK3
CD158e2	KIR3DS1，NKAT10	70(IgSF)	NK 细胞,某些 T 细胞	激活 NK 细胞的细胞毒性	HLA-Bw4	CDK3
CD158f	KIR2DL5A	(IgSF)	NK 细胞,某些 T 细胞	抑制 NK 细胞的细胞毒性	HLA-B	SHP1, SHP2
CD158g	KIR2DS5	(IgSF)	NK 细胞,某些 T 细胞	激活 NK 细胞的细胞毒性		
CD158h	KIR2DS1	(IgSF)	NK 细胞,某些 T 细胞	激活 NK 细胞的细胞毒性	HLA-C	
CD158i	KIR2DS4	50(IgSF)	NK 细胞,某些 T 细胞	激活 NK 细胞的细胞毒性	HLA-C	
CD158j	KIR2DS2	(IgSF)	NK 细胞,某些 T 细胞	激活 NK 细胞的细胞毒性	HLA-C	DAP12
CD158k	KIR3DL2	70(IgSF)	NK 细胞,某些 T 细胞	抑制 NK 细胞的细胞毒性	HLA-A	
CD158z	KIR3DL3，KIRC1	(IgSF)	NK 细胞,某些 T 细胞	抑制 NK 细胞的细胞毒性		
CD159a	NKG2A	43(C 型凝集素 SF)	NK 细胞,某些 T 细胞	负调控 NK 细胞的活性	HLA-E	CD94, CD158d, SHP1, SHP2
CD159c	NKG2C，KLRC2	40	NK 细胞,CD8⁺ T 细胞亚群	激活 NK 细胞的细胞毒性	HLA-E	CD94, CD158d, CD158k, DAP12

CD 抗原	别名	分子量(×10³)和结构	表达细胞	主要功能	配体/受体	胞内作用分子
CD160	BY55	27	NK 细胞亚群,细胞毒性 T 细胞,上皮内淋巴细胞	共刺激	HLA-C	LCK
CD161	NKR-P1A	40(C 型凝集素 SF)	大多数 NK 细胞,NK-T 细胞,记忆性 T 细胞,胸腺细胞	NK 细胞的细胞毒性,诱导未成熟胸腺细胞增殖	LLT1	SHP1
CD162	PSGL-1	110~120(黏蛋白)	单核细胞,粒细胞,大多数 T 细胞,B 细胞,造血干细胞,内皮细胞	黏附,白细胞滚动	CD62P,CD62L,CD62E	Syk
CD162R	PEN-5	140	NK 细胞		CD62L	
CD163	M130,GHI/61	100(清道夫受体)	单核细胞,巨噬细胞	内吞作用	血红蛋白/肝球蛋白复合物	PKCα,CSNK2B
CD164	MGC-24,MUC-24,Endolyn	80(黏蛋白)	上皮细胞,单核细胞,淋巴细胞,基质细胞,造血祖细胞	黏附,造血干细胞归巢		MYO5B
CD165	AD2,gp37	42	淋巴细胞亚群,单核细胞,不成熟的胸腺细胞,血小板,上皮细胞,神经元	黏附		TPST1
CD166	ALCAM	100~105(IgSF)	活化的 T 细胞,单核细胞,上皮细胞,成纤维细胞,神经元,间充质干细胞/祖细胞	黏附,T 细胞活化	CD6,CD166	PTPRZ1
CD167a	DDR1	120(受体酪氨酸激酶)	上皮细胞,树突细胞,白细胞中可诱导表达	胶原蛋白受体	胶原蛋白	Grb4,SHP2,PLCg1,SHC
CD167b	DDR2	97	成纤维细胞,心,肺	成纤维细胞迁移和增殖		
CD168	RHAMM	80,84,88	单核细胞,T 细胞亚群,胸腺细胞亚群,活化的淋巴细胞	透明质酸受体,细胞黏附	CD44	ERK1
CD169	唾液酸黏附素,Siglec-1	200(IgSF)	组织巨噬细胞	黏附	CD227,CD206,CD43	
CD170	Siglec-5	140(IgSF)	单核细胞,巨噬细胞,中性粒细胞,树突细胞	黏附	神经节苷脂	
CD171	L1CAM,N-CAML1,L1 抗原	190~220(IgSF)	T 细胞亚群,B 细胞亚群,树突细胞,单核细胞,神经元	黏附	L1,CD56,CD24,CD9,CD166	CSNK2A1,RANBP9
CD172a	SIRPα	110(IgSF)	单核细胞,树突细胞,粒细胞,干细胞	黏附	CD47	SHP1,SHP2,JAK2
CD172b	SIRPβ,SIRPβ1	90,60	单核细胞,粒细胞,树突细胞,脑,肾,睾丸	吞噬作用,细胞活化		DAP12
CD172g	SIRPγ,SIRPβ2	45~55	大多数 T 细胞,活化的 NK 细胞,B 细胞亚群	细胞黏附,共刺激	CD47	
CD173	血型 H2,血型 O	170	红细胞,造血干细胞亚群,血小板			

CD 抗原	别名	分子量(×10³)和结构	表达细胞	主要功能	配体/受体	胞内作用分子
CD174	Lewis Y	170	造血干细胞亚群,上皮细胞			
CD175	Tn		造血干细胞亚群,上皮细胞		TFRA	
CD175s	Sialyl‐TN		成红血细胞,内皮细胞,上皮细胞		TFRA	
CD176	T‐F Ag		造血干细胞亚群,红细胞,内皮细胞		TFRA	
CD177	NB1,HNA‐2a	56~64	中性粒细胞亚群,嗜碱性粒细胞,NK 细胞,T 细胞亚群,单核细胞,巨核细胞,内皮细胞			
CD178	FasL,CD95L,TNFSF6	27~40(TNF‐SF)	活化的 T 细胞,睾丸,树突细胞,肿瘤细胞	诱导凋亡	CD95	Fyn,Lck,FADD,Daxx,FAF1,c‐FLIP,PKCα,
CD179a	V pre B	16~18(IgSF)	祖 B 细胞和早期前 B 细胞	早期 B 细胞分化	CD179b,免疫球蛋白 μ 链	
CD179b	λ5	22(IgSF)	祖 B 细胞和早期前 B 细胞	早期 B 细胞分化	CD179a,免疫球蛋白 μ 链	
CD180	RP105	95~105(Toll样受体)	B 细胞亚群,单核细胞,树突细胞	LPS 识别和信号转导,B 细胞活化	LPS	MD‐1
CD181	CXCR1,CDw128A,IL‐8RA	39(G 蛋白偶联受体)	中性粒细胞,嗜碱性粒细胞,NK 细胞,T 细胞亚群,单核细胞,内皮细胞,肥大细胞	中性粒细胞趋化和活化,血管生成	IL‐8,NAP‐2,GCP‐2,GRO‐α	
CD182	CXCR2,CDw128B,IL‐8RB	40(G 蛋白偶联受体)	中性粒细胞,嗜碱性粒细胞,NK 细胞,T 细胞亚群,单核细胞,内皮细胞,肥大细胞	中性粒细胞趋化和活化,血管生成,造血	IL‐8,GRO‐α、β、γ,GCP‐2,NAP‐2,ENA‐78	
CD183	CXCR3	40(趋化因子受体,G 蛋白偶联受体 SF)	T 细胞亚群,B 细胞,NK 细胞,单核‐巨噬细胞,增殖的内皮细胞	T 细胞趋化	CXCL9,CXCL10,CXCL11	
CD184	CXCR4,融合素,LESTR	45(趋化因子受体,G 蛋白偶联受体 SF)	T 细胞亚群,B 细胞亚群,树突细胞,单核细胞,内皮细胞,造血干细胞	细胞迁移,造血祖细胞归巢,HIV 入侵	HIV‐1,SDF‐1(CXCL12)	FAK,Jak2,Jak3,STAT 1,STAT2,STAT3,STAT5B,SOCS1
CD185	CXCR5,BLR1	42(G 蛋白偶联受体)	B 细胞,T 细胞亚群,活化的 T 细胞,神经元	细胞迁移	CXCL13	
CD186	CXCR6,Bonzo,CDw186	39(G 蛋白偶联受体)	T 细胞亚群(Th1 细胞),B 细胞亚群,NK 细胞亚群	T 细胞招募,HIV‐1 共受体	CXCL16,HIV‐1,SIV	

CD 抗原	别名	分子量(×10³)和结构	表达细胞	主要功能	配体/受体	胞内作用分子
CD191	CCR1	42(TM7)	单核-巨噬细胞,淋巴细胞,树突细胞,干细胞	白细胞趋化作用	CCL3、5、7、8、14、15、23	Jak1, STAT1, STAT3
CD192	CCR2	38	单核细胞,B 细胞,活化的 T 细胞,树突细胞	白细胞趋化,HIV-1 共受体	CCL2、7、8、12、13、16,HIV-1	Jak2
CD193	CCR3	45(G 蛋白偶联受体)	嗜酸性粒细胞,嗜碱性粒细胞,T 细胞亚群,树突细胞,小神经胶质细胞,肥大细胞,上皮细胞	白细胞趋化,HIV-1 共受体	CCL3、5、7、8、11、13、14、15、24、26,HIV-1	Fgr, Hck
CD194	CCR4	63(G 蛋白偶联受体)	T 细胞亚群,胸腺细胞,皮肤 T 细胞,树突细胞	T 细胞趋化,T 细胞归巢到皮肤	CCL17,CCL22	
CD195	CCR5	45(趋化因子受体,G 蛋白偶联受体 SF)	单核-巨噬细胞,T 细胞亚群,树突细胞	淋巴细胞趋化,HIV 感染	HIV-1,CCL3,CCL4,CCL5	Lck, FAK, Jak1, Jak2, STAT1, STAT3, STAT5B
CD196	CCR6	40(TM7)	记忆性 T 细胞,B 细胞,树突细胞,朗格汉斯细胞,NK 细胞	细胞迁移,HIV-1 共受体,Th17 发育	CCL20,β-防御素	DCTN1, PCNT
CD197	CCR7, EBI-1, BLR-2, CMKBR7	45(趋化因子受体,G 蛋白偶联受体 SF)	T 细胞亚群,树突细胞,B 细胞亚群	T 淋巴细胞黏附,胸腺细胞迁移	CCL21,CCL19	
CDw198	CCR8	40(TM7)	单核细胞,T 细胞亚群,树突细胞,人脐静脉内皮细胞	细胞迁移,HIV-1 共受体	CCL1,vCCL1	
CDw199	CCR9	43(TM7)	胸腺细胞,上皮内淋巴细胞,黑素瘤细胞	细胞迁移,HIV-1 共受体	CCL25	
CD200	OX2	45～50(IgSF)	胸腺细胞,B 细胞,活化的 T 细胞,内皮细胞,角质细胞亚群,神经细胞	抑制髓系细胞功能,肥大细胞活化	OX2R	
CD201	EPC-R	50(CD1 MHC家族)	内皮细胞,造血干细胞	蛋白质 C 活化	蛋白质 C	
CD202b	Tie2 (Tek)	145(IgSF,酪氨酸激酶)	内皮细胞,干细胞亚群	血管生成,造血功能	血管生成素	Fyn, Grb2, Lck, Lyn, TEK, SOCS1, STAT5A, STAT5B
CD203c	E-NPP3, PD-1b, PDNP3, B10	130,150(Ⅱ型膜蛋白)	嗜碱性粒细胞,肥大细胞,巨核细胞,肿瘤组织	清除细胞外核酸	核苷酸	P2RY2
CD204	MSR	220(清道夫受体)	巨噬细胞	低密度脂蛋白的摄取,宿主防御	LDL, LPS,脂蛋白	HSP70

CD 抗原	别名	分子量($\times 10^3$)和结构	表达细胞	主要功能	配体/受体	胞内作用分子
CD205	DEC - 205	205(Ⅰ型膜蛋白)	树突细胞,胸腺上皮细胞,骨髓基质细胞	内吞作用,抗原呈递		
CD206	MMR	175(C 型凝集素 SF)	巨噬细胞,活化的单核细胞,树突细胞	内吞作用	糖基化抗原	CHK2
CD207	Langerin	40(C 型凝集素 SF)	朗格汉斯细胞,树突细胞	抗原识别与摄取		
CD208	DC - LAMP	70~90(MHC 家族)	活化的树突细胞,Ⅱ型肺上皮细胞			
CD209	DC - SIGN	44(C 型凝集素 SF)	树突细胞亚群	抗原内吞与降解,结合 HIV 和其他病毒	甘露糖糖蛋白,HHV - 8,麻疹病毒,丙型肝炎病毒,ICAM - 2,ICAM - 3,HIV	
CD210a	IL - 10R, IL - 10R1, IL - 10Ra	90~110(细胞因子受体)	T 细胞,B 细胞,NK 细胞,单核-巨噬细胞,胸腺细胞(低),活化的中性粒细胞	IL - 10 的受体	IL - 10	JAK1, STAT3, SOCS3
CDw210b	IL - 10R2, CRF2 - 4, IL - 10Rb	105(细胞因子受体)	T 细胞,B 细胞,NK 细胞,单核细胞,树突细胞,肝,中性粒细胞	信号转导	IL - 10R1, IL - 22R1, IL - 20R1, IL - 28R1, IL - 29R1	JAK1
CD212	IL - 12Rβ1	110(细胞因子受体)	活化的 T 细胞,NK 细胞,巨噬细胞	IL - 12、IL - 23 的受体	IL - 12, IL - 23	IL - 12Rβ2, IL - 23R, STAT4
CD213a1	IL - 13Rα1	65(细胞因子受体)	B 细胞,单核细胞,肥大细胞,成纤维细胞,内皮细胞	IL - 13 的受体,信号转导	IL - 13	JAK1, TYK2, STAT6, SOCS1, 3
CD213a2	IL - 13Rα2	65(细胞因子受体)	B 细胞,单核细胞,上皮细胞	IL - 13 的受体	IL - 13, HSV	TYK2, STAT6, JAK1, SOCS1, 4
CD215	IL - 15Rα	(细胞因子受体)	活化的单核细胞,亚群 T 细胞和 NK 细胞	细胞存活、增殖、分化	IL - 15	CD122, CD132, TRAF2, TRAF5
CD217	IL - 17R, CDw217	128(趋化因子/细胞因子受体)	B 细胞,NK 细胞,成纤维细胞,上皮细胞,T 细胞,单核-巨噬细胞,粒细胞	IL - 17 的受体	IL - 17	TRAF6
CD218a	IL18Rα, IL - 1Rrp1, IL - 18R	60~100(细胞因子受体)	T 细胞亚群(Th1 细胞),B 细胞亚群,NK 细胞,单核细胞,粒细胞,内皮细胞,树突细胞	结合 IL - 18,信号转导	IL - 18	CD218b, NFκB, MAPK8, 9
CD218b	IL18Rβ, IL - 1RcPL, CDw218b	64~66(细胞因子受体)	NK 细胞,T 细胞亚群,单核细胞,内皮细胞,树突细胞	信号转导		CD218a, NFκB, MAPK8, 9

CD 抗原	别名	分子量(×10³)和结构	表达细胞	主要功能	配体/受体	胞内作用分子
CD220	胰岛素受体	140，70(胰岛素受体家族，EGFR)	白细胞,成纤维细胞,内皮细胞,上皮细胞	胰岛素受体,新陈代谢	胰岛素	c-Src, Csk, Cbl, FAK, JAK1, JAK2, STAT5A, STAT5B
CD221	IGF-IR	135(胰岛素受体家族，EGFR)	白细胞和多种非造血细胞	信号转导,细胞增殖与分化	胰岛素,IGF-Ⅰ, IGF-Ⅱ	c-Src, ASK1, CRK, Csk, Jak1, Jak2, CRKL, STAT 3
CD222	M6P-R, IGF-ⅡR	230，250(哺乳动物凝集素)	淋巴细胞,单核细胞,粒细胞,成纤维细胞,肌细胞,胚胎组织	激活潜在的TGF-β,细胞黏附、迁移,血管生成	纤溶酶原,增殖蛋白, LAP, IGFII, M6P, LIF, HSV	CD87
CD223	LAG-3	70(IgSF)	活化的 T 细胞,活化的NK 细胞	负性调节 T 细胞扩增与稳态	MHC Ⅱ	CBF, CENP-J
CD224	γ-谷氨酰转肽酶,GGT	27，62~68(γ-谷氨酰转肽酶蛋白)	T 细胞亚群,B 细胞亚群,巨噬细胞,内皮细胞,造血干细胞,肾小管细胞,胰腺	抑制凋亡,细胞毒性损伤和白三烯的合成	谷胱甘肽,白三烯 C4,谷胱甘肽 S-偶联物	CD19, CD21, CD37,CD53, CD81, CD82
CD225	Leu-13	17	白细胞,内皮细胞	淋巴细胞的活化与发育		CD81, CD19, CD21
CD226	DNAM-1, PTA-1, TLiSA1	65(IgSF)	T 细胞亚群,NK 细胞,单核细胞,血小板,B细胞亚群,胸腺细胞,活化的人脐静脉内皮细胞	共刺激,黏附	CD155, CD112	LFA-1, Fyn
CD227	MUC-1, EMA,黏蛋白1	300(黏蛋白)	上皮细胞,干细胞亚群,单核细胞,活化的 T 细胞,树突细胞	细胞黏附与信号转导	CD54, CD169, 选择素	Lck, c-Src, ZAP70, Grb2, SOS1
CD228	MTf, p97	80~97(转铁蛋白 SF)	黑素瘤细胞,上皮细胞,脑,骨骼肌和心肌	Fe 转运	铁	PLG
CD229	Ly-9, SLAMF3	100，120(IgSF)	T 细胞,B 细胞,胸腺细胞,树突细胞,NK 细胞	黏附,共刺激	CD229	SH2D1A, EAT2
CD230	朊病毒蛋白, PrP	35	造血及非造血细胞,神经元	阻止细胞凋亡,干细胞更新		BIP, Grb2
CD231	TALLA-1, A15	28~45(TM4-SF)	T 细胞-急性淋巴细胞白血病,神经母细胞瘤细胞,神经元			
CD232	VESP-R	200(丛状蛋白)	B 细胞,单核细胞,粒细胞,NK 细胞,活化的 T 细胞,树突细胞	细胞分化与迁移	CDw108,痘病毒 A39R	
CD233	Band3	95~110(TM14)	红细胞,肾	阴离子交换		Lyn, Syk
CD234	DARC, Fy, Duffy	35~45(趋化因子受体 SF)	红细胞,内皮细胞,神经元,上皮细胞,小脑	趋化因子受体,疟原虫受体	CXCL1、5、8, CCL2、5、7,疟原虫	FUZ

CD 抗原	别名	分子量($\times 10^3$)和结构	表达细胞	主要功能	配体/受体	胞内作用分子
CD235a	血型糖蛋白 A	36	红细胞	寄生虫受体,细胞聚集	甲型肝炎病毒,巴贝西虫,恶性疟原虫	
CD235ab	血型糖蛋白 A/B	20	红细胞	寄生虫受体,细胞聚集	甲型肝炎病毒,巴贝西虫,恶性疟原虫	
CD235b	血型糖蛋白 B	20	红细胞	寄生虫受体,细胞聚集	巴贝西虫,恶性疟原虫	
CD236	血型糖蛋白 C/D	30~40(Ⅲ型膜蛋白)	红细胞,干细胞亚群	Gerbich 抗原		
CD236R	血型糖蛋白 C	40(Ⅲ型膜蛋白)	红细胞,干细胞亚群	Gerbich 抗原	恶性疟原虫 BAEBL	
CD238	B-CAM	90	红细胞,成纤维细胞,上皮细胞诱导表达	红细胞分化与运输	层粘连蛋白 α5	
CD239	Rh30CE	30~32(IgSF)	红细胞			
CD240CE	Rh30D, RhD	30~32	红细胞			
CD240D	Rh30D/CE	30	红细胞			
CD241	Rhesus 50	50	红细胞	与 CD47、LW、血型糖蛋白 B 组成 Rh 抗原复合物		
CD242	ICAM-4	37~43(IgSF)	红细胞	黏附,LW 血型	CD11a、b, CD18, CD49b, d, e, CD51	
CD243	MDR-1, P-gp, gp170, ABC-B1	170	干细胞,抗多种药物的肿瘤细胞	离子泵,调节药物摄取、分布、清除	有毒的外源性物质,抗癌药	TP53, NR112
CD244	2B4	66(IgSF)	NK 细胞,T 细胞亚群,嗜碱性粒细胞,单核细胞	刺激 NK 细胞的活化,共刺激 T 细胞	CD48	LAT, EAT2, SH2D1A
CD245	p220/240	215~245	T 细胞,B 细胞,NK 细胞,单核细胞,粒细胞,血小板	信号转导,共刺激		
CD246	ALK,间变性淋巴瘤激酶	200(胰岛素受体家族)	某些 T 淋巴瘤,内皮细胞,某些神经细胞	酪氨酸激酶受体,调节细胞的生长与凋亡	Midkine	ALK, SHC, JAK3, PLCg1, IRS1, STAT3
CD247	CD3z, Zeta, chain, CD3ζ	16(IgSF)	T 细胞,NK 细胞	抗原识别,信号转导		CD3/TCR complex, Lck, Fyn, ZAP-70, Csk, SHP1, JAK3, STAT5A, STAT5B
CD248	TEM1,内皮唾液酸蛋白	165(C 型凝集素样细胞表面受体)	胚胎内皮细胞,肿瘤内皮细胞	血管生成		RASD2

CD 抗原	别名	分子量($\times 10^3$)和结构	表达细胞	主要功能	配体/受体	胞内作用分子
CD249	APA, ENPEP, gp160, EAP	160	上皮细胞,内皮细胞	转化血管紧张素Ⅱ为血管紧张素Ⅲ		angiotensin Ⅱ和cholecystokinin-8
CD252	OX40L, TNFSF4	34(TNF-SF)	树突细胞,活化的B细胞,内皮细胞,肥大细胞	共刺激	OX40	TRAF2
CD253	TRAIL, APO2L, TNFSF10	40	活化的T细胞,NK细胞,B细胞	凋亡	DR4, DR5, DcR1, DcR2	CASP8, CASP3, BCL2
CD254	TRANCE, RANKL, TNFSF11, OPGL	40	活化的T细胞,基质细胞,破骨细胞	参与T-B和T-树突细胞相互作用,骨骼发育	RANK	c-Src, AKT1, ERK1, ERK2, TRAF6
CD255	TWEAK, TNFSF12	18(TNFSF)	活化的单核细胞,内皮细胞,成纤维细胞	细胞活化、增殖、凋亡	FN14, APO3	
CD256	APRIL, TALL-2, TNFSF13	38(Ⅱ型膜蛋白)	白细胞,胰腺,结肠	T、B细胞增殖	TACI, BCMA	Fas, Furin
CD257	BLyS, BAFF, TNFSF13b, TALL-1	34(Ⅱ型膜结合蛋白)	活化的单核细胞,树突细胞	T和B细胞生长、发育,共刺激	TACI, BCMA, BAFF-R	TRAF3, NFκB
CD258	LIGHT, TNFSF14	29(Ⅱ型跨膜糖蛋白)	活化的T细胞,活化的单核细胞	T细胞共刺激,诱导凋亡	HVEM, LTβR	TRAF2, TRAF3, SMAC
CD261	TRAIL-R1, DR4, TNFRSF10a	56	活化的T细胞,某些肿瘤细胞	诱导凋亡	TRAIL (CD253)	BCL10, Caspase 8, Caspase 10, FADD, c-FLIP, BTK
CD262	TRAIL-R2, DR5, KILLER, TNFRSF10b	55	白细胞,心,胎盘,肝,肿瘤细胞	诱导凋亡	TRAIL (CD253)	BCL10, Caspase 8, Caspase 10, FADD, c-FLIP, BTK
CD263	TRAIL-R3, DcR1, TRID, TNFRSF10c	65	低表达于大多数组织,多数肿瘤组织不表达	抑制TRAIL诱导的凋亡	TRAIL (CD253)	Rap1α, FADD
CD264	TRAIL-R4, DcR2, TNFSF10d	35	低表达于大多数组织,多数肿瘤组织不表达	抑制TRAIL诱导的凋亡	TRAIL (CD253)	FADD, CASP10, p53
CD265	TRANCE-R, RANK, TNFRSF11a	97	树突细胞,活化的单核细胞	TRANCE的受体	TRANCE (CD254)	c-Src, Cbl, CblB, Grb2, MAP3K7, TRAF1-3, TRAF5-6, TAB2
CD266	TWEAK-R, Fn14, TNFRSF12a	14	内皮细胞,上皮细胞,角质细胞	调节凋亡、增殖,血管生成	TWEAK (CD255)	TRAF1-3

CD 抗原	别名	分子量($\times 10^3$)和结构	表达细胞	主要功能	配体/受体	胞内作用分子
CD267	TACI, TNFRSF13b	32(TNFR-SF)	B 细胞,骨髓瘤细胞	抑制 B 细胞增殖	BAFF, APRIL	TRAF2, TRAF5-6
CD268	BAFFR, BR3, TNFRSF13c	19(TNFR-SF)	B 细胞,T 细胞亚群	B 细胞存活、成熟,T 细胞活化	BAFF	TRAF3, PMPCB, NFκB
CD269	BCMA, TNFRSF17	27(TNFR-SF)	浆细胞,B 细胞亚群	浆细胞存活	BAFF, APRIL	TRAF1-3
CD270	HVEM, HVEA, TR2, TNFRSF14, ATAR	30(TNFR-SF)	T 细胞,B 细胞,NK 细胞,单核-巨噬细胞,粒细胞,内皮细胞,上皮细胞,神经元,成纤维细胞	共刺激,抑制	LIGHT, LTα, BTLA, CD160,疱疹病毒	TRAF1, TRAF2, TRAF3, TRAF5
CD271	NGFR (p75), p75NGFR, p75NTR, TNFRSF16	75	神经元,许旺细胞,黑色素细胞,B 细胞,单核细胞,角质细胞	NGF 的低亲和力受体,诱导凋亡,胚胎发生,头发生长	NGF, BDNF, NT-3, NT-4	ERK1, ERK2, Grb2, PRKACB, SHC, TRAF2, TRAF4, TRAF6
CD272	BTLA	33(IgSF)	T 细胞(活化后上调),B 细胞,巨噬细胞,树突细胞	抑制 T 细胞功能	HVEM	SHP1, SHP2
CD273	B7DC, PDL2, PD-L2	25(IgSF)	树突细胞,活化的单核-巨噬细胞	共刺激,抑制	PD-1	RPL17
CD274	B7H1, PDL1, PD-L1	40(IgSF)	T 细胞,B 细胞,NK 细胞,树突细胞,巨噬细胞,上皮细胞	共刺激,抑制	PD-1	RPL17
CD275	B7H2, ICOSL, B7RP1, B7h	60(IgSF)	活化的单核细胞,巨噬细胞,树突细胞	共刺激	ICOS	
CD276	B7H3, B7RP-2	45, 110(IgSF)	树突细胞,活化的单核细胞,活化的 T 细胞,活化的 B 细胞,活化的 NK 细胞,上皮细胞	可能参与共刺激或抑制		
CD277	BT3.1, BTN3A1	56(IgSF)	T 细胞,B 细胞,NK 细胞,单核细胞,树突细胞,内皮细胞	T 细胞活化	BT3.1-R	
CD278	ICOS	47~57(IgSF)	活化的 T 细胞,胸腺细胞亚群	T 细胞共刺激	B7H2(CD275)	
CD279	PD1	50~55(IgSF)	活化的 T 细胞,活化的 B 细胞,胸腺细胞亚群	T 细胞耐受,负性调节	CD273, CD274	TRAF2, RUNX1, PTPase-6
CD280	TEM22, ENDO180, uPARAP	180	成纤维细胞,内皮细胞,巨噬细胞,破骨细胞,骨细胞,软骨细胞	重构,胶原的摄取与降解	胶原蛋白	uPAR
CD281	TLR1	90(Toll 样受体家族)	单核细胞,巨噬细胞,树突细胞,角质细胞	调节 TLR2 功能	脂蛋白	TLR2, MyD88

CD 抗原	别名	分子量(×10³)和结构	表达细胞	主要功能	配体/受体	胞内作用分子
CD282	TLR2	86(Toll 样受体家族)	单核细胞,粒细胞,巨噬细胞,树突细胞,角质细胞,上皮细胞	参与对某些细菌、支原体病原体的固有免疫反应,信号转导	脂蛋白,多糖	TLR1, TLR6, RIP2, TOLLIP, PI3Kα, H-Ras, MYD88
CD283	TLR3	120(Toll 样受体家族)	树突细胞,成纤维细胞,上皮细胞	参与对某些病毒病原体的固有免疫反应	dsRNA	TRIAD3, MYD88, TRAF6, MAP3K7, TAB2
CD284	TLR4	95(Toll 样受体家族)	单核细胞,巨噬细胞,内皮细胞,上皮细胞,粒细胞(低),树突细胞(低)	参与对革兰阳性细菌的固有免疫反应	LPS	MD2, CD14; Syk, BTK, IRAK2, MYD88, RIP2, TOLLIP, TRIAD3, MAPK8IP1
CD286	TLR6	90(Toll 样受体家族)	单核细胞,巨噬细胞,粒细胞,树突细胞,上皮细胞	参与对一些细菌、支原体病原体的固有免疫反应	脂蛋白,多糖	TLR2, CD36, BTK, MyD88
CD288	TLR8	110(Toll 样受体家族)	单核细胞,巨噬细胞,树突细胞,神经元,轴突	抗病毒免疫,大脑发育,造血	ssRNA	BTK, MyD88, IRAK4
CD289	TLR9	110~119(Toll 样受体家族)	浆细胞样树突细胞,B细胞,单核细胞	参与对细菌、病毒的固有免疫反应,树突细胞成熟	CpG DNA	BTK, TRIAD3, H-Ras, MAPK8IP3, MyD88
CD290	TLR10	90	B 细胞,浆细胞样树突细胞	TLR2 的共受体		TLR1, 2 和 10
CD292	BMPR1A, ALK3	55, 80	间充质细胞,上皮细胞,骨祖细胞,神经元,软骨细胞,骨骼肌,心肌细胞	激酶,头发的形态形成,抗凋亡,胚胎形成	BMP2、4、7, GDF‐5	TAB1, SMAD4, SMAD6
CDw293	BMPR1B, ALK6	55, 80	间充质细胞,骨祖细胞,软骨细胞,上皮细胞,心,肾	激酶,调节软骨形成	BMP2、4、7, GDF‐5	PAK1, RhoD, SH3KBP1, SOCS6, SMAD6, SMAD6, SMAD7
CD294	CRTH2, DP2, GPR44	55~70(TM7)	Th2 细胞,嗜碱性粒细胞,嗜酸性粒细胞	调节免疫和炎症反应,诱导 Th2 细胞、嗜酸性细胞、嗜碱性细胞迁移	PGD2	TFDP1

CD 抗原	别名	分子量($\times 10^3$)和结构	表达细胞	主要功能	配体/受体	胞内作用分子
CD295	LEPR, OB-R	132	造血细胞,心,胎盘,肝,肾,胰腺	调节脂肪代谢	Leptin	
CD296	ART1	36	中性粒细胞,心,骨骼肌	转运 ADP 核糖到目标蛋白,调节细胞稳态	PDGFβ,整合素,防御素	
CD297	ART4	36	dombrock+红细胞,单核细胞,巨噬细胞,嗜碱性粒细胞,内皮细胞,肠,卵巢	新陈代谢,dombrock 血型抗原		
CD298	ATP1B3	32	广泛,中枢神经系统高表达,睾丸	ATP 酶的非催化组分,偶合 Na$^+$、K$^+$ 离子的交换	与 ATPα1、2 或 3 形成二聚物	
CD299	DC-SIGNR,L-SIGN	45	肝和淋巴结内皮	T 细胞运输,HCV、EBOV 和 HIV 感染	ICAM-3,HIV gp120,丙型肝炎病毒,埃博拉病毒	
CD300a	CMRF35H,CMRF-35-H9,IRp60	34(IgSF)	单核-巨噬细胞,中性粒细胞,树突细胞,NK 细胞,肥大细胞,T 细胞和 B 细胞亚群	抑制		
CD300b	IREM-3	26~32	髓系细胞	活化		DAP-12,NFAT/AP-1
CD300c	CMRF35A,LIR	25(IgSF)	单核-巨噬细胞,中性粒细胞,树突细胞,NK 细胞,T 细胞和 B 细胞亚群,肥大细胞			
CD300d	clm4,MAIR-II,LMIR2	22	髓系细胞,B 细胞亚群	活化		
CD300e	CMRF35L1,IREM2,CLM-2	23	单核-巨噬细胞,树突细胞亚群			
CD300f	MAIR-V,IREM1	45~60	髓系细胞	抑制		
CD300g	Clm9,TREM-4,CD300LG		内皮细胞			
CD301	MGL1,CLECSF14	42(II 型膜蛋白)	巨噬细胞,不成熟的树突细胞	细胞黏附,巨噬细胞迁移,细胞识别	Gal/GalNAc 结构的糖类	
CD302	DCL1	30	单核-巨噬细胞,树突细胞			
CD303	BDCA2	38	浆细胞样树突细胞	抗原俘获,抑制干扰素 α/β 的产生		

CD 抗原	别名	分子量(×10³)和结构	表达细胞	主要功能	配体/受体	胞内作用分子
CD304	BDCA4,神经纤毛蛋白-1,NRP1	140	树突细胞,T 细胞,神经元,内皮细胞	血管生成,树突细胞-T细胞相互作用,神经突触形成	VEGF165,SEMA3A,与丛状蛋白-1形成复合物	SEMA3A, B, C, F, G
CD305	LAIR1	31(IgSF)	T 细胞,B 细胞,NK 细胞,树突细胞,单核-巨噬细胞	抑制细胞活化和炎症	Ep-CAM(CD326)	Csk, SHP2
CD306	LAIR2	16(IgSF)	T 细胞,单核细胞	抑制细胞活化和炎症	Ep-CAM(CD326)	
CD307a	FCRL1,FCRH,IFGP1,IRTA5	55	B 细胞	B 细胞活化与发育		
CD307b	FCRL2,SPAP1,FCRH2,IFGP4,IRTA4		B 细胞			
CD307c	FCRL3,IFGP3,IRTA3,SPAP2		B 细胞,调节性 T 细胞亚群			
CD307d	FCRL4,FCRH4,IGFP2,IRTA1	57	B 细胞亚群	抑制		SHP-1, SHP-2
CD307e	FCRL5,BXMAS1,FCRH5,IRTA2,CD307	106	浆细胞,生发中心 B 细胞	抑制	IgG, IgA(弱)	
CD309	VEGFR2,KDR	195/235(Ⅲ型酪氨酸蛋白激酶受体)	内皮细胞,原始干细胞,某些肿瘤细胞	血管生成	VEGF-A、E、C 和 D	Fyn, c-Yes, c-Src, Grb2, Grb10, NCK1, Cbl, STAT1
CD312	EMR2	90(TM7)	巨噬细胞,活化的单核细胞,树突细胞,肝,肺	参与免疫与炎症反应	硫酸软骨素,黏多糖,CD55	
CD314	NKG2D	42(Ⅱ型膜蛋白)	NK 细胞,CD8⁺ T 细胞亚群,γδT 细胞,巨噬细胞	NK 细胞活化	MICA,MICB,ULBP-1、2、3	DAP10, DAP12
CD315	CD9P-1,FPRP,EWI-F	135(Ⅰ型膜蛋白,IgSF)	巨核细胞,肝细胞,上皮细胞,内皮细胞,弱表达于 B 细胞和单核细胞			CD9 和 CD81
CD316	EWI-2,PGRL	62~78(IgSF)	T 细胞,B 细胞,NK 细胞,肝细胞	抑制肿瘤细胞的转移		CD9, CD81, 和 KAI1/CD82

CD 抗原	别名	分子量(×10³)和结构	表达细胞	主要功能	配体/受体	胞内作用分子
CD317	BST2, Tetherin	29～33(Ⅱ型膜蛋白)	浆细胞,活化的 T 细胞,单核细胞,粒细胞,淋巴浆细胞样细胞,基质细胞,成纤维细胞,浆细胞样树突细胞	抗反转录病毒,可能参与前 B 细胞的生长		GATA1
CD318	CDCP1, SIMA135	80/140	造血干细胞,上皮细胞,某些肿瘤细胞	粘连		c‐Src, PKCd
CD319	CRACC, CS1	66(IgSF)	NK 细胞,大多数 T 细胞,活化的 B 细胞,成熟的树突细胞	激活 NK 细胞的细胞毒作用,黏附	CD319	
CD320	8D6, NG29	29	滤泡样树突细胞	促进 B 细胞生长		
CD321	JAM1, JAM, JAM‐A, F11R	35～40(IgSF)	上皮细胞,内皮细胞,白细胞,血小板,红细胞,肺,胎盘,肾	细胞黏附,淋巴细胞迁移,维持上皮细胞屏障,血小板活化	PAR3, LFA‐1,呼吸道肠道病毒	PKCα, CSNK2A1, CASK, PTPB
CD322	JAM2, VE‐JAM	48(IgSF)	内皮细胞,心	细胞黏附,淋巴细胞归巢	PAR‐3, α4β1 整合素,JAM3, JAM‐2	
CD323	JAM3	43	内皮细胞,上皮细胞,平滑肌,神经细胞,血小板	黏附,血管生成	JAM2, JAM3,整合素 β2	
CD324	E‐钙黏蛋白, CDH1	120(Ⅰ型膜蛋白)	上皮细胞,角质细胞,滋养层,血小板	细胞与细胞、细胞与细胞外基质黏附,肿瘤抑制,细胞生长与分化	CD103, E‐钙黏蛋白,PS1,连环蛋白,内化蛋白	GSK3β, CSNK2A1, RICS, IRS1
CD325	N‐钙黏蛋白, CDH2, CDw325	130(Ⅰ型膜蛋白)	神经元,骨骼肌和心肌细胞,成纤维细胞,上皮细胞,胰腺,肝	细胞与细胞、细胞与细胞外基质黏附,细胞生长与分化	N‐钙黏蛋白,连环蛋白,FGFR, PS1	PI3Kα, RICS
CD326	Ep‐CAM, MK‐1, KSA, EGP40, TROP1	40(Ⅰ型膜蛋白)	上皮细胞,低表达于胸腺细胞和 T 细胞,肿瘤细胞	抑制细胞活化和炎症	LAIR‐1, LAIR‐2, Ep‐CAM	Claudin 7, TACC1
CD327	Siglec‐6, OB‐BP‐1, CD33L1, CDw327	49(IgSF)	B 细胞,胎盘滋养层,粒细胞	黏附	Leptin, Sialyl‐Tn	
CD328	Siglec‐7, p75/AIRM	65～75(IgSF)	NK 细胞,T 细胞亚群,单核细胞,粒细胞	抑制 NK 和 T 细胞的活化	GD3, LSTb	Grb2, SHP2, TRAF4

CD抗原	别名	分子量(×10³)和结构	表达细胞	主要功能	配体/受体	胞内作用分子
CD329	Siglec-9	50(IgSF)	单核细胞,NK细胞亚群,B细胞,T细胞,中性粒细胞,肝细胞,粒细胞白血病	抑制免疫反应	GD1a, LSTc	
CD331	FGFR1,FLG,FLT2,N-SAM	60,110~160(IgSF)	广泛,上皮细胞,内皮细胞,成纤维细胞,胚胎组织,心肌细胞,骨髓间充质干细胞	细胞生长,肢体发育	aFGF,bFGF,K-FGF	CRK, Grb2, Grb4, Grb14, PI3Kα, PI3Kβ, PLCγ1, SOS1
CD332	FGFR2,BEK,K-SAM	135(IgSF)	脑,肝,前列腺,肾,肺,脊髓,胚胎组织	细胞分裂,调节细胞生长和成熟	aFGF,bFGF,K-FGF,FGF-6	Lyn, Fyn, Cbl, PLCg1, PAK1, PTK2B
CD333	FGFR3,ACH,CEK2	115~135(IgSF)	脑,肾,成人睾丸,胎儿小肠	细胞分裂,调节细胞生长和成熟	aFGF	Grb2, PTK2B, STAT1, STAT3
CD334	FGFR4,TKF	88~110(IgSF)	肝,肾,肺,胰腺,淋巴细胞,巨噬细胞	骨和肌肉的发育,癌症发展/转移	aFGF,FGF19	PLCg1, STAT1, STAT3
CD335	NKp46,NCR1	46(IgSF)	NK细胞	NK细胞活化	病毒血凝素,硫酸乙酰肝素蛋白聚糖	
CD336	NKp44,NCR2	44(IgSF)	活化的NK细胞	NK细胞活化	病毒血凝素	DAP12
CD337	NKp30,NCR3	30(IgSF)	NK细胞	NK细胞活化	硫酸乙酰肝素蛋白聚糖	
CD338	ABCG2,ABCP,MXR,BCRP,Brcp1	72	肝,肾,肠,肺,内皮细胞,黑素瘤,胎盘,特定抗药性的肿瘤	某些外源性物质的吸收与排泄	某些外源性物质	
CD339	Jagged-1,Jag1	134(Ⅰ型膜蛋白)	骨髓基质细胞,胸腺上皮细胞,内皮细胞,许旺细胞,角质细胞,卵巢,前列腺,胰腺,胎盘,心	造血过程中决定细胞命运,心血管系统的发育	Notch1, 2 和 3	
CD340	HER2,Neu,erb-B2	185	上皮细胞,内皮细胞,角质细胞,CD34⁺干细胞亚群,胚胎中胚层和胚胎外组织,过表达于多种恶性细胞	细胞生长与分化,肿瘤细胞的转移	gp30	
CD344	卷曲蛋白-4,FZD4,EVR1,FEVR	48~53(TM7)	上皮细胞,内皮细胞,骨髓间充质干细胞,髓系祖细胞,神经祖细胞,肠神经元	细胞增殖与分化,胚胎发育,视网膜血管生成	Norrin, Wnt蛋白	PLC-γ1, STAT1, STAT3
CD349	卷曲蛋白-9,FZD9,FZD3, FZ9	64(TM7)	骨髓间充质干细胞,神经前体细胞,乳腺上皮细胞,成人脑,胚胎脑,睾丸,肾,眼睛和胰腺,某些肿瘤	B细胞发育,海马区发育,组织形态发生	Wnt-2,Wnt-7a	PLC-γ1, STAT1, STAT3

CD 抗原	别名	分子量(×10³)和结构	表达细胞	主要功能	配体/受体	胞内作用分子
CD350	卷曲蛋白-10，FZD10，FZ10	65(TM7)	脑,胚胎,肾,肝,胰腺,胎盘,乳腺和肺,上皮细胞,某些肿瘤	肢体发育,神经系统	Wnt7b	
CD351	Fca/uR	58	B细胞,树突细胞,单核细胞,T细胞弱表达	抗原呈递?	IgM，IgA	
CD352	SLAMF6，NTB-A，KAL1，Ly108	60	NK细胞,B细胞,T细胞	共刺激,活化	CD352	EAT-2，SAP
CD353	SLAMF8，BLAME，SBBI42		巨噬细胞,树突细胞,B细胞	调节巨噬细胞功能		
CD354	TREM-1	30	单核细胞,粒细胞	活化,共刺激		DAP-12
CD355	CRTAM		活化的CD8 T细胞,活化的NK细胞/NKT细胞	黏附	Necl2	
CD357	TNFRSF18，GITR，AITR	30(TNFR-SF)	T细胞(低),活化的T细胞,调节性T细胞	抑制调节性T细胞功能	GITRL	TRAF1，TRAF2，TRAF3
CD358	TNFRSF21，DR6	40	广泛组织分布,肿瘤细胞高表达	凋亡	APP	
CD360	IL-21R，NILR		B细胞,低表达于T细胞、NK细胞、单核细胞和树突细胞	T细胞和NK细胞活化、增殖、发育,B细胞凋亡	IL-21	CD132，JAK1，JAK3，STAT1，STAT3，STAT5
CD361	EVI2b，EVDB	59	广泛表达于造血细胞及某些非造血细胞			
CD362	Syndecan-2，SDC2.1.186,纤聚糖	48	巨噬细胞,上皮细胞,内皮细胞,成骨细胞	黏附,B细胞活化、凋亡	纤连蛋白，TACI,IL-8	
CD363	S1PR1，EDG-1，CHEDG1，S1P1	42.8	内皮细胞,B细胞亚群,NK细胞	黏附,内皮细胞分化	S1P	GNAI1，GNAI3

附录Ⅱ　细胞因子和受体

家族	细胞因子	受体	主要产生细胞	主要功能
白细胞介素	IL-1	CD121a、b	巨噬细胞,上皮细胞	参与T细胞、巨噬细胞活化
	IL-2	CD25α，CD122β，CD132(γc)	T细胞	T细胞增殖
	IL-3	CD123(βc)	T细胞,胸腺上皮细胞	参与早期造血
	IL-4	CD124，CD132(γc)	T细胞,肥大细胞	刺激B细胞增殖,促进IgE生成,诱导Th2细胞分化

家族	细胞因子	受体	主要产生细胞	主要功能
白细胞介素	IL-5	CD125(βc)	T细胞,肥大细胞	嗜酸性粒细胞生长及分化,促进IgA生成
	IL-6	CD126,CD130	T细胞,巨噬细胞,内皮细胞	刺激T、B细胞生长和分化,诱导急性期反应蛋白
	IL-7	CD127,CD132(γc)	骨髓及胸腺基质细胞	促进前B细胞和T细胞的生长,参与早期造血
	IL-9	IL-9R,CD132(γc)	T细胞	促进肥大细胞活性,刺激Th2活化
	IL-10	IL-10Rα,IL-10Rβc	单核细胞	抑制活化的单核细胞产生细胞因子,抑制Th1细胞因子的产生
	IL-11	IL-11R,CD130	骨髓及胸腺基质细胞	协同IL-3和IL-4参与造血
	IL-12	IL-12 Rβ1c+IL-12 Rβ2	巨噬细胞,树突细胞	活化NK细胞,诱导CD4 T细胞分化为Th1细胞
	IL-13	IL-13R,CD132(γc)	T细胞	刺激B细胞生长、分化,抑制巨噬细胞炎症细胞因子分泌,抑制Th1细胞活性
	IL-14		T细胞	调节B细胞增殖及记忆B细胞的产生
	IL-15	IL-15Rα,CD122(IL-2Rβ) CD132(γc)	单核细胞,巨噬细胞,树突细胞,基质细胞	刺激T细胞、上皮细胞生长,促进NK细胞分化,增强CD8记忆T细胞存活
	IL-16	CD4	T细胞,肥大细胞,嗜酸性粒细胞	趋化CD4 T细胞、单核细胞和嗜酸性粒细胞
	IL-17	IL-17AR	Th17细胞,NK细胞,CD8 T细胞,中性粒细胞	诱导上皮细胞,内皮细胞,成纤维细胞产生细胞因子,促炎
	IL-18	IL-Rrp	活化的巨噬细胞	诱导T细胞和NK细胞产生IFN-γ,促进Th1分化
	IL-19	IL-20Rα+IL-10Rβc	单核细胞	诱导单核细胞表达IL-6和TNF-α
	IL-20	IL-22Rαc+IL-10Rβc,IL-20Rα+IL-10Rβc	Th1细胞,单核细胞,上皮细胞	促进Th2细胞,刺激角化细胞增殖及TNF-α产生
	IL-21	IL-21R+CD132(γc)	Th2细胞	诱导T、B、NK细胞增殖
	IL-22	IL-22Rαc+IL-10Rβc	NK细胞,Th17细胞,Th22细胞	诱生急性反应期蛋白
	IL-23	IL-12Rβ1+IL-23R	树突细胞,巨噬细胞	诱导Th17增殖,促进IFN-γ产生
	IL-24	IL-22Rαc+IL-10Rβc,IL-20Rα+IL-10Rβc	单核细胞,T细胞	抑制肿瘤生长,创伤修复
	IL-25	IL-17BR	Th2细胞,肥大细胞,上皮细胞	促进Th2细胞因子产生
	IL-26	IL-20Rα+IL-10Rβc	T细胞,NK细胞	促炎,刺激上皮细胞
	IL-27	WSX-1+CD130c	树突细胞,巨噬细胞,单核细胞	诱导T细胞表达IL-12R和诱导IL-10
	IL-28	IL-28Rαc+IL-10Rβc	树突细胞	抗病毒
	IL-29	IL-28Rαc+IL-10Rβc	树突细胞	抗病毒
	IL-30		巨噬细胞	调节T、B细胞活性
	IL-31	IL31A+OSMR	Th2细胞	促炎,皮肤损伤
	IL-32		NK细胞,内皮细胞,单核细胞	诱导TNF-α
	IL-33	ST2(IL1RL1)+IL1RAP	高内皮静脉,平滑肌细胞	促进Th2分泌细胞因子
	IL-34	CSF-1R	多种细胞	促进髓系细胞生长及分化
	IL-35		调节性T细胞	免疫抑制

家族	细胞因子	受体	主要产生细胞	主要功能
白细胞介素	IL-36	IL-1 Rrp2, Acp	单核细胞,角质细胞	促进巨噬细胞和树突细胞炎症反应
	IL-37	IL-18Rα	单核细胞,树突细胞,上皮细胞	
干扰素	IFN-α	CD118, IFNAR2	单核-巨噬细胞,淋巴细胞,树突细胞,	抗病毒,促进 MHC Ⅰ 的表达
	IFN-β	CD118, IFNAR2	成纤维细胞	抗病毒,促进 MHC Ⅰ 的表达
	IFN-γ	CD119, IFNAR2	T 细胞,NK 细胞	巨噬细胞活化,促进 MHC 分子的表达和抗原呈递,促进 Th1 分化
集落刺激因子	G-CSF	G-CSFR	成纤维细胞,单核细胞	刺激中性粒细胞发育和分化
	GM-CSF	CD116(βc)	巨噬细胞,T 细胞	刺激髓样单核细胞的生长和分化,特别是树突细胞
	M-CSF	CSF-1R	T 细胞,骨髓基质细胞	刺激单核细胞的生长和分化
肿瘤坏死因子	TNF-α	P55(CD120a), P75(CD120b)	巨噬细胞,T 细胞,NK 细胞	促进炎症和内皮细胞活化
	LTα	P55(CD120a), P75(CD120b)	T 细胞,B 细胞	杀伤靶细胞,内皮细胞活化
	CDD40L	CD40	T 细胞,肥大细胞	B 细胞活化,抗体类别转换
	FasL	CD95(Fas)	T 细胞	诱导凋亡,Ca^{2+} 依赖的细胞毒性
其他	TGF-β	TGF-βR	软骨细胞,单核细胞,T 细胞	抑制细胞生长,抗炎,调节
	VEGF	VEGFR1-3	肿瘤细胞	促进血管生成

附录Ⅲ　趋化因子和受体

趋化因子	通用名	受体	靶细胞
CXCL1	GRO-α(生长相关癌基因-α)	CXCR2	中性粒细胞,成纤维细胞,黑素瘤细胞
CXCL2	GRO-β(生长相关癌基因-β)	CXCR2	中性粒细胞,成纤维细胞,黑素瘤细胞
CXCL3	GRO-γ(生长相关癌基因-γ)	CXCR2	中性粒细胞,成纤维细胞,黑素瘤细胞
CXCL4	PF-4(血小板因子-4)	CXCR3B	中性粒细胞,内皮细胞
CXCL5	ENA-78(氨基酸上皮细胞来源的中性粒细胞活化剂-78)	CXCR2	中性粒细胞,内皮细胞
CXCL6	GCP-2(粒细胞趋化蛋白-2)	CXCR2	中性粒细胞,内皮细胞
CXCL7	NAP-2(中性粒细胞激活蛋白-2)	CXCR2	成纤维细胞,中性粒细胞,内皮细胞
CXCL8	IL-8(白细胞介素-8)	CXCR1, E482	中性粒细胞,嗜碱性粒细胞,内皮细胞,T 细胞
CXCL9	MIG(γ 干扰素诱导的单核因子)	CXCR3A、B	活化 T 细胞(Th1>Th2),B 细胞,NK 细胞,内皮细胞,浆细胞样树突细胞
CXCL10	IP-10(γ 干扰素诱导的蛋白-10)	CXCR3A、B	活化 T 细胞(Th1>Th2),B 细胞,NK 细胞,内皮细胞
CXCL11	I-TAG(干扰素诱导的 T 细胞 α 亚族趋化剂)	CXCR3A、B, CXCR7	活化 T 细胞(Th1>Th2),B 细胞,NK 细胞,内皮细胞
CXCL12	SDF-1α/β(基质细胞来源的因子-1α/β)	CXCR4, CXCR7	CD34$^+$ 造血干细胞,B 细胞,中性粒细胞,树突细胞,单核细胞,嗜碱性粒细胞,T 细胞

趋化因子	通用名	受体	靶细胞
CXCL13	BCA－1(活化 B 细胞趋化因子－1)	CXCR5》CXCR3	B 细胞,活化的 CD4 T 细胞,树突细胞
CXCL14	BRAK/bolekine		T 细胞,单核细胞,B 细胞
CXCL15	Lungkine/WECHE		上皮细胞,内皮细胞,中性粒细胞
CXCL16	Sexckine	CXCR6	活化的 T 细胞,NKT 细胞,内皮细胞
CCL1	I－309	CCR8	单核细胞,T 细胞,中性粒细胞
CCL2	MCP－1(单核细胞趋化蛋白－1)	CCR2	单核细胞,T 细胞,NK 细胞,嗜碱性粒细胞,未成熟树突细胞
CCL3	MIP－1α(巨噬细胞炎症蛋白－1α)	CCR1, CCR5	单核-巨噬细胞,T 细胞,NK 细胞,嗜酸性粒细胞,嗜碱性粒细胞,中性粒细胞,未成熟树突细胞
CCL4	MIP－1β(巨噬细胞炎症蛋白－1β)	CCR5	单核-巨噬细胞,T 细胞,NK 细胞,嗜酸性粒细胞,嗜碱性粒细胞,未成熟树突细胞,B 细胞
CCL5	RANTES	CCR1, CCR3, CCR5	单核-巨噬细胞,T 细胞,NK 细胞,嗜酸性粒细胞,嗜碱性粒细胞,未成熟树突细胞
CCL6	C10/MRP－1	CCR1	单核细胞,B 细胞,NK 细胞,CD4 T 细胞
CCL7	MCP－3(单核细胞趋化蛋白－3)	CCR1, CCR2, CCR3, CCR5, CCR10	T 细胞,单核细胞,嗜酸性粒细胞,嗜碱性粒细胞,NK 细胞,未成熟树突细胞
CCL8	MCP－2(单核细胞趋化蛋白－2)	CCR2, CCR3, CCR5	T 细胞,单核细胞,嗜酸性粒细胞,嗜碱性粒细胞,NK 细胞,未成熟树突细胞
CCL9	MRP－2/MIP－1y	CCR1	T 细胞,单核细胞,脂肪细胞
CCL11	EOT(嗜酸性粒细胞趋化因子)	CCR3	嗜酸性粒细胞,嗜碱性粒细胞,Th2 细胞
CCL12	MCP－5(单核细胞趋化蛋白－5)	CCR2	CD34$^+$骨髓细胞,胸腺细胞,单核-巨噬细胞,T 细胞,B 细胞,树突细胞
CCL13	MCP－4(单核细胞趋化蛋白－4)	CCR1, CCR2, CCR3	初始 B 细胞,树突细胞,NK 细胞,活化的 CD4 T 细胞
CCL14	M－CIF(巨噬细胞集落抑制因子)	CCR1, CCR5	单核细胞,树突细胞,NK 细胞
CCL15	MIP－5(巨噬细胞炎症蛋白－5)/HCC－2	CCR1, CCR3	单核细胞,T 细胞,嗜酸性粒细胞,树突细胞
CCL16	HCC－4/LEC	CCR1, CCR2, CCR5	单核细胞,T 细胞,NK 细胞,未成熟树突细胞
CCL17	TARC(胸腺和活化调节的趋化因子)	CCR4	T 细胞,未成熟树突细胞,胸腺细胞,调节性 T 细胞
CCL18	DC－CK－1(树突细胞来源的趋化因子1)		初始 T 细胞,未成熟树突细胞
CCL19	MIP－3β(巨噬细胞炎症蛋白－3β)	CCR7	初始 T 细胞,成熟树突细胞,B 细胞
CCL20	MIP－3α(巨噬细胞炎症蛋白－3α)	CCR6	记忆 T 细胞,Th17, NKT 细胞,未成熟树突细胞
CCL21	SLC(二级淋巴组织来源趋化因子)	CCR7	成熟树突细胞,T 细胞,胸腺细胞,NK 细胞
CCL22	MDC(巨噬细胞来源趋化因子)	CCR4	未成熟树突细胞,T 细胞,胸腺细胞,NK 细胞,单核细胞
CCL23	MPIF－1(髓样前体抑制因子)	CCR1, CCR5	单核细胞,T 细胞,中性粒细胞,NK 细胞
CCL24	EOT－2(嗜酸性粒细胞趋化因子－2)	CCR3	嗜酸性粒细胞,嗜碱性粒细胞,T 细胞
CCL25	TECK(胸腺表达的趋化因子)	CCR9	巨噬细胞,胸腺细胞,树突细胞,上皮内淋巴细胞

趋化因子	通用名	受体	靶细胞
CCL26	EOT-3(嗜酸性粒细胞趋化因子-3)	CCR3	嗜酸性粒细胞,嗜碱性粒细胞,成纤维细胞,T细胞
CCL27	CTACK(皮肤T细胞趋化因子)	CCR10	T细胞,B细胞
CCL28	MEC(黏膜相关上皮细胞趋化因子)	CCR10	T细胞,嗜酸性粒细胞,IgA$^+$B细胞
XCL1	LTN(淋巴细胞趋化因子)	XCR1	T细胞,NK细胞,CD8α^+树突细胞
XCL2	SCM-1β	XCR1	T细胞,NK细胞,CD8α^+树突细胞
CX3CL1	FLK(分形素)	CX3CR1	单核细胞,活化的T细胞,中性粒细胞,NK细胞

（杨　慧）

中英文名词对照索引

主要参考文献

1. 曹雪涛主编. 免疫学前沿进展. 第 3 版. 北京:人民卫生出版社,2014

2. 曹雪涛主编. 医学免疫学. 第 6 版. 北京:人民卫生出版社,2013

3. 高晓明主编. 免疫学教程. 北京:高等教育出版社,2006

4. 何球藻,吴厚生主编. 医学免疫学. 上海:上海医科大学出版社,1996

5. 赵勇主编. 移植免疫耐受. 北京:中国医药科技出版社,2005

6. 周光炎主编. 免疫学原理. 第 3 版. 北京:科学出版社,2013

7. Abbas AK, Lichtman AH, Pillai S, eds. Cellular and Molecular Immunology. 7th ed. Philadelphia: Saunders Elsevier, 2011

8. Bart NL, Hamida H. The immunology of asthma. Nat Immunol, 2015,16:45~56

9. Blum JS, Wearsch PA, et al. Pathways of antigen processing. Annu Rev Immunol, 2013,31:443~473

10. Pieper K, Grimbacher B, Eibel H. B-cell biology and development. J Allergy Clin Immunol, 2013,131: 959~971

11. Kawashima S, Hirose K, Iwata A, et al. β-Glucan curdlan induces IL-10-producing CD4$^+$ T cells and inhibits allergic airway inflammation. J Immunol, 2012,189:5713~5721

12. Klein J, Sato A. The HLA system. First of two parts. New Engl Med, 2000,343:702~709

13. Klein J, Sato A. The HLA system. Second of two parts. New Engl Med, 2000,343:782~786

14. LeBien TW, Tedder TF. B lymphocytes:how they develop and function. Blood, 2008,112:1570~1580

15. Liu G, Ma H, Jiang L, et al. The immunity of splenic and peritoneal F4/80$^+$ resident macrophages in mouse mixed allogenic chimeras. J Mol Med, 2007,85:1125~1135

16. Liu G, Wu Y, Gong S, et al. Toll-like receptors and graft rejection. Transpl Immunol, 2006,16:25~31

17. Merad M, Sathe P, Helft J, et al. The dendritic cell lineage:ontogeny and function of dendritic cells and their subsets in the steady state and the inflamed setting. Annu Rev Immunol, 2013,31:563~604

18. Murphy KP, ed. Janeway's Immunobiology. 8th ed. New York:Garland Science, 2012

19. William EP, Fundamental Immunology. 7th ed. Philadelphia:Lippincott Williams & Wilkins, 2013

20. Rivera J. Molecular adapters in FcεR Ⅰ signaling and the allergic response. Curr Opin Immunol, 2002, 14:688~693

21. Wang X, Bi Y, Xue L, et al. The calcineurin-NFAT axis controls allograft immunity in myeloid-derived suppressor cells through reprogramming T cell differentiation. Mol Cell Biol, 2015,35:598~609

22. Williams MA, Bevan MJ. Effector and memory CTL differentiation. Annu Rev Immunol, 2007,25: 171~192

23. Wu J, Chen ZJ. Innate immune sensing and signaling of cytosolic nucleic acids. Annu Rev Immunol, 2014,32:461~488

24. Zak DE, Tam VC, Aderem A. Systems-level analysis of innate immunity. Annu Rev Immunol, 2014, 32:547~577

25. Zhu J, Yamane H, Paul WE. Differentiation of effector CD4 T cell populations. Annu Rev Immunol, 2010,28:445~489

图书在版编目(CIP)数据

医学免疫学/储以微主编. —上海:复旦大学出版社,2015.11(2020.3 重印)
(复旦博学·基础医学本科核心课程系列教材)
ISBN 978-7-309-11721-9

Ⅰ. 医… Ⅱ. 储… Ⅲ. 免疫学-高等学校-教材 Ⅳ. Q939.91

中国版本图书馆 CIP 数据核字(2015)第 207412 号

医学免疫学
储以微 主编
责任编辑/贺 琦

复旦大学出版社有限公司出版发行
上海市国权路 579 号 邮编:200433
网址:fupnet@ fudanpress. com http://www. fudanpress. com
门市零售:86-21-65642857   团体订购:86-21-65118853
外埠邮购:86-21-65109143   出版部电话:86-21-65642845
常熟市华顺印刷有限公司

开本 787 × 1092 1/16 印张 19.5 字数 416 千
2020 年 3 月第 1 版第 3 次印刷

ISBN 978-7-309-11721-9/Q · 102
定价:72.00 元